CB126996

Glossário de Zoologia

2ª Edição

Glossário de Zoologia

2ª Edição

Editores

Marcos Marreiro Villela

Biólogo pela Universidade Federal de Pelotas (UFPel – RS). Professor-Associado de Graduação e Pós-Graduação do Instituto de Biologia (Parasitologia) da UFPel. Doutor em Ciências pelo Centro de Pesquisas René Rachou – Fiocruz (MG). Autor de: Dicionário de Ciências Biológicas e Biomédicas *(Editora Atheneu – 2ª edição).* Anatomia Humana: Questões e Casos Clínicos Comentados; Dicionário de Zoologia e Botânica; Vença Fácil Investindo no Futuro.

Violeta da Rocha Perini

Bióloga pela Universidade Federal de Minas Gerais (UFMG). Mestre em Zoologia de Vertebrados pela Pontifícia Universidade Católica de Minas Gerais (PUC-MG). Doutora em Biologia Celular pela UFMG. Professora de Biologia do Colégio Pedro II, Rio de Janeiro, RJ.

Colaboração

Ana Carolina Calijorne Lourenço

Bióloga pela Universidade Federal de Ouro Preto (UFOP). Mestre e Doutora em Zoologia pelo Museu Nacional (UFRJ). Pós-Doutoranda da Universidade Estadual Paulista "Júlio de Mesquita Filho" (Unesp).

Juliana Nunes Vieira

Bioquímica pela Universidade Católica de Pelotas (UCPel-RS). Mestre e Doutora em Ciências Biológicas, área de concentração Parasitologia, pelo Instituto de Biologia, Universidade Federal de Pelotas (UFPel-RS).

Sabrina Jeske

Bióloga pela Universidade Federal de Pelotas (UFPel-RS). Mestre e Doutora em Ciências Biológicas, área de concentração Parasitologia, pelo Instituto de Biologia, UFPel-RS.

Atheneu

EDITORA ATHENEU

São Paulo —	*Rua Avanhandava, 126 - 8º andar* *Tel.: (11)2858-8750* *E-mail: atheneu@atheneu.com.br*
Rio de Janeiro —	*Rua Bambina, 74* *Tel.: (21)3094-1295* *E-mail: atheneu@atheneu.com.br*

CAPA: Equipe Atheneu

PRODUÇÃO EDITORIAL: MWS Design

CIP-BRASIL. CATALOGAÇÃO NA PUBLICAÇÃO
SINDICATO NACIONAL DOS EDITORES DE LIVROS, RJ

V781g
2. ed.

Villela, Marcos Marreiro
Glossário de zoologia / Marcos Marreiro Villela, Violeta da Rocha Perini ; colaboração Ana Carolina Calijorne Lourenço, Juliana Nunes Vieira, Sabrina Taíza Jeske. - 2. ed. - Rio de Janeiro : Atheneu, 2019.
284 p. ; 24 cm.

Inclui bibliografia e índice
ISBN 978-85-388-1048-3

1. Zoologia - Dicionários. I. Perini, Violeta da Rocha. II. Lourenço, Ana Carolina Calijorne. III. Vieira, Juliana Nunes. IV. Jeske, Sabrina Taíza V. Título.

19-59805 CDD: 591.03
CDU: 591(038)

Meri Gleice Rodrigues de Souza - Bibliotecária CRB-7/6439

12/09/2019 18/09/2019

VILLELA, M. M.; PERINI, V. R. (eds.) e LOURENÇO, A. C. C.; VIEIRA J. N.; JESKE, S. (col.)
Glossário de Zoologia – 2ª edição.

Apresentação

O Glossário de Zoologia, *ora em sua 2ª edição, foi planejado visando auxiliar os estudantes dos cursos de ciências biológicas, assim como biólogos, ecólogos, veterinários, engenheiros florestais, estudiosos e interessados no assunto. O material também é útil para profissionais da saúde, já que contempla os principais animais peçonhentos encontrados em nosso meio, além de conter entradas relativas aos vermes e artrópodes parasitos de humanos.*

A zoologia, ou "o estudo dos animais", é um ramo da biologia que se amplia a todo momento, ainda mais se considerarmos a riqueza faunística diagnosticada em nosso País. Apesar dos esforços dedicados à edição deste glossário, sabemos da dificuldade de compilar um léxico que abranja totalmente as diversas áreas dessa bela ciência, todavia procuramos ater-nos em definições e procedimentos usualmente empregados no ensino dessa disciplina. Muitos dos termos aqui apresentados foram fundamentados no Dicionário de Ciências Biológicas e Biomédicas (publicado pela Editora Atheneu) sendo amplamente revistos e devidamente atualizados. Também incluímos definições sobre as principais espécies de invertebrados e vertebrados conhecidos, buscando sempre enfatizar as registradas em nosso País.

O leitor também encontrará, neste livro, além do proposto, termos relacionados com ecologia, paleontologia, evolução, etologia, biologia geral, anatomia, reprodução, além de definições etimológicas que visam facilitar o entendimento da nomenclatura greco-latina, muito utilizada nas descrições biológicas.

Embora tenhamos redigido a obra de acordo com os padrões científicos vigentes, um livro de definições desta natureza provavelmente englobará discordâncias com relação a determinados verbetes, visto o dinamismo com que certas espécies são classificadas e reclassificadas em diferentes ordens, famílias, gêneros, etc. Portanto, toda colaboração será bem acolhida, visto que assumimos o compromisso de aprimorar cada vez mais o presente dicionário.

Acreditamos que o público leitor encontrará aqui um instrumento didático flexível e adaptável a diferentes consultas, contextos e situações de aprendizagem e pesquisa.

Um abraço.

Marcos Marreiro Villela

Prefácio

A riqueza biológica do Brasil é sempre ressaltada – mais fora – mas quase nunca conhecida, a não ser por uns poucos. O exercício da cidadania supõe captar a terra em que nascemos. E, em consequência, amá-la, respeitá-la, preservá-la... As causas do baixo conhecimento são múltiplas e interligadas. Não poucas se tornaram lugar-comum, de tão sabidas e repetidas: ensino formal dentro de quatro paredes, ausência de laboratórios em escolas, falta de literatura apropriada... um catálogo de causas que muito explica e pouco soluciona.

O nosso pequeno estudante que faz quase uma viagem para chegar à sua escola da cidade, também pequena, do interior, nela permanecerá por 3 ou 4 horas. Acabará aprendendo o nome de diversas serras brasileiras, afluentes do Amazonas e os limites do País, todavia desconhecerá os riachos, as montanhas, as árvores, os pássaros... do seu município. Decerto acabará respondendo à pergunta: para que servem uma cobra, um rato do mato, um morcego?... com a resposta certeira: para atrapalhar... e, em consequência, que sejam eliminados.

Uma grande barreira para quem tem inquietação e quer conhecer e enriquecer-se com o mundo da Biologia é, frequentemente, a linguagem (nem sempre compreensível) e a terminologia (nem sempre evitável) usadas em trabalhos biológicos. A literatura de divulgação a respeito da vida é uma arte que poucos exercem em plenitude.

A obra de meus colegas biólogos Marcos Marreiro Villela e Violeta da Rocha Perini é uma espécie de "GPS zoológico". Neste Glossário, distante da frieza de um dicionário, aninham-se os principais conceitos zoológicos com linguagem clara e exata. É estrada e orientação para quem quer progredir na informação desse mundo fantasticamente rico que é a zoologia. O amante da vida tem neste Glossário uma ferramenta que lhe permitirá, facilmente, compreender mais e melhor a fauna.

Prof. Dr. Cástor Cartelle

PUC-MG – Belo Horizonte

Abreviações adotadas

Determinadas abreviações foram empregadas logo após as definições, com o propósito de auxiliar na compreensão dos vocábulos, embora a maioria dos mesmos trate de Zoologia. Evitamos utilizar muitas abreviações desnecessárias, colocando-as em grandes grupos, relacionados abaixo:

Abreviações	***Significados***
Anato.	Anatomia
Bio.	Biologia
Biograf.	Biografia
Eco.	Ecologia
Embrio.	Embriologia
Etimo.	Etimologia
Eto.	Etologia
Evo.	Evolução
Fisio.	Fisiologia
Geol.	Geologia
Paleonto.	Paleontologia
Quim.	Química
Reprod.	Reprodução
Zoo.	Zoologia

Sumário

A

A – *Etimo.* Termo de origem grega relativo à ausência, privação, negação.

Abarticular – *Zoo.* Diz-se da estrutura que não está na articulação.

Abdômen – *Anato.* Parte do tronco que se localiza após o tórax, no sentido inferior, no homem e nos macacos, ou posterior, no caso de inúmeros outros vertebrados (cães, bovinos, etc.). Popularmente é conhecido como barriga ou ventre. O termo também é empregado na morfologia de insetos (divididos em cabeça, tórax e abdômen), aracnídeos (cefalotórax e abdômen), dentre outros organismos.

Abdômenro – *Zoo.* Diz-se dos segmentos abdominais dos insetos.

Abdutor – *Anato.* Característica do músculo ou do movimento que afasta uma parte do plano sagital do corpo, aumentando a distância entre esses dois pontos.

Abelha – *Zoo.* Denominação popularmente atribuída aos insetos himenópteros representados por inúmeras espécies, as quais podem viver de forma solitária ou formarem grandes colônias. O terceiro par de pernas é provido de um aparelho destinado à coleta de pólen. Entre as abelhas mais conhecidas em nosso meio está a abelha-do-reino (*Apis mellifera*), espécie originalmente europeia ("reino" de Portugal), e uma das principais responsáveis pela apicultura no Brasil, com grande produção de mel e cera. No Brasil, o que se refere aos acidentes por picada de abelha, foram notificados 12.072 casos pelo Ministério da Saúde em 2016, com 31 óbitos. Importa relatar que, ao picar, estes insetos perdem parte do aparato inoculador, presente no abdômen, morrendo logo em seguida.

Abiogênese – *Evo.* Teoria que vigorou até o século XIX, proposta por Aristóteles, há mais de 2 mil anos, para explicar o surgimento da vida. Foi sugerido que materiais brutos poderiam realizar diversas reações através de uma força interna, gerando seres vivos a partir de material inanimado. Um exemplo utilizado para comprovar a teoria, era a presença de larvas no lixo ou na carne em decomposição. Essa teoria foi superada pelo químico francês Louis Pasteur. Sinônimo: geração espontânea.

Abiótico – *Bio.* Onde não existe vida.

Abissal, distrito – *Eco.* Ambiente que pertence ao domínio biogeográfico das profundidades oceânicas, muito além dos limites da plataforma continental, em geral com mais de 4.000 m de profundidade. Região de águas oceânicas profundas, onde a luz não penetra e a pressão é alta. Encontra-se coberto por argilas e vasas pelágicas. Comumente é referido como ambiente de fundo. Em lagos muito profundos, essa zona começa a 600 m e estende-se para regiões ainda mais profundas. Os seres que vivem nesse distrito apresentam adaptações especiais para sobreviver. Sinônimo: Zona abissal ou abissopelágica.

Abissopelágica – *Eco.* Ver Abissal, distrito.

Abléfaro – *Bio.* Que não possui pálpebras.

Abomaso – *Anato.* Quarto compartimento (ou câmara) do estômago dos mamíferos ruminantes. É a única das quatro porções que apresenta glândulas secretoras de enzimas digestivas. Sinônimo: coagulador, coalheira.

Aboral – *Anato.* Posição oposta à boca. Que está afastado da boca.

Abutre – *Zoo*. Nome concedido a algumas aves de rapina que pertencem a família Accipitridae, e aos gêneros *Vultur* e *Gyps*, por exemplo. Ocorrem na Europa. Alimentam-se de carniça, logo possuem hábitos semelhantes aos do urubu (família Cathartidae). Não ocorre no Brasil.

Acanthocephala – *Zoo*. Filo ao qual pertencem helmintos endoparasitos, sobretudo, de peixes e aves. Apresentam corpo cilíndrico, de tamanho variável (entre 1,5–25 mm) e probóscide na região anterior. A reprodução ocorre através da cópula. A fêmea libera ovos que contaminam o solo e a água e podem ser ingeridos pelo hospedeiro intermediário, representado por peixes, serpentes, rãs, lagartos, aves e outros. A infecção do hospedeiro definitivo ocorre pela ingestão dos hospedeiros intermediários. Há registro de espécies que parasitam seres humanos. São registradas cerca de 1.150 espécies. A nomenclatura provém do grego e significa espinhos (*acanthos*) na cabeça (*cephala*), fazendo menção a região anterior desses seres, que possuem a probóscide repleta de ganchos curvos.

Acanthodii – *Zoo*. Grupo extinto de peixes que viveram provavelmente entre o Siluriano e o Permiano. Eram animais de corpo alongado, cauda heterocerca e providos de espinhos nas nadadeiras (exceto na caudal) e em outras regiões do corpo. Eram predadores e bons nadadores.

Acanto, acanthos – *Etimo*. Termo de origem grega que significa espinho.

Acantocéfalo – *Zoo*. Organismo que pertence ao Filo Acantocephala. Veja Acantocephala.

Acantóforo – *Bio*. Que apresenta espinhos, portador de espinhos.

Acari – *Zoo*. Subclasse de artrópodes da classe Arachnida que inclui as espécies conhecidas como ácaros e carrapatos, os quais podem transmitir numerosos agentes patogênicos para o homem e outros animais. Possui cerca de 55 mil espécies descritas e mais de 500 famílias.

Acarofilia – *Eco*. Simbiose que ocorre entre plantas e ácaros.

Acarologia – *Zoo*. Ramo da zoologia que estuda os ácaros.

Accipitridae – *Zoo*. Família de aves de rapina pertencentes à ordem Falconiforme, representada pelos gaviões e águias. Apresentam bico curvo, asas compridas, garras poderosas e olhos grandes, com visão apurada para a caça. Ocorrem espécies desta família em todos os biomas brasileiros.

Acéfalo – *Bio*. Que não possui cabeça, como as larvas de certos insetos.

Acélica – *Zoo*. Tipo de vértebra, típica de mamíferos, cujo centro vertebral apresenta suas duas faces relativamente planas, característica que confere maior resistência contra compressões.

Acelomados – *Zoo*. Animais que não apresentam celoma. Exemplo: Platelmintos. Veja Celoma.

Ácero – *Zoo*. Artrópode com ausência de antenas. Exemplo: aracnídeos. O vocábulo também pode designar animais que não apresentam chifres ou tentáculos.

Acessório – *Anato*. Veja Nervo acessório.

Acetábulo – *Zoo*. Denominação dada à ventosa ventral de alguns helmintos da classe Trematoda. *Anato*. Depressão na pelve que permite um melhor encaixe do fêmur com o ilíaco, formando a articulação coxo-femoral.

Achiridae – *Zoo*. Família de peixes da ordem Pleuronectiformes representada pelos linguados e chulas. Esses animais possuem o corpo fortemente achatado e contorno ovalado, nadadeiras peitorais ausentes ou reduzidas, nadadeiras dorsal e anal longa estendendo-se por todo o dorso e ventre do animal. Ambos os olhos estão no lado direito. O lado esquerdo é despigmentado e é sobre ele que o peixe se apoia no fundo do mar ou rio, vivendo camuflado sob a areia do substrato. Atualmente existem 28 espécies descritas.

Acícula – *Zoo*. Nome atribuído aos espinhos presentes no corpo de alguns insetos.

Acicular – *Bio*. Que apresenta forma pontiaguda, semelhante a uma agulha.

Acidente por aranhas – *Zoo*. No Brasil, em 2016, foram notificados 29.033 casos de acidentes provocados por aranhas, com maior número de casos registrados na região sul do país (17.526), onde ocorreram 08 dos 27 óbitos anotados. Dentre as aranhas de maior importância em saúde, o gênero *Loxosceles* (aranha-marrom) responde pela maioria das notificações no país, ficando *Phoneutria* (aranha-armadeira) e *Latrodectus* (viúva-negra) com menor número de registros. Em caso de picada de aranha, devemos lavar e elevar o local picado; empregar compressas mornas (ajudam no alívio da dor) e procurar o atendimento médico mais próximo. Sempre que possível, o animal que ocasionou a picada deve ser levado para identificação ou, ao menos, uma fotografia (de celular, por exemplo) pode ser conseguida. Veja *Loxosceles*, *Latrodectus* e *Phoneutria*.

Acidente por escorpião – *Zoo*. No ano de 2016 foram registrados 91.485 casos de acidentes ocasionados por escorpião no Brasil com 124 óbitos, mormente pelas espécies *Tityus serrulatus* (escorpião-amarelo) e *Tityus bahiensis* (escorpião-marrom). Em caso de picada de escorpião, devemos lavar e elevar o local picado; empregar compressas mornas (ajudam no alívio da dor) e procurar o atendimento médico mais próximo. Sempre que possível, o animal que ocasionou a picada deve ser levado para identificação ou, ao menos, uma fotografia (de celular, por exemplo) pode ser conseguida. Veja *Tityus serrulatus* e *Tityus bahiensis*. Dentre as medidas que podemos adotar na prevenção de acidentes escorpiônicos estão: manter jardins aparados e quintais limpos; evitar o acúmulo de entulhos, folhas secas, lixo doméstico e materiais de construção nas proximidades das residências; utilizar equipamento de proteção individual (como luvas e botas) ao mexer em jardins ou remover materiais de construção e utilizar telas em ralos, pias, além de vedar a soleira das portas.

Acidente por lagartas – *Zoo*. Foram notificados 3.813 casos de acidentes ocasionados por lagartas no Brasil em 2016, sobretudo do gênero *Lonomia*, sendo a região Sul onde a maioria dos casos se concentra. Popularmente tais acidentes são conhecidos como queimaduras. Veja Erucismo e *Lonomia*.

Acidente por serpentes – *Zoo*. No Brasil para o ano 2016 foram notificados 26.485 casos de acidentes provocados por serpentes, com 111 óbitos. O acidente botrópico (jararacas) é o mais comum, seguido do crotálico (cascavéis). Em caso de acidente com serpentes deve-se lavar o local da picada com água ou água e sabão; manter o indivíduo deitado e hidratado (preferencialmente apenas com água); procurar imediatamente o serviço médico mais próximo e, sempre que possível, levar o animal para identificação ou, ao menos, tirar uma fotografia (de celular por exemplo) da serpente. Nunca podemos fazer torniquetes, sugar o sangue ou colocar contaminantes (folhas, chás, café) no local da picada ou fazer incisões ao redor do ferimento. Veja *Bothrops* e *Crotalus*.

Acone – *Zoo*. Nos insetos, é o tipo de olho composto em que os omatídeos não têm cone cristalino e cone líquido, mas possuem no seu lugar um grupo de células alongadas e transparentes.

Acrididae – *Zoo*. Família à qual pertencem os gafanhotos.

Acridófago – *Zoo*. Diz-se do organismo que se alimenta de gafanhotos.

Acro – *Etimo*. Termo de origem grega que significa extremidade, alto.

Acrochordidae – *Zoo*. Família de serpentes encontradas da Índia ao norte da Austrália e nas Ilhas Salomão (país localizado no Pacífico). Essa família é composta por apenas um gênero e três espécies totalmente aquáticas, sendo uma espécie marinha ou estuarina (*Acrochordus granulatus*) e duas espécies de água doce (*A. arafurae* e *A. javanicus*). Ausência de escamas ventrais expandidas, olhos dorsais e válvulas na entrada das narinas são características típicas desses animais adaptados ao estilo de vida aquático.

Acrodonte – *Zoo.* Tipo de dente que possui implantação direta, sem alvéolos, presentes na parte superior das mandíbulas e inferior das maxilas superiores. Assim também se denominam os animais com esse tipo de dente, por exemplo, o réptil conhecido como tuatara.

Actino – *Etimo.* Termo de origem grega que significa raio ou indica relação com estruturas radiadas.

Actinopterygii – *Zoo.* Grupo de Osteichthyes que apresentam as nadadeiras raiadas. Representam a imensa maioria dos peixes ósseos, com cerca de 25 mil espécies descritas.

Aculeado – *Bio.* Diz-se dos seres portadores de acúleos ou ferrões.

Acúleo – *Zoo.* Ferrões, espinhos ou ganchos de certos animais, geralmente, empregados para defesa ou como órgão de fixação.

Acuminado – *Bio.* O mesmo que agudo, em ponta.

Acústico-lateral, sistema – *Zoo.* Veja Sistema acústico-lateral.

Ad – *Etimo.* Termo de origem latina que significa em direção para.

Ad libitum – *Etimo.* Expressão latina que significa "à vontade".

Adaptação – *Evo.* Caráter fisiológico, morfológico ou comportamental, que ajuda determinado organismo a se harmonizar com seu meio ambiente, sendo ele capaz de se reproduzir e sobreviver nesse determinado local.

Adaptações convergentes – *Evo.* Aparecimento de características morfológicas semelhantes em organismos com ou sem parentesco evolutivo, devido ao fato de tais seres terem sido submetidos a critérios comuns de seleção natural em meios semelhantes. Exemplo: baleias (mamíferos) e tubarões (peixes), que, apesar de terem morfologia externa parecida, não têm parentesco próximo. Sinônimo: Adaptações funcionais convergentes ou adaptações morfológicas.

Adaptações fisiológicas – *Evo.* Surgimento de adequação funcional do organismo ao ambiente em que ele vive, sem que haja necessariamente uma alteração anatômica. Exemplo: peixes de água doce e peixes de água salgada.

Adaptações funcionais convergentes – *Evo.* O mesmo que adaptações convergentes. Veja Adaptações convergentes.

Adaptações morfológicas – *Evo.* O mesmo que adaptações convergentes. Veja Adaptações convergentes.

Adefagia – *Zoo.* Diz-se do organismo que apresenta grande voracidade.

Adelocéfalo – *Zoo.* Diz-se dos seres que apresentam a cabeça pouco visível, escondida.

Adeno – *Etimo.* Termo de origem grega que significa glândula.

Adenophorea – *Zoo.* Classe de vermes cilíndricos que pertencem ao filo Nematoda. A espécie *Trichuris trichiura*, parasito intestinal de notável relevância na saúde humana, está incluída nesta classe. Esta denominação provém do grego e significa portador (*phoros*) de glândulas (*adeno*), em decorrência da elevada quantidade de glândulas esofágicas que estes nematódeos apresentam.

Adipos – *Etimo.* Termo de origem latina que significa gordura.

Adrenal – *Anato.* O mesmo que glândula suprarrenal. Veja Glândula suprarrenal.

Aedes – *Etimo.* Termo de origem grega que significa desagradável, odioso.

Aedes aegypti – *Zoo.* Mosquito vetor da febre amarela urbana, do vírus do Dengue, Chikungunya e Zika vírus. Inseto cosmopolita altamente domiciliado, encontrado em praticamente todos os Estados brasileiros. A proliferação ocorre através da oviposição realizada pelas fêmeas na parede de recipientes com água acumulada. É facilmente identificado através de sua coloração marrom, com escudo ornamentado e escamas branco-prateadas, no seu dorso existe um desenho semelhante a uma lira. O sangue humano é a principal fonte alimentar das fêmeas e a hematofagia acontece, principalmente, durante o dia. A transmissão das viroses ocorre a partir do repasto sanguíneo, só procedido pelas fêmeas. Evitar água parada em recipientes é a melhor forma de se combater tal inseto. Trata-se de um vetor de grande importância na saúde pública do Brasil, em virtude da transmissão de diversas viroses. Nas campanhas contra o mosquito, deve-se ter em mente que o aumento da taxa de chuva e da temperatura (sobretudo no verão), eleva o número de locais de reprodução de *A. aegypti*, e as atividades de combate ao vetor devem ser intensificadas durante este período.

Aedes albopictus – *Zoo*. Mosquito transmissor da dengue e da encefalite japonesa em países asiáticos, além da febre amarela urbana e silvestre. Morfologicamente, é semelhante à espécie *Aedes aegypti*, contudo, *A. albopictus* apresenta apenas uma listra prateada no dorso, enquanto o *A. aegypti* possui algumas listras prateadas no dorso, formando um desenho de lira. É também conhecido como tigre asiático. No Brasil, tal espécie é predominantemente silvestre. Apresenta atividades de hematofagia, cópula e oviposição no período diurno. Os ovos são depositados isolados sobre a água ou na parede dos criadouros. Somente as fêmeas são hematófagas.

Aelostomata – *Zoo*. Classe de anelídeos que compreende exemplares pequenos e de ambiente aquático.

Aeróbio – *Eco*. Célula ou organismo que necessita de oxigênio para a sobrevivência. O mesmo que aeróbico.

Aerobionte – *Eco*. O mesmo que aeróbio. Veja Aeróbio.

Aerossol – *Eco*. Partículas que podem dispersar-se através do ar, como ocorre em alguns vírus.

Aerossoma – *Zoo*. Conjunto de órgãos, tecidos, ou outras estruturas, que fornecem oxigênio ao organismo e eliminam gás carbônico.

Aga – *Etimo*. Termo de origem grega que significa demais.

Agamidae – *Zoo*. Grupo parafilético que inclui cerca de 300 lagartos de comprimento que varia de 10 cm a 1 metro. São encontrados na África, Oriente Médio e Oceania. Fazem parte da linhagem de lagartos do clado Iguania.

Agenda 21 – *Eco*. Documento elaborado e aprovado em 1992, durante a Conferência das Nações Unidas para o Meio Ambiente e o Desenvolvimento (Rio 92), que contém o planejamento estratégico e participativo para um país, estado, município e região, com propostas voltadas para o desenvolvimento sustentável.

Ageneiosidae – *Zoo*. Família de peixes actinopterígios da ordem Siluriformes, cujos representantes são popularmente conhecidos como bocudo, manduvi ou manduvá. São peixes de médio porte (10 a 50 cm de comprimento), com cabeça achatada na porção anterior, olhos laterais e boca larga, sendo provida de barbilhões.

Agilis – *Etimo*. Termo de origem latina que significa ágil, que se move com facilidade. Alguns mamíferos (por exemplo: macacos, roedores e uma espécie de canguru) e aves, possuem este verbete como epíteto específico.

Áglifa – *Zoo*. Denominação dada à serpente que não apresenta presas que injetam o veneno (dentes sulcados). Exemplo: sucuri, jiboia.

Agnatha – *Zoo*. Grupo de peixes primitivos sem mandíbula que podem ou não apresentar vértebras. Exemplos: peixe-bruxa e lampreia. Os únicos representantes vivos dessa classe estão descritos no grupo dos Ciclostomata.

Agogos – *Etimo.* Termo de origem grega que significa "o que guia".

Agra – *Etimo.* Termo de origem grega que significa aperto.

Agri, agros – *Etimo.* Termo de origem grega que significa campo.

Agrostologia – *Bio.* Ramo da botânica que versa sobre produtos que servem de alimento para os herbívoros, sobretudo algumas gramíneas.

Água-viva – *Zoo.* Nome popularmente atribuído a alguns cnidários da classe Scyphozoa. Podem causar sérias queimaduras em banhistas, com a liberação de substâncias urticantes pelos cnidócitos. Sinônimos: mãe d'água, medusa.

Águia – *Zoo.* Nome que se dá às várias espécies de aves pertencentes à família Accipitridae. São aves de rapina, caçadoras, possuem envergadura grande. Seu padrão de cores e tamanho varia com a espécie, porém usualmente chamam a atenção por sua beleza e elegância.

Aguilhão – *Zoo.* Estrutura inoculadora de veneno presente nos escorpiões. Está localizada na extremidade posterior do abdômen destes artrópodes. Também chamado de ferrão.

Ailuro, ailouro, ailurus – *Etimo.* Termo de origem grega que significa gato, felino. Sinônimo em latim *Cattus* ou *Felis*.

Ala – *Etimo.* Termo de origem latina que significa asa.

Alado – *Bio.* Característica daquele que possui asas.

Alantocório – *Embrio.* Anexo embrionário originado das membranas do cório e do alantoide. Apresenta função respiratória.

Alantoide – *Embrio.* Um dos anexos embrionários dos amniotas. O alantoide é derivado da porção caudal do intestino e participa dos processos de respiração e excreção no desenvolvimento de répteis e aves. Nos embriões de mamíferos, forma parte do cordão umbilical e, juntamente ao cório, origina a placenta.

Alar – *Bio.* Relativo às asas.

Alata, alatum, alatus – *Etimo.* Termo de origem latina que significa fornido de asa, alado, alada.

Albatroz – *Zoo.* Ave do gênero *Diomedea* pertencente à ordem Procellariiformes. Ave oceânica de grande porte, atingindo até 1,2 m de comprimento, com asas de até 3,5 m de envergadura, as quais fazem desse animal um dos melhores voadores. Possui bico forte e com ponta curvada. Aproveita correntes de ar para manter-se planando por longos períodos durante a migração, evento característico da espécie. Atinge a maturidade sexual apenas aos nove anos. Apresenta uma complexa cerimônia de acasalamento.

Albino, albus, alba – *Etimo.* Termo de origem latina que significa branco.

Alça anal – *Zoo.* Grupo de células da asa posterior de insetos odonatos, muitas vezes utilizada na sua taxonomia.

Alça de Henle – *Anato.* Estrutura em forma de "U" do néfron que liga o túbulo contorcido proximal ao túbulo contorcido distal. Apresenta um segmento espesso descendente, um segmento delgado, onde há a curvatura da alça, e um segmento espesso ascendente. Tem função de reabsorção de água e sais, sendo importante para a retenção de água e produção de urina hipertônica. Possui papel relevante na diluição ou na concentração da urina.

Alça néfrica – *Anato.* O mesmo que alça de Henle. Veja Alça de Henle.

Alécito – *Embrio.* O mesmo que oligolécito. Veja Oligolécito.

Alelo, Allelon – *Etimo.* Termo de origem grega que significa reciprocamente.

Aler, allos – *Etimo.* Termo de origem grega que significa outro.

Alevino – *Zoo.* Fase larval da maioria dos peixes ósseos em que estes já apresentam morfologia semelhante ao do adulto.

Algia, algesis – *Etimo.* Termo de origem grega que significa dor.

Alinoto – *Zoo.* Placa notal do mesotórax ou metatórax de um inseto pterigoto.

Alligatoridae – *Zoo.* Família de répteis crocodilianos que inclui os jacarés e aligátores. Existem sete espécies descritas divididas em quatro gêneros. Estes animais ocorrem no Novo Mundo com exceção do aligátor chinês, *Alligator sinensis.*

Allosaurus – *Paleo.* Gênero de dinossauros terópodes da família Allosauridae que viveram durante o Jurássico. Eram animais bípedes, carnívoros, de aproximadamente 10 metros de comprimento.

Alma-de-gato – *Zoo.* Ave da família Cuculidae que habita a região Neotropical. Possui cauda longa, plumagem cor de ferrugem e atinge 47 cm de comprimento. Vive nas copas das árvores de matas, cerrado e cerradão. Pertence à espécie *Piaya cayana.*

Alóctone – *Eco.* Espécie de organismo ou doença, que é inserida em uma área onde antes não existia. Originário de um outro lugar.

Alomônio – Zoo. Substância de comunicação que beneficia o produtor por intermédio da reação fisiológica ou comportamental que ela provoca no receptor.

Alopatria – *Eco.* Situação em que duas populações, da mesma espécie ou de espécies diferentes, habitam áreas geográficas distintas, adjacentes ou não, de modo que elas não se encontrem.

Alotri – *Etimo.* Termo de origem grega que significa estranho.

Alotropical, região – *Eco.* Região biogeográfica que abrange a África ao Sul, o deserto do Saara, e a Ilha de Madagascar. Entre os animais da região, destacam-se alguns mamíferos de grande porte: zebra, girafa, leão, tigre, elefante, rinoceronte, etc. Sinônimo: região Etiópica.

Alpinus, alpestre – *Etimo.* Termo de origem latina que significa "proveniente de altas montanhas". Ex.: alpino; que vive, que cresce nos Alpes ou em altas montanhas.

Alternância de gerações – *Bio.* O mesmo que metagênese. Veja Metagênese.

Alternatus, alternus – *Etimo.* Termo de origem latina que significa alternado, um após o outro, sucessivo.

Altricial – *Zoo.* Característica de larvas ou juvenis recém-nascidos que nascem pouco desenvolvidos, incapazes de se alimentar ou se movimentar por conta própria, como, por exemplo, filhotes de marsupiais e de pássaros e larvas de alguns peixes. Sinônimo: nidícola.

Álula – *Zoo.* "Pequena asa". Refere-se ao primeiro dígito, ou polegar, da asa das aves incluindo as penas anexas, que auxilia na direção e manobra durante o voo. Cada espécie apresenta um número de penas na região, variando de três a cinco.

Amastigota – *Zoo.* Uma das formas evolutivas de *Trypanosoma cruzi* (protozoário causador da doença de Chagas) ou de parasitos do gênero *Leishmania.* Possui forma esférica ou ovalada, destituída de mobilidade e carece de flagelo livre; constitui o estágio de multiplicação intracelular no hospedeiro vertebrado.

Ambi – *Etimo.* Termo de origem latina que significa os dois.

Ambiente de água doce – *Eco.* Ambiente continental representado por rios, lagos e lagoas. Local onde as correntes variam bastante quanto à turbidez, volume e velocidade, por causa da ação de chuvas ou períodos de seca. É um meio menos constante que o ambiente marinho. Os animais presentes nesse meio, geralmente, realizam osmorregulação, já que a água tende a penetrar no organismo em razão das diferenças na concentração osmótica.

Ambiente dulcícola – *Eco*. O mesmo que ambiente de água doce. Veja Ambiente de água doce.

Ambiente marinho – *Eco*. É um meio estável, devido à ação de ondas e correntes oceânicas que realizam uma mistura contínua de gases e sais. É um meio que facilita a flutuação, por isso ameniza o problema de animais e vegetais quanto a sua sustentação. Abrange aproximadamente 70% da superfície terrestre.

Ambiente terrestre – *Eco*. Para animais, esse é o ambiente mais problemático, pois, além da dificuldade de sustentação do próprio corpo, ocorre também a perda de água por evaporação. Por isso, os animais terrestres apresentam um tegumento externo que realiza menos trocas com o ambiente. Representa cerca de 21% da superfície da Terra e trata-se de um ambiente variável, já que apresenta um elevado número de fatores que constantemente o modificam, como, por exemplo, a temperatura, os ventos, as chuvas, o tipo de solo, dentre outros.

Amblis – *Etimo*. Termo de origem grega que significa obtuso, imperfeito.

Amblyomma – *Zoo*. Gênero de carrapatos com maior número de espécies registradas no Brasil (32 espécies). Consiste em carrapatos grandes, com escudo dorsal ornamentado, que parasitam inúmeras espécies de animais, como anfíbios, répteis, aves e mamíferos, podendo atacar inclusive o homem. Apresenta ciclo trioxeno, com um hospedeiro diferente em cada estádio evolutivo. Seus exemplares podem viver amontoados aos milhares, em determinadas épocas do ano, formando grupos sobre folhas de arbustos ou galhos, enquanto esperam a passagem de um hospedeiro. Dentre as principais espécies, podem ser citadas: *A. aureolatum*, *A. ovale*, *A. cajennense*, *A. dissimile*, *A. longirostre* e *A. rotundatum*. Contempla grande espectro de hospedeiros vertebrados em todas as regiões geográficas do Brasil, parasitando desde animais de sangue frio até o homem.

Amblyomma cajennense – *Zoo*. Espécie de carrapato conhecida vulgarmente como “carrapato estrela”, em virtude do aspecto de estrela que lhe conferem as pernas abertas e espalhadas. Seu nome específico (*cajennense*) decorre da espécie ter sido descrita na cidade de Caiena (Capital da Guiana Francesa). Parasita grande variedade de animais selvagens e domésticos, inclusive o homem. Esse artrópodo pode transmitir a febre maculosa (*Rickettsia rickettsi*), também denominada febre das montanhas rochosas, sendo encontrado infectado no Brasil desde a década de 1930.

Amblypygi – *Zoo*. Ordem de aracnídeos, de hábitos noturnos, com aproximadamente 170 espécies descritas. Apresentam até 45 mm de comprimento, corpo achatado, pedipalpos robustos (utilizados para capturar suas presas) e caminhar semelhante ao dos caranguejos. São principalmente cavernícolas, mas também habitam frestas entre tijolos, madeiras ou árvores. Embora apresentem quelíceras notáveis, não possuem glândulas de veneno.

Ambulacral, aparelho – *Zoo*. Aparelho ou sistema exclusivo dos equinodermos. É formado pela placa madrepórica na face dorsal, por onde entra a água do mar que irá até os pés ambulacrais. Esse aparelho também é responsável pela locomoção, respiração, excreção e circulação dos equinodermos. Sinônimos: aparelho aquífero, sistema ambulacral e sistema aquífero.

Ambulo – *Etimo*. Termo de origem latina que significa caminhar.

Ameba – *Etimo*. Termo de origem grega que significa trocar.

Amebíase – *Zoo*. Infecção causada pelo protozoário *Entamoeba histolytica*. É considerada, em escala global, a segunda doença causadora de mortes por protozoários entre humanos, estando somente atrás da malária. Dissemina-se pela ingestão de cistos presentes em alimentos crus, como frutas, que podem ter sido contaminadas com água não tratada. Os sintomas podem ser leves e incluir cólicas e diarreia, ou mais severos, resultando em fezes com sangue, febre e abscesso hepático, pulmonar ou, até mesmo, cerebral.

Amebócito – *Zoo*. Denominação dada ao conjunto de células ameboides, que podem gerar qualquer tipo celular nos poríferos.

Amensalismo – *Eco*. Tipo de relação interespecífica desarmônica, na qual uma espécie geralmente elimina a outra, bloqueando sua reprodução ou crescimento. Um exemplo é a maré vermelha, em que ocorre a proliferação maciça de certas espécies de algas unicelulares, que passam a liberar grande quantidade de toxinas, provocando a morte de inúmeras outras espécies de seres-vivos.

Ametábolo – *Bio*. Que não apresenta metamorfose. Por exemplo, é assim denominado o inseto que não sofre mudanças da forma, ou seja, a partir da eclosão do ovo surge um arquétipo semelhante ao organismo adulto, porém ainda imaturo. Esse processo é também denominado desenvolvimento direto.

Amídala – *Anato*. O mesmo que amígdala. Ambas as grafias estão corretas. Veja amígdala.

Amígdala – *Anato*. Estrutura anatômica localizada na faringe, que auxilia na resposta imune local, sendo um constituinte do tecido linfoide. Sinônimo: tonsila palatina. O termo também designa uma estrutura que constitui o centro encefálico para a emoção e a memória do medo. A ativação da amígdala faz o coração bater mais rápido e a respiração tornar-se ofegante. Estudos mostram que pessoas que tiveram lesões neste centro, não apresentaram reflexos de se afastar de uma ameaça e, em alguns casos, desenvolveram problemas para manter relações sociais. Este vocábulo provém do latim e significa amêndoa, que descreve a forma da estrutura.

Ammos – *Etimo*. Termo de origem grega que significa areia.

Amnícola – *Bio*. Diz-se dos organismos que vivem à beira de córregos.

Âmnio – *Embrio*. Membrana que envolve o embrião para protegê-lo contra choques mecânicos e desidratação. Apresenta-se bem desenvolvida nos répteis, aves e mamíferos.

Amnio – *Etimo*. Termo de origem grega que significa membrana.

Amniota – *Zoo*. Táxon que inclui os vertebrados que apresentam âmnio durante seu desenvolvimento embrionário. Atualmente são representados por répteis, aves e mamíferos.

Amoniotélicos – *Zoo*. Animais que excretam amônia como principal composto nitrogenado. A amônia é altamente tóxica e solúvel. Exemplos de animais amoniotélicos: peixes ósseos e girinos. Veja Ureotélicos e Uricotélicos.

Amorfo – *Anato*. Sem forma definida.

Amphibia – *Zoo*. Filo de animais que abrange sapos, rãs, pererecas, salamandras, cobras-cegas, cecílias, etc. Apresentam pele úmida com glândulas mucosas. Não possuem escamas e queratina, o que os deixa vulneráveis à desidratação. São pecilotérmicos, com respiração branquial nas formas jovens (girinos ou em algumas salamandras adultas), e pulmonar e cutânea na fase adulta. O coração é dividido em três cavidades, dois átrios e um ventrículo. No átrio direito adentra o sangue venoso e no átrio esquerdo o sangue arterial. No ventrículo os sangues se misturam, logo, apresentam circulação incompleta. Locomovem-se, geralmente, por meio de quatro pernas, sendo esses os primeiros animais tetrápodos a ganharem o ambiente terrestre, o que ocorreu no período Devoniano. Os anfíbios adultos, como regra geral, são carnívoros, contudo existe registro de frugivoria (exemplo: *Xenohyla truncata*, espécie de anuro). Possuem cloaca, e o excremento nitrogenado liberado é a ureia. A reprodução é sexuada, a fecundação é externa, e o desenvolvimento é indireto. Porém, os anfíbios exibem diversas outras formas de ciclo de vida. Por exemplo, a maioria das cecílias e algumas espécies de anuros e salamandras exibem desenvolvimento direto. Os ovos não apresentam uma camada de proteção externa, sendo envolvidos por uma cápsula gelatinosa. Os anfíbios se distribuem em três ordens: Anura (mais numerosa, cerca de 5.600 espécies), Apoda (ou Gymnophiona) e Urodela (ou Caudata). Existem cerca de 6.700 espécies registradas, das quais 1.049 existem no Brasil. A nomenclatura provém do grego e significa amphis – ambos + bios – vida, fazendo alusão à ambos os meios em que parte dos anfíbios se desenvolvem (aquático e terrestre).

Amphipoda – *Zoo*. Ordem de crustáceos, semelhantes aos camarões, que possui cerca de 7.500 espécies. Não ultrapassam 1,5 cm de comprimento. Não apresentam carapaça, possuem olhos compostos sésseis, e sete pares de pernas. Vivem no ambiente marinho (principalmente), de água salobra e doce.

Amphisbaena – *Zoo*. Grupo de répteis esquamatas, com aproximadamente 150 espécies descritas. São animais fossoriais, com crânio rígido, o qual é utilizado na escavação. Uma das principais características desse grupo é a presença de apenas um dente mediano no maxilar superior. Apenas três das 142 espécies desta linhagem mantiveram os apêndices locomotores.

Amphisbaenidae – *Zoo*. Família de lagartos da linhagem dos Scleroglossa representada pela *Amphisbaenia*. Cerca de 150 espécies são descritas nas Antilhas, na América do Sul e na África.

Amplexo – *Etimo*. Termo de origem latina que significa abraço.

Amplexo axilar e inguinal de anuros – *Eto*. Comportamento característico dos anuros machos no qual estes abraçam as fêmeas durante a cópula. Pode durar desde alguns momentos até mesmo dias, permanecendo assim até as fêmeas depositarem seus gametas.

Ampolas de Lorenzini – *Zoo*. Estruturas eletrorreceptoras presentes na cabeça dos tubarões e nadadeiras de algumas raias. São órgãos muito sensíveis, capazes de perceber campos elétricos mínimos, o que auxilia esses animais a encontrar presas ainda que estas estejam escondidas.

Ampulla – *Etimo*. Termo de origem latina que significa frasco.

Ana – *Etimo*. Termo de origem grega que significa novo, para cima, ou de baixo para cima.

Anabiose – *Bio*. Capacidade de retornar à vida após aparente perda das funções vitais por períodos variáveis. Os tardígrados são pequenos invertebrados que realizam essa façanha, e podem permanecer nessa condição por até dez anos, suportando circunstâncias externas adversas.

Anabiótico – *Bio*. Aquele organismo que aparentemente está morto, entretanto, está vivo. Ser que realiza anabiose.

Anadromia – *Bio*. Tipo de migração em que animais aquáticos vão da água salgada para a água doce com a finalidade de desovar.

Anádromo – *Zoo*. Animal que passa maior parte da vida em água salgada, porém, migra para a água doce para procriar. Exemplo: salmão.

Analéptico – *Etimo*. Termo de origem grega que significa recuperação.

Analogia – *Evo*. Propriedade do que é análogo. Veja Análogo.

Análogo – *Evo*. Característica de duas estruturas que apresentam funções semelhantes, entretanto com origem ou morfologia diferentes. Ex.: asa de insetos e asa das aves.

Anamniota – *Embrio*. Vertebrados que não apresentam formação de âmnio. Ex.: anfíbios.

Ananaí – *Zoo*. Tipo de marreco, da espécie *Amazonetta brasiliensis*. Possui cerca de 40 cm de comprimento. O macho apresenta bico avermelhado e a fêmea possui bico escuro e manchas brancas na cabeça. Geralmente a espécie é vista andando em pares. Habita áreas pantanosas, mas pode ser visto em águas salobras. Alimenta-se de vegetais e alguns invertebrados, sobretudo insetos. É comum no pantanal brasileiro. Sinônimo: marreca-pé-vermelho.

Anapsida – *Zoo*. Diz-se dos animais cujo crânio não apresenta aberturas temporais. Exemplo: Quelônios. O termo também se refere a esse tipo de crânio.

Anatideo – *Etimo*. Termo de origem grega que significa pato.

Anatídeos – *Zoo*. Nomenclatura utilizada por ornitólogos para designar o grupo que comtempla os patos e marrecos.

Anatomia – *Etimo*. Termo de origem grega que significa dissecação, através (*ana*) do corte (*tomos*).

Ancestral – *Evo.* Indivíduo ou população que origina indivíduos ou populações descendentes. Constitui o antepassado de alguma espécie.

Ancilostomíase – *Zoo.* Doença de seres humanos e animais (caninos e felinos) ocasionada por nematódeos dos gêneros *Ancylostoma* e *Necator*; também chamada, vulgarmente, de amarelão. Pode ser adquirida a partir da penetração de larvas de terceiro estádio através da pele do hospedeiro, ou a partir da ingestão dessas larvas, e ocasionar anemia severa em decorrência do hábito hematofágico desses parasitos.

Andorinha – *Zoo.* Pássaro da família Hirundinidae que se alimenta de insetos caçados durante o voo. É pequeno, com bico curto, e comum no meio urbano. Não costuma andar no solo, sendo uma ave migratória. A espécie *Riparia riparia* é encontrada em todo o Brasil e também na América do Norte. Sinônimo: Andorinha-do-barranco.

Andorinhão – *Zoo.* Nome popular das aves da família Apodidae, ordem Apodiformes, que apesar do nome não são proximamente aparentados às andorinhas (Passeriformes, Hirundinidae). São encontrados em todos os continentes, exceto na Antártida. Alimentam-se de insetos e apreciam ficar em penhascos, paredões e encostas de cachoeiras.

Androgênese – *Embrio.* Processo de produção da prole masculina.

Andros – *Etimo.* Termo de origem grega que significa homem, masculino.

Anelídeos – *Zoo.* Animais invertebrados conhecidos popularmente como minhocas e sanguessugas. Veja Annelida.

Anêmona-do-mar – *Zoo.* Representante conhecido dos cnidários, que pertence ao filo Cnidaria.

Anemos – *Etimo.* Termo de origem grega que significa sopro, vento.

Anemotropismo – *Eco.* Que tem preferência por correntes aéreas.

Anequim – *Zoo.* O mesmo que tubarão-branco. Veja Tubarão-branco.

Anexos embrionários – *Embrio.* Denominação dada às estruturas anexas do embrião, originadas a partir dos folhetos germinativos. São elas: alantocório, alantoide, bolsa amniótica e saco vitelínico.

Anexos epidérmicos – *Anato.* Diz-se dos anexos da pele, como os pelos, unhas, glândulas sebáceas e glândulas sudoríparas.

Anfi, amph – *Etimo.* Termo de origem grega que significa ambos, duplo.

Anfíbios – *Zoo.* Animais conhecidos popularmente como sapos, rãs, pererecas, salamandras, cobras-cegas, cecílias, etc. Veja Amphibia.

Anfiblástula – *Zoo.* Diz-se do estágio larval de algumas espécies de esponjas.

Anficélica – *Zoo.* Tipo de vértebra encontrada na maioria dos peixes, caracterizada por apresentar as duas extremidades do centro vertebral côncavas.

Anfidelfo – *Etimo.* Termo de origem grega que significa útero em um lado e em outro, ou seja, anfidelfo é o tipo de fêmea de nematódeos com dois úteros, um de cada lado.

Anfidromia – *Bio.* Tipo de migração em que animais aquáticos vão de um ambiente dulcícola para um marinho, ou vice-versa, sem fins reprodutivos. O tubarão-cabeça-chata (*Carcharhinus leucas*) pode realizar esse tipo de migração.

Anfimixia – *Reprod.* O mesmo que cariogamia. Veja Cariogamia.

Anfioxo – *Zoo.* Animal cefalocordado, com cerca de 5 cm de comprimento, que vive enterrado ao substrato marinho. Embora seja conhecido também como peixe-lanceta, o anfioxo é um cordado, e não um peixe. Veja Cephalochordata.

Anfipnêustico – *Zoo.* Tipo de aerossoma dos insetos em que só o espiráculo protorácico e o abdominal posterior são funcionais.

Anfistílica – *Zoo*. Tipo de suspensão do arco mandibular em que este é parcialmente sustentado pelo osso hiomandibular, sendo comum em peixes acantódios, osteíctios e alguns condríctios.

Angina – *Etimo*. Termo de origem latina (*angere*) que significa apertar.

Angiogênese – *Bio*. Processo de formação de novos vasos sanguíneos. É regulada por fatores elaborados pelas células imunológicas.

Angios – *Etimo*. Termo de origem grega (*angeion*) que significa vaso, reservatório.

Anguidae – *Zoo*. Família de lagartos da linhagem dos Scleroglossa composta por mais de 100 espécies que ocorrem na América do Norte, América do Sul, China, Oriente Médio e Europa. Inclui algumas espécies ápodas, como a cobra-de-vidro (*Anguis fragilis*).

Anguiliforme – *Zoo*. Que tem forma de enguia. Termo empregado em ictiologia para designar peixes com corpo cilíndrico, comprido e fino, como os mussuns.

Ângulo anal – *Zoo*. Ângulo da parte posterior da asa dos insetos.

Animal – *Zoo*. Organismo que pertence ao reino Animalia. Veja Animalia, reino.

Animalia, reino – *Zoo*. Também denominado reino Metazoa, trata-se de um dos cinco reinos de classificação dos seres vivos utilizado pela biologia moderna, que inclui os animais: seres eucariontes, multicelulares, heterotróficos, com sistema nervoso diferenciado. A célula animal apresenta centríolos e é desprovida de parede celular e de plastos, característicos da célula vegetal. Os animais são divididos em invertebrados e vertebrados. A zoologia é a ciência que se dedica ao estudo dos animais. Existem em torno de 1.200.000 espécies de animais descritas, classificadas em 54 filos. A palavra animal provém do latim *anima* e significa "fôlego de vida", "ser que respira", "ser animado", fazendo alusão à movimentação e vitalidade desses seres, sobretudo quando comparados aos organismos do Reino Vegetal (Reino Plantae).

Anisakis – *Zoo*. Gênero da família Anisakidae, caracterizado por parasitos de mamíferos, aves e peixes, os quais podem ocasionar lesões em seu tubo digestivo. O homem pode se infectar ao ingerir peixe cru ou malcozido.

Anisodáctilo – *Zoo*. Tipo de disposição dos dígitos em que os dedos 2, 3 e 4 são voltados para frente e o dedo número 1 é voltado para trás. Presente na maioria das aves e em todos os Passeriformes.

Anisogamia – *Embrio*. União de gametas desiguais.

Anisos – *Etimo*. Termo de origem grega que significa desigual, diferente.

Annelida – *Zoo*. Filo de animais invertebrados, com simetria bilateral, vermiformes e que possuem o corpo dividido em segmentos ou metâmeros. Há desde formas com menos de 1 mm de comprimento, até exemplares marinhos com mais de 3 m. São os primeiros animais a apresentar sistema circulatório na escala evolutiva, no qual o sangue percorre em um sistema fechado de vasos. O sistema digestório é completo com boca e ânus. A respiração pode ser cutânea ou branquial. São hermafroditas e exibem uma estrutura chamada clitelo. Apesar do hermafroditismo, apresentam fecundação cruzada e o seu desenvolvimento é direto. Há cerca de 17.000 espécies descritas, sendo que as de maior importância estão divididas em três grupos principais: Polychaeta, Oligochaeta e Hirudinea. Popularmente são conhecidas como minhocas e sanguessugas. Sua nomenclatura provém do latim (*annelus*) e significa pequenos anéis.

Anocentor nitens – *Zoo*. Carrapato que parasita o divertículo nasal e o pavilhão auditivo externo de equinos, cães, gatos, bovinos e ovinos. Desenvolve-se em mais de um hospedeiro, realizando muda no ambiente. Está envolvido na transmissão de babésias, sendo de grande importância na medicina veterinária.

Anopheles – *Zoo*. Gênero de mosquitos que contém inúmeras espécies de importância médica. Medem entre 7 e 15 mm, possuem palpos bem desenvolvidos, coloração escura, asas longas e com manchas brancas e pretas. São vetores de patógenos e dentre as principais espécies estão: *Anopheles albitarsis:* anofelino transmissor da malária no Brasil, com habilidade de invadir domicílios e com grande antropofilia; *Anopheles aquasalis:* transmissor da malária na região costeira do Brasil, e vetor da filária *Wuchereria bancrofti* em algumas regiões. Realiza hematofagia no homem e em outros animais durante o crepúsculo; *Anopheles bellator:* importante vetor da malária em alguns estados brasileiros, desenvolve-se em planícies, preferencialmente em bromélias irradiadas pela luz solar; *Anopheles cruzi:* uma das espécies de anofelinos responsáveis pela transmissão da malária no sul do Brasil, desenvolve-se em bromélias. É silvestre, mas pode ir até o domicílio para realizar hematofagia ao anoitecer; *Anopheles darlingi:* principal espécie de anofelino responsável pela transmissão de protozoários do gênero *Plasmodium* (causador da malária). Apresenta hábito diurno e hematofagismo antropofílico, desenvolvendo-se em coleções de água límpidas. Existem cerca de 400 espécies conhecidas nesse gênero.

Anoplocephala – *Zoo.* Gênero da família Anoplocephalidae, que compreende cestódeos parasitos de equídeos. O termo possui origem grega e significa cabeça desarmada. Compreende um grupo de parasitos que possui o escólex desprovido de acúleos ou ganchos. Este cestódeo se fixa às mucosas e submucosas da válvula ileocecal, ceco e cólon. Tal parasitose é um importante fator de risco para cólicas espasmódicas e impactação de íleo, bem como torções e outras alterações entéricas de equinos. A morbidade e a mortalidade estão relacionadas à intensidade de infecção provocada pelo parasito.

Anoplura – *Zoo.* Ordem de insetos conhecidos como piolhos sugadores. Tem até 1 cm de comprimento, cabeça pontiaguda e não alargada (como ocorre nos piolhos malófagos). São ápteros, e apresentam fortes garras que facilitam sua fixação aos pelos e/ou cabelos de seus hospedeiros. São parasitos exclusivamente de mamíferos. São dioicos e exibem cerca de cinco estádios ninfais de desenvolvimento. Os ovos são chamados de lêndeas e ficam afixados aos cabelos devido a uma substância cimentante. Tanto adultos quanto ninfas são hematófagos. Apresentam grande importância médico-veterinária, pois, além de incômodo e anemia, esses insetos podem transmitir doenças ao seu hospedeiro. Existem cerca de 250 espécies descritas.

Anorretal – *Anato.* Referente ao ânus e ao reto.

Anostomidae – *Zoo.* Família de peixes actinopterígios da ordem Characiformes, representada pelos piaus. Esses peixes têm o corpo fusiforme, nadadeira anal curta, narinas tubulares e 6 a 8 dentes incisivos em cada maxila. Exibem hábito onívoro, comendo pequenos invertebrados, algas e frutos.

Anoxobiótico – *Eco.* Hábito de viver em total falta de oxigênio, como pode ser observado em muitos parasitos.

Anseriformes – *Zoo.* Nomenclatura utilizada na ornitologia para designar a ordem dos patos, marrecos, cisnes, etc. Possuem ampla distribuição geográfica. No Brasil estão presentes duas famílias, sendo que a maioria das espécies se encontra no estado do Rio Grande do Sul. Existem 161 espécies assinaladas.

Anseris – *Etimo.* Termo de origem latina que significa ganso, pato.

Anta – *Zoo.* Nome popularmente atribuído ao mamífero pertencente à ordem Perissodactyla, família Tapiridae, espécie *Tapirus terrestris*. É o maior animal terrestre do Brasil, podendo chegar a mais de 2,4 m de comprimento e pesar 300 kg. Apresenta o lábio superior alongado e alimenta-se de folhas, frutos e raízes. Habita matas nas proximidades das águas e seguidamente mergulha. Pode viver por 35 anos e sua gestação, que chega a durar 400 dias, quase sempre origina um filhote. Também é denominada tapir, termo derivado do tupi que significa "boi da floresta".

Antarctossauro – *Paleo*. Nome vulgar do dinossauro do gênero *Antarctosaurus*, que habitou a América do Sul no Cretáceo. Esses enormes dinossauros eram herbívoros, quadrúpedes, mediam cerca de 20 metros de comprimento e pesavam mais de 40 toneladas, possuíam cauda e pescoço longos. Quatro espécies são catalogadas: *A. wichmannianus*, *A. brasiliensis*, *A. jaxartensis* e *A. giganteus*.

Antártica – *Eco*. Região biogeográfica que abrange a Austrália, a Nova Guiné e o norte da Nova Zelândia.

Antena – *Zoo*. Nos insetos, diz-se do par de apêndices segmentados da cabeça, fixos acima das peças bucais. Geralmente com função sensitiva para olfato, temperatura, umidade, dentre outros. Pode ser classificada como: aristada, bipectinada, capitada, clavada, filiforme, flabelada, lamelada, moniliforme pectinada, plumosa, setácea, etc. Também se faz presente, por exemplo, em crustáceos e alguns moluscos.

Antenômero – *Zoo*. Cada um dos artículos da antena dos insetos.

Antênula – *Zoo*. Pequenas antenas presentes nos crustáceos.

Anthos – *Etimo*. Termo de origem grega que significa flor.

Anthozoa – *Zoo*. Classe de cnidários que apresentam somente a forma de pólipo. Reproduzem-se por brotamento ou fecundação externa. São seres grandes e complexos. Os corais e as anêmonas-do-mar são exemplos clássicos desse grupo. Os corais possuem exoesqueleto calcário, mas existem colônias de corais moles que podem atingir até 1 metro de comprimento. Num recife de corais, boa parte da formação é de restos de esqueleto calcário, e em certas localidades, pode trazer riscos à navegação. A nomenclatura provém do grego e significa flor (*anthos*) animal (*zoo*).

Anthracos – *Etimo*. Termo de origem grega que significa carvão.

Anthropoidea – *Zoo*. Subgrupo de primatas que inclui todos os representantes dos Haplorrhini, exceto os tarsos (grupo de primatas). Homem, chimpanzé, gorila, orangotango, gibão e os macacos do Novo Mundo são representantes deste grupo.

Anti – *Etimo*. Termo de origem grega que significa contra.

Antibiose – *Eco*. O mesmo que amensalismo. Veja Amensalismo.

Antóbio – *Eco*. Diz-se dos seres que vivem nas flores.

Antófago – *Zoo*. Diz-se daquele organismo que se alimenta de flor.

Antozoário – *Zoo*. Organismo que pertence à classe Anthozoa. Veja Anthozoa.

Antrópico – *Bio*. Que diz respeito à espécie humana.

Antropizado – *Eco*. Constitui o ambiente cujas características originais sofreram ação humana, sendo, portanto, alterado pelo mesmo.

Antropofílico – *Zoo*. Artrópode que é atraído até o homem para efetuar hematofagia. Exemplo: mosquito *Aedes aegypti*.

Antropófilo – *Zoo*. O mesmo que antropofílico. Veja Antropofílico.

Antropos – *Etimo*. Termo de origem grega que significa homem.

Antropozoonose – *Zoo*. Moléstia primária de animais e que pode ser transmitida aos humanos acidentalmente. Exemplo: brucelose, raiva.

Anu-branco – *Zoo*. Nome popularmente conferido à ave da espécie *Guira guira*, família Cuculidae, ordem Cuculiformes. Esta ave habita cerrados e campos com árvores esparsas. É vista em bandos de até 100 indivíduos. Apresenta cerca de 40 cm de comprimento e possui uma crista com penas amareladas. Alimenta-se de insetos, além de ovos e filhotes de outras aves. Faz postura de ovos azulados.

Anu-preto – *Zoo.* Nome atribuído a ave da espécie *Crotophaga ani*, família Cuculidae, ordem Cuculiformes. Apresenta cauda longa e de cor escura. Voa em bandos que podem chegar a 15 aves. Alimentam-se de insetos e pequenos vertebrados, como lagartos, além de filhotes de outras aves. O ninho é coletivo, com a presença de muitos casais. Possui canto característico, sendo considerado um dos mais bonitos por alguns ornitologistas.

Anura – *Zoo.* Grupo de anfíbios que compreende espécies de sapos, rãs e pererecas, também conhecidos como batráquios. Não apresentam cauda, são tetrápodes e possuem o esqueleto adaptado para o salto, com pernas posteriores constituindo verdadeiras alavancas. A pélvis apresenta o uróstilo. São dotados de olhos bem desenvolvidos. Utilizam a projeção da língua para capturar presas. Existem espécies terrestres e aquáticas. Alguns indivíduos exibem as glândulas paratoides, localizadas atrás da cabeça, as quais liberam substâncias tóxicas quando o anuro é ingerido ou pressionado. Podem possuir cores aposemáticas. Certas espécies realizam vocalização associada ao comportamento reprodutivo (existem também cantos de advertência). Alguns sapos são territoriais e utilizam o canto para demarcação. A fecundação é externa, sendo realizado o amplexo axilar ou amplexo inguinal para a cópula. Várias espécies de anuros protegem seus ovos até eclodirem, inclusive atacam predadores que se aproximam do ninho. Dos ovos eclodem os girinos, que depois chegam aos adultos através de metamorfose dos mesmos. Determinadas espécies realizam mimetismo. É o grupo mais numeroso dos anfíbios, apresentando mais de 6.000 espécies descritas.

Ânus – *Anato.* Orifício externo inferior, ou posterior, do tubo digestório, por onde as fezes são eliminadas.

Anus – *Etimo.* Termo de origem latina que significa origem, derivação.

Aorta – *Anato.* Principal vaso de circulação arterial do corpo humano e de outros animais, sendo o mais calibroso. Tem sua origem no ventrículo esquerdo, e parte em várias direções, sofrendo ramificações que possibilitam a distribuição do sangue arterial ao organismo.

Aparelho ambulacral – *Zoo.* Veja Ambulacral, aparelho.

Aparelho aquífero – *Zoo.* O mesmo que aparelho ambulacral. Veja Ambulacral, aparelho.

Aparelho de Weber – *Zoo.* Estrutura presente nos peixes do grupo dos Ostariophysi, constituída por uma sequência de ossículos que une o ouvido interno à bexiga gasosa. Ondas sonoras recebidas pelo ouvido são transmitidas à bexiga natatória, que funciona como órgão de ressonância, aumentando a percepção dos sons por esses animais.

Aparelho hial – *Zoo.* Parte do arco hioide (formado pelo aparelho hial e pelo osso hiomandibular). É constituído pelos arcos branquiais, basi-hial, hipo-hiais, cerato-hiais e epi-hial. Participa do processo de sucção da água para respiração. Presente nos peixes. Sinônimo: aparelho hioide.

Aparelho hidrovascular – *Zoo.* O mesmo que aparelho ambulacral. Veja Ambulacral, aparelho.

Aparelho hioide – *Zoo.* O mesmo que aparelho hial. Veja Aparelho hial.

Aparelho piriforme – *Zoo.* Aparelho próprio dos ovos dos cestódeos da família Anoplocephalidae, nos quais, a membrana mais interna do ovo possui um prolongamento formado por um par de projeções cônicas, em forma de pera, retas ou cruzadas.

Aparelho suspensório – *Zoo.* Também chamado de arco suspensório ou arco mandibular, trata-se de uma estrutura presente no crânio de peixes com função de dar sustentação à mandíbula e auxiliar na fixação dos ossos do opérculo e dos arcos branquiais. É constituído de uma sequência de ossos que liga o osso hiomandibular às maxilas através da articulação dos ossos metapterigoide, quadrado e articular.

Apatogênico – *Bio.* Que não ocasiona doença. Ex.: O protozoário *Entamoeba coli* é usualmente considerado uma espécie apatogênica dos humanos, embora viva no seu tubo digestório.

Aphanes – *Etimo.* Termo de origem grega que significa invisível.

Apiário – *Bio.* Local de criação de abelhas visando à colheita de mel, outros produtos derivados do metabolismo destes insetos, ou a polinização de culturas agrícolas.

Apicultura – *Bio.* Termo que designa a criação de abelhas, geralmente realizada para se retirar produtos provenientes da mesma, como por exemplo: mel, cera, própolis, geleia real, etc.

Apis – *Etimo.* Termo de origem latina que significa abelha.

Aplacophora – *Zoo.* Classe de pequenos moluscos (cerca de 4 mm de comprimento), vermiformes, cabeça pouco desenvolvida e concha inexistente. No interior do manto existem espículas calcárias. São organismos rastejadores. Alimentam-se de cnidários. Existem cerca de 290 espécies descritas, e a maioria vive em profundidades que variam de 200 a 3.000 m.

Apnêustico – *Zoo.* Nos insetos trata-se do tipo de aerossoma em que nenhum espiráculo é funcional.

Apo – *Etimo.* Termo de origem grega que significa longe de, separação.

Ápoda – *Zoo.* Grupo de animais que compreende a cobra-cega ou cecília. São anfíbios escavadores ou aquáticos, desprovidos de pernas, ou estas estão atrofiadas. Vivem quase sempre em ambiente subterrâneo ou de muita umidade. Possuem o corpo cilíndrico e lembram uma serpente. Os olhos são recobertos por pele e funcionam como fotorreceptores, sendo a visão muito rudimentar. Se alimentam de minhocas, cupins, larvas e de insetos adultos. A fecundação é interna, e as fêmeas fecundam seus ovos ou são vivíparas. Estão presentes em locais de clima tropical. Sinônimo: Gymnophiona. Cerca de 174 espécies compõem a fauna mundial dessa ordem, das quais 27 vivem no Brasil. Constituem uma das ordens de vertebrados terrestres menos conhecidas biologicamente. Já o termo ápoda, ou ápodo, provém do grego e significa sem (*a*) pés (*podos*).

Apodiformes – *Zoo.* Nomenclatura utilizada em ornitologia para designar, principalmente, o grupo dos beija-flores. Essas aves apresentam ampla distribuição geográfica, com cerca de 420 espécies descritas em três famílias: Apodidae, Trochilidae e Hemiprocnidae.

Ápodo – *Zoo.* Diz-se dos animais que não apresentam patas.

Apomorfia – *Evo.* Novidade evolutiva de um determinado táxon, que não existia em seu ancestral. As apomorfias servem como base para que pesquisadores agrupem indivíduos em grupos monofiléticos e tracem suas relações filogenéticas.

Aposemática, cor – *Eto.* Coloração vibrante de alguns seres, notificando aos predadores que os mesmos são venenosos, ou sua pele contém toxinas. Algumas espécies apesar de apresentarem cores aposemáticas, não possuem tais toxinas. Dentre os animais que apresentam aposematismo, destacam-se certas espécies de rãs, salamandras e algumas serpentes.

Apsis – *Etimo.* Termo de origem grega que significa lança.

Aptéria – *Zoo.* Área da pele das aves que não apresenta penas. O padrão das aptérias é um dos critérios utilizados na diferenciação de ordem das aves. Sinônimo: aptérila.

Apterigoto – *Zoo.* Diz-se dos insetos que não possuem asas, como por exemplo, pulgas e piolhos. Pertencem à subclasse Apterygota.

Aptérila – *Zoo.* Área da pele que não apresenta penas. Está localizada na superfície do corpo das aves. Sinônimo: aptéria.

Áptero – *Zoo.* Que não apresenta asas.

Apterygogenea – *Zoo.* O mesmo que Apterygota. Veja Apterygota.

Apterygota – *Zoo*. Subclasse de insetos que não apresentam asas, como os piolhos e as pulgas. Sinônimo: Apterygogenea.

Aqua – *Etimo*. Termo de origem latina que significa água.

Aquetos – *Zoo*. Antiga denominação utilizada para os hirudíneos. Veja Hirudinea.

Arachnida – *Zoo*. Classe de artrópodes bem-sucedidos, que habitam quase exclusivamente o ambiente terrestre. Possuem corpo dividido em cefalotórax e abdômen, com exceção dos carrapatos e dos ácaros, nos quais existe uma peça única. Apresentam olhos simples, de quantidade variável. As pernas estão dispostas em quatro pares no cefalotórax. Quelíceras e pedipalpos compõem o aparelho bucal. A alimentação se dá principalmente pela predação de insetos. Possuem reprodução sexuada e fecundação interna. Fazem parte desse grupo aranhas, escorpiões, ácaros e carrapatos. Existem cerca de 100.000 espécies assinaladas nesse grupo, o que representa perto de 10% de todos os artrópodes conhecidos.

Aracno, Arachnes – *Etimo*. Termo de origem grega que significa aranha.

Aracnologia – *Bio*. Ramo da zoologia que se dedica ao estudo dos aracnídeos.

Aracu – *Zoo*. O mesmo que Piava. Veja Piava.

Aracuã-do-pantanal – *Zoo*. Nome popularmente atribuído à ave *Ortalis canicollis*, família Cracidae, ordem Craciformes. Apresenta cor geral marrom e cerca de 50 cm de comprimento. Costuma cantar muito pela manhã. Habita cerrados, matas e margens de rios. Alimenta-se de frutos, folhas e flores. A postura costuma ter três ou quatro ovos, e o ninho é feito sobre árvores pequenas ou no chão.

Araneae – *Zoo*. Trata-se de uma das maiores ordens de artrópodes aracnídeos, que compreende as aranhas. Existem mais de 43.000 espécies descritas. Em virtude da proximidade desses animais com o ser humano e os acidentes que estes podem ocasionar com suas picadas, naturalmente, este constitui um dos grupos de artrópodes mais estudados por biólogos, médicos ou demais profissionais da saúde pública. Veja Aranha.

Araneísmo – *Zoo*. Envenenamento ocasionado por picada de aranha. Os gêneros que mais causam acidentes no Brasil, são: *Loxosceles* (aranha-marrom), *Phoneutria* (aranha-armadeira) e *Lycosa* (tarântula ou aranha-de-jardim). Em 2016, foram contabilizados 29.033 casos de acidentes envolvendo aranhas peçonhentas no Brasil. O termo araneísmo é derivado da palavra latina *araneus* = aranha.

Aranha – *Zoo*. Nomenclatura geral dos artrópodos quelicerados predadores de diversos animais, sobretudo insetos. Apresenta corpo dividido em cefalotórax (prossoma) e abdômen (opistossoma) e exoesqueleto composto principalmente de quitina. O crescimento é realizado a partir da ecdise (muda), uma vez que o exoesqueleto se trata de uma estrutura rígida, de limitado crescimento. No cefalotórax estão presentes os ocelos, quelíceras, pedipalpos e as oito pernas (quatro de cada lado). No abdômen, acomodam-se as glândulas secretoras de fios, denominadas fiandeiras, estrutura da qual as aranhas constroem teias. Também no abdômen estão situados os orifícios respiratórios. Podem viver em teias geométricas ou irregulares, ocupando buracos naturais no solo, fendas de barrancos, árvores e arbustos, troncos podres, cupinzeiros, bromélias, no interior de vivendas humanas, dentre outros locais. São encontradas em todas as regiões da Terra, inclusive na água. A maioria das espécies apresenta hábito solitário, porém algumas possuem hábitos sociais mais ou menos desenvolvidos. O acasalamento usualmente é precedido por uma série de movimentos que permitem à fêmea reconhecer o macho de sua espécie. Os principais inimigos naturais são pássaros, lagartixas, sapos, rãs, escorpiões, parasitos diversos e o ser humano. Por apresentarem glândulas de veneno, existem espécies de interesse médico, especialmente as pertencentes aos gêneros

Loxosceles (aranha-marrom), *Phoneutria* (aranha-armadeira) e *Latrodectus* (viúva-negra). São registradas cerca de 36.000 espécies, embora especialistas estimem que este número seja bem maior, ultrapassando as 100 mil. Determinadas espécies de aranhas vivem por alguns meses, enquanto outras, sobretudo as caranguejeiras, podem viver por até 25 anos.

Aranha-armadeira – *Zoo.* Nome popularmente atribuído à aranha do gênero *Phoneutria*, por ter o hábito de "armar o ataque" posicionando-se com as pernas anteriores para a frente. Veja *Phoneutria.*

Aranha-da-banana – *Zoo.* Nome popularmente atribuído à aranha do gênero *Phoneutria.* Veja *Phoneutria.*

Aranha-marrom – *Zoo.* Nome popularmente atribuído à aranha do gênero *Loxosceles.* Veja *Loxosceles.*

Araponga – *Zoo.* Nome popular da espécie *Procnias nudicollis*, pássaro famoso no Sudeste brasileiro, pertencente à família subordem Tyranni. Possui coloração branca, garganta e face nuas e esverdeadas e mede cerca de 25 cm. Seu canto é alto e lembra o barulho de uma martelada sobre uma bigorna. Pertence à família Cotingidae.

Arara-amarela – *Zoo.* Nome atribuído à ave da espécie *Ara ararauna*, família Psittacidae, ordem Psittaciformes. Apresenta cor geral azul e amarela. Possui cerca de 90 cm de comprimento e pode pesar 1 kg. Costuma ser vista aos pares, mas também em bandos com mais de 30 araras. Habita o cerrado, assim como matas, coqueirais, campos de árvores esparsas, dentre outros. Alimenta-se de sementes e alguns frutos, como o coco. O ninho é geralmente construído em árvores altas. A postura varia de um a seis ovos. É também conhecida por arara-canindé.

Arara-azul – *Zoo.* Nome popularmente concedido à ave *Anodorhynchus hyacinthinus*. É a maior espécie de psitacídeo, e pode atingir cerca de 1 metro de comprimento. Sua plumagem é azul escura. Em geral, é vista em bandos, que podem chegar a mais de dez aves. Os ninhos são feitos em árvores altas. Habita cerrados, coqueirais e matas. Alimenta-se de sementes e frutos. A postura costuma ter dois ovos. Sinônimo: arara-azul-grande.

Arara-canindé – *Zoo.* Ave da espécie *Ara ararauna*, família Psittacidae, também denominada arara-amarela. Veja Arara-amarela.

Arara-vermelha – *Zoo.* Denominação conferida à ave *Ara chloropterus*, pertencente à família Psittacidae, ordem Psittaciformes. Apresenta aproximadamente 95 cm de comprimento e pode pesar mais de 1,5 kg. Geralmente é observada aos pares. Alimenta-se de frutos, sementes, brotos e folhas. Habita cerrados, matas e locais com árvores esparsas. O ninho é construído no oco de árvores altas.

Arbóreo – *Bio.* Característica daquele que vive sobre as árvores o tempo todo ou parcialmente.

Arborícola – *Zoo.* Diz-se daquele ser que vive em árvores.

Arbovírus – *Bio.* São assim designados os vírus nos quais parte do seu ciclo de replicação ocorre em artrópodos, podendo ser transmitidos aos seres humanos ou outros animais pela picada de artrópodes hematófagos. A origem é o termo inglês "arthropod borne vírus". Existem em torno de 500 arbovírus descritos.

Archaeognatha – *Zoo.* Ordem de indivíduos da classe Insecta conhecidos como traças-saltadoras. Apresentam entre 6 e 25 mm de comprimento, em média. Exibem hábitos noturnos e alimentam-se de folhiço, algas, musgos, liquens e detritos. Podem se movimentar rapidamente e saltar, empregando o tórax arqueado e o abdome flexionado para obter impulso. Existem cerca de 500 espécies descritas.

Archaeopteryx – *Evo*. Animal fóssil que data de 130 milhões de anos e apresenta características intermediárias entre os répteis e as aves. Foi uma das espécies que, provavelmente, originou as aves.

Arco branquial – *Zoo*. Série de ossos em forma de arco que sustentam as brânquias. Nos peixes teleósteos geralmente estão presentes quatro arcos.

Arco hemático – *Anato*. Porção de algumas vértebras que se estende ventralmente a partir do centro vertebral formando um arco que circunda vasos sanguíneos, protegendo-os. Comum em vértebras caudais.

Arco hioide – *Zoo*. Estrutura esquelética dos peixes formada pelo aparelho hial e pelo osso hiomandibular. Participa do processo de sucção da água, já que ao abrir a boca, o arco hioide do peixe é deslocado para baixo, movendo também os raios branquiostégios, que são ligados nos ossos basi-hiais. Forma-se uma pressão negativa dentro da cavidade orobranquial, fazendo com que a água entre.

Arco mandibular – *Zoo*. O mesmo que aparelho suspensório ou arco suspensório. Estrutura óssea de peixes cuja função é dar sustentação à mandíbula e auxiliar na fixação dos ossos do opérculo e dos arcos branquiais.

Arco neural – *Anato*. Porção da vértebra que se estende dorsalmente a partir do centro vertebral formando um arco, contornando e protegendo a medula espinal.

Arco visceral – *Zoo*. Cada uma das barras de tecido esquelético que separam as fendas branquiais dos peixes. Os gnatostomados geralmente apresentam sete arcos viscerais, sendo que o primeiro é denominado arco mandibular e forma as maxilas. O segundo recebe o nome de arco hióideo e os demais de arcos branquiais, esses estão relacionados à respiração.

Arctotherium brasiliense – *Paleo*. Espécie fóssil do urso-de-face-curta, animal parecido com o atual urso-de-óculos que habitou a América do Sul durante o Pleistoceno. É um indício de que o clima deve ter sido ameno em regiões onde seus fósseis foram encontrados, como o Nordeste brasileiro.

Ardeidae – *Zoo*. Família que inclui as garças e os socós. Constitui-se de aves pernaltas, de pescoço comprido, em forma de “S”, com bico fino e longo. Alimentam-se de peixes, anfíbios, pequenos répteis e invertebrados.

Área costal – *Zoo*. Porção da asa dos insetos, logo atrás da margem anterior. Tal região pode auxiliar na identificação morfológica de determinadas espécies de insetos.

Área de inverno – *Zoo*. Região geográfica habitada por animais migratórios durante a estação fria. Nesses locais os animais não se reproduzem.

Área de procriação – *Zoo*. Região geográfica habitada por animais migratórios durante a estação reprodutiva, geralmente no verão.

Arenícola – *Bio*. Organismo que vive na areia.

Areolado – *Bio*. Que possui aréola.

Ariramba – *Zoo*. Nome popular das aves da família Alcedinidae, conhecidas também como martim-pescador, pica-peixe ou guarda-rios. Veja Martim-pescador.

Ariranha – *Zoo*. Nome popularmente atribuído ao mamífero carnívoro da espécie *Pteronura brasiliensis*. Apresenta comprimento de até 2 m quando é considerada desde a cabeça até o final da cauda. A cor geral é escura, com manchas brancas na região do pescoço. Habita rios e lagos rodeados por matas. Costuma viver em grupos que podem conter mais de 20 animais. Demarcam território com fezes e urina. Alimenta-se de peixes, aves, serpentes, dentre outros. Vive cerca de 15 anos. Normalmente não é agressiva, e foge ao avistar pessoas. Pertence à família Mustelidae.

Arista – *Zoo.* Cerda grande, geralmente situada na parte dorsal do artículo apical da antena de muitos insetos dípteros. As particularidades morfológicas desta cerda, podem auxiliar na identificação de certas espécies de moscas, por exemplo.

Aristada – *Zoo.* Antena portadora de arista.

Armadilha de Shannon – *Zoo.* Veja Shannon, armadilha de.

Arólio – *Zoo.* Estrutura plana e arredondada, presente entre as garras de insetos da ordem Orthoptera.

Arqueano – *Paleo.* Período compreendido pela era Pré-Cambriana. Data de 4,5 bilhões de anos. Foi quando ocorreu a formação da Terra, com desenvolvimento da litosfera, hidrosfera e atmosfera. Deu-se também o surgimento das primeiras formas de vida na hidrosfera. Antecede o Proterozoico.

Arquêntero – *Embrio.* Cavidade presente no período embrionário, enquanto ocorre a gastrulação. Origina o intestino. Sinônimo: intestino primitivo, gastrocele.

Arqueo, Arch – *Etimo.* Termo de origem grega que significa antigo, o início de.

Arqueócito – *Zoo.* Nome atribuído às células dos poríferos, que dão origem aos elementos esqueléticos das esponjas.

Arthropoda – *Zoo.* Maior grupo dentro do reino Animalia, com mais de um milhão de espécies descritas (atualmente existem 1.130.000 espécies registradas). Isso se deve à grande capacidade de adaptação que esses animais possuem a inúmeros ambientes, o que corresponde a aproximadamente 80% de toda diversidade animal. Apresentam simetria bilateral e pernas articuladas móveis (como determina o nome grego do grupo: *Arthro* = articulação; *podos* = patas). O corpo geralmente é dividido em cabeça, tórax e abdômen (como nos insetos) ou cefalotórax e abdômen, quando há fusão da cabeça com o tórax (como nos crustáceos e aracnídeos). Possuem órgãos dos sentidos desenvolvidos e situados na cabeça ou no cefalotórax. A respiração ocorre por meio de brânquias, traqueias ou pseudobrânquias. Apresentam exoesqueleto, o qual cresce através da realização de mudas. Em geral, são dioicos. A semelhança observada entre estes seres e os anelídeos tem sido invocada como evidência de que ambos apresentam linha evolutiva comum. Existem descritas seis classes de artrópodos: Insecta; Crustacea; Arachnida; Chilopoda e Diplopoda.

Arthros – *Etimo.* Termo de origem grega que significa articulação.

Artículos – *Zoo.* Cada um dos segmentos das antenas, tarsos, ou palpos, dos artrópodos.

Artiodactyla – *Zoo.* Ordem de mamíferos ungulados que compreende o porco, o boi, o veado, o camelo, a cabra, etc. Esses animais apresentam número par de dedos recobertos por um casco. Muitos se caracterizam pela presença de chifres ou cornos. Os onívoros, como o porco, possuem dentição bunodonte, já os herbívoros são selenodontes, todavia em todos estão ausentes os incisivos e caninos superiores. O grupo inclui os animais ruminantes, os quais dispõem de estômago complexo, grande e compartimentado. Estão distribuídos por todo o globo, exceto na Antártida e Oceania. As 220 espécies descritas estão divididas em dez famílias, dentre elas: Camelidae, Giraffidae, Cervidae, Antilocapridae, Bovidae e Suidae.

Asa-branca – *Zoo.* Nome popularmente conferido à ave *Columba picazuro*, membro da família Columbidae, ordem Columbiformes. Apresenta cerca de 34 cm de comprimento. Recebe esse nome em razão da coloração característica de suas asas quando visualizadas durante o voo. Vive em matas, cerrados, caatingas, dentre outros. Alimenta-se de sementes, frutas, brotos de folhas e insetos. Sua postura costuma ser de apenas um ovo. Sinônimo: pomba-asa-branca.

Ascaris lumbricoides – *Zoo.* Nematódeo que parasita o intestino delgado do homem, causando a ascaridíase. Popularmente conhecido como lombriga, é um helminto de ampla distribuição mundial, e acomete principalmente crianças. Verme longo (entre 20-40 cm), de aspecto leitoso, possui três lábios circundando a região oral. Durante seu ciclo de vida, que é monoxênico, apresenta-se nas formas de ovo, larva e adulto. Os ovos são eliminados para o ambiente juntamente com as fezes das pessoas parasitadas. A transmissão ocorre através da ingestão dos ovos. As larvas do parasito realizam migração hepatotraqueal, sofrendo muda nos pulmões. Na faringe, as larvas são deglutidas chegando novamente ao intestino delgado, onde se instalam e iniciam o parasitismo. Cada fêmea tem capacidade de liberar até 200.000 ovos por dia. Educação sanitária e saneamento básico são medidas profiláticas importantes.

Ascaris suum – *Zoo.* Espécie de nematódeo, indistinguível morfologicamente de *Ascaris lumbricoides*, que parasita suínos, e, raramente, humanos. Verme com 20 até 40 cm de comprimento e possuem aspecto leitoso.

Ascídeas – *Zoo* – Pequenos protocordados marinhos que pertencem à classe Ascidiacea. Veja Ascidiacea.

Ascidia, Ascidion – *Etimo.* Termo de origem grega que significa pequena bexiga.

Ascidiacea – *Zoo.* Classe do subfilo Urochordata que compreende as ascídeas. São protocordados marinhos. Vivem solitárias e podem atingir até 10 cm de comprimento. Ficam presas ao substrato de regiões costeiras. Realizam fecundação externa e do ovo eclode uma larva girinoide. Existem cerca de 2.800 espécies descritas.

Asco – *Etimo.* Termo de origem grega que significa saco.

Asconoide – *Zoo.* Tipo de arquitetura corporal das esponjas. É a mais simples das formas, apresentando um átrio não ramificado. Possui pouca capacidade de absorver alimentos.

Aspirador – *Zoo.* Aparelho de coleta de insetos por sucção.

Asquelmintos – *Zoo.* Antiga denominação utilizada para definir animais marinhos heterogêneos. Hoje tais organismos estão descritos nos filos Priapulida, Tardigrada, Rotifera, dentre outros.

Assexuado – *Reprod.* Denominação concedida aos organismos que apresentam reprodução assexuada.

Assimétrico – *Bio.* Sem simetria.

Astacidea – *Zoo.* Infraordem de crustáceos decápodes que contempla as lagostas e os lagostins.

Asteriforme – *Bio.* Que apresenta formato de estrela.

Astero, astro – *Etimo.* Termo de origem grega que significa estrela.

Asteroidea – *Zoo.* Classe de equinodermos que contém as estrelas-do-mar. Apresentam corpo estrelado, emitindo cinco ou mais braços. Algumas espécies podem apresentar 40 braços. A boca e os sulcos ambulacrais localizam-se na face inferior, e o madreporito e o ânus ficam na região aboral. Apresentam esqueleto calcário, com espinhos e tubérculos externamente, estando alguns destes modificados para realizar a remoção dos organismos que se fixam à sua superfície. Os asteroideos são necrófagos ou predadores de animais sésseis. Existem aproximadamente 1.800 espécies descritas. Veja Echinodermata.

Atelos – *Etimo.* Termo de origem grega que significa imperfeito.

Atherinomorpha – *Zoo.* Grupo de mais de 1.300 espécies de peixes marinhos e de água doce. Inclui as ordens Beloniformes, representada pelos peixes-voadores, e Cyprinodontiformes, que inclui espécies comercializadas para aquariofilia.

Atobá – *Zoo.* Ave marinha de médio porte, de plumagem predominante branca. As patas possuem membranas entre os dedos, o bico é pontudo e serrilhado. Os atobás são bons voadores, tendo asas compridas, e alimentam-se basicamente de peixes. Pertencem ao gênero *Sula*, família

Sulidae e ordem Ciconiiformes. O atobá-pardo, *Sula leucogaster*, uma das espécies mais conhecidas, diferencia-se pela plumagem majoritariamente castanha.

Atol – *Zoo.* Tipo de recife de coral que fica sobre o cume de vulcões submersos.

Átrio – *Zoo.* Câmara dentro de uma abertura do corpo. Exemplo: A cavidade central do corpo das esponjas. Sinônimo: espongiocele.

Atriopóro – *Zoo.* Estrutura do corpo de alguns protocordados, que faz a comunicação da cavidade corpórea (átrio), com o meio externo.

Atum – *Zoo.* Nome atribuído aos peixes actinopterígeos, da família Scombridae e gênero *Thunnus*. Vivem em regiões tropicais e subtropicais, nas quais costumam realizar grandes migrações, normalmente formando cardumes. Tem corpo de formato fusiforme, altamente hidrodinâmico, duas nadadeiras dorsais, nadadeira caudal homocerca e com pedúnculo caudal estreito e espinhos queratinosos. São peixes importantes economicamente, sendo muito apreciados pelo homem.

Auchenipteridae – *Zoo.* Família de peixes actinopterígios da ordem Siluriformes, cujos representantes são popularmente conhecidos como olho-de-gato, palmitinho, cangati, pacu, anujá. São peixes de pequeno e médio porte que possuem corpo sem escamas, nadadeiras dorsal e peitorais com forte acúleo, boca terminal, três pares de barbilhões ao redor da boca. Tratam-se de espécies noturnas, que vivem em rios desde o Panamá até a Argentina.

Augusto Ruschi – *Biograf.* Naturalista nascido em dezembro de 1915, em Santa Teresa, pequeno município de colonização italiana na região serrana do Espírito Santo, que se tornou o patrono da ecologia no Brasil. Publicou centenas de trabalhos científicos além de dezenas de livros. Durante seus estudos, Ruschi já alertava sobre a necessidade de se criar reservas ecológicas e os perigos do desmatamento, da monocultura e da poluição. Dedicou-se intensamente ao estudo dos beija-flores, classificando 80% das espécies brasileiras, descrevendo espécies novas e lutando pela conservação dessas aves. A atenção do naturalista também foi voltada ao estudo das orquídeas e bromélias. Ainda jovem Ruschi foi morar no Rio de Janeiro, onde começou a trabalhar no Museu Nacional e no Jardim Botânico, orientado pelo professor Mello Leitão. Em pouco tempo tornou-se professor na Universidade Federal do Brasil e personalidade influente na luta pela preservação de áreas florestais. Fundou o Museu de Biologia Mello Leitão, em Santa Teresa, e a Reserva Biológica de Santa Lúcia. Morreu no dia 5 de junho de 1986 (Dia Mundial do Meio Ambiente) de cirrose hepática consequente de diversas doenças adquiridas ao longo de suas pesquisas de campo. Ruschi teve reconhecimento internacional por seus trabalhos de botânica, zoologia, ecologia e conservação, teve seu rosto ilustrado nas cédulas de 500 cruzados e seu nome associado ao maior prêmio da ecologia nacional promovida a cada quatro anos pela Academia Brasileira de Ciências, a Medalha Augusto Ruschi.

Aulopiformes – *Zoo.* Ordem que inclui o peixe-lagarto (Synodontidae), barracudinas (Paralepididae), peixe-adaga (Anopteridae), dentre outros.

Australiana – *Eco.* Região biogeográfica que compreende a Austrália, Tasmânia, Nova Guiné e Nova Zelândia. Entre os principais animais estão: canguru, coala e lêmures.

Australis – *Etimo.* Termo de origem grega que significa sulino, que vem do sul.

Australopithecus – *Paleo.* Primeiros hominídeos descobertos na África do Sul. Datam de aproximadamente 2 milhões de anos. Acredita-se que estes seres já tivessem assumido a postura vertical, com cerca de 1,30 m de altura e o tamanho do cérebro era ligeiramente maior que aos dos grandes macacos. Alguns instrumentos encontrados próximos a esses fósseis sugerem que eles fabricavam e usavam certos artefatos, suprindo algumas necessidades.

Australopithecus africanus – *Paleo*. Espécie de hominídeo encontrado na África do Sul, que viveu há aproximadamente três milhões de anos. Apresentavam postura bípede e pesavam cerca de 50 kg. Sua dentição era próxima à do *Homo sapiens*. Foi descrita por Raymond Dart, em 1925.

Auto – *Etimo*. Termo de origem grega que significa por si mesmo.

Autóctone – *Eco*. Espécie ou enfermidade nativa de um determinado local. Que não foi artificialmente introduzida.

Autofecundação – *Reprod*. Diz-se da reprodução na qual um gameta feminino é fecundado por um masculino, no entanto ambos os gametas são produzidos pelo mesmo organismo. Esse processo, via de regra, leva à homozigose genética e à pureza das linhagens.

Autostílica – *Zoo*. Tipo de suspensão do arco mandibular em que este não se encontra sustentado através do osso hiomandibular, e sim unido diretamente ao condrocrânio por ligamentos. Está presente nos Placodermi e em outros peixes primitivos.

Autotomia – *Zoo*. Automutilação ou autoamputação de apêndices. Mecanismo comum em fugas de certos vertebrados e invertebrados. A autotomia da cauda realizada por lagartixas durante sua fuga é conhecida pelo público em geral. Usualmente a autotomia é seguida da regeneração do órgão.

Autótrofo – *Eco*. Diz-se daqueles organismos, como os vegetais por exemplo, que apresentam a capacidade de produzir seu próprio alimento a partir de substâncias inorgânicas simples. Um exemplo desse processo é a fotossíntese.

Aves – *Zoo*. Classe de vertebrados que evoluíram a partir de répteis. Apresentam bico córneo (com inúmeros formatos) sem dentes. São bípedes e o corpo é recoberto por penas. Evolutivamente as penas foram originadas das escamas, e são fundamentais para o voo e para a manutenção da temperatura, já que esses animais são homeotérmicos. Os membros superiores estão modificados em asas e os inferiores são os pés, com três ou quatro dedos. Possuem visão e audição bem desenvolvidas, enquanto o olfato é rudimentar. A temperatura corporal costuma ser superior à dos mamíferos, e fica em torno dos 40°C. Apresentam tubo digestivo completo, com papo e moela. Em algumas espécies existe a glândula uropigiana. A respiração é pulmonar, com pulmões ramificando-se em sacos aéreos, os quais têm função de armazenar ar. Muitos ossos são pneumáticos. Apresentam siringe. O osso esterno possui uma projeção chamada quilha ou carena, o que permite a inserção de fortes músculos vitais para o voo. O coração é tetracavitário e não ocorre mistura entre o sangue arterial e o venoso. Não apresentam bexiga, o que auxilia no voo. A urina é rica em ácido úrico, sendo eliminada juntamente com as fezes pela cloaca. São vertebrados dioicos, com reprodução sexuada e desenvolvimento direto. Trata-se de animais ovíparos, com ovo rico em vitelo. Nem todas as aves voam, estando divididas em carenadas (aves que voam) e não carenadas. No Brasil, existem cerca de 1.700 espécies descritas das 9.700 existentes, tratando-se do segundo país com maior número de aves. Taxonomicamente, estão divididas em várias ordens como: Passeriformes, Apodiformes, Ciconiiformes, Columbiformes, Anseriformes, Galliformes, Tinamiformes, Rheiformes, etc.

Aviário – *Bio*. Local apropriado para a criação de aves. Normalmente apresenta fins comerciais, todavia pode ser utilizado com cunho científico nas universidades e centros de pesquisa.

Avifauna – *Zoo*. Conjunto de todas as espécies de aves que habitam uma determinada região geográfica.

Áxis – *Anato*. Segunda vértebra cervical, por onde a atlas (primeira vértebra cervical) gira, o que permite a extensão, flexão e giro da cabeça.

Axóstilo – *Zoo*. Estrutura flexível que serve de eixo de sustentação do corpo de certos protozoários, como por exemplo, do gênero *Trichomonas*.

B

Babesia – *Zoo.* Gênero de protozoários da família Babesiidae, transmitidos por carrapatos. Várias espécies parasitam mamíferos; possui grande importância na pecuária bovina.

Bacalhau – *Zoo.* Peixe de grande importância comercial pertencente à ordem Gadiformes, e ao gênero *Gadus*. São animais de porte médio presentes em mares frios do Hemisfério Norte. Estão ameaçados de extinção devido a sua superexploração pelo homem.

Baço – *Anato.* Órgão vascular linfático relacionado ao sistema imune. É um órgão linfoide secundário, macio, violáceo e localizado no quadrante superior esquerdo do abdômen humano. Faz-se presente na cavidade abdominal de muitos outros animais vertebrados.

Báculo – *Zoo.* Osso presente no pênis de alguns mamíferos, como roedores, cetáceos, carnívoros dentre outros.

Bacurau – *Zoo.* Nome popular das aves do gênero *Caprimulgus*, dentre outros. São animais noturnos, de ampla distribuição geográfica. Possuem plumagem marrom e discreta para se camuflarem entre os troncos de árvore. Alimentam-se de insetos. Pertencem à ordem Caprimulgiformes.

Baen – *Etimo.* Termo de origem grega que significa passo, andar.

Baiacu – *Zoo.* Conhecido também por peixe-balão ou fugu. São peixes da família Tetraodontidae, conhecidos por sua capacidade de inflar o corpo, muitas vezes coberto por espinhos, quando se sentem ameaçados. Algumas espécies possuem o veneno tetrodotoxina em seus ovários, fígado e intestino, sendo que esta substância pode acarretar intoxicações caso a carne não seja preparada corretamente, visto que se trata de um animal apreciado na culinária.

Balaena – *Etimo.* Termo de origem latina que significa baleia. Algumas espécies de baleias possuem este verbete como gênero ou parte da constituição do mesmo. Ex.: baleia-franca (gênero *Eubalaena*), baleia-azul (gênero *Balaenoptera*).

Balancim – *Zoo.* Estrutura que se encontra em número par, na porção terminal do tórax de certos insetos dípteros e serve para manter o equilíbrio durante o voo. O ruído realizado pelos mosquitos e moscas durante o voo é atribuído às vibrações dos balancins. Sinônimo: halteres.

Baleia – *Zoo.* Denominação dada aos mamíferos marinhos cetáceos pertencentes a várias espécies. Os gêneros mais comuns são *Sibbaldus*, *Balaenoptera*, *Eubalaena*, *Neobalaena*, dentre outros. Os membros anteriores são as nadadeiras. Sua imensa boca apresenta inúmeras barbatanas. São os maiores mamíferos da atualidade, podendo pesar mais de 100 toneladas. Há duas famílias, balenídeos e balenopterídeos. A principal diferença é a presença de uma pequena nadadeira dorsal nos balenopterídeos, ausente nos balenídeos. Veja Cetacea e Mysticeti.

Baleia-azul – *Zoo.* Nome popularmente atribuído ao cetáceo da família Balaenopteridae e espécie *Balaenoptera musculus*. É encontrada em todos os oceanos. O nome deve-se a sua coloração azul-acinzentada. Alimenta-se basicamente do crustáceo conhecido popularmente como *krill*, podendo consumir, diariamente, milhões destes indivíduos. A baleia-azul pode passar meses sem se alimentar, vivendo apenas de sua reserva de gordura. Pode atingir 30 m de comprimento e pesar até 120 toneladas, sendo considerado o maior vertebrado existente. O esguicho lançado por este mamífero constitui-se de uma coluna única e pode atingir 10 m de altura. A gestação dura cerca de 1 ano e o filhote pode ingerir até 600 litros de leite por dia. Acredita-se que possam atingir 90 anos de idade ou mais.

Baleia-franca – *Zoo.* Mamífero marinho da ordem Cetacea, subordem Mysticeti (baleias de barbatanas) e espécie *Eubalaena australis*. Trata-se de um dos cetáceos que mais frequentam as águas brasileiras e uma das baleias mais fáceis de se observar em virtude de seu hábito de se aproximar da costa no período de reprodução e criação de filhotes, sobretudo entre junho e novembro, sendo o estado de Santa Catarina a melhor área para observação no Brasil. Pode atingir até 18 m de comprimento e pesar mais de 60 toneladas. Possui corpo negro, com eventuais manchas brancas no ventre, e grande quantidade de calosidades branco-amareladas na cabeça. A cauda é larga e usualmente é retirada da água no ato do mergulho ou em interações com outros indivíduos da mesma espécie. A gestação dura entre 9 e 12 meses. O filhote, após o nascimento, é amamentado por quase 1 ano e passa mais 2 ou 3 anos acompanhando a mãe. São animais dóceis e de nado lento (de 10 a 15 km/h), por este motivo a espécie foi duramente massacrada até quase ocorrer a sua extinção em meados de 1930. Atualmente existem projetos que objetivam a proteção e conservação desta espécie.

Balen – *Etimo.* Termo de origem latina que significa baleia.

Balia, balios – *Etimo.* Vocábulo de origem grega que significa salpicado, marmoreado. Este étimo alude ao aspecto "cheio de pintas" de alguns organismos, como certos peixes e anfíbios.

Barata – *Zoo.* Nome popularmente atribuído, principalmente, aos insetos *Periplaneta americana* e *Blattodea germanica*. Veja *Periplaneta americana* e *Blattodea germanica*.

Baratinha do fígado – *Zoo.* Nome popular conferido ao trematódeo *Fasciola hepatica*, parasito do fígado (ductos biliares) de ruminantes, suínos e animais silvestres, podendo o homem ser o hospedeiro acidental.

Barbas – *Zoo.* Ramificações das penas das aves, que partem da raque.

Barbata, barbatum, barbatus – *Etimo.* Vocábulo de origem latina que denota barba, provido de barba. Ex.: *Pogona barbata* é o nome científico de um lagarto australiano conhecido popularmente como dragão barbudo, já que apresenta uma série de cerdas (ou espinhos) na região da garganta, que podem ser erguidas para assustar predadores, emprestando-lhe o aspecto do uma barba (g. *pogon* ou l. *barbata*). Sinônimo em grego *Pogon*.

Barbatanas bucais – *Zoo.* Estruturas córneas em forma de fileiras presas no céu da boca das baleias sem dentes (Mysticeti). As barbatanas bucais agem filtrando a água para a captura de zooplâncton, principal alimento dessas baleias.

Barbeiros – *Zoo.* Denominação atribuída aos hemípteros triatomíneos, que são insetos hematófagos, transmissores de *Trypanosoma cruzi*, protozoário causador da doença de Chagas, através de suas fezes. São assim evocados por picarem pessoas durante o repouso, principalmente na face (local da barba), por essa região ficar frequentemente descoberta. Veja Triatomíneo.

Barbelo – *Zoo.* Tipo de barbilhão (apêndice carnoso e filamentoso que ocorre em pares na face dos peixes da ordem Siluriformes) de pequeno comprimento.

Barbilhão – *Zoo.* Apêndice carnoso e filamentoso que ocorre em pares na face dos peixes da ordem Siluriformes. Dependendo da região onde se localizam, os barbilhões recebem nomes diferentes, como maxilar, mentoniano, pós-mentoniano, rictal e nasal.

Barbilhão maxilar – *Zoo.* Estrutura carnosa e filamentosa que ocorre em par cuja base se situa logo acima do canto da boca de alguns peixes Siluriformes.

Barbilhão mentoniano – *Zoo.* Apêndice carnoso e filamentoso que ocorre em par e localiza-se na porção inferior do mento de algumas espécies de peixes Siluriformes. Podem estar presentes um ou dois pares de barbilhões mentonianos, sendo que o mais posterior é denominado barbilhão pós-mentoniano.

Barbilhão nasal – *Zoo*. Estrutura carnosa que ocorre em par. Está presente na região da narina de alguns peixes.

Barbilhão pós-mentoniano – *Zoo*. Apêndice carnoso e filamentoso presente em par na porção inferior do mento de alguns peixes Siluriformes. No mento podem estar presentes dois pares de barbilhões, sendo o pós-mentoniano o mais posterior e o mentoniano, o mais anterior.

Barbilhão rictal – *Zoo*. Estrutura carnosa presente em par no canto da boca de alguns peixes Siluriformes. Sua base se situa logo abaixo da base do barbilhão maxilar.

Bárbulas – *Zoo*. Estruturas diminutas presentes nas penas de contorno das aves, projetadas a partir das barbas. Encontram-se dispostas paralelamente e unem uma barba à outra, formando os vexilos.

Barras branquiais – *Zoo*. Estrutura formada por esqueleto visceral, vasos, nervos e músculos, onde se inserem os filamentos branquiais dos peixes.

Barreira geográfica – *Eco*. Diz-se dos fatores que podem dificultar a dispersão de algumas espécies para outras regiões. Exemplos: rios, mares, desertos, cordilheiras, etc.

Barrete – *Anato*. Segunda parte do estômago dos animais ruminantes. O alimento passa no barrete apenas uma vez, pois após a ruminação o alimento chega direto ao omaso. Sinônimo: retículo.

Basal – *Bio*. Referente à base.

Basicônico, sensila – *Zoo*. Sensila localizada na antena de alguns insetos, cuja parte externa apresenta aspecto de cone. Provavelmente possui função olfatória.

Basifixa – *Bio*. Qualquer estrutura fixada pela base.

Basis – *Etimo*. Termo de origem latina que significa base.

Bastonetes – *Anato*. Juntamente com os cones, são as células especializadas na percepção dos estímulos luminosos. Localizam-se na retina.

Batial, distrito – *Eco*. Região do mar situada entre 200 e 2.000 m de profundidade. Nesse nível encontram-se alguns peixes, cetáceos, moluscos e crustáceos, que estão adaptados a grandes pressões e escuridão.

Batis – *Etimo*. Termo de origem grega que significa profundo.

Batmetabolia – *Zoo*. Tipo de metamorfose simples que ocorre em alguns insetos, cujos adultos são terrestres e as ninfas aquáticas.

Batrachos – *Etimo*. Termo de origem grega que significa rã.

Batráquios – *Zoo*. Denominação utilizada para designar os anfíbios, em especial os anuros. No entanto, a terminologia correta refere-se somente às rãs.

Bauplan – *Zoo*. Designa a arquitetura corporal de um organismo.

Bdelos, bdella – *Etimo*. Termo de origem latina que significa sanguessuga, lampreia. Ex.: bdelômetro, instrumento empregado antigamente na medicina para aspirar sangue, tal qual um sanguessuga.

Beija-flor – *Zoo*. Pequena ave, de bico longo e delgado, língua comprida, pés pequenos e asas longas. São bastante ativos durante o dia e podem ser encontrados tanto em ambientes silvestres quanto em áreas urbanas de todo o continente americano. Alimentam-se quase constantemente de néctar, a fim de suprir a grande demanda energética decorrente de seu alto metabolismo. Os ninhos e o choco dos ovos são feitos pelas fêmeas. Realizam voo librado, aquele em que as aves se sustentam paradas no ar. Pesquisas procedidas nos Estados

Unidos apontaram que este pássaro pode percorrer 400 vezes o comprimento do seu corpo em 1 segundo, sendo que um avião caça percorre 150 vezes o seu comprimento, portanto, comparativamente, este provavelmente é o vertebrado mais veloz. Também são denominados colibris. Pertencem à família Trochilidae e à ordem Apodiformes, apesar de alguns sistematas os incluírem em uma ordem própria: Trochiliformes. São exemplos de espécies de beija-flor: *Florisuga fusca* (beija-flor-preto), *Augastes scutatus* (beija-flor-de-gravata-verde) e *Amazilia lactea* (beija-flor-de-peito-azul).

Bem-te-vi – *Zoo.* Nome popularmente atribuído à ave *Pitangus sulphuratus*, pertencente à ordem Passeriformes e família Tyrannidae. Apresenta crista amarela exposta quando procura seu par. Sua plumagem geralmente é amarelada. Possui cerca de 25 cm de comprimento e pesa 60 gramas. Habita matas, cerrados, áreas pantanosas e também costuma ser visto em cidades. Alimenta-se de insetos, frutos, pequenos vertebrados, dentre outros. Seu ninho é feito com gravetos, filamentos e folhas. Normalmente coloca quatro ovos durante a postura. Apresenta um dos cantos mais característicos e conhecidos dentre as aves, sendo trissilábico lembrando as palavras "bem-te-vi"

Bentônico – *Eco.* O mesmo que bentos. Veja Bentos.

Bentos – *Eco.* Conjunto de seres que habitam a profundidade dos mares. Podem ser fixos ou vagantes. Exemplos: algas, poríferos, equinodermos, alguns vermes aquáticos, crustáceos, moluscos, determinados peixes, etc.

Benzopireno – *Eco.* Poluente liberado pela combustão do carvão. Tem ação comprovadamente cancerígena para humanos e outros animais.

Berne – *Zoo.* Vocábulo popular que se refere à larva da mosca *Dermatobia hominis*, a qual origina em seu hospedeiro uma lesão furunculosa provocada pela penetração desta no local, designando uma miíase. Acomete humanos e outros animais, como bovinos e cães, por exemplo.

Bexiga natatória – *Zoo.* Órgão hidrostático presente nos peixes ósseos. Permite que o animal despenda pouca energia para se manter parado em uma coluna de água. Os peixes também murcham ou inflam esta estrutura se desejam descer ou subir na água, respectivamente.

Bexiga urinária – *Anato.* Órgão com origem muscular e membranácea, que tem como função armazenar a urina produzida pelos rins. A urina deixa a bexiga através dos ureteres.

BHC – *Quim.* Abreviatura de cloro-hexano-benzeno. Inseticida clorado de ação residual antigamente empregado no programa de controle de várias doenças transmitidas por vetores. Por não ser biodegradável é danoso ao meio ambiente (pode permanecer no ambiente por até 10 anos), além de possuir alta toxicidade para os humanos e animais domésticos. Sua utilização atualmente é proibida no Brasil, e o mesmo foi substituído, por exemplo, por inseticidas piretroides.

Bi – *Etimo.* Termo de origem latina que significa dois.

Bicheira – *Zoo.* Termo popular usado para designar a lesão produzida por larvas de moscas, sobretudo as ocasionadas por *Cochliomyia hominivorax*. O mesmo que miíase.

Bicho geográfico – *Zoo.* Nome atribuído à afecção LMC (Larva *Migrans* Cutânea), quadro resultante da migração prolongada de larvas de nematódeos através da pele de hospedeiros não habituais, nos quais o helminto, após sua penetração ativa, não consegue completar seu ciclo evolutivo. Traçam na pele do hospedeiro, linhas sinuosas, que seriam como linhas de uma carta geográfica, daí o nome da parasitose. No Brasil, os principais nematódeos que originam essa verminose cutânea pertencem às espécies *Ancylostoma braziliensis* e *Ancylostoma caninum*.

Bicho-de-pé – *Zoo.* Nome popularmente atribuído à pulga *Tunga penetrans* que parasita a pele dos humanos e outros animais. O mesmo que bicho-de-porco ou bicho-de-cachorro. Essa parasitose normalmente ocasiona coceira e pode resultar em infecções bacterianas secundárias.

Bicho-pau – *Zoo*. Nome popularmente atribuído a insetos da ordem Phasmida, em virtude da forma que tais invertebrados apresentam, camuflando-se facilmente entre gravetos. Podem alcançar mais de 20 cm de comprimento. Veja Phasmida.

Bicho-preguiça – *Zoo*. O mesmo que preguiça. Veja Preguiça.

Bico-de-lacre – *Zoo*. Nome popular da espécie *Estrilda astrild*, pequeno pássaro com cerca de 10 cm. Os filhotes apresentam protuberâncias nas laterais do bico. Vivem em ambientes abertos. Podem ser encontrados em bandos contendo centenas de exemplares. Pertencem à família Estrildidae.

Bífido – *Bio*. Bipartido. Estrutura dividida em duas partes.

Big-bang – *Geol*. Teoria que propõem explicar a origem do universo a partir de uma grande explosão ocorrida há cerca de 20 bilhões de anos, a qual proporcionou o começo da expansão da matéria e da energia.

Bigorna – *Anato*. Um dos três ossículos do ouvido médio, cuja função é conduzir as vibrações sonoras. Recebe essa denominação pelo seu formato, que se assemelha a uma bigorna.

Biguá – *Zoo*. Ave da região Amazônica pertencente à espécie *Phalacrocorax brasilianus*, família Phalacrocoracidae, ordem Ciconiiformes. Realiza voos rápidos e vive principalmente na água de lagos, lagoas e rios. Alimenta-se de peixes e costuma mergulhar para capturá-los. Geralmente vive em bandos grandes. Apresenta cerca de 70 cm de comprimento e pode pesar até 1,8 kg.

Bilaminar – *Bio*. Aquele que apresenta duas camadas, duas lâminas.

Bilatérios – *Bio*. Animais que, quando seccionados verticalmente no plano sagital mediano, apresentam ambos os lados semelhantes.

Bile – *Fisio*. Líquido que apresenta sais biliares, os quais fazem a emulsificação das gorduras e facilitam a ação das lipases pancreáticas. A bile é produzida pelo fígado e passa pelos ductos pancreático e cístico para alcançar a vesícula biliar. Posteriormente, passa pelo ducto colédoco e o duodeno. A produção diária de bile é de cerca de 700 mililitros.

Binocular – *Bio*. Relativo aos dois olhos. Microscópios que apresentam lentes oculares para ambos os olhos.

Biocenose – *Eco*. Conjunto de populações que coexistem em determinada região (ou biótopo). Os membros dessa comunidade interagem tanto entre si como com o ambiente ao seu redor.

Biociclo – *Eco*. Divisões da biosfera com características próprias. Geralmente são divididos em três: água doce, ou limnociclo; água salgada, ou talassociclo; terrestre, ou epinociclo.

Biociclo dulcícola – *Eco*. Conjunto formado por todos os ecossistemas de água doce, como rios, riachos, córregos, lagos, lagoas, etc. Sinônimo: limnociclo.

Biociclo marinho – *Eco*. Conjunto constituído por todos os ecossistemas de água salgada, como os oceanos e mares. Sinônimo: talassociclo.

Biociclo terrestre – *Eco*. Conjunto de todos os ecossistemas de ambiente terrestre. Sinônimo: epinociclo.

Biodiversidade – *Eco*. Número de espécies que ocorrem em um determinado ecossistema ou área da comunidade. A biodiversidade pode ser referida desde os níveis de organização celular até os ecossistemas.

Bioética – *Bio*. Ramo da biologia que se destina ao estudo dos problemas éticos decorrentes dos avanços investigativos das ciências biológicas (genoma, células-tronco, transgênicos, etc.) e que propõe soluções adequadas para tais pesquisas.

Biogênese – *Bio*. Teoria formulada em contraponto à teoria da abiogênese. Sugere que a vida pode ser originada apenas a partir de outra vida preexistente. Seus principais idealizadores foram: Francesco Redi, Anton Leeuwenhoek e Louis Pasteur.

Biogenia – *Bio*. Ramo da biologia que se dedica ao estudo da origem dos seres vivos até seu desenvolvimento.

Biogeografia – *Eco*. Distribuição geográfica dos seres vivos e também dos aspectos que influenciam a sua sobrevivência. O planeta está dividido em várias regiões biogeográficas, sendo elas: Alotropical, Antártica, Neártica, Neotropical, Oceaniana, Oriental e Paleártica.

Bioindicador – *Eco*. Espécies de organismos, sobretudo plantas ou animais, que podem ser utilizados para fazer a constatação das condições de uma determinada área. Por exemplo, a ausência de certas espécies de plantas e animais pode indicar que a área está poluída. Um dos grupos biológicos mais utilizados como bioindicadores ambientais são os insetos.

Biologia – *Bio*. Ciência que estuda todos os seres vivos e suas relações, ou seja, a vida. Está subdividida em diversos ramos, como zoologia, botânica, paleontologia, morfologia, parasitologia, microbiologia, genética, evolução, fisiologia, patologia, bioquímica, imunologia, biologia molecular, etc. O profissional graduado em biologia (ciências biológicas) recebe o título de biólogo. A profissão foi regulamentada no Brasil em 3 de setembro de 1979 (hoje a data é tida como o dia do biólogo), originando também o Conselho Federal de Biologia e os Conselhos Regionais.

Bioluminescência – *Eto*. Fenômeno bioquímico pelo qual determinados organismos são capazes de emitir luz. Essa característica pode auxiliar no encontro de parceiro sexual ou presa e também ajudar na fuga de predadores. Determinados cnidários, peixes e insetos realizam tal fenômeno. A presença de órgãos luminescentes parece ser importante para os organismos do fundo do mar, que vivem em total ou quase total escuridão. Estudos apontam que a principal função desta atividade seja a de servir como meio de reconhecimento entre os indivíduos da mesma espécie.

Bioma – *Eco*. Região da biosfera com clima e vegetação próprios. Os biomas apresentam-se como comunidades uniformes. São exemplos de bioma: tundra, campos, desertos, florestas tropicais, florestas temperadas, etc. Os biomas brasileiros são: Amazônia, Cerrado, Mata Atlântica, Caatinga, Pampa e o Pantanal.

Biomassa – *Eco*. Quantidade de matéria orgânica que existe em um organismo ou nível trófico.

Biomedicina – *Bio*. Ramo da biologia que estuda as características morfológicas, fisiológicas e patológicas da espécie humana.

Biometria – *Bio*. Denominação dada ao estudo das medidas dos seres vivos. É aplicada na caracterização das espécies.

Biomphalaria – *Zoo*. Gênero de moluscos que podem ser hospedeiros intermediários do verme trematódeo *Schistosoma mansoni*. São discoides, achatados em ambos os lados e têm em torno de 3 cm de diâmetro. Vivem em ambientes aquáticos, com flora rica e sua alimentação é à base de folhas. No Brasil três espécies apresentam maior importância epidemiológica: *Biomphalaria glabrata* (importante por ser suscetível ao *S. mansoni*), *Biomphalaria tenagophila* e *Biomphalaria straminea*. Um exemplar infectado pelas formas jovens do verme pode liberar mais de 10 mil cercárias por dia, dando origem a uma imensa contaminação das fontes de água. Alguns estudos sobre controle biológico, modificação dos ambientes e utilização de moluscicidas têm sido realizados, mas o saneamento básico e a educação sanitária são as melhores formas de prevenção da esquistossomose.

Biônica – *Bio.* Ciência que aplica os conhecimentos da biologia na edificação de máquinas e sistemas eletrônicos. Procuram-se construir mecanismos artificiais a partir de características próprias dos seres vivos.

Bionte – *Bio.* Ser vivo com determinado modo de vida. Exemplos: aerobionte, diplobionte, estenobionte, haplobionte.

Biontófaga – *Eco.* Diz-se de larvas de moscas que se alimentam de tecido vivo. Ex.: *Dermatobia hominis*.

Biopirataria – *Bio.* Diz-se das ações de extração, roubo ou privatização de recursos naturais, genéticos ou de conhecimentos de um país ou comunidade, sem que estes se beneficiem dos ganhos obtidos a partir do usufruto desses recursos.

Bios – *Etimo.* Termo de origem grega que significa vida. Exemplo: Biologia, ou seja, o estudo (*logos*) da vida (*bios*).

Biosfera – *Eco.* Denominação concedida ao conjunto de todos os ecossistemas da terra.

Biossistemática – *Bio.* Classificação dos seres vivos de acordo com as peculiaridades biológicas que cada um apresenta.

Biossonar – *Eto.* O mesmo que ecolocação. Veja Ecolocação.

Biota – *Eco.* Conjunto de seres vivos de uma determinada região.

Biótico – *Bio.* Relativo à vida.

Biótopo – *Eco.* Local onde vive uma determinada espécie ou comunidade. Também chamado de *habitat* ou ecótopo.

Bipartição – *Reprod.* O mesmo que cissiparidade. Veja Cissiparidade.

Bipectinada – *Zoo.* Tipo de antena cujos artículos apresentam apêndices alongados em ambos os lados, semelhantes às cercas de um pente.

Bípede – *Zoo.* Animal que anda sobre os dois pés. Exemplo: aves, macaco, homem, etc.

Bipinária – *Zoo.* Forma larval de algumas espécies de equinodermos.

Birigui – *Zoo.* Nome popularmente atribuído aos mosquitos transmissores das leishmanioses. Veja *Lutzomyia*.

Birreme – *Zoo.* Apêndices divididos em dois ramos, presentes em alguns artrópodos e certos anelídeos.

Bisão-americano – *Zoo.* Nome conferido ao mamífero artiodáctilo, da família Bovidae e espécie *Bison bison*. Grande ungulado, pode medir 3,5 m de comprimento e pesar 1 tonelada. Durante muito tempo foi alvo de caça pelas tribos americanas e mais recentemente seu couro também foi comercializado, levando o animal a quase se extinguir. Vive em pradarias. Sinônimo: Búfalo-americano.

Biso – *Zoo.* Substância viscosa liberada por alguns moluscos bivalvos, que os auxilia a se fixarem às rochas. É produzido pelas glândulas bissogênicas.

Bivalvia – *Zoo.* Classe de moluscos de água doce ou marinha. O corpo desses animais está encerrado entre as duas conchas, sendo, portanto, sedentários. Podem ficar presos ao substrato, como ocorre com as cracas, que liberam uma substância cimentante. Não apresentam rádula e olhos. O sistema sensorial está ligado aos tentáculos. As conchas são fechadas por músculos adutores que, quando relaxados, permitem a passagem de água para o interior do manto. O alimento é capturado através de filtragem (nos lamelibrânquios) da água. A formação da pérola é procedida por determinadas espécies dessa classe, sendo efetuada através da deposição de substância nacarada sobre algum sedimento. Existem cerca de 20.000 espécies descritas, sendo que cerca de 500 já foram registradas no Brasil. Ostras e mexilhões são os exemplos mais conhecidos. Sinônimo: Pelecypoda.

Bivalvo – *Zoo*. Molusco que pertence à classe Bivalvia. Veja Bivalvia.

Blastocele – *Embrio*. Denominação concedida à cavidade que se encontra cheia de líquidos da blástula.

Blastocisto – *Embrio*. Fase e estrutura do desenvolvimento embrionário, formada por uma porção externa, denominada trofoblasto, e uma interna, na qual o embrião se forma. Durante o desenvolvimento embrionário, a mórula passa das trompas de falópio para o útero, formando a cavidade blastocística. Com isso, há a conversão da mórula em blastocisto. Sinônimo: blástula.

Blastômero – *Embrio*. Fase precoce do desenvolvimento embrionário, em que o embrião é apenas uma massa de células com cavidade cheia de líquidos, a blastocele. Precede a gástrula.

Blastóporo – *Embrio*. Orifício de abertura do arquêntero durante o período embrionário.

Blastos – *Etimo*. Termo de origem grega que significa broto, primórdio.

Blástula – *Embrio*. O mesmo que blastocisto. Veja Blastocisto.

Blatódeos – *Zoo*. Diz-se dos insetos popularmente conhecidos como baratas, que pertencem à Ordem Blattaria. Veja Blattaria.

Blattaria – *Zoo*. Ordem de insetos conhecidos popularmente como baratas. Apresentam corpo achatado, antenas longas, aparelho bucal mastigador e asas (sendo as posteriores membranáceas). As baratas de hábitos silvestres vivem sob pedras, entre troncos e cascas de árvores. As espécies domésticas possuem hábito noturno e apreciam o calor e a umidade, por isso são frequentemente encontradas em cozinhas, próximas ao banho-maria, motor da geladeira, atrás de móveis, etc. São onívoras e existem desde espécies predadoras até aquelas exclusivamente fitófagas. Existem aproximadamente 3.500 espécies descritas. Veja *Periplaneta americana* e *Blattodea germanica*. Sinônimo: Blattodea.

Blattodea – *Zoo*. O mesmo que Blattaria. Veja Blattaria.

Blattodea germanica – *Zoo*. Espécie de barata (ordem Blattaria) comum nos lares brasileiros. Prolifera-se rapidamente em ambiente com alimento e alta umidade, como cozinha e banheiro. Ao contrário da barata-de-esgoto (*Periplaneta americana*), *B. germanica* é de pequeno tamanho e transporta a ooteca até que a eclosão esteja próxima.

Blomia tropicalis – *Zoo*. Espécie de ácaro da poeira domiciliar comum no Brasil. É uma das espécies causadoras de alergias respiratórias, rinite alérgica e asma.

Boa constrictor – *Zoo*. Nome científico da serpente conhecida como jiboia. Veja Jiboia.

Boca inferior – *Zoo*. Tipo de boca, comum em peixes Chondrichthyes, cuja abertura situa-se na região ventral da cabeça.

Boca protrátil – *Zoo*. Tipo de boca capaz de ser alongada para a frente, comum em peixes ciclídeos, como o tucunaré (*Cichla* spp.).

Boca subinferior – *Zoo*. Tipo de boca, comum em peixes Chondrichthyes, cuja abertura é localizada abaixo da região mais anterior do focinho, intermediária aos locais onde se situam os tipos de boca inferior e terminal.

Boca terminal – *Zoo*. Tipo de boca cuja abertura localiza-se na porção anterior do focinho, como ocorre na maioria dos peixes teleósteos.

Bode – *Zoo*. Nome conferido ao artiodáctilo macho da espécie *Capra hircus*. Foi domesticado, e originalmente provém das regiões montanhosas da Eurásia. É herbívoro e o homem os utiliza como fonte de carne, pelos e leite (cabra). A fêmea recebe o nome de cabra, e o animal quando jovem é denominado cabrito. O bode, a cabra e o cabrito formam o grupo dos caprinos.

Boi – *Zoo*. Nome que designa o touro castrado, do qual se distingue por ser mais dócil, além de outros caracteres sexuais secundários. Artiodáctilo domesticado da espécie *Bos taurus*, utilizado pelo homem para serviços de transporte, lavoura, além de fornecer carne para alimentação.

Boidae – *Zoo*. Família de serpentes que compreende as subfamílias Boinae e Pythoninae popularmente conhecidas como boas e pítons, respectivamente. Esta família inclui as maiores e mais robustas serpentes, porém muitos boídeos podem ser pequenos. Espécies desta família podem ser aquáticas, terrestres, semifossoriais ou arborícolas, o que explica a grande diversidade de formas corporais encontrada neste grupo. A maioria das espécies da subfamília Boinae é encontrada nas regiões Neotropicais, embora também ocorram em Madagascar, sudeste do Pacífico, desertos do leste africano e Índia, além do sudeste europeu. Por outro lado, a subfamília Pythonidae ocorre na África, Austrália e Ásia. Diversos boídeos (exemplo: *Corallus*) e pítons possuem fossetas termossensíveis localizadas na região labial que são utilizadas para detectar o calor emitido pelo sangue de suas presas.

Boi-marinho – *Zoo*. Nomenclatura empregada ao mamífero sirênio também conhecido como peixe-boi. Sinônimos: urauá, guarabá ou manaí. Veja Peixe-boi.

Boinae – *Zoo*. Subfamília de serpentes da família Boidae que inclui a sucuri (*Eunectes murinus*) e jiboia (*Boa constrictor*). É composta de 29 espécies de médio e grande porte que ocorrem no continente americano. A maioria das espécies mata suas presas por constrição.

Bokermannohyla circumdata – *Zoo*. Espécie de perereca da família Hylidae encontrada em regiões de serras do Sudeste e Sul do Brasil. O tamanho médio desta espécie é 70 mm, sendo os machos um pouco menores que as fêmeas. Os machos dessa espécie possuem um espinho protrátil na base do primeiro dedo da mão, que é utilizado para ferir outros machos durante disputas por território. Por apresentar tal comportamento agressivo, são conhecidos como sapos-gladiadores, assim como outras espécies da família Hylidae (exemplo: *Hypsiboas faber*).

Bolacha-do-mar – *Zoo*. Tipo de equinodermo que pertence à classe Echinoidea. Animal de simetria radial, formato arredondado, coloração bege e achatado dorsoventralmente, que vive enterrado sob a areia da praia. Alimenta-se de partículas orgânicas livres presentes na areia e na água. Veja Echinoidea.

Bolitoglossa altamazonica – *Zoo*. Espécie de salamandra pertencente à família Plethodontidae. Esta é a única espécie de salamandra descrita para o Brasil (restrita à Amazônia) e também ocorre na Venezuela, Colômbia e Bolívia.

Bolsa amniótica – *Embrio*. O mesmo que âmnio. Veja Âmnio.

Bolsa copuladora – *Zoo*. Bolsa de recepção do esperma, presente na fêmea de vários animais. Trata-se de uma modificação da vagina. Alguns animais machos também podem apresentar tal estrutura e esta passa a ser utilizada para abraçar a fêmea no ato da cópula.

Bolsa do cirro – *Zoo*. Estrutura observada em trematódeos (excetuam-se os Schistosomatidae) e cestódeos, nos quais, o órgão copulador é constituído pela bolsa do cirro, cujas paredes possuem fibras musculares, que acionam a parte distal do canal deferente, denominada cirro.

Bomba cibarial – *Bio*. O mesmo que cibário. Veja Cibário.

Boophilus – *Zoo*. Carrapato ectoparasito de bovinos, mas que pode ser encontrado parasitando outros hospedeiros. São não ornamentados, diferente de *Amblyomma*, providos de olhos e sem festões. Possuem palpo e hispostômio curtos e os machos apresentam placas ventrais ad-anais (ao lado do ânus). Todo ciclo biológico é realizado em um hospedeiro. São vetores dos protozoários: *Babesia* spp. e *Anaplasma* spp. Fazem parte da família Ixodidae.

Borboleta – *Zoo.* Nome conferido a alguns insetos que pertencem à ordem Lepidoptera. Seu ciclo de vida é composto pelas fases de ovo, larva, pupa e adulto, sendo insetos holometábolos. Apresentam um par de antenas e dois pares de asas do tipo membranosas, cobertas por delicadas escamas coloridas que se soltam facilmente ao serem tocadas. São muito contempladas pelo público em geral em virtude da variedade de cores que possuem. Algumas têm cores mais discretas e são capazes de se camuflar. Tem importante papel na polinização das flores, das quais retiram o néctar para a alimentação. Veja Lepidoptera.

Borrachudo – *Zoo.* Nome vulgar atribuído aos insetos simulídeos. Veja Simulídeo.

Borrego – *Zoo.* Como é conhecido o carneiro (*Ovis aries*) antes de completar 1 ano de idade.

Bothrops – *Zoo.* Gênero de répteis da ordem Squamata, e subordem Ophidia, conhecidos popularmente como jararacas. Habitam ambientes úmidos, apresentam hábitos noturnos e costumam ser agressivas. Sua principal fonte alimentar são pequenos mamíferos. Habitam ambientes como matas, áreas cultivadas e locais de proliferação de roedores. Apresentam ampla distribuição no Brasil. São consideradas serpentes agressivas e responsáveis por aproximadamente 80% dos acidentes ofídicos que ocorrem no país. No ano de 2012, foram registrados 20.699 acidentes por este gênero pelo Ministério da Saúde. A peçonha dessas serpentes tem ação citotóxica, proteolítica e coagulante. Popularmente são conhecidas como jararaca, jararaca-pintada, jararaca-do-rabo-branco, jararaca-da-cerca, urutu-cruzeira, surucucu, etc.

Boto – *Zoo.* Mamífero da ordem Cetacea característico da região Amazônica. Popularmente os botos são diferenciados dos golfinhos por habitarem principalmente rios ou água salgada próxima à costa, enquanto os golfinhos são marinhos e vivem em águas mais profundas. Podem medir até 2,5 m de comprimento e pesar mais de 150 kg. O corpo é adaptado à vida aquática, com membros transformados em nadadeiras, sendo fusiforme e hidrodinâmico, orelhas ausentes e pelos corporais escassos. Existem várias lendas sobre o boto, geralmente relacionadas à sua suposta transformação em um belo homem que seduz e engravida mulheres. Veja também Golfinho.

Boto cor-de-rosa – *Zoo.* Mamífero da ordem Cetacea, subordem Odontoceti, família Platanistidae e espécie *Inia geoffrensis*. Trata-se de um animal característico da região Amazônica. Popularmente os botos são diferenciados dos golfinhos por habitarem principalmente rios ou água salgada próxima à costa, enquanto os golfinhos são marinhos e vivem em águas mais profundas. Apresentam coloração rosada, com cauda e nadadeiras peitorais longas. Alcançam até 2,5 m de comprimento e podem pesar mais de 90 kg. Alimentam-se de peixes e crustáceos. Veja também Golfinho.

Bótria – *Zoo.* Tipo de ventosa, originada de sulcos longitudinais. Terminologia utilizada para designar as ventosas modificadas de certos parasitos, sobretudo de alguns trematódeos de interesse veterinário. São órgãos de fixação.

Bovinocultura – *Zoo.* Nome técnico da criação de bovinos (vacas, boi, touro).

Bovinos – *Zoo.* Grupo de mamíferos ungulados, ruminantes, utilizados pelo homem na pecuária, sobretudo para a obtenção de couro, carne e leite. Atualmente existem diversas raças criadas pelo homem, alguns exemplos são: zebu, simental, guzerá, nelore, holandês e caracu.

Brachiopoda – *Zoo.* Filo de animais marinhos semelhantes aos moluscos bivalvos. Encontram-se desde a zona litorânea até o mar profundo. As maiores espécies podem alcançar 8 cm de comprimento. São sedentários (sésseis) e utilizam um lofóforo para se alimentar. São dioicos e realizam fecundação externa. No passado eram bem mais numerosos, pois foram encontrados milhares de fósseis de braquiópodos. As 300 espécies viventes estão separadas em duas classes: Inarticulata e Articulata (mais numerosa).

Brachiosaurus – *Paleo.* Gênero de dinossauros saurópodes que habitaram a América do Norte e África durante o período Jurássico. Trata-se de um dos maiores dinossauros já existentes, com cerca de 25 metros de comprimento. Eram quadrúpedes e possuíam membros anteriores maiores que os membros posteriores (postura parecida com a de uma girafa), o que facilitava que eles ficassem sobre duas patas para alcançar folhas de árvores mais altas, como coníferas.

Brachycera – *Zoo.* Subordem da ordem Diptera, na qual estão incluídas as moscas que contêm antenas formadas por três segmentos. O grupo de maior interesse médico dessa subordem está descrito na família Tabanidae. Veja Tabanidae.

Bradi – *Etimo.* Termo de origem grega que significa lento.

Branchiobdellida – *Zoo.* Grupo de anelídeos, pouco conhecidos, com cerca de 15 segmentos corporais. São ectoparasitos de crustáceos de água doce, sobretudo lagostins.

Branchiopoda – *Zoo.* Classe de crustáceos que contém cerca de 1.015 espécies, todas com menos de 10 cm de comprimento. Apresentam pequenos apêndices cefálicos, nenhum segmento torácico fendido, cabeça e tronco com inúmeros apêndices. Dentro dessa ordem está incluída a pulga-d´água. São habitantes de água doce, embora possam ser diagnosticados em ambientes com moderada salinidade.

Branchiura – *Zoo.* Classe de crustáceos parasitos da pele e das cavidades branquiais de peixes marinhos e de água doce. Alimentam-se de muco e sangue. A cópula ocorre quando estão parasitando o hospedeiro. Existem perto de 200 espécies conhecidas.

Brânquias – *Zoo.* Evaginações do tegumento ou do intestino posterior de insetos aquáticos, através das quais esses conseguem retirar oxigênio dissolvido na água. Inúmeros outros invertebrados aquáticos, ou que passam parte de seu ciclo biológico na água, possuem estruturas denominadas brânquias para respiração. Está também presente nos peixes e em alguns anfíbios (nas fases iniciais de seu desenvolvimento). Nos peixes, são expansões faríngeas com ampla superfície de contato com a água, que por serem irrigadas permitem a troca gasosa entre o sangue do animal e o meio.

Branquiópodo – *Zoo.* Crustáceo que pertence à classe Branchiopoda. Veja Branchiopoda.

Braquiação – *Zoo.* Tipo de locomoção de primatas arborícolas que consiste na oscilação dos braços de galho em galho mantendo-se o corpo em suspensão.

Braquio, Brachium – *Etimo.* Termo de origem grega que significa braço. A expressão também faz referência a “curto”, justamente pelos braços serem mais “curtos” que as pernas.

Braquiodontes – *Zoo.* Dentes molariformes que apresentam coroa baixa, como os dentes de hamsters.

Braquios – *Etimo.* Termo de origem latina que significa curto. O termo também faz referência aos braços, justamente por esses membros serem mais “curtos” que as pernas.

Braquíptero – *Zoo.* Termo aplicado às asas curtas, que não cobrem o abdômen. Presente em alguns insetos.

Brevilínio – *Anato.* Biotipo que descreve pessoas baixas, de pescoço e membros curtos em relação ao tronco. O tórax apresenta grande diâmetro anteroposterior. Veja Mediolíneo, Longilíneo.

Bronquíolo – *Anato.* Subdivisões da árvore brônquica, que vão dos brônquios até os lobos do pulmão.

Brônquios – *Anato.* Tubos calibrosos, ramificados a partir da traqueia, que realizam a passagem de ar dos pulmões. Transportam tanto o ar inalado da traqueia até os alvéolos pulmonares, quanto o caminho inverso. São constituídos de tecido cartilaginoso e musculatura lisa revestida por membrana mucosa.

Brotamento – *Reprod.* O mesmo que gemiparidade. Veja Gemiparidade.

Bryon – *Etimo*. Termo de origem grega que significa musgo.

Bryozoa – *Zoo*. Filo de animais aquáticos, pequenos e lofoforados. Vivem em colônias que podem somar milhões de indivíduos. São hermafroditas e desenvolvem-se assexuadamente por brotamento. Alimentam-se de matéria orgânica em suspensão. a partir de filtração através de lofóforo. Existe registro de 4.000 espécies contidas em três classes: Phylactolaemata, Stenolaemata e Gymnolaemata, sendo esta última a que compreende o maior número de espécies.

Buco – *Etimo*. Termo de origem latina que significa boca.

Búcula – *Zoo*. Diz-se da crista situada no lado ventral da cabeça dos insetos hemípteros, em cada lado do rostro.

Budum – *Zoo*. Nome popularmente utilizado para designar os opiliões, em razão dos odores que esses liberam em algumas oportunidades.

Bufo – *Zoo*. Gênero que contém 12 espécies de sapos com distribuição restrita ao continente Europeu. Tal gênero abrangia anteriormente todas as espécies de sapos brasileiros, porém o mesmo foi recentemente substituído por dois gêneros no Brasil: *Rhinella* e *Rhebo*. Veja Sapo, Sapo-cururu, Sapo-da-areia, Sapo-gigante.

Bufonidae – *Zoo*. Família de anuros popularmente conhecidos como sapos. São cosmopolitas em regiões temperadas e tropicais, exceto por Madagascar e regiões da Papua-australia. Esses animais permanecem mais tempo em ambientes terrestres e grande parte das espécies desta família possui glândulas paratoides produtoras de veneno (exemplo: *Bufo*), exibem pele mais seca que a das rãs, com verrugas pustulares, além de não apresentarem membranas interdigitais. Uma sinapomorfia importante para essa família é a presença do órgão de Bidder.

Bugio – *Zoo*. Nome popularmente atribuído ao primata do gênero *Alouatta*. Macacos de hábitos diurnos, arborícolas e que vivem em grupos de até 20 animais no alto das árvores. Emitem vocalizações que podem ser ouvidas a longa distância. Os machos são pretos e as fêmeas castanho-amareladas. Apresentam cerca de 1,20 m de altura e podem pesar 7 kg.

Bulbo esofagiano – *Zoo*. Característico dos nematódeos da superfamília Oxyuroidea, nos quais, o esôfago apresenta-se diferenciado na região distal, com uma estrutura muscular arredonda e proeminente, que serve para auxiliar na sucção de alimentos.

Bunodonte – *Zoo*. Tipo de dente molariforme que apresenta cúspides baixas e arredondadas adaptadas para mastigação e trituração de alimentos. Em geral presentes em animais onívoros, como os porcos.

Bunostomum – *Zoo*. Gênero de verme com importância veterinária por parasitar o intestino delgado de ruminantes. São helmintos hematófagos e podem produzir anemia durante o parasitismo, ocasionando fraqueza e perda de peso. O tratamento é realizado com anti-helmínticos.

Burro – *Zoo*. Nome atribuído ao mamífero ungulado da ordem Perissodactyla, família Equidae, resultado do cruzamento do jegue, ou jumento (*Equus asinus*) com a égua (*Equus caballus*). São semelhantes aos cavalos, diferenciando-se por terem orelhas maiores e corpo menor, e também por serem inférteis. São utilizados principalmente na montaria e no transporte de carga, já que são muito resistentes. Sinônimo: asno.

Búteo – *Zoo*. Nome popular de algumas aves da família Falconiforme, também conhecidas como gaviões. Veja Gavião.

Caatinga – *Eco.* Zona fitogeográfica brasileira caracterizada pelo clima semiárido com chuvas escassas. A temperatura média é elevada e o solo é pobre. A vegetação (geralmente cactáceas) não atinge grandes alturas. Para se proteger da transpiração excessiva, esses vegetais possuem espinhos e folhas com limbo reduzido, e algumas espécies ainda sofrem queda foliar periodicamente. Os vegetais mais comuns são: mandacaru, xiquexique, facheiro, quipá, juazeiro, umbuzeiro, maniçoba, etc. A caatinga distribui-se por todo o Nordeste brasileiro e atinge uma área de 800.000 km^2, que corresponde a 10% do território nacional.

Cabeça – *Anato.* Região superior do organismo, formada pelo conjunto da face e do crânio no homem, e em inúmeros outros animais.

Cabra – *Zoo.* Nome conferido ao mamífero ungulado e ruminante da espécie *Capra hircus*. É um animal doméstico muito utilizado na pecuária, sobretudo para a obtenção de lã e leite. Veja também Bode.

Cabrito – *Zoo.* Nome atribuído ao exemplar jovem do bode (*Capra hircus*). Veja Bode.

Cachalote – *Zoo.* Nome popularmente conferido aos mamíferos da ordem Cetacea, do grupo Odontoceti, família Physeteridae e espécie *Physeter macrocephalus*. Trata-se de um dos cetáceos mais conhecidos, popularizado pelo conto "Moby Dick", de Herman Melville (1819-1891). A distribuição dessa espécie abrange todos os oceanos. Apresenta dentes fortes e cabeça grande e retangular, com espermacete bem desenvolvido. A mandíbula é especialmente pequena quando comparada ao tamanho da cabeça. A coloração geral é cinza-escura, com algumas áreas brancas junto à boca, e esparsamente distribuídas na região umbilical e anal. Algumas espécies podem alcançar até 18 m de comprimento e pesar mais de 40 toneladas, sendo os machos maiores e mais pesados. São polígamos, e a maturidade sexual é alcançada aos 9 anos, embora o animal continue a crescer até os 25 anos. Após o acasalamento, segue-se uma gestação de 14 a 16 meses, e o filhote nasce com quase 5 m e é amamentado por cerca de 1 ano.

Cachorro – *Zoo.* O mesmo que cão. Veja Cão.

Cachorro-do-mato – *Zoo.* Nome concedido a várias espécies de cães silvestres, sobretudo o carnívoro *Cerdocyon thous*. Sua coloração geralmente é acinzentada e a extremidade das patas é preta. Chega a medir 1 metro de comprimento da cabeça até a ponta da cauda. Apresenta hábito crepuscular e noturno, ficando escondido durante o dia. Vive em campos, matas e cerrados. É onívoro. Costuma ser visto aos pares. Sinônimo: Graxaim.

Cachorro-vinagre – *Zoo.* Nome popularmente atribuído à espécie *Speothos venaticus*. São carnívoros de hábitos diurnos, que se escondem em buracos no solo. Habitam florestas e locais próximos a rios, onde nadam com grande habilidade. Alimentam-se basicamente de roedores. Apresentam 70 cm de comprimento e pesam 7 kg. Apresenta *status* de espécie ameaçada no Brasil.

Cadeia alimentar – *Eco.* Relação entre os seres que se nutrem de alguns organismos e servem de alimentos para outros. É uma sequência de transformações que a matéria passa, desde os produtores até os decompositores. Sinônimo: teia alimentar.

Cadela – *Zoo.* Como é chamada a fêmea do cão. Veja Cão.

Caecilia gracilis – *Zoo.* Nome científico de anfíbios ápodos, popularmente conhecidos como cecília ou cobra-cega. Veja Cecília.

Cágado – *Zoo.* Nome concedido a alguns répteis da ordem Chelonia. Vivem em ambientes de água doce e pantanosos, o que os diferencia das tartarugas (que são marinhas) e dos jabutis (terrestres). Alimentam-se de plantas e alguns pequenos peixes. O formato do corpo é adaptado à vida semiaquática, com casco achatado e membrana interdigital para auxiliar na natação. Apresentam pescoço longo e unhas nas patas. Existem mais de 30 espécies conhecidas. Veja: Chelonia; Tartaruga; Jabuti.

Cairomônio – *Eco.* Compostos químicos emitidos por um organismo que provocam resposta em indivíduo de outra espécie, favorecendo o receptor. Logo, um cairomônio é prejudicial ao seu produtor.

Caixa torácica – *Anato.* Estrutura formada pelas vértebras, costelas, osso esterno e pelas articulações desses locais. Interiormente abriga órgãos vitais, como os pulmões e o coração.

Cálamo – *Zoo.* Base da pena das aves.

Calcâneo – *Anato.* Maior osso do pé. Forma o calcanhar.

Calcarea – *Zoo.* Classe das esponjas. As espículas dessas esponjas são formadas por carbonato de cálcio. Sinônimo: Calcispongiae.

Calcispongiae – *Zoo.* O mesmo que Calcarea. Veja Calcarea.

Cali – *Etimo.* Termo de origem grega que significa bonito, belo.

Cálice renal – *Anato.* Unidade dentro do sistema renal, que transfere a urina do córtex renal para a pelve e os ureteres.

Calíptera – *Zoo.* Refere-se às dobras membranosas ou expansões presentes nos halteres de alguns dípteros ditos caliptrados.

Calium, kalium – *Etimo.* Termo de origem latina que significa potássio.

Callichthyidae – *Zoo.* Família de peixes actinopterígios da ordem Siluriformes, cujos representantes são popularmente conhecidos como cascudinhos, cascudos, caborja e tamboatá. Caracterizam-se por possuírem uma carapaça que protege a pele contra predação. A carapaça é formada por placas que formam um zigue-zague na linha média. Algumas espécies são forrageiras. Conseguem viver em ambiente com baixa concentração de oxigênio, sendo capazes de capturar oxigênio atmosférico. Determinadas espécies são conhecidas em aquários, os chamados “cascudinhos de aquário”.

Calliphora – *Zoo.* Gênero de moscas da família Calliphoridae que apresentam múltiplas colorações. O aspecto de beleza justifica a denominação *Calliphora*, termo de origem grega que significa portador (*phoros*) de beleza (*callis*). Veja Calliphoridae.

Calliphoridae – *Zoo.* Família que compreende vários gêneros de moscas causadoras de miíases (bicheira), as quais, popularmente, são conhecidas como moscas varejeiras. Os gêneros *Lucilia*, *Cochliomyia*, *Chrysomya* e *Calliphora* são alguns dos mais importantes na entomologia médica e veterinária.

Callitroga americana – *Zoo.* Sinonímia de *Cochliomyia hominivorax*. Veja *Cochliomyia hominivorax*.

Calyptratae – *Zoo.* Nome atribuído aos dípteros que apresentam calíptera.

Camada de ozônio – *Eco.* Camada gasosa localizada na estratosfera, situada entre 15 e 45 km da superfície da terra. O gás presente nessa camada (ozônio) funciona como filtro para o excesso de radiação ultravioleta que incide na Terra, sendo importante para a manutenção da saúde de inúmeros seres vivos. Pesquisas têm mostrado que a destruição dessa camada é feita, principalmente, através do CFC (clorofluorcarbono), também conhecido como gás freon. Esse gás é utilizado na indústria de aerossóis, geladeiras, ar-condicionados, dentre outros. A destruição da camada de ozônio modificará de forma irreversível o clima da terra. Um dos efeitos já notáveis sobre a espécie humana é o aumento do número de pacientes com câncer de pele nas últimas décadas.

Camaleão – *Zoo.* Grupo de répteis da ordem Squamata e subordem Lacertilia. São animais adaptados à vida arborícola. Seus pés se agarram fortemente a galhos de árvores, o corpo é achatado lateralmente, a visão é bem desenvolvida, o que facilita a captura de suas presas através do lançamento da língua. A língua projetada pode atingir uma distância maior que o comprimento do corpo, sendo pegajosa na extremidade. Seus olhos são capazes de girar, possibilitando um campo visual de 360°. A cauda é preênsil, o que os auxilia a se locomover sobre troncos. Possuem a capacidade de mudar de cor em algumas situações, o que lhes fornece camuflagem para se protegerem de predadores. Pertencem à família Chamaeleonidae. Um exemplo de espécie é o camaleão-comum, *Chamaeleo chamaeleon.*

Câmara filtradora – *Zoo.* Parte do tubo digestivo de insetos da subordem Homoptera, na qual o intestino posterior se une ao intestino anterior, para filtrar o excesso de água ingerida, eliminando-a diretamente para o meio, sem passar pelo intestino médio.

Camarão – *Zoo.* Denominação geral de diversas espécies de crustáceos da ordem Decapoda. Apresentam corpo comprimido lateralmente e abdômen muscular longo. O cefalotórax possui rostro serrilhado com forma de quilha. Usualmente o exoesqueleto é pouco espesso, quitinoso e não calcificado. A maior parte apresenta hábitos bentônicos e anda sobre o substrato. A pesca de camarões representa importante atividade pesqueira, sendo um dos crustáceos mais apreciados na culinária. Em determinadas regiões, em virtude de sua grande procura, tais animais são criados com fins comerciais, sendo esta técnica denominada carcinocultura. São animais marinhos ou de água doce. Alguns gêneros de camarão: *Macrobrachium, Xiphopenaeus, Farfantepenaeus*, dentre outros.

Cambacica – *Zoo.* Pequeno pássaro da espécie *Coereba flaveola*, comum em zonas urbanas. Mede cerca de 10 cm, apresenta o ventre amarelo, dorso castanho, pescoço claro e uma listra escura na região dos olhos, assemelhando-se a um bem-te-vi, porém de menor porte. O bico é fino e curto, adaptado à alimentação composta de insetos e néctar. São frequentemente vistos em ambientes urbanos no Brasil. Pertencem à família Fringillidae.

Cambriano – *Paleo.* Período geológico compreendido pela era Paleozoica. Data de 550 milhões de anos. Nesse período a Terra era um local de clima quente, com extensos mares nas regiões equatoriais. As algas eram abundantes e há registros dos primeiros artrópodes (trilobitas, braquiópodos, moluscos e equinodermos). Antecede o Ordoviciano.

Camelo – *Zoo.* Diz-se dos mamíferos ruminantes da ordem Artiodactyla, pertencentes à família Camelidae e à espécie *Camelus bactrianus*. São animais destituídos de cornos, apresentam pelagem castanha e possuem duas corcovas, o que os diferencia dos dromedários. Medem 2 m de altura e podem pesar mais de 600 kg. São encontrados na Ásia. Comumente são utilizados pelo homem como meio de transporte no deserto, uma vez que podem passar longos períodos sem beber água.

Campaniforme – *Zoo.* Órgão do sentido de alguns invertebrados, sem processo externo, no qual a parte cuticular tem aspecto de sino emborcado. Usualmente estas larvas exibem pernas torácicas longas e ágeis.

Campina – *Eco.* Variação do bioma do tipo campo, em que existe uma região coberta por gramíneas, com poucas e esparsas árvores.

Campodeiforme – *Zoo.* Larva de inseto semelhante ao gênero *Campodea* (Thysanura). O mesmo que tisanuriforme.

Campos – *Eco.* Tipo de bioma terrestre no qual as gramíneas constituem vegetação predominante, entretanto também existem vegetais arbustivos e arbóreos. Este bioma ocorre na região centro-oeste da Europa, na América do Norte e em alguns locais da Austrália e da América do Sul. Os campos podem receber diversas denominações, dependendo do local onde se encontram: pampas (Rio Grande do Sul), cerrados (Minas Gerais, São Paulo, Mato Grosso, Goiás), estepe (Rússia), pradarias (Estados Unidos), savanas (África). A fauna é variável, e no Brasil predominam as aves e os mamíferos herbívoros.

Campos cerrados – *Eco.* Zona fitogeográfica brasileira caracterizada pelo clima tropical. É úmida no verão e seca no inverno. A vegetação é esparsa, com árvores baixas e de galhos tortuosos, havendo predomínio de gramíneas. O solo é naturalmente pobre em nutrientes minerais. Entre as espécies vegetais conhecidas estão a copaíba, carobinha, ipê, jacarandá-do-campo, caviúna, barbatimão, lixeira, dentre outras. Ocorre em Goiás, nordeste de Minas Gerais, Mato Grosso (Pantanal Mato-Grossense), São Paulo, Bahia, Maranhão e Piauí.

Campos limpos – *Eco.* Zona fitogeográfica brasileira caracterizada por plantas gramíneas e herbáceas, sendo rara a presença de árvores. Ocorrem no Rio Grande do Sul (pampas), Santa Catarina e sul do Paraná. A topografia, normalmente, é plana. Os campos limpos são úteis para a pecuária, pela presteza dos mesmos para a pastagem.

Camuflagem – *Bio.* Mecanismo que alguns seres apresentam de se dissimularem no ambiente em que vivem, geralmente trocando de coloração ou de forma. Exemplo: camaleão.

Canais semicirculares – *Anato.* Canais que se comunicam com o vestíbulo do ouvido. Podem ser divididos em três: anterior, posterior e lateral. Formam uma parte do labirinto ósseo do ouvido interno.

Canal deferente – *Anato.* Longo tubo que está envolvido na passagem dos espermatozoides do epidídimo ao ducto ejaculador, para a saída pela uretra prostática, durante a ejaculação. Esse canal é seccionado na cirurgia de vasectomia.

Canal ginecóforo – *Zoo.* Canal ou depressão longitudinal do corpo de machos trematódeos da espécie *Schistosoma mansoni*, dentro do qual fica alojada a fêmea no momento da cópula. Como estes parasitos não possuem órgão copulador, o esperma é espalhado pelo canal ginecóforo e penetra no genital da fêmea que está aí abrigada.

Canaliculado – *Bio.* Que possui canalículos (pequenos canais).

Canalículo – *Bio.* Pequeno canal ou tubo.

Candiru – *Zoo.* Peixe da Região Amazônica, hematófago, que pode penetrar na uretra humana, tanto masculina, quanto feminina, ou outros orifícios, como o ânus. Apresenta entre 1 e 3 cm de comprimento. Sua retirada é cirúrgica. A espécie mais importante no Brasil é *Vandellia cirrhosa*. Sinônimo: Peixe-vampiro.

Cangalinha – *Zoo.* Nome vulgar dado a mosquitos do gênero *Lutzomyia* devido à posição assumida por estes quando em repouso, suas asas não se entrecruzam sobre o corpo, permanecendo entreabertas, levantadas, configurando uma pequena cangalha.

Cangambá – *Zoo.* Nome popular dado aos mamíferos dos gêneros *Conepatus*, encontrado do México ao sul da América do Sul, e *Mephitis*, que habita a América do Norte. O cangambá possui pelagem preta, com duas listras brancas longitudinais no dorso, cauda longa e peluda, glândulas de cheiro na base da cauda que, em situações de perigo, secretam um líquido de odor forte, fétido e que provoca ardor ao inimigo. Medem cerca de 60 cm de comprimento total e pesam até 2 kg. São também conhecidos como jaratataca, jaritataca e jitira.

Canguru – *Zoo*. Mamífero marsupial, que é comum na Austrália e na Tasmânia. Representante da família Macropodidae, ordem Diprotodontia e gênero *Macropus*. Possui as patas traseiras fortemente desenvolvidas, o que o possibilita locomover-se através de saltos. O pelo é castanho-claro, as orelhas grandes e as patas dianteiras curtas. No ventre, está presente o marsúpio, bolsa para onde os filhotes vão logo após o nascimento. Lá eles ficarão protegidos, vão agarrar-se a um mamilo (localizado no interior do marsúpio) e assim poderão completar seu desenvolvimento. Trata-se dos maiores marsupiais existentes, pesando até 90 kg. São herbívoros.

Canibalismo – *Eco*. Tipo de relação desarmônica intraespecífica, em que o indivíduo se alimenta de outro da mesma espécie. Exemplos: Entre algumas espécies de aranhas, é comum o canibalismo que fêmeas realizam sobre machos após a cópula. Entre certas espécies de peixes existe o canibalismo dos ovos e embriões.

Canino – *Anato*. Tipo de dente com uma única cúspide afiada e longa, que corta os alimentos em pedaços. Estão localizados entre pré-molares e incisivos. Existem dois caninos em cada maxila.

Canjiquinha – *Zoo*. Como é popularmente chamada a larva de *Taenia*, denominada cientificamente de cisticerco.

Cantaridina – *Zoo*. Substância com princípio vesicatório de certos besouros da família Cantharidae. Está localizada nos élitros e produz bolhas na pele humana.

Cantarofilia – *Zoo*. Polinização das plantas a partir de besouros (coleópteros).

Cão – *Zoo*. Nome concedido aos mamíferos carnívoros da espécie *Canis familiaris*. Pertencem à família Canidae, e caracterizam-se por focinho longo, orelhas grandes, caninos afiados, molares secodontes, postura digitígrada (apenas os dedos tocam o chão e não os ossos do pé), olfato e audição aguçados e alimentação onívora. Existem diversas raças deste animal, sendo a maioria domesticada pelo homem para viver em suas casas como animais de companhia, ou como cães de caça. Estudos sugerem que o cão ouve quatro vezes melhor que um ser humano e seu olfato seja mais de 40 vezes mais sensível. No Brasil, existem cerca de 52 milhões de cães, com isso, o país contém uma das maiores populações desses animais de estimação no mundo.

Capacidade de campo – *Eco*. Quantidade de água que um solo consegue reter, contra a ação da gravidade. Está relacionada com o tipo de solo, sobretudo com os grãos que o formam.

Capacidade de suporte – *Eco*. Representada pelo símbolo *K*, trata-se do número de indivíduos de uma espécie que pode viver em uma determinada área, de modo que as taxas de mortalidade e natalidade da população se igualem.

Capillaria – *Zoo*. Verme filamentoso e delgado, pertencente à família Trichuroidea. Possui de 1 a 5 cm de comprimento. O macho apresenta longo espículo e a fêmea libera ovos semelhantes aos do helminto *Trichuris*. Ocorre como parasito de várias espécies, figurando especialmente entre aves e mamíferos.

Capillaria hepatica – *Zoo*. Nematódeo pequeno, delgado, normalmente parasita roedores, mas pode acometer cães, gatos e humanos. Parasita o parênquima hepático de ratos onde o indivíduo fêmea faz a postura. Esses ovos só alcançam o ambiente externo quando o roedor morre e é decomposto, ou se for ingerido por algum animal. Após cerca de 1 mês no ambiente, os ovos tornam-se embrionados, e ao serem deglutidos por novo hospedeiro, como o homem, eles eclodirão no intestino. Posteriormente, os helmintos liberados migrarão até o fígado. O parasitismo pode causar dano aos hepatócitos, com focos de necrose. Também ocasiona febre alta, anemia e fraqueza, que se somam a leucocitose, eosinofilia e hipergamaglobulinemia, existindo casos de hepatomegalia (com fígado doloroso à palpação). A infecção no homem é rara, mas existem casos relatados no Brasil. As crianças, em razão de seus hábitos, são as mais acometidas.

Capitada – *Zoo.* Tipo de antena cujos últimos artículos se alargam repentinamente. Semelhante à antena clavada.

Capivara – *Zoo.* Denominação atribuída ao roedor da família Hydrochoeridae e espécie *Hydrochoerus hydrochaeris*. É nativa do continente americano e consiste no maior roedor do mundo, com cerca de 1,2 metro de comprimento, podendo pesar 90 kg quando adulta. Sua dentição é composta por molares do tipo lofodontes (com cúspides alongadas e paralelas entre si), e um par de incisivos em cada maxila, esses com crescimento contínuo. Caninos estão ausentes. É adaptada para a vida em ambientes alagadiços e aquáticos, apresentando membranas interdigitais para o nado e olhos, orelhas e orifícios nasais localizados na parte superior da cabeça, facilitando, portanto, ficar a espécie parcialmente submersa. No Brasil este mamífero apresenta distribuição geográfica que coincide com os cursos de água. Utiliza glândulas, localizadas na parte superior do focinho, para demarcar território. Vive em grupos e são animais prolíferos. Apresenta hábito diurno e noturno. Alimenta-se, fundamentalmente, de plantas aquáticas. Vive cerca de 10 anos. Em determinados locais, tem crescido o interesse zootécnico e comercial pela espécie, especialmente na produção de carne. No que tange à saúde pública, tais roedores são potenciais portadores da bactéria *Rickettsia rickettsii*, causadora da febre maculosa.

Capoeira – *Eco.* Tipo de vegetação aberta caracterizada pela presença de gramíneas, arbustos e árvores bastante dispersas. A capoeira geralmente se desenvolve em locais que sofreram desmatamento de vegetação primária.

Caprimulgiformes – *Zoo.* Nomenclatura utilizada na ornitologia para designar a ordem dos bacuraus, curiangos, mães-da-lua, urutaus, etc. São aves de hábitos noturnos e grande distribuição geográfica. No Brasil, estão divididas em três famílias e cerca de 30 espécies.

Caprinos – *Zoo.* Nomenclatura referente aos animais da subfamília Caprinae, ordem Artiodactyla, representada por bode, cabra e cabritos. São animais capazes de sobreviver em condições de alimentação escassa e de baixa qualidade, entretanto seu desempenho e produção de derivados ficam comprometidos. Acredita-se que estes animais foram domesticados pelos humanos há cerca de sete mil anos.

Cápsula articular – *Anato.* Membrana conjuntiva que envolve a articulação sinovial (por exemplo, do joelho). Apresenta a membrana fibrosa externamente (mais resistente) e a membrana sinovial internamente.

Cápsula bucal – *Zoo.* Cavidade bucal de nematódeos (exceto superfamília Trichinelloidea), cujas dimensões e formas são variáveis, podendo apresentar dentes, lancetas, placas cortantes e coroa radiata.

Cápsula ovígera – *Zoo.* Pequeno saco repleto de ovos com revestimento fibroso presente no interior das proglotes de certos cestódeos. As cápsulas ovígeras de *Dipylidium caninum* contem cerca de 20 ovos.

Caracará – *Zoo.* Nome popular da espécie *Caracara plancus*, também conhecida como carcará ou carancho. Veja Carcará.

Caracol – *Zoo.* Nome popularmente conferido aos moluscos terrestres que pertencem à classe Gastropoda. Veja Gastropoda.

Caramujeiro – *Zoo.* Denominação conferida à ave *Rostrhamus sociabilis* da família Accipitridae. Trata-se de um gavião de cor geral escura, que se alimenta de moluscos, sobretudo gastrópodes. Tem o bico curvado e alongado, o que facilita a retirada do corpo do caramujo de dentro da concha. Pode chegar a mais de 1 metro de envergadura. Sinônimo: gavião-caramujeiro.

Caramujo – *Zoo.* Nome popularmente atribuído aos moluscos aquáticos que pertencem à classe Gastropoda. Veja Gastropoda.

Carancho – *Zoo.* Ave de rapina da espécie *Caracara plancus*, da ordem dos Falconiformes. Também recebe os nomes Caracará ou Carcará. Veja Carcará.

Caranguejeira – *Zoo.* Aranha que pertence à família Theraphosidae e ao gênero *Grammostola.* Aracnídeo de grande porte, podendo atingir até 25 cm de comprimento com as pernas estendidas. Apresenta coloração negra, com pelos sobre o corpo e as pernas. Alimenta-se principalmente de insetos, e até de pequenos pássaros e anfíbios. Embora apresente tamanho assustador, não é agressiva. Acidentes com esta aranha não costumam resultar em maiores riscos à saúde devido à reduzida ação do seu veneno em humanos. É encontrada em praticamente todo o Brasil. Por vezes, é vista sendo criada em terrário (cativeiro), sendo esta considerada uma prática ilegal. Já foram descritos exemplares que viveram por 25 anos.

Caranguejo – *Zoo.* Crustáceos que pertencem à ordem Decapoda. Existem cerca de 4.500 espécies descritas, que estão incluídas na infraordem Brachyura. São encontrados em todos os ambientes pela sua forte adaptação. Em geral, vivem em tocas produzidas por eles próprios. O corpo é coberto por uma forte carapaça protetora e subdivide-se em cefalotórax, abdômen (pequeno e dobrado sob o cefalotórax) e membros (cinco pares, sendo os primeiros modificados em pinças, ou poãs).

Carapaça – *Zoo.* Revestimento que cobre o corpo de inúmeros animais vertebrados e invertebrados. Geralmente é de origem córnea, quitinosa ou calcária. Também se diz da porção superior do casco dos quelônios.

Caráter derivado – *Evo.* O mesmo que apomorfia. Veja apomorfia.

Caráter plesiomorfico – *Evo.* O mesmo que plesiomorfia. Veja plesiomorfia.

Caráter primitivo – *Evo.* O mesmo que plesiomorfia. Veja plesiomorfia.

Carbonífero – *Paleo.* Período geológico compreendido pela era Paleozoica. Data de 360 até 300 milhões de anos. Nessa época houve formações de montanhas, extinção de alguns peixes e surgimento de outros. Houve também o surgimento de brejos produtores de carvão. São descritos muitos anfíbios nesse período, assim como o aparecimento de répteis pela primeira vez. Pode ser dividido em Mississippiano, que data de 360 milhões de anos; e Pensilvaniano, que data de 330-300 milhões de anos. Tal período antecede o Permiano.

Carcará – *Zoo.* Ave de rapina da espécie *Caracara plancus*, ordem Falconiformes. Medem cerca de 50 cm, e mais de 1 metro de envergadura. Apresentam plumagem marrom, peito e cauda estriados e face vermelha. Habitam regiões abertas do sul dos Estados Unidos ao sul da América do Sul. São também conhecidos pelos nomes de caracará e carancho.

Carcharhinidae – *Zoo.* Família que inclui várias espécies de tubarão, como o cabeça-chata (*Carcharhinus leucas*), o galha-preta (*Carcharhinus limbatus*) e o tigre (*Galeocerdo cuvier*). São animais de corpo delgado e hidrodinâmico. Por vezes estão associados a acidentes de ataque a banhistas.

Carcharhinus leucas – *Zoo.* Nome científico do tubarão-cabeça-chata, também chamado de tubarão-de-cabeça-chata ou apenas cabeça-chata. Veja Tubarão-cabeça-chata.

Carcharodon carcharias – *Zoo.* Nome científico do tubarão-branco, espécie popularmente conhecida por causar acidentes em banhistas, sobretudo surfistas. Alimenta-se de mamíferos marinhos, como focas e baleias, mas também de tartarugas e peixes. Pode medir até 8 m de comprimento e pesar mais de 2 toneladas. Seu ataque é geralmente fatal, pois costuma morder o abdômen, ao contrário de outras espécies que atacam membros. Distribui-se por mares temperados e tropicais, sendo encontrado também na costa brasileira. Encontra-se ameaçado de extinção.

Carcinofauna – *Zoo.* Fauna de crustáceos de uma determinada região.

Carcinologia – *Zoo*. Ramo da zoologia que estuda os crustáceos.

Cardeal – *Zoo*. Nome popularmente atribuído ao pássaro *Paroaria coronata*. Apresenta cabeça avermelhada, com topete característico, ventre branco e dorso escuro. O topete dos juvenis é mais desbotado. Costuma ser visto aos pares e habita matas ao redor de coleções de água, onde comumente se banha. O macho exerce um ritual de acasalamento antes da cópula. Cada ninhada é composta por três ou quatro ovos.

Cardio – *Etimo*. Termo de origem grega que significa coração.

Cardiovascular – *Anato*. Que está relacionado com o coração e os vasos sanguíneos.

Cardo – *Zoo*. Em insetos, corresponde ao segmento basal da maxila.

Carena – *Zoo*. Ramificação do osso esterno nas aves. É importante para o voo desses animais, pois permite a inserção de poderosos músculos que auxiliam no bater das asas. Sinônimo: quilha.

Carenatas – *Zoo*. Aves que apresentam capacidade de voar, o que inclui a maioria das espécies. O termo é dado em virtude de tais aves possuírem carena (osso esterno ramificado). Antônimo: ratitas.

Caretta caretta – *Zoo*. Nome científico dado à tartaruga-cabeçuda, espécie ameaçada de extinção no Brasil. Ocorre nos oceanos Atlântico, Índico, Pacífico e no mar Mediterrâneo. Veja Tartaruga-cabeçuda. Sinônimos: tartaruga-marinha-comum; tartaruga-amarela; tartaruga-meio-pente.

Caribu – *Zoo*. Mamífero ruminante da família dos cervídeos. Habita alguns locais do Hemisfério Norte, principalmente onde há tundras. Possuem grandes chifres em forma de galhadas, os quais são trocados anualmente. São animais valentes, fortes e resistentes, por isso são comumente usados pelo homem como meio de transporte na neve. Sinônimo: rena.

Cariogamia – *Reprod*. Processo de união dos pró-núcleos durante a reprodução. Em fungos ocorre durante a reprodução sexuada. Também chamado Anfimixia.

Cariossomo – *Zoo*. Corpúsculo (massa esférica de cromatina) encontrado no núcleo de algumas células. Entre os protozoários, a disposição do cariossomo é importante no reconhecimento das espécies de *Entamoeba*: na *E. histolytica* é central, enquanto na *E. coli* é excêntrico.

Carneiro – *Zoo*. Nome atribuído ao macho da ovelha (*Ovis aries*). Veja Ovelha.

Carniceiro – *Zoo*. Designação dos dentes modificados dos mamíferos da ordem Carnivora, especializados em cortar carne, apresentando superfície em forma de lâmina. Os carniceiros superiores e inferiores deslizam entre si como as lâminas de uma tesoura. Nas espécies viventes, os carniceiros são os últimos pré-molares e o primeiro molar.

Carnivora – *Zoo*. Ordem de mamíferos que compreende os canídeos, felinos, guaxinins, ursos, dentre outros. Uma das principais características do grupo é a presença de caninos bem desenvolvidos. Existem 274 espécies descritas, distribuídos ao redor do mundo.

Carnívoro – *Eco*. Diz-se dos seres que se alimentam de carne. Também são chamados de predadores.

Carpo – *Anato*. O mesmo que pulso. É formado por oito ossos no ser humano.

Carrapato – *Zoo*. Nome atribuído aos artrópodes aracnídeos pertencentes à subclasse Acari e à subordem Ixodides. São acarinos de tamanho avantajado, não possuem antenas, mandíbulas e segmentação corporal. São ectoparasitos de diversos vertebrados e realizam hematofagia. Existem carrapatos com ciclo biológico de um, dois, ou três hospedeiros. No homem é comum ocorrerem picadas nos tornozelos, pulsos, cintura e braços. São mais frequentes no ambiente rural, embora os carrapatos dos cães urbanos (*Rhipicephalus*) seguidamente parasitem pessoas. Os gêneros de maior importância na medicina e na veterinária são: *Argas*,

Ornithodoros, *Boophilus*, *Dermacentor*, *Rhipicephalus* e *Amblyomma*. Para se retirar um carrapato fixado na pele utiliza-se algodão embebido em álcool e o artrópode deve ser puxado com cuidado para não deixar o hipostômio (parte das peças bucais do carrapato) debaixo da pele, pois isso pode propiciar grave infecção. A picada desse artrópode causa hiperemia e edemas em pessoas alérgicas à sua saliva. Com isso, pode ocorrer quadro de paralisia que, normalmente, desaparece após a retirada do ectoparasito. Pode transmitir a febre maculosa (tifo exantemático), febre Q, doença de Lyme e febre recorrente. Em animais, como bovinos e ovinos, as lesões provocadas pelas peças bucais dos carrapatos predispõem ao ataque de moscas varejeiras, causadoras de miíases, e também às infecções, diminuindo o valor do couro e do pelo, além de transmitirem doenças como a babesiose.

Carrapato estrela – *Zoo.* Nome popularmente atribuído ao *Amblyomma cajennense*, carrapato transmissor da febre maculosa. Veja *Amblyomma.*

Carrapato vermelho – *Zoo.* Denominação atribuída ao *Rhipicephalus sanguineus*, carrapato que parasita o cão. Veja *Rhipicephalus sanguineus*.

Cascavel – *Zoo.* Nome popular das espécies de serpentes do gênero *Crotalus*. São serpentes peçonhentas, com cabeça triangular, um par de fossetas loreais, olhos pequenos com pupilas em fenda e dentes solenóglifos inoculadores de veneno. Apresentam na cauda um guizo, conhecido também como chocalho, sendo essa uma importante característica para a sua identificação. Estão distribuídas nas Américas do Sul, Norte e Central. Alimentam-se principalmente de pequenos mamíferos. Costumam ser menos agressivas que as jararacas. As cascavéis representam cerca de 10% dos acidentes com serpentes no Brasil. Seu veneno costuma ser bastante lesivo, chegando a levar ao óbito 10% das vítimas mesmo quando há tratamento, principalmente crianças, idosos ou adultos com saúde debilitada. A ação de sua peçonha é miotóxica, neurotóxica, nefrotóxica, hematotóxica e hepatotóxica. O tratamento é realizado com soro anticrotálico.

Casta – *Zoo.* Grupo de indivíduos de características morfológicas semelhantes, que desempenham determinado trabalho em uma colônia de insetos sociais, como por exemplo nas abelhas, cupins e formigas.

Castor – *Zoo.* Nome popular dado aos mamíferos do gênero *Castor*, pertencentes à ordem Rodentia. Apresentam pelagem marrom, focinho curto, cauda achatada em forma de remo, corpo forte, um par de incisivos grandes e de crescimento contínuo na maxila superior, medem cerca de 1 metro, incluído o comprimento da cauda, e pesam em média 25 kg. Os castores vivem em rios e lagos da América do Norte, Europa e Ásia, onde constroem barragens e túneis com argila, troncos e galhos de árvores caídas que lhes servem como abrigo contra predadores e frio. Alimentam-se de cascas, raízes e folhas. Os castores são monogâmicos. A reprodução ocorre no inverno, e após 3 a 5 meses de gestação (o tempo varia com a espécie) nascem de um a oito filhotes, os quais permanecem com os pais por cerca de 1 ano.

Casuar – *Zoo.* Ave da ordem Struthioniformes e gênero *Casuarius*. Habitam a Austrália, Indonésia e Nova Guiné. Pesam cerca de 80 kg e medem até 1 metro e meio de comprimento. Apresentam as penas do corpo escuras. A cabeça é colorida em vermelho e tons de azul e possui carapaça óssea sobre ela. Não voam, mas são ótimas corredoras.

Casulo – *Zoo.* Envoltório de seda, confeccionado pelas larvas de determinados insetos antes de se transformarem em pupa. Presente em insetos como a borboleta.

Cata – *Etimo.* Termo de origem grega que significa movimento para baixo.

Catadromia – *Bio.* Tipo de migração em que animais aquáticos vão da água doce para a salgada com a finalidade de desovar. Algumas enguias podem realizar esse tipo de dispersão.

Catádromo – *Zoo.* Animal que passa a maior parte da vida em água doce, porém migra para a água salgada para a procriação. Ex.: enguia.

Catarrhini – *Zoo.* Grupo que inclui os primatas antropoides do Velho Mundo. Diferenciam-se dos Platyrrhini por terem as narinas mais unidas e voltadas para a frente e para baixo, como é o caso dos seres humanos. Compreende primatas de maior porte, com cauda ausente ou reduzida, como os chimpanzés, o gorila e o homem.

Categoria taxonômica – *Bio.* Nível hierárquico em que um táxon é classificado. Categorias principais: reino, filo, classe, ordem, família, gênero, espécie. Categorias secundárias: subfilo, subclasse, subordem, etc.

Cateto – *Zoo.* Nome vulgar atribuído ao mamífero artiodáctilo da espécie *Pecari tajacu.* Tal animal, também conhecido como porco-do-mato, apresenta cerca de 1 metro de comprimento e coloração escura. Vive em grupos de até 50 animais, liderados pelo macho mais velho. Alimenta-se principalmente de vegetais, sobretudo frutos e tubérculos. Vive aproximadamente 25 anos. Quando se sentem ameaçados, batem os dentes caninos, provocando um estalo. A fêmea dá à luz dois filhotes, após um período de 4 meses de gestação. São encontrados do sul dos Estados Unidos ao norte da Argentina. Sinônimo: Caititu.

Cathartidae – *Zoo.* Família de aves representada pelo urubu e pelo condor, animais do Novo Mundo que se alimentam de carcaças. Apresentam plumagem escura e cabeça nua. Não possuem siringe, portanto não emitem sons. Planadores, aproveitam as correntes de ar para se manterem voando por horas com custo energético mínimo.

Catita – *Zoo.* Pequeno mamífero marsupial encontrado no Brasil, no Peru, no Paraguai, na Bolívia, no Uruguai e na Argentina. Os olhos são grandes, negros e esféricos, as orelhas grandes, o focinho pontudo com vibrissas sensoriais e o pelo curto com regiões marrons, vermelhas e cinzas, sendo o ventre claro. A cauda e as patas não têm pelos. As catitas têm hábitos noturnos, pesam cerca de 30 g e ao contrário da maioria dos marsupiais, não apresentam marsúpio. Assim, ao nascerem, os filhotes se agarram cada um a um mamilo, no ventre da fêmea. Os filhotes, cerca de sete por ninhada, ficam ali agarrados até estarem completamente desenvolvidos. A catita pertence à ordem dos Didelphimorphia, família Didelphidae e à espécie *Gracilinanus agilis.* Vivem sobre árvores, onde se alimentam de frutos e invertebrados.

Catitu – *Zoo.* O mesmo que Cateto. Veja Cateto.

Catonyx cuvieri – *Paleo.* Espécie de preguiça terrícola que habitou o Novo Mundo e foi extinta no final do Pleistoceno. Eram animais de grande porte, de aproximadamente 500 kg. Pertencem à família dos Milodontídeos.

Caturrita – *Zoo.* Nome popularmente conferido à ave *Myiopsitta monachus*, pertencente à família Psittacidae, ordem Psittaciformes. Apresenta cerca de 30 cm de comprimento e cor esverdeada. Pode construir vários ninhos na mesma árvore. Habita principalmente áreas abertas. É comum ser encontrada próxima de fazendas e residências, inclusive podendo tornar-se um problema, ao atacar plantações de milho ou outros cereais. A postura varia entre um e 11 ovos e o período de incubação dura aproximadamente 25 dias.

Caudata – *Zoo.* O mesmo que Urodela. Veja Urodela.

Cavalo – *Zoo.* Nome popularmente atribuído ao macho mamífero ungulado da espécie *Equus caballus*. Sua fêmea é denominada égua e o filhote, potro. Animal de grande porte, domesticado, utilizado pelo homem, sobretudo, como meio de transporte. Alimenta-se basicamente de vegetais. Seus dedos são revestidos por um casco córneo. Tem origem eurasiática, todavia hoje está distribuído por todo o mundo e várias raças são conhecidas, tais como andaluz, árabe, campolina, mangalarga marchador e quarto de milha. Pertence à ordem Perissodactyla, família Equidae.

Cavalo-marinho – *Zoo*. Nome vulgar do peixe teleósteo da família Syngnathidae e gênero *Hippocampus*. Apresentam formato incomum, com focinho tubular e comprido, boca terminal e cauda enrolada preênsil, sendo utilizada pelo animal para se fixar às algas ou a outros organismos submersos. Nadam em posição vertical, no entanto não se locomovem muito, habitando preferencialmente águas calmas. Os ovos são postos pelas fêmeas em uma bolsa ventral do corpo do macho, que os carrega até a eclosão, estabelecendo um caso à parte na natureza. Ocorrem ao longo do litoral brasileiro. Por serem espécies que despertam curiosidade, seguidamente são vistas em aquários marinhos.

Cavernícola – *Eco*. Seres que vivem nas cavernas. Sinônimo: troglóbio.

Cavidade abdominal – *Anato*. Espaço existente entre as paredes abdominais, o diafragma e a pelve. É revestida por peritônio, constituindo a região onde repousa a maioria dos órgãos digestórios, assim como baço, rins e ureteres.

Cavidade cotiloide – *Zoo*. Cavidade na qual está assentada a coxa dos insetos.

Cavidade do manto – *Zoo*. Depressão originada a partir de um giro do manto dos moluscos. Apresenta uma fenda que dá acesso às brânquias, em moluscos aquáticos, e aos pulmões, em moluscos terrestres. Sinônimo: Cavidade palial.

Cavidade gastrovascular – *Zoo*. Porção interior e central do corpo de alguns celenterados.

Cavidade palial – *Zoo*. O mesmo que cavidade do manto. Veja Cavidade do manto.

Cavidade pleural – *Anato*. Espaço existente entre os pulmões e a parede do tórax. Apresenta uma pequena quantidade de líquido que lubrifica os pulmões, auxiliando na expansão e na contração dos mesmos. Quando plenamente expandidos, os pulmões preenchem completamente a cavidade pleural.

Caxinguelê – *Zoo*. Nome popular dos mamíferos roedores da família Sciuridae. São também conhecidos como esquilo, caticoco, serelepe, acutipuru, quatipuru e caxinxe. Os caxinguelês são animais pequenos, pesando cerca de 150 gramas, de pelo castanho e cauda longa, bastante peluda, quase constantemente dobrada sobre o dorso. Alimentam-se de sementes, insetos e frutos. Sobem com agilidade em árvores. São encontrados na América do Sul, em Madagascar e na Austrália.

Cebidae – Zoo. Família de primatas de tamanho pequeno a médio. Usualmente apresentam cauda longa e, em algumas espécies, é preênsil. As narinas são bem separadas. Os polegares não são oponíveis, diferentemente do maior dígito do pé. Contêm muitas espécies de macacos do novo mundo, presentes do México até a Argentina.

Cecília – *Zoo*. Anfíbio de corpo cilíndrico e segmentado. Apresenta visão rudimentar, devendo-se a isso o nome popular atribuído a essa espécie: cobra-cega. Não apresenta patas. Alimenta-se de insetos, larvas, minhocas, dentre outros. Uma das espécies conhecidas é *Caecilia gracilis*. Veja Apoda.

Ceco – *Zoo*. Tubo ou saco que termina em fundo cego. *Anato*. Uma das partes do intestino grosso do ser humano e de outros animais. O termo provém do latim e significa cego.

Cecos gástricos – *Zoo*. Parte do aparelho digestivo de alguns insetos, que está ligada ao tubo intestinal, aumentando a superfície digestiva e facilitando a absorção de alimento.

Cecos pilóricos – *Zoo*. Estruturas digitiformes presentes no intestino dos peixes Actinopterygii, cuja função é aumentar a superfície de absorção desse órgão.

Cefálico – *Anato*. Terminologia que se refere à cabeça.

Cefalização – *Evo*. Tendência evolutiva de ampliar a concentração de órgãos sensoriais, e do encéfalo, na extremidade anterior do corpo, ou seja, em uma cabeça (região cefálica). Muitos seres primitivos não apresentam cefalização.

Cefalo, Cephale – *Etimo*. Termo de origem grega que significa cabeça.

Cefalópode – *Zoo*. Molusco pertencente à classe Cephalopoda. Veja Cephalopoda.

Cefalotórax – *Zoo*. Região do corpo de alguns aracnídeos, como as aranhas e os escorpiões, constituída pela fusão de cabeça e tórax.

Celenterados – *Zoo*. Indivíduos pertencentes ao filo Cnidaria. Veja Cnidaria.

Celocônico – *Zoo*. Sensilo (tipo de pelo) cujo processo externo cônico está inserido em uma fossa do corpo do inseto, provavelmente com função olfatória.

Celoma – *Embrio*. Cavidade embrionária limitada pelo mesoderma. Está presente nos artrópodes, anelídeos, moluscos, equinodermos, protocordados e cordados.

Celomados – *Zoo*. Diz-se dos animais que possuem celoma. Exemplo: artrópodes, anelídeos, moluscos, equinodermos, protocordados e cordados.

Célula-flama/solenócito – *Zoo*. Células diferenciadas, típicas dos platelmintos, que possuem cílios vibráteis que recolhem produtos de excreção e os lançam, por intermédio de canalículos, nos tubos excretores.

Cenozoica – *Paleo*. Era do tempo geológico que data de 65 milhões de anos até os dias atuais. Compreende os períodos Terciário (65 milhões de anos) e Quaternário (2 milhões de anos até hoje). Nessa era houve o surgimento de grande parte dos mamíferos modernos, e as florestas subtropicais originaram as florestas temperadas. Houve também o aparecimento do homem e sua evolução, nos últimos dois milhões de anos.

Centopeia – *Zoo*. Nome popularmente atribuído a alguns quilópodes. Veja Chilopoda.

Centro vertebral – *Zoo*. Parte principal da vértebra, localizada ventralmente à medula espinhal. Pode ser formado por um ou dois elementos, sendo que no último caso o elemento mais cranial é denominado intercentro e o mais caudal, pleurocentro. Trata-se do corpo da vértebra, que circunda ou substitui a notocorda.

Centrolécito – *Embrio*. Tipo de óvulo com vitelo acumulado na posição central. Está presente em alguns artrópodes, como por exemplo insetos e crustáceos.

Cephalocarida – *Zoo*. Crustáceos alongados, cilíndricos, marinhos, com menos de 4 mm de comprimento. Vivem em ambientes ricos em detritos biológicos, com elevada matéria orgânica em decomposição no substrato. São conhecidas apenas 13 espécies.

Cephalochordata – *Zoo*. Subfilo de animais cordados, que contém o anfioxo. São animais comprimidos lateralmente, que podem atingir 10 cm de comprimento. Possuem notocorda bem desenvolvida. Embora sejam bons nadadores, geralmente são encontrados enterrados no lodo. A região bucal apresenta vários tentáculos. São dioicos. Tais seres representam a união entre os invertebrados e vertebrados, diferenciando-se desses últimos por não apresentarem crânio separado do restante do corpo, além de possuírem o tubo neural oco, sem vértebras. Assim como os Urochordata, os Cephalochordata formam o grupo dos Protocordados.

Cephalopoda – *Zoo*. Classe de moluscos formada por animais exclusivamente marinhos. Lulas e polvos estão contemplados nessa classe. A maioria não apresenta concha externa, sendo *Nautilus* um dos poucos exemplos de cefalópodes com conchas. A cabeça é bem desenvolvida e apresenta tentáculos unidos a ela. São pelágicos e movimentam-se por jato de água, expulso a partir da cavidade do manto. Utilizam tentáculos para capturar suas presas, ingerindo-as através de um bico localizado na região central entre os tentáculos. São dioicos e tem vida relativamente curta, reproduzindo-se uma única vez. Os polvos não apresentam conchas, e por isso são rápidos nadadores, sendo que algumas espécies liberam uma substância escura que dificulta a visão dos predadores. A maioria dos cefalópodes apresenta olhos bem desenvolvidos e é dotada de grande inteligência por terem cérebro avantajado, existindo espécies com capacidade de mudar de cor em razão da ação do sistema nervoso. Determinadas espécies de lulas podem atingir 20 m de comprimento, como a espécie lula-colossal (*Mesonychoteuthis hamiltoni*). Atualmente, existem 1.000 espécies assinaladas, e 86 já foram registradas no Brasil.

Cerato – *Etimo*. Termo de origem grega que significa corno, chifre, antena.

Ceratophrys – *Zoo*. Gênero de anuros da família Ceratophryidae. Este gênero contém oito espécies distribuídas na América do Sul tropical. No Brasil podem ser encontradas cinco espécies que são conhecidas popularmente por sapo-intanha. Veja Sapo-intanha.

Ceratophyllus – *Zoo*. Espécie de pulga muito comum em aves domésticas. Pode passar para o homem durante o manejo desses animais.

Ceratopogonidae – *Zoo*. Família de insetos diminutos, de cor negra, conhecidos popularmente como "maruins" ou "mosquito pólvora". São dípteros nematóceros de antenas alongadas (com 13 ou 14 segmentos), sendo pilosas nas fêmeas e plumosas nos machos. As peças bucais são do tipo picador-sugador; o tórax e as asas não apresentam escamas, possuindo manchas características. A fêmea realiza hematofagia no homem e em outros mamíferos. A maioria das espécies de importância médica e veterinária pertence ao gênero *Culicoides*.

Ceratosaurus – *Paleo*. Gênero de dinossauros terópodes que habitaram a região onde hoje é a América do Norte e parte da Europa durante o final do período Jurássico. Com cerca 6,5 metros de comprimento, o Ceratossauro foi um dos maiores carnívoros da época. Seu nome provém do grego e significa "lagarto com chifre", sendo devido ao seu chifre nasal, provavelmente, usado para exibição sexual.

Ceratotríquias – *Zoo*. Estrutura queratinizada que dá sustentação às nadadeiras dos peixes cartilaginosos.

Cercária – *Zoo*. Um dos estágios larvais de vida livre dos trematódeos, caracterizado por apresentar uma cauda bifurcada. Na espécie *Schistosoma mansoni*, é a fase que penetra na pele de humanos, sendo considerada, portanto, a forma infectante do parasito.

Cerco – *Zoo*. Par de apêndices do décimo segmento do abdômen de alguns artrópodes, geralmente filamentoso e segmentado.

Cercos – *Etimo*. Termo de origem grega que significa cauda.

Cerda – *Zoo*. Expansão filiforme e cuticular de alguns insetos. É articulada na base e ligada ao neurossoma por ramificações nervosas.

Cerdas acrósticas – *Zoo*. Diz-se de uma ou mais fileiras longitudinais de pequenas cerdas ao longo da parte central do mesonoto de muitos insetos dípteros.

Cerdas hipopleurais – *Zoo*. Cerdas verticais da hipopleura, geralmente logo acima das coxas posteriores, presentes em determinados dípteros.

Cerdas mesopleurais – *Zoo*. Cerdas da mesopleura presentes em alguns insetos.

Cerdas notopleurais – *Zoo*. Cerdas da notopleura. Ocorrem em insetos.

Cerdas ocelares – *Zoo*. Cerdas localizadas perto dos ocelos, em Diptera.

Cerdiforme – *Bio*. Característica do que tem forma de cerda.

Cerdosidade – *Bio*. Presença de cerdas de um organismo, sobretudo de artrópodes. A cerdosidade de um ser vivo pode ser classificada de acordo com sua densidade, forma ou localização.

Cerebelo – *Anato*. Parte do encéfalo que fica na região posterior do crânio, atrás do tronco encefálico. Tem como função o tônus muscular, a coordenação e o equilíbrio corpóreo. Algumas substâncias, como o álcool, podem comprometer a ação de coordenação e equilíbrio do cerebelo.

Cerebelo – *Etimo*. Termo de origem latina que significa pequeno cérebro.

Cérebro – *Anato*. Maior região do encéfalo, ocupando a parte superior do crânio. Apresenta 100 bilhões de neurônios, sendo formado pelos hemisférios direito e esquerdo, e cada um controla o lado contrário do corpo, por exemplo: o lado direito do cérebro controla o lado esquerdo do corpo. Sua superfície é composta de giros e fissuras. A camada superficial é denominada córtex cerebral e consiste na substância cinzenta do cérebro, na qual se encontram os corpos das células cerebrais. Na parte interna do cérebro encontra-se a substância branca, formada por axônios mielinizados, e porções de substância cinzenta interna. Entre as funções do cérebro, estão: percepção e processamento de informações do interior e do exterior do indivíduo; produção de impulsos nervosos para a execução de movimentos; local onde ocorrem os fenômenos psíquicos, de intelecto, aprendizado, memória, raciocínio, etc. Trata-se da região mais complexa do sistema nervoso.

Cernelha – *Zoo*. Parte relativa ao ápice dos membros anteriores dos quadrúpedes, onde se unem as espáduas (ombros). Sinônimo: garrote, cachaço.

Cerrado – *Eco*. Bioma que compreende os estados de São Paulo, Minas Gerais, Goiás, Mato Grosso, Mato Grosso do Sul, Bahia, Tocantins, Piauí e Maranhão para designar os campos desses locais. É formado por árvores de troncos relativamente baixos e retorcidos. Possui aproximadamente 2 milhões de quilômetros quadrados e exibe rica fauna, além disso, são em áreas do cerrado que repousam as nascentes de rios das mais importantes bacias hidrográficas brasileiras. É reconhecido mundialmente como a "savana" mais rica do mundo.

Cervídeos – *Zoo*. Nome conferido a alguns mamíferos ungulados e ruminantes. São exemplos de cervídeos veados, alces, renas, dentre outros.

Cérvix – *Zoo*. Nos insetos, diz-se da região membranosa que liga a cabeça ao tórax. A palavra provém do latim e significa "pescoço". *Anato*. O cérvix uterino constitui a região alongada do órgão, que une-se à vagina, e lembra um pequeno pescoço. Sinônimo: colo uterino, cérvice.

Cervo – *Zoo*. Termo utilizado para designar os mamíferos ungulados conhecidos como veados.

Cesto de pólen – *Zoo*. O mesmo que corbícula. Veja Corbícula.

Cestoda – *Zoo*. Classe de platelmintos parasitos que apresentam o corpo achatado dorsoventralmente, alongado e metamerizado. São conhecidos popularmente por solitárias e algumas espécies podem parasitar o intestino delgado do homem e outros animais. O comprimento pode variar de 0,5 cm até mais de 10 m, como ocorre em *Taenia saginata*. O corpo é dividido, geralmente, em escólex (cabeça), colo (pescoço) e estróbilo (corpo segmentado). Cada segmento do estróbilo é chamado de proglote. Apresentam ventosas de fixação no escólex. O alimento pode ser absorvido diretamente pelo tegumento do corpo. São hermafroditas e realizam autofecundação, sendo que dentro de uma proglote grávida pode haver mais de 100.000 ovos. Algumas espécies são nocivas aos humanos, podendo ocasionar a teniose e/ou a cisticercose. Veja *Taenia saginata*; *Taenia solium*; *Echinococcus granulosus*.

Cestódeo – *Zoo*. Organismo que pertence à classe Cestoda. Veja Cestoda.

Cetacea – *Zoo*. Ordem de mamíferos aquáticos que compreende golfinhos, baleias, botos, cachalotes, etc. Animais de grande porte, com os membros anteriores modificados em nadadeiras e membros posteriores atrofiados. Realizam ecolocação. São os maiores vertebrados da atualidade (os elefantes são os maiores vertebrados terrestres). São divididos em dois subgrupos: Mysticeti, que não possuem dentes e sim barbatanas; e Odontoceti, que apresentam dentes, como os golfinhos, botos, etc.

Cetáceo – *Zoo.* Diz-se dos mamíferos pertencentes à ordem Cetacea. Veja Cetacea.

Cetopsidae – *Zoo.* Família de peixes actinopterígios da ordem Siluriformes, cujos representantes são popularmente conhecidos como candiru. São peixes de pequeno a médio porte, com o corpo cilíndrico, nadadeira dorsal na primeira metade do corpo, nadadeira anal com base longa, nadadeira adiposa ausente, olhos pequenos e cobertos pela pele da cabeça, o que lhes dá um aspecto esbranquiçado e de parecerem cegos. Os barbilhões nasais são ausentes. Se alimentam de insetos, cadáveres e de peixes doentes. Vivem em rios da América do Sul, sendo abundantes na bacia do Amazonas.

Cetos – *Etimo.* Termo de origem grega que significa baleia.

CFC – *Eco.* O mesmo que gás freon. Veja Gás freon.

Chaetognatha – *Zoo.* Filo com aproximadamente 200 espécies, formado por animais marinhos com formato de bastão. Locomovem-se através da nadadeira caudal. Possuem cerdas móveis na cabeça e são predadores de protozoários, copépodes e pequenos peixes. Os quetognatos podem medir até 10 cm de comprimento. São hermafroditas e apresentam desenvolvimento direto. Constituem um dos principais elementos do zooplâncton e estão presentes em todos os oceanos.

Chamaeleonidae – *Zoo.* Família de lagartos arborícolas que habitam a África e a costa europeia do Mediterrâneo. É representada pelos camaleões. O grupo constitui-se de 130 espécies bastante adaptadas à vida sobre as árvores. Possuem o corpo achatado lateralmente, dedos zigodáctilos, cauda preênsil, olhos que se movimentam independentemente e capacidade de mudar de cor para camuflagem no ambiente.

Characidae – *Zoo.* Família de peixes actinopterígios da ordem Characiformes, representada pelas piranhas e lambaris. Os caracídeos apresentam nadadeira anal longa, nadadeira dorsal com 10 a 13 raios, nadadeira adiposa presente, nadadeira caudal bifurcada e dentes desenvolvidos. São descritas mais de 700 espécies nessa família.

Characiformes – *Zoo.* Ordem de peixes teleósteos exclusivos da água doce. Ocorrem na América do Sul e na África. A maioria dos indivíduos apresenta nadadeira adiposa localizada posteriormente à dorsal. Suas nadadeiras geralmente não contêm espinhos. Possuem dentes bem desenvolvidos. Exemplos: piranha e curimatá.

Charadriiformes – *Zoo.* Nomenclatura utilizada em ornitologia para designar o grupo das gaivotas, dentre outras aves. Abrange animais com ampla distribuição geográfica, existindo mais de 360 espécies descritas.

Cheia – *Eco.* Período em que os rios apresentam um maior volume de água.

Chelicerata – *Zoo.* Subfilo ao qual pertencem os grupos dos aracnídeos, merostomatas e picnogônidas. Apresentam mais de 100.000 espécies descritas. Esses animais possuem simetria bilateral, tubo digestório completo, corpo dividido em prossoma (anterior) e opistossoma (posterior). Apresentam quelíceras nas peças bucais. Originalmente são animais marinhos que conquistaram, com a evolução, o ambiente terrestre.

Chelidae – *Zoo.* Família de tartarugas aquáticas da linhagem dos Pleurodira, os quais retraem o pescoço dobrando-o lateralmente. Existem cerca de 40 espécies descritas, distribuídas pela Austrália, Nova Guiné e América do Sul. São conhecidas como tartaruga-pescoço-de-cobra, nome associado ao longo pescoço que possuem.

Chelonia – *Zoo.* Ordem de répteis que abrange as tartarugas, os cágados e jabutis. Como característica principal apresentam carapaça na parte dorsal e plastrão na parte ventral. Todos são ovíparos e não realizam cuidados parentais. Surgiram no período Triássico. Vivem na água doce ou marinha. Algumas espécies marinhas realizam grandes migrações. Realizam comportamento de corte durante sua atividade sexual. As fêmeas são ovíparas e podem ovipor desde quatro até mais de 100 ovos. Os filhotes eclodem praticamente ao mesmo tempo e, no caso das tartarugas marinhas, eles vão em direção ao oceano após a eclosão e muitos são predados durante esse percurso, e mesmo após penetrar na água. A determinação do sexo está relacionada com a temperatura que o ovo é exposto durante o período embrionário, no ninho. Apresentam vida relativamente longa, podendo viver mais que os humanos. Não apresentam dente, e sim bico córneo. Os quelônios podem ser herbívoros ou predadores. Existem perto de 260 espécies descritas. Para diferenciá-los, de modo geral, as tartarugas são marinhas, os cágados vivem em ambientes de água doce e os jabutis são terrestres.

Chelonia mydas – *Zoo.* Nome científico dado à tartaruga-verde. Habita mares temperados e tropicais do mundo todo. Esse réptil está na lista de espécies ameaçadas do IBAMA. Veja Tartaruga-verde.

Cheloniidae – *Zoo.* Família de tartarugas marinhas que pertencem à linhagem dos Cryptodira. Possuem várias adaptações à vida aquática, como casco achatado e hidrodinâmico, e membros peitorais em forma de remo para auxiliar na natação. São animais de grande porte com distribuição global. Há sete espécies descritas, e cinco destas ocorrem no Brasil, como, por exemplo, a tartaruga-cabeçuda *Caretta caretta.*

Chico Mendes – *Biograf.* Nome pelo qual ficou conhecido o seringueiro e ativista ambiental Francisco Alves Mendes Filho, nascido em 1944 na cidade de Xapuri, no Acre, e assassinado em 1988. Chico Mendes trabalhou como seringueiro desde criança. Nos anos 1970, passou a integrar movimentos contra o desmatamento e a abertura de pastos na região Amazônica. Tornou-se vereador de Xapuri em 1977 e líder de sindicatos. Foi um dos principais nomes na luta pela reforma agrária e pela preservação da Floresta Amazônica e reservas indígenas. Durante sua vida foi vítima de perseguições e constantes ameaças de morte. Em dezembro de 1988 foi assassinado na porta de sua casa. Recebeu diversas premiações como o "Global 500" da ONU. Hoje, é internacionalmente reconhecido por sua luta pela ecologia e pelo meio ambiente.

Chifre – *Zoo.* Estrutura presente em vários ungulados de grande porte. As funções dos chifres são: exibição sexual; combate entre os machos; reconhecimento social; defesa. Os chifres são, em geral, substituídos anualmente.

Chilopoda – *Zoo.* Conhecidos popularmente como lacraias e centopeias, esses artrópodes são achatados dorsoventralmente e possuem cabeça e tronco indiferenciados. O número de segmentos do corpo pode variar de 15 a mais de 150. O primeiro par de apêndices do tronco se chama forcípula. Apresentam um par de pernas por segmento. Existem cerca de 3.300 espécies descritas, e alguns exemplares podem alcançar mais de 20 cm de comprimento. Os quilópodes vivem no solo, sob troncos, embaixo de pedras e no folhiço. Por serem predadores, estes artrópodes são razoavelmente ágeis para capturar suas presas, constituídas sobretudo por minhocas, insetos e outros pequenos artrópodes. Podem invadir domicílios e até ocasionar acidentes com humanos através da sua picada, que apresenta veneno, embora, normalmente, o prognóstico é bom para o paciente, resumindo-se a dor, vermelhidão e inchaço no local acometido.

Chimpanzé – *Zoo.* Nome atribuído aos primatas das espécies *Pan paniscus* (também denominado Bonobo) e *Pan troglodytes*. É um grande macaco africano, arborícola, com caninos salientes, nariz chato, focinho alongado e braços compridos. Apresenta cérebro desenvolvido, com circunvoluções semelhantes às do homem, embora menos complexas. Alimenta-se principalmente de frutos e possui hábitos diurnos. Depois da espécie humana é considerado um dos animais mais inteligentes. Vive em sociedade com notável organização e possui formas evoluídas de comunicação. Pode viver por mais de 50 anos. Algumas universidades e centros de pesquisa utilizam a espécie *Pan troglodytes* para experimentação laboratorial em virtude da sua semelhança fisiológica com a de um ser humano. Pertence à família Pongidae.

Chiroptera – *Zoo.* Ordem de mamíferos conhecidos popularmente como morcegos. É o único grupo de mamíferos com capacidade de voar, apresentando dedos longos, revestidos por uma membrana conhecida como patágio. Possuem dentes e na maioria dos casos são frutívoros ou insetívoros. Existem três espécies hematófagas, que podem transmitir doenças ao homem, dentre elas a raiva. Existem 986 espécies conhecidas e, exceto pela Antártida, tais vertebrados apresentam distribuição mundial. Contabilizam-se 167 espécies registradas para o Brasil.

Chocalho da cascavel – *Zoo.* O mesmo que guizo da cascavel. Veja Guizo da cascavel.

Chondrichthyes – *Zoo.* Peixes cartilaginosos, como o tubarão, as raias e as quimeras. Apresentam esqueleto cartilaginoso, boca ventral e cloaca. Realizam respiração branquial. Não possuem bexiga natatória. São pecilotérmicos. A reprodução é sexuada com fecundação interna e desenvolvimento direto. Podem ser ovíparos ou ovovivíparos. Surgiram no início do Devoniano. Geralmente são carnívoros e alguns deles (os tubarões) estão no topo da cadeia alimentar marinha. Sinônimo: Elasmobranchii.

Chopim – *Zoo.* Nome dado a algumas espécies de pássaros da família Icteridae, como *Pseudoleistes guirahuro* (chopim-do-brejo) e *Molothrus bonariensis*. Medem cerca de 20 cm.

Chordata – *Zoo.* Filo de animais que apresentam notocorda, tubo nervoso dorsal, e fendas branquiais. O grupo está dividido em três subfilos: Urochordata, representado pelas ascídias; Cephalochordata, pelo anfioxo; e Vertebrata. Existe registro de 52 mil espécies no grupo.

Chrysomya – *Zoo.* Gênero de moscas da família Calliphoridae, que abarca espécies que causam miíase em humanos e em outros animais.

Chrysops – *Zoo.* Gênero de dípteros pertencentes à família Tabanidae, conhecidos popularmente como mutucas. São hematófagos e sua picada é dolorosa.

Chumbo tetraetila – *Eco.* Químico adicionado em combustíveis de veículos automotores. É lançado no ar pelos automóveis, e quando aspirado provoca efeitos tóxicos ao metabolismo celular, por ser um inibidor enzimático. Sinônimo: tetraetilchumbo.

Chupão – *Zoo.* Designação popularmente atribuída aos hemípteros hematófagos pertencentes à subfamília Triatominae, transmissores de *Trypanosoma cruzi* (protozoário causador da doença de Chagas) em virtude do hábito de "chupar" o sangue que estes insetos possuem. Também são conhecidos como "barbeiros" ou "fincões". Veja Triatomíneos.

Chuva ácida – *Eco.* Fenômeno que ocorre pela combinação de umidade e dióxido de enxofre (SO_2). A chuva ácida acarreta vários danos, como: corrosão de materiais; danos às plantações; envenenamento de rios que pode ter efeito letal sobre alguns peixes, etc. No homem pode estar relacionado com a aceleração da calvície.

Cianos – *Etimo.* Termo de origem grega que significa azul.

Ciba – *Zoo.* Denominação atribuída à concha interna dos moluscos.

Cibário – *Zoo.* Bolsa alimentar da cavidade extraoral, ou pré-oral, entre a base da hipofaringe e a face interior do clípeo, que pode ter dentes. Está presente em insetos, muitos dos quais tal estrutura assume papel de sucção de alimentos, sendo também denominada bomba cibarial.

Cicatrícula – *Embrio.* Pequena camada de células em forma de disco, que não apresentam vitelo, da qual o embrião terá origem.

Cichlidae – *Zoo.* Família de peixes da ordem Perciformes constituída por cerca de 2.000 espécies de água doce. Tem ampla distribuição geográfica, porém sua abundância de espécies se destaca nos lagos africanos, onde está a maior diversidade da família.

Ciclídeo – *Zoo.* Peixes que fazem parte da família Cichlidae. Veja Cichlidae.

Ciclo biológico – *Bio.* Eventos que se sucedem na vida de qualquer ser vivo, desde seu nascimento, até que ele atinja sua fase reprodutiva. Sinônimo: ciclo de vida.

Ciclo da água – *Eco.* Tipo de ciclo biogeoquímico dos mais importantes, envolvido na reciclagem da água. A água sofre evaporação e forma as nuvens. Essas se condensam e precipitam, formando chuvas, granizo e neve. A água do solo pode atravessar suas camadas e atingir os lençóis freáticos, alcançando, assim, uma fonte de água maior como rio, mar, açude, riacho. Os animais, vegetais e outros seres vivos participam do ciclo da água, pois necessitam dela para sua sobrevivência. Os animais eliminam água através de suor, respiração, urina e fezes. Nos vegetais a água é eliminada pela transpiração e a sudação (ou gutação), principalmente.

Ciclo de vida – *Bio.* O mesmo que ciclo biológico. Veja Ciclo Biológico.

Ciclo do carbono – *Eco.* Tipo de ciclo biogeoquímico. O carbono é essencial para a vida, pois é diagnosticado em todas as moléculas orgânicas. Pode ser encontrado na atmosfera como CO_2, ou na hidrosfera, dissolvido na água. A fixação do carbono é realizada pelos produtores, através da fotossíntese, e os consumidores irão adquiri-lo através da nutrição desses produtores. O carbono adquirido por ambos os seres (produtores e consumidores) pode ser perdido através da: respiração (CO_2); quando os seres servem de alimentos para outros organismos; ou pelos produtos da digestão ou morte desses indivíduos. Os decompositores irão atuar sobre os detritos orgânicos, e haverá liberação de CO_2 que volta à atmosfera e, portanto, torna a constituir o ambiente natural. As queimadas de materiais como madeira, lixo, carvão e derivados do petróleo, quando realizadas de maneira incontrolada, provocam desequilíbrio no ciclo do carbono.

Ciclo do nitrogênio – *Eco.* Tipo de ciclo biogeoquímico. O nitrogênio é o componente mais abundante da atmosfera (representa cerca de 78%), apesar disso, esse elemento não pode ser aproveitado pelos seres vivos na forma em que se apresenta (N_2). Seu aproveitamento se torna possível na forma de nitritos e nitratos, o que pode ser feito pela fixação do nitrogênio. Após o processo de fixação, o nitrogênio ainda passa pelo processo de nitrificação, realizado por algumas bactérias, em que haverá a formação de nitritos e nitratos, os quais passam a incorporar vários sais. Através da atividade metabólica de algumas plantas, os nitratos se convertem em aminoácidos. Outras bactérias irão desnitrificar esse material, e devolver o nitrogênio para a atmosfera. Veja Nitrificação, Desnitrificação.

Ciclo do oxigênio – *Eco.* Tipo de ciclo biogeoquímico. O oxigênio (O_2) é utilizado na respiração de plantas e animais aeróbicos. É o segundo componente mais abundante da atmosfera (cerca de 20%). Tal elemento é consumido da atmosfera através de alguns fatores, como: combustão; respiração dos seres aeróbicos; alguns tipos de degradação; combinação com determinados metais do solo formando os óxidos metálicos (oxidação do ferro). O oxigênio é reposto na atmosfera através da respiração de certos vegetais terrestres, e, principalmente, por meio do fitoplâncton marinho.

Cicloides, escamas – *Zoo.* Veja Escama cicloide.

Ciclomorfose – *Eco.* Modificações na morfologia de um organismo em resposta a mudanças sazonais, como as estações do ano.

Ciclorrafo – *Zoo.* Díptero que o adulto sai da pupa, acrescido da pele endurecida do último instar larval, por meio de um orifício circular.

Ciclos biogeoquímicos – *Eco.* Trajetória através da qual os elementos químicos componentes dos microrganismos tendem a circular na biosfera. Os ciclos mais estudados são os do carbono, da água, do nitrogênio e do oxigênio.

Ciclostomata – *Zoo.* Classe de animais aquáticos que compreende os peixes-bruxa (ou feiticeiras) e as lampreias. Apresentam boca circular, daí advém o nome do grupo, e não possuem mandíbula. Tem corpo cilíndrico e sem escamas. São pecilotérmicos de respiração branquial. São dioicos com fecundação externa. Admite-se que os animais mandibulados e com vértebras verdadeiras descenderam de ciclostomados extintos. O esqueleto é cartilaginoso e desprovido de vértebras (peixe-bruxa, ordem Myxiniformes), ou elas são pouco desenvolvidas (lampreia, ordem Petromyzontiformes).

Ciconídeos – *Zoo.* Nomenclatura utilizada por ornitólogos para designar a cegonha, dentre outras aves da família Ciconiidae. Veja Ciconiidae.

Ciconiidae – *Zoo.* Família de aves pernaltas como a cegonha e o jaburu. Possuem bico longo e plumagem variada dependendo da espécie. Vivem próximas a locais de água doce e alimentam-se de peixes, anfíbios e invertebrados. Os jaburus voam com o pescoço esticado, ao contrário dos parentes da família Ardeidae (garças), que voam com o pescoço curvado.

Ciconiiformes – *Zoo.* Nomenclatura utilizada na ornitologia para designar a ordem das garças, socós, cegonhas, colhereiros, jaburus, urubus, condores, etc. Aves de vasta distribuição. Possuem pescoço comprido e fortemente angulado. No Brasil, estão divididos em cinco famílias e cerca de 40 espécies.

Cifístoma – *Zoo.* Pólipo diminuto que faz parte da metagênese de alguns celenterados, como os do gênero *Aurelia.* Origina pequenas medusas conhecidas como éfiras.

Cifozoários – *Zoo.* Organismos que pertencem à classe Scyphozoa. Veja Scyphozoa.

Cílios – *Zoo.* Filamentos delgados, usualmente microscópicos, que revestem diversos protozoários e invertebrados, servindo para locomoção. Também podem estar presentes em cavidades internas com função de movimentação de secreções, por exemplo.

Cimex – *Zoo.* Gênero que abrange os insetos conhecidos como percevejos. Veja Cimicídeo.

Cimicídeo – *Zoo.* Inseto da ordem Hemiptera, família Cimicidae, conhecido popularmente como percevejo. É pequeno, com formato ovoide. A fêmea apresenta órgão especial para a cópula, conhecido como órgão de Berlese ou Ribaga. Os insetos adultos picam as pessoas durante o repouso, causando prurido intenso em alguns casos. As principais espécies são *Cimex lectularius* e *Cimex hemipterus*. O controle é realizado com inseticidas. Os percevejos eram muito comuns em diversas partes do mundo até a década de 1940, contudo, em virtude do uso de inseticidas de efeito residual e da melhoria da higiene doméstica, tais hexápodes tornaram-se raros.

Cinctus, cincto, cincta – *Etimo.* Verbete de origem latina que significa cinto, cinta, provido de cinto, faixa, ou de cintura. Compõem o epíteto específico (ou parte do mesmo) de alguns seres dotados de uma ou várias faixas em alguma parte do corpo, lembrando um cinto. Certas espécies de tatus possuem esse radical em seu nome científico em decorrência das "cintas" presentes em sua carapaça.

Cinecílio – *Zoo.* Também denominado cinocílio, trata-se do cílio de maior comprimento do feixe de estereocílios presente na superfície das células do neuromasto, órgão mecanorreceptor que compõe o sistema da linha lateral dos peixes. Esse sistema permite que o animal perceba até mesmo movimentos muito sutis no meio, cujas ondas movimentam os cílios para um lado ou para o outro.

Cinetismo craniano dos ofídios – *Eto.* Muitas serpentes apresentam grande capacidade de mover os ossos do crânio enquanto se alimentam. Tal especialização é necessária, pois esses animais alimentam um corpo grande através de uma boca pequena. O crânio das serpentes possui várias articulações (podem chegar a oito), enquanto no homem é apenas uma. O osso quadrado permite grande abertura bucal. A movimentação durante a alimentação é tanta, que um lado da cabeça pode mover-se independentemente do outro. Enquanto a presa se debate, alguns ossos da cabeça dos ofídios se movimentam para proteger o encéfalo.

Cinetoplasto – *Zoo.* Organela citoplasmática estrutural e funcionalmente semelhante à mitocôndria, presente em certos organismos flagelados (ordem Kinetoplastida). Em forma de disco, apresenta alta densidade de DNA extranuclear relacionada ao fornecimento de energia para a movimentação do flagelo. Está presente, por exemplo, em *Trypanosoma cruzi* e *Leishmania* spp. Trata-se da organela responsável pelo início da divisão desses protozoários.

Cíngulo do membro inferior – *Anato.* Região formada pelos ossos do quadril e o sacro, que fixa os membros inferiores ao esqueleto axial.

Cíngulo do membro superior – *Anato.* Região do membro superior formada pelos ossos clavícula e escápula, e que fixa os membros superiores ao esqueleto axial.

Cíngulo escapular – *Anato.* O mesmo que cíngulo do membro superior ou ombro. Veja Cíngulo do membro superior.

Cinologia – *Zoo.* Como se intitula a ciência que estuda os cães.

Cintura pélvica – *Anato.* O mesmo que cíngulo do membro inferior ou quadril. Veja Cíngulo do membro inferior.

Circulação aberta – *Fisio.* Tipo de circulação que ocorre nos artrópodes, na qual a hemolinfa circula primeiramente por vasos e depois através de lacunas existentes entre os tecidos Posteriormente retorna aos vasos.

Circulação completa – *Fisio.* Inexistência de mistura do sangue arterial com o sangue venoso. Ocorre em aves e mamíferos, por exemplo.

Circulação de oxigenação do sangue – *Fisio.* O mesmo que circulação pulmonar. Veja Circulação pulmonar.

Circulação dupla – *Fisio.* Circulação sanguínea em que há dois circuitos, um pulmonar e outro sistêmico (corpóreo). Neste tipo de circulação o sangue passa duas vezes pelo coração, ao contrário do que acontece na circulação simples. Ocorre em anfíbios, répteis, aves e mamíferos.

Circulação incompleta – *Fisio.* Quando existe mistura do sangue arterial com sangue venoso. Ocorre nos anfíbios, por exemplo.

Circulação lacunar – *Fisio.* O mesmo que circulação aberta. Ocorre nos artrópodes. Veja Circulação aberta.

Circulação pulmonar – *Fisio.* Circulação que faz o percurso: coração (lado direito), vai para o pulmão pelo tronco arterial pulmonar, e retorna para o lado esquerdo do coração pelas quatro veias pulmonares. Nessa circulação o objetivo é oxigenar o sangue que chega do corpo no lado direito do coração. Sinônimo: pequena circulação, circulação de oxigenação do sangue.

Circulação simples – *Fisio.* Circulação sanguínea em que há apenas um circuito, o que faz com que o sangue passe uma vez pelo coração, diferentemente no que acontece na circulação dupla. Ocorre nos peixes.

Circulação sistêmica – *Fisio.* Circulação que faz o percurso: sangue parte do ventrículo esquerdo e vai para os órgãos e tecidos do corpo, retornando pelas veias para o lado direito do coração. Essa etapa da circulação oxigena as células corpóreas. Sinônimo: grande circulação.

Cirripedia – *Zoo.* Crustáceos marinhos conhecidos popularmente como cracas. São os únicos crustáceos sésseis, e apresentam glândulas de substância cimentante para se fixarem ao substrato (rochas, conchas, madeira, corais). Existem cerca de 900 espécies descritas. Algumas cracas são comensais, e boa parte é parasito. Cumpre informar que Charles Darwin foi o primeiro biólogo a pesquisar em detalhe os cirrípedes, e dedicou grande parte da sua carreira ao estudo destes invertebrados.

Cirro – *Zoo.* Órgão contorcido, enroscado, em seguimento ao canal deferente, que possui função copuladora. Presente nos trematódeos (exceção dos Schistosomatidae) e cestódeos.

Cissiparidade – *Reprod.* Tipo de reprodução assexuada, na qual um organismo se divide originando dois novos indivíduos. Ocorre em algumas bactérias, protozoários e algas. Sinônimo: bipartição, fissão binária, divisão simples.

Cisticerco – *Zoo.* Denominação da larva de *Taenia solium* e *Taenia saginata*, a qual se desenvolve após um hospedeiro (preferencialmente suíno ou bovino) ingerir ovos destes parasitos. Os humanos desenvolvem a cisticercose a partir da ingestão de ovos de *T. solium*. O termo é de origem grega e denota "vesícula com cauda". Kuchenmeister em suas pesquisas no ano de 1855 verificou que a ingestão de cisticercos de suínos por humanos, dava origem à *Taenia solium* adulta no intestino delgado.

Cisticercose – *Zoo.* Parasitose determinada pela larva de cestódeo, seja de *Taenia solium* ou de *T. saginata*, nos hospedeiros intermediários respectivos, suínos e bovinos; o homem também pode sê-lo, ao ingerir acidentalmente ovos do parasito *T. solium*.

Cisto – *Bio.* Cápsula formada em torno de microrganismos. Fase evolutiva de alguns organismos, sobretudo de protozoários. Trata-se da forma infectante de muitos deles (ex.: *Giardia lamblia*, *Entamoeba histolytica*). Pode também ter origem sebácea, o qual, via de regra, manifesta-se na pele ou couro cabeludo. *Etimo.* Termo de origem grega que significa bexiga.

Cisto hidático – *Zoo.* Vesícula ou esfera formada pela larva do cestódeo *Echinococcus granulosus*, repleta de líquido transparente, recoberta por tecido conjuntivo, se assemelhando a uma bolsa de água. O cisto desenvolve-se, preferencialmente, no fígado e pulmões, podendo afetar também outros órgãos como coração, cérebro e outros ossos. A infecção ocorre pela ingestão de ovos do parasito pelos hospedeiros intermediários, representados, principalmente, por ovinos, bovinos, e acidentalmente o homem, os quais irão desenvolver o cisto hidático, caracterizando a doença intitulada hidatidose.

Cito, citos, Cytos, kytos – *Etimo.* Verbete de origem grega que significa célula, pequena cela, pequeno reservatório. $Ex._1$: citologia; consiste no estudo (g. *logos*) das células. $Ex._2$: citoesqueleto; refere-se à rede de microtúbulos e microfilamentos que dá à célula eucariótica sua forma, seria o "esqueleto celular". $Ex._3$: citocinese; compreende as modificações (movimentações, *cineses*) que a célula (principalmente o citoplasma) sofre durante a divisão celular.

Citopígio – *Zoo.* Abertura ou poro presente em alguns protozoários, por onde os resíduos do processo digestivo são excretados.

Citóstoma – *Zoo.* Orifício ou poro permanente presente na membrana celular de certos protozoários, por onde os alimentos são absorvidos. Termo de origem grega que significa "boca da célula".

Cladística – *Bio.* Corrente da sistemática que explica as relações evolutivas dos seres vivos, classificando-os em clados, ou grupos monofiléticos. Baseia-se na presença de características novas, ou apomorfias. O mesmo que sistemática filogenética.

Clado – *Bio.* Constitui cada um dos ramos da árvore filogenética. Portanto, clado é um grupo de espécies que apresentam um ancestral comum exclusivo.

Cladograma – *Bio.* Diz-se das figuras que mostram, a partir da sistemática filogenética, os caracteres derivados e compartilhados que as espécies apresentam. É uma hipótese criada ao redor dos parentescos genealógicos que certas espécies possuem.

Clamatores – *Zoo.* Subordem de passeriformes conhecidos também por suboscines. Veja Suboscine.

Clariidae – *Zoo.* Família de peixes actinopterígios, da ordem Siluriformes, cujos representantes são popularmente conhecidos como bagres. São animais de corpo alongado e subcilíndrico. A cabeça é frequentemente achatada ventralmente, com olhos laterais. Algumas espécies possuem placas ósseas recobrindo sua superfície. Apresentam nadadeira dorsal e anal longas, nadadeira caudal arredondada, e em continuidade com a anal. As peitorais podem apresentar espinho.

Clásper – *Zoo.* Órgão presente nos machos de alguns insetos destinado a segurar a fêmea durante a cópula. Nos peixes cartilaginosos (raias e tubarões), trata-se do órgão copulador do macho, localizado em cada uma das duas nadadeiras pélvicas do animal.

Classe – *Bio.* Categoria taxonômica que agrupa ordens semelhantes. Hierarquicamente trata-se da terceira das categorias taxonômicas (reino; filo; classe; ordem; família; gênero; espécie).

Clava – *Zoo.* Porção dilatada do ápice de algumas antenas, como das borboletas.

Clava antenal – *Zoo.* Artículos distais da antena que formam a clava. Presente em determinados insetos.

Clavada – *Zoo.* Denominação da antena que possui uma clava na porção apical.

Clavado – *Bio.* Estrutura que possui formato de clava, ou seja, a porção apical aumenta gradualmente de volume.

Claviforme – *Bio.* Que apresenta forma de clava. Sinônimo: clavado.

Clavo – *Zoo.* Parte do hemiélitro situada no cório, próximo ao escutelo. Ocorre em insetos hemípteros, por exemplo.

Cleidoico, ovo – *Zoo.* Veja Ovo cleidoico.

Cleitral, região – *Zoo.* Em ictiologia, o termo refere-se à região da cintura escapular onde se inserem as nadadeiras peitorais.

Cleotrófago – *Bio.* O mesmo que granívoro. Veja Granívoro.

Clímax – *Eco.* Momento da sucessão ecológica em que é atingido o máximo de seu desenvolvimento em uma determinada região, sendo considerada a etapa final da sucessão ecológica.

Cline – *Eco.* Trata-se de mudanças fisiológicas, ou morfológicas, que os organismos realizam em razão das alterações graduais de um *habitat* para outro. Ocorre com maior frequência nos organismos marinhos.

Clípeo – *Zoo.* Parte da cabeça dos insetos situada entre a base das antenas e do lábio. Presente em alguns insetos, como os hemípteros, e também em certos aracnídeos. O termo provém do latim *Clypeus*, que tratava-se de um tipo de escudo côncavo e circular.

Clitelo – *Zoo.* Estrutura de reprodução dos anelídeos que origina um casulo, por onde saem os óvulos maduros que receberão os espermatozoides. É constituído por um anel de células secretoras na epiderme, que surge na porção exterior do animal, como uma faixa de gordura em volta do corpo, localizado no terço anterior do corpo do animal. O clitelo está sempre visível nos oligoquetos, porém, nas sanguessugas, aparece durante o período reprodutivo.

Clivagem – *Embrio.* O mesmo que segmentação. Veja Segmentação.

Clivagem inicial – *Embrio.* Estágio do desenvolvimento embrionário em que o zigoto se divide formando as primeiras células.

Cloaca – *Etimo.* Termo de origem latina que significa esgoto.

Cloaca – *Zoo.* Canal onde se encontram os dutos terminais do sistema excretor, digestório e reprodutor de alguns animais, como peixes cartilaginosos, aves, anfíbios e répteis.

Clonorchis sinensis – *Zoo.* Helminto trematódeo que parasita a vesícula biliar de aves, répteis e mamíferos, causando a clonorquíase. É um parasito importante do homem na Ásia, podendo resultar em graves distúrbios hepáticos nas infecções maciças, ocasionando fibrose portal progressiva, colangite e pancreatite aguda. Não ocorre no Brasil.

Clorocruorina – *Zoo.* Pigmento sanguíneo de cor esverdeada, encontrado em alguns poliquetos.

Clorofluorcarbono – *Eco.* Gás popularmente conhecido pela abreviação CFC. O mesmo que gás freon. Veja Gás freon.

Clupeiformes – *Zoo.* Ordem de peixes actinopterígios. Seus representantes apresentam raios moles, nadadeira dorsal única, escamas cicloides, ventre comprimido lateralmente em formato de quilha, e nadadeira caudal furcada. Alguns representantes: sardinhas, apapás e arenques.

Cnidaria – *Zoo.* Filo de animais invertebrados aquáticos, geralmente marinhos, também chamados de celenterados. Podem viver livres ou presos ao substrato. São simétricos radialmente. Apresentam uma abertura única no corpo com função de boca e ânus, rodeada de tentáculos. A abertura fica em contato com a cavidade gastrovascular, na qual os alimentos são parcialmente digeridos. Possuem uma camada de epiderme e a gastroderme, e entre essas camadas existe a mesogleia, que dá apoio ao corpo. Possuem células modificadas denominadas cnidócitos. Os cnidários podem apresentar-se como pólipos (anêmonas-do-mar) ou medusas (águas-vivas e caravelas). Os recifes de corais também pertencem a esse filo. A reprodução pode ser assexuada por brotamento, ou sexuada. Pode haver metagênese. Existem cerca de 11.300 espécies descritas, algumas com importância médica por causa das graves queimaduras que ocasionam em banhistas. As espécies estão divididas em três classes: Hydrozoa; Scyphozoa; Anthozoa.

Cnidários – *Zoo.* Organismos que pertencem ao filo Cnidaria. Veja Cnidaria.

Cnidoblastos – *Zoo.* O mesmo que cnidócitos. Veja Cnidócitos.

Cnidócitos – *Zoo.* Células com organelas urticantes que estão presentes em todas as classes de cnidários. Essas organelas são responsáveis pelas queimaduras em banhistas de vários locais do mundo, inclusive do Brasil. Sinônimo: cnidoblastos.

Coachar – *Zoo.* Vocalização emitida por determinados anuros, como sapos e rãs machos.

Coagulador – *Anato.* O mesmo que abomaso. Veja Abomaso.

Coala – *Zoo.* Nome atribuído ao mamífero da ordem Marsupialia, família Phascolarctidae e espécie *Phascolarctos cinereus*. Apresenta cerca de 60 cm de comprimento, e pode pesar 12 kg. Possui pelagem acinzentada na região dorsal, branca na região ventral, e nariz glabro com coloração escura. Embora lembre um pequeno urso, trata-se de um marsupial. São herbívoros e alimentam-se de folhas de eucalipto. São encontrados na Austrália. Sua gestação demora cerca de 1 mês, nascendo um filhote. O recém-nascido é muito diminuto, com cerca de 1 grama, e irá entrar no marsúpio da mãe para ali se desenvolver por cerca de 5 meses. Vive por aproximadamente 20 anos. Trata-se de um animal ameaçado de extinção em razão das devastações nas florestas e seus hábitos muito particulares.

Coanas – *Anato.* Narinas internas.

Coanócito – *Zoo.* Tipo de célula que reveste a cavidade de alguns poríferos e filtra a água, capturando partículas alimentares. São estruturas ciliadas dotadas de um colarinho formado pela expansão da membrana plasmática.

Coarctata – *Zoo.* Pupa que fica coberta pela pele endurecida da última larva, da qual o adulto emerge por uma abertura circular, e os membros do futuro adulto ficam aderidos ao corpo. Ocorre em dípteros muscoides.

Cobaia – *Zoo.* Mamífero roedor pertencente da família Caviidae e espécie *Cavia porcellus*. São parentes próximos dos preás (*Cavia aperea*), diferenciando-se por serem animais exclusivamente domésticos, e com vários padrões de coloração (os preás em geral tem tons amarronzados). Apresentam tamanho pequeno e não possuem cauda. Normalmente se adaptam bem em cativeiros, tornando-se dóceis com as pessoas que os criam. Por terem características fisiológicas parecidas com as do homem, e serem animais de rápida reprodução, são amplamente utilizados em experimentos científicos. Sinônimo: porquinho-da-Índia.

Cobra – *Zoo.* Réptil que pertence à ordem Squamata e subordem Ophidia. Pode ser peçonhenta ou não. Veja Ophidia. Deve-se dar preferência ao termo serpente. Cobra trata-se do nome vulgar de uma espécie de serpente naja denominada cobra-rei.

Cobra não peçonhenta – *Zoo.* Cobra incapaz de inocular seu veneno. De maneira geral compartilha algumas características em comum, tais como pupilas e cabeça arredondadas, sem fosseta loreal, cauda que vai afilando lentamente. Possui hábitos diurnos e movimentos ágeis. Importante lembrar que essas características não se enquadram a todas as cobras não peçonhentas. Deve-se dar preferência ao termo serpente, logo, serpente não peçonhenta.

Cobra peçonhenta – *Zoo.* Cobra capaz de inocular seu veneno. Apesar de haver variações entre as diversas espécies, a maioria das cobras peçonhentas (principalmente as da família Viperidae) apresenta as seguintes características gerais: pupila em forma de fenda, cabeça triangular, presença de fossetas loreais, escamas irregulares e cauda com afilamento abrupto. Possui movimentos vagarosos, e os hábitos da maioria são noturnos. Sempre que uma pessoa for picada por cobras peçonhentas deve procurar um médico, ou hospital, e se possível levar o animal (vivo ou morto) para que se use o soro antiofídico mais específico. Não se deve cortar o local da picada, pois pode causar grave infecção; não se pode sugar o sangue no local da picada, pois existe o risco de infecção (HIV, Hepatites B e C) da pessoa que o faz; não devemos fazer torniquete no local da picada, isso só irá concentrar e potencializar a ação das toxinas no local acometido. Deve-se dar preferência ao termo serpente, logo, serpente peçonhenta.

Cobra-cega – *Zoo.* Anfíbio de corpo cilíndrico e segmentado. Apresenta visão bastante rudimentar, por isso o nome popular cobra-cega. Não apresenta patas. Alimenta-se de insetos, larvas, minhocas, dentre outros. Também é chamada de cecília (*Caecilia gracilis*). Veja Apoda.

Cobra-coral – *Zoo.* Ofídio que pertence à família Elapidae e ao gênero *Micrurus*. Apresenta "anéis" de colorido vivo sobre o corpo. Exibe comportamento noturno e vive sob folhas, galhos, pedras, buracos ou dentro de troncos em decomposição. Existem as corais verdadeiras e as corais falsas, e o reconhecimento é difícil de ser realizado sem o exame dos dentes, o que é plenamente desaconselhável. Habitualmente não são cobras agressivas. Veja *Micrurus*.

Cobra-de-vidro – *Zoo.* Nome vulgar dado ao lagarto ápode da família Anguidae, e espécie *Anguis fragilis*. Apesar do nome, não são cobras, sendo distinguidas destas pelo grande comprimento da cauda, que pode ser igual ou maior que o tamanho de seu tronco. Realiza autotomia caudal, e como a cauda é bastante grande ela se parte em várias secções, sugerindo que o réptil se quebrou, por isso o seu nome popular. Atinge cerca de 50 cm de comprimento. Alimenta-se de pequenos invertebrados. Sinônimo: licranço.

Coccidia – *Zoo.* Designa uma subclasse de protozoários pertencentes à classe Sporozoea, inclui alguns representantes com importância epidemiológica, dentre eles, os gêneros

Cryptosporidium, *Cyclospora* e *Cystoisospora*. A principal característica desse grupo de microrganismos é o seu oocisto resistente.

Cóccix – *Anato*. Estrutura óssea encontrada na região distal das vértebras, constituída de quatro ou cinco vértebras soldadas entre si (vértebras coccígeas).

Cochliomyia hominivorax – *Zoo*. Inseto díptero popularmente conhecido como mosca varejeira. O inseto adulto tem cerca de 8 mm de comprimento. Os adultos copulam apenas uma vez durante a vida e as fêmeas saem à procura de lesões (em animais e no homem), onde realizam a postura dos ovos. São depositados até 300 ovos no local, e eclodirão larvas que passam a se alimentar daquele tecido, deixando os espiráculos respiratórios para fora da lesão. As larvas são vorazes, e podem destruir grande quantidade de tecido, originando graves lesões, muitas vezes sendo necessárias cirurgias reparadoras. Em animais, essas lesões acarretam destruição do couro, perda na produção de leite e morte. Os exemplares adultos se alimentam de açúcares da natureza. A prevenção ocorre pelo combate às moscas, com a utilização de inseticidas, e evitar a exposições de lesões de pele.

Cochonilha – *Bio*. Pigmento avermelhado proveniente da pulverização de corpos secos do piolho *Dactylopius coccus*. Por vezes, tal denominação é utilizada para designar os próprios insetos, também chamados de piolhos-dos-vegetais. Trata-se de pequenos hemípteros, com cerca de 4 mm de comprimento. Ocasionam danos nos jardins e facilitam o estabelecimento de fungos nas plantas que lesionam.

Cóclea – *Anato*. Estrutura espiralada do ouvido interno, de estrutura óssea. Tem como função transmitir o som para os ramos nervosos.

Coelho – *Zoo*. Termo aplicado aos mamíferos lagomorfos, família Leporidae, pertencentes a diversas espécies, tais como *Oryctolagus cuniculus*, ou coelho-europeu. Caracteristicamente cavam tocas, onde nascem seus filhotes. Comumente são utilizados como modelo experimental em trabalhos de pesquisa. Diferenciam-se das lebres por terem patas posteriores e orelhas menores. São herbívoros. Possuem dois pares de incisivos na maxila superior e um par na inferior.

Coerebidae – *Zoo*. Família de apenas uma espécie de pássaro brasileiro, *Coereba flaveola*, conhecido como cambacica. Ave pequena e bastante comum em zonas urbanas.

Coiote – *Zoo*. Nome popularmente atribuído ao mamífero da espécie *Canis latrans*. Pertence à ordem Carnivora, família Canidae. É encontrado em regiões áridas e descampadas do Alasca ao Panamá. Alimenta-se de vertebrados, como roedores e cordeiros, e também de vegetais. São menores que o lobo verdadeiro, *Canis lupus*, e mais domesticáveis.

Cola – *Etimo*. Termo de origem latina que significa habitar, cultivar. Exemplo: cavernícola (que habita cavernas).

Coleodactylus amazonicus – *Zoo*. Espécie de lagartos da família Gekkonidae encontrada na Floresta Amazônica e Bolívia. É considerada uma das menores espécies de lagartixa brasileira, chegando a medir em média apenas 50 mm.

Coleoide – *Zoo*. Grupo, dentro da classe Cephalopoda, que inclui a maioria dos cefalópodos vivos.

Coleoptera – *Zoo*. Ordem mais numerosa de insetos e de animais que se conhece (cerca de 350 mil espécies). São conhecidos como besouros e cascudos. Podem ter desde 1 mm até mais de 15 cm de comprimento, como na espécie amazônica *Titanus giganteus*. Apresentam mandíbulas bem desenvolvidas. As asas anteriores são denominadas élitros e são rígidas, protegendo as asas posteriores, que são as únicas utilizadas para o voo. Possuem pernas geralmente bem desenvolvidas. São ovíparos e holometabólicos. Estão distribuídos nos mais variados *habitats*. A alimentação é bastante variada, como por exemplo, raízes, carnes, outros insetos, fezes e parasitos de outros animais. Os principais inimigos naturais são aranhas, aves, anfíbios e répteis. Embora a maioria das espécies tenha importância na natureza, algumas podem danificar cultivos e muitas espécies são pragas de armazéns. Representam pouco mais de 20% de todos os insetos conhecidos.

Coleópteros – *Zoo*. Diz-se dos insetos que pertencem à ordem Coleoptera. São popularmente conhecidos como besouros e cascudos. Veja Coleoptera.

Colhereiro – *Zoo*. Nome popularmente atribuído à ave *Platalea ajaja*. Apresenta perto de 85 cm de comprimento e cor geralmente rosada. A principal característica desta espécie é o bico em formato de colher, adaptado para capturar pequenos animais aquáticos, como peixes, crustáceos, moluscos, dentre outros. É comumente visto se alimentando em bandos, fazendo a varredura nas águas à procura de alimentos. Habita áreas alagadas, margens de rios, lagoas e manguezais. A postura é de três ovos, e o período de incubação dura cerca de 20 dias.

Colibri – *Zoo*. Nome de origem indígena para beija-flor. Veja Beija-flor.

Colla – *Etimo*. Termo de origem latina que significa "cola".

Collembola – *Zoo*. Ordem de hexápodes não insetos, diminutos, com cerca de 4 mm de comprimento. Alimentam-se de matéria orgânica em decomposição. São ápteros, mas algumas espécies podem saltar. São capazes de atingir densidades extremamente altas (até 100 mil indivíduos por metro quadrado) e são ecologicamente importantes por adicionarem nutrientes ao solo por meio de suas fezes e por facilitarem o processo de decomposição. Existem cerca de 9.000 espécies descritas em 27 famílias, mas são pouco conhecidas pelo público em geral.

Collum, colo – *Etimo*. Termo de raiz latina que significa pescoço. Recordar da estrutura localizada logo abaixo da cabeça dos vermes cestódeos, denominada "colo", ou seja, o pescoço destes vermes. Lembrar também de colo do útero, que seria a porção semelhante a um "pescoço" do órgão.

Colmeia – *Zoo*. Designação das colônias de abelhas e vespas em geral, sobretudo, as primeiras. As colmeias das abelhas melíferas são constituídas de cera. As unidades são denominadas favos e apresentam aspecto hexagonal, sendo dispostos em séries diagonais. Os favos são utilizados principalmente para a metamorfose, sendo que a rainha da colmeia põe um ovo em cada um, que será tampado pelas abelhas obreiras e funcionará como um casulo. Quando não é época de reprodução, as abelhas enchem os favos de mel.

Colo – *Zoo*. É uma das três partes em que se divide o corpo dos cestódeos; funciona como um pescoço, unindo o escólex (cabeça) ao restante do corpo, que é chamado de estróbilo. O colo é a região do crescimento, onde as proglotes se formam.

Colobos – *Etimo*. Termo de origem grega que significa truncado, mutilado.

Colóforo – *Zoo*. Estrutura tubuliforme situada na face ventral do primeiro segmento do abdômen de insetos colêmbolos.

Colônia – *Eco*. Tipo de relação harmônica intraespecífica. Nas colônias, os indivíduos podem ser independentes ou haver, entre os mesmos, uma divisão do trabalho. Normalmente, os indivíduos de uma colônia apresentam grande interdependência fisiológica. São encontradas entre algas, bactérias, poríferos e celenterados. Alguns dos exemplos mais conhecidos são os celenterados *Obelia* e *Phisalia*, conhecidos vulgarmente por caravelas.

Colonização – *Bio*. Desenvolvimento de um organismo, ou grupos do mesmo em um ambiente.

Coluber – *Etimo*. Vocábulo de procedência latina que significa serpente, cobra. Ex.: Colubridae; trata-se de uma família com mais de mil espécies de serpentes, constituída desde exemplares pequenos, até os membros com muitos metros de comprimento.

Colubridae – *Zoo.* Trata-se de uma das principais famílias de serpentes, com mais de 1.600 espécies descritas. Estão distribuídas, à exceção da Antártida, em todos os continentes. As espécies dessa família, apesar de possuírem glândulas de veneno, não apresentam as presas que inoculam e injetam a peçonha.

Columbiformes – *Zoo.* Nomenclatura utilizada em ornitologia para designar o grupo das pombas. Essas aves apresentam grande distribuição geográfica, com 310 espécies conhecidas.

Columella – *Etimo.* Verbete de origem latina que significa pequena coluna, coluninha. O nome científico do molusco *Lymnaea columella*, hospedeiro intermediário do trematódeo *Fasciola hepatica*, pode ser traduzido como "pequena coluna dos lagos (g. *limnos*)", em virtude da morfologia da concha do animal, que é acuminada, associada ao seu habitat.

Coluna vertebral – *Anato.* Estrutura formada por 33 vértebras (geralmente), que vai da base do crânio até o cóccix. Constitui uma proteção óssea para a medula espinal e o eixo longitudinal do esqueleto humano. O subfilo Vertebrata contempla os membros do reino animal dotados de coluna vertebral.

Comensal – *Eco.* Espécie que sai beneficiada durante a realização do comensalismo. Veja Comensalismo.

Comensalismo – *Eco.* Tipo de associação interespecífica harmônica, na qual somente uma espécie é privilegiada, sem que a outra sofra prejuízos. O indivíduo que é beneficiado chama-se comensal. Geralmente o animal comensal se beneficia do resto alimentar deixado pelo outro indivíduo. Um exemplo é o peixe-piolho (ou rêmora), que acompanha algumas espécies de tubarões e alimenta-se dos restos de suas presas.

Competição – *Eco.* Tipo de relação desarmônica intra ou interespecífica. Trata-se de uma competição por algo insuficiente para a sobrevivência de duas ou mais espécies. Os animais podem competir por alimentos, abrigos, parceiros reprodutivos, etc.

Componente abiótico – *Eco.* Diz-se de todos os fatores ambientais (abióticos) que atuam sobre os seres vivos, como: luminosidade, temperatura, umidade, pressão, etc.

Componente biótico – *Eco.* Denominação conferida à totalidade dos seres vivos que vivem em determinada área.

Comportamento – *Eto.* Diz-se dos movimentos de um indivíduo, ou de grupos de indivíduos, e as bases fisiológicas desse movimento. É uma resposta relacionada a um estímulo.

Comprimento total – *Zoo.* Distância da ponta do focinho de um animal até a ponta da cauda ou da nadadeira caudal.

Comprimento-padrão – *Zoo.* Em ictiologia o comprimento-padrão refere-se à distância da ponta do focinho até o fim da coluna vertebral (no caso de adultos), ou até o final da notocorda (no caso de larvas em estágios anteriores ao pós-flexão), ou até o final dos ossos hipurais (no caso de larvas no estágio pós-flexão e juvenis). Trata-se de uma medida utilizada com frequência, já que muitas vezes a nadadeira caudal está danificada, impossibilitando que se mensure o comprimento total (da ponta do focinho à ponta da nadadeira caudal).

Comunidade – *Eco.* Conjunto de todas as populações presentes numa determinada região.

Comunidade climácica – *Eco.* O mesmo que comunidade clímax. Veja Comunidade clímax.

Comunidade clímax – *Eco.* Tipo de comunidade ecológica que surge em uma área após o longo processo de sucessão ecológica, substituindo uma comunidade pioneira ou intermediária. Via de regra, a comunidade pioneira é formada por plantas herbáceas, a comunidade intermediária é constituída por arbustos, enquanto a comunidade clímax é composta por plantas arbóreas, é mais estável e possui número maior de espécies animais e vegetais. Sinônimo: comunidade climácica.

Comunidade intermediária – *Eco.* Indivíduos que surgem em um ambiente adverso após o povoamento já realizado pela comunidade pioneira. A comunidade intermediária costuma aparecer quando o ambiente está se modificando de forma razoável. Via de regra, uma comunidade herbácea vai ser somada a outra mais arbustiva, sendo esta última a comunidade intermediária.

Comunidade pioneira – *Eco.* Durante uma sucessão ecológica, a comunidade pioneira é aquela que primeiro aparece e povoa um local após um processo de condições ambientais adversas, como, por exemplo: espécies vegetais que nascem após um desmatamento. A comunidade pioneira apresenta pouca diversidade de espécies.

Concha – *Zoo.* Parte endurecida do corpo dos moluscos que serve para a proteção dos mesmos. É formada por uma proteína intitulada conchiolina, e por espículos e placas calcárias. Além de proteção, a concha pode auxiliar na flutuabilidade ou na escavação, dependendo da espécie. Existem moluscos que apresentam concha interna (lulas), conhecida por pena ou ciba, e outros nem a apresentam (polvos).

Condição – *Eco.* Em ecologia, denota as características físicas e químicas de um ambiente, como a temperatura, pressão e pH. Ao contrário dos recursos (alimentos e luminosidade), as condições não são consumidas nem esgotadas pelos indivíduos.

Côndilo – *Anato.* Projeção de uma extremidade de um osso, que permite sua articulação com os ossos vizinhos.

Condor – *Zoo.* Ave da família Cathartidae de aproximadamente 1 metro de comprimento e 2,5 m de envergadura, sendo grande planador. Apresenta cabeça nua e plumagem preta com algumas partes brancas. Alimenta-se de carcaças. Vive, principalmente, na região dos Andes até a Patagônia. No Brasil ocorre apenas uma espécie, o condor-dos-Andes (*Vultur gryphus*).

Condricties – *Zoo.* Grupo que contempla os peixes cartilaginosos, tais como raias e tubarões. Veja Chondrichthyes.

Condrioma – *Bio.* Conjunto de condriossomos.

Condriossomos – *Bio.* Diminutas estruturas em forma de grânulos, bastonetes ou fios, constituídas de lipoproteína, que ocorrem no citoplasma da maioria das células. Presume-se que tenham função no metabolismo e secreção celular. Os condriossomos granulares ou globulares são chamados mitocôndrios. Os com forma de bastonete ou filamento são denominados condrococos.

Condrocrânio – *Anato.* Porção do esqueleto cefálico de origem cartilaginosa que pode ou não ser ossificada posteriormente. O condrocrânio dá sustentação ao encéfalo e aos órgãos do sentido e está presente em todos os vertebrados. Os outros dois elementos do esqueleto cefálico são o dermatocrânio e o esplancnocrânio.

Cone – *Anato.* Juntamente com os bastonetes, são células especializadas na percepção dos estímulos luminosos. Localizam-se na retina.

Cone cristalino – *Zoo.* Corpo transparente secretado por um grupo de células dos olhos do tipo eucone. Presente em certos insetos.

Conexivo – *Zoo.* Parte do abdômen dos insetos hemípteros que se sobressai aos hemiélitros. Apresenta grande importância na taxonomia destes insetos. A estrutura permite maior dilatação do abdome enquanto os hemípteros se alimentam.

Congêneres – *Bio.* Espécies que pertencem ao mesmo gênero.

Conodontes – *Paleo.* Fósseis de dentes cônicos, bem como os animais que possuíam esses dentes. Os conodontes são um táxon de vertebrados agnatos primitivos que habitaram o planeta Terra, entre as Eras Paleozoica e Mesozoica, estando hoje extintos. Análises dos fósseis indicam que eram animais de pequeno porte (aproximadamente 4,5 cm), de corpo alongado, providos de olhos e nadadeiras.

Conóide – *Zoo.* Estrutura complexa, constituindo uma formação oca, semelhante a um cone, presente em alguns protozoários do filo Apicomplexa, como por exemplo a espécie *Toxoplasma gondii*. Facilita a penetração do parasito.

Conopophagidae – *Zoo.* Família de pássaros que ocorre em florestas da América do Sul, representada pelo chupa-dente e pelo cuspidor. Alimentam-se de insetos.

Constrictione, constrictor – *Etimo.* Verbete de origem latina que significa atar fortemente, ou seja, aplicar força circular que restringe o diâmetro de uma estrutura. Ex.: *Boa constrictor*, nome científico da serpente conhecida como jiboia, a qual mata suas vítimas, constituídas de pequenos mamíferos e aves, por constrição, determinando o sufocamento das mesmas.

Consumidor – *Eco.* Organismo incapaz de produzir seu próprio alimento. Obtém energia dos produtores (vegetais) ou de outros consumidores. Existem vários tipos de consumidores, sendo eles: consumidor primário – quando se alimentam dos produtores (ex.: preás); consumidor secundário – quando se alimentam do consumidor primário (ex.: serpentes); Consumidor terciário – quando se alimentam do consumidor secundário (ex.: gavião). Sinônimo: heterótrofo.

Consumidor primário – *Eco.* Organismo que se alimenta de seres produtores, ou seja, de vegetais. Exemplo: herbívoros, em geral, tal como um coelho. Veja Consumidores.

Consumidor secundário – *Eco.* Ser vivo que se alimenta de consumidores primários (herbívoros). Exemplo: raposa que ingere um coelho. Veja Consumidores.

Consumidor terciário – *Eco.* Organismo que se alimenta de consumidores secundários. Exemplo: jacaré que ingere uma raposa (consumidor secundário), que por sua vez ingere um coelho (consumidor primário). Veja Consumidores.

Convergência evolutiva – *Evo.* Surgimento de características semelhantes ou de mesma função em diferentes táxons, porém tais caracteres não apresentam a mesma origem.

Cooperia – *Zoo.* Gênero de vermes nematódeos que parasitam o intestino delgado de ruminantes, nos quais podem causar gastroenterites, acarretando em baixo ganho de peso e perda do apetite. Os animais se infectam ao ingerirem as larvas dos parasitos. O tratamento é realizado com anti-helmínticos.

Copepoda – *Zoo.* Classe de pequenos crustáceos (entre 1 e 5 mm), conhecidos como copépodes. A maioria é marinha. Apresentam, geralmente, corpo afilado e cilíndrico, com apêndices e antenas. Vários são parasitos de animais marinhos de água doce e salgada, sobretudo de peixes. Algumas formas parasitárias são grandes, podendo atingir cerca de 30 cm de comprimento. Geralmente são muito numerosos, e podem representar o componente mais abundante de uma amostra de plâncton. Alimentam-se de fitoplâncton, e servem de alimentos para vários seres marinhos. Existem cerca de 12.000 espécies descritas, representando um dos maiores táxons dentre os crustáceos, estando atrás apenas dos Malacostraca.

Copépodes – *Zoo.* Organismos que pertencem à classe Copepoda. Veja Copepoda.

Coprodeu – *Zoo.* Porção dorsal da cloaca que recebe as fezes. Apenas está presente em cloacas parcialmente divididas como a de mamíferos monotremados e aves ratitas.

Coprofagia – *Eco.* Ato de alimentar-se de fezes. Comum em várias espécies de insetos, dentre outros animais.

Coprófagos – *Eco.* Organismos que se alimentam de fezes.

Coprólito – *Paleo.* Fezes fossilizadas petrificadas que auxiliam os paleontólogos a determinar dietas de animais que viveram em um determinado período geológico.

Copros – *Etimo.* Verbete de procedência grega que significa fezes, excremento.

Cópula – *Reprod.* O mesmo que acasalamento. Ato de introdução dos gametas masculinos (espermatozoides) no corpo da fêmea. A cópula varia entre os diversos grupos animais. Algumas espécies possuem pênis ou outro órgão copulador, enquanto em outras se dá apenas pelo contato das cloacas. Em determinados grupos, como nas serpentes, os indivíduos podem ficar horas com seus órgãos genitais unidos.

Cor aposemática – *Eco.* Veja Aposemática, cor.

Cor de advertência – *Eco.* Veja Aposemática, cor.

Coração – *Anato.* Víscera oca, composta de quatro cavidades, sendo dois átrios e dois ventrículos. Tem o tamanho ligeiramente maior que o de uma mão fechada, e pesa cerca de 290 gramas, sendo pouco mais pesado no homem. Apresenta três camadas: endocárdio (camada interna), miocárdio (camada média, com maior massa) e epicárdio (camada externa). Tem como função impulsionar o sangue dos vasos sanguíneos para várias partes do corpo. O lado direito do coração recebe sangue desoxigenado e o envia para os pulmões, e o lado esquerdo recebe sangue oxigenado e o impulsiona para o restante do corpo. *Zoo.* Em peixes o coração possui duas cavidades, um átrio e um ventrículo; nos anfíbios tal víscera apresenta dois átrios e um ventrículo (três câmaras); nos répteis não crocodilianos, o órgão contempla dois átrios e o ventrículo é parcialmente dividido, enquanto nos répteis crocodilianos o coração já apresenta quatro cavidades, dois átrios e dois ventrículos, assim como vai suceder nas aves e nos mamíferos.

Coraciiformes – *Zoo.* Nomenclatura utilizada na ornitologia para designar a ordem dos martins-pescadores, juruvas, etc. Ocorrem nas regiões subtropicais e tropicais do globo. No Brasil são descritas cerca de dez espécies distribuídas em duas famílias.

Coral – *Zoo.* Colônia de celenterados marinhos que secretam exoesqueleto calcáreo rígido formando grandes depósitos nos mares, conhecidos como recifes de corais. Há também corais moles, nos quais os cnidários têm endoesquelto (e não exoesqueleto) calcáreo.

Corbícula – *Zoo.* Área na superfície externa da tíbia posterior das abelhas cercada por pelos longos e curvos que formam uma espécie de cesto onde esses insetos carregam o pólen.

Cordado – *Zoo.* Animal que apresenta notocorda, fendas branquiais e cauda pós-anal em pelo menos algum estágio de seu desenvolvimento, além de tubo nervoso dorsal. Os cordados são componentes do filo Chordata, o qual inclui os Urochordata (ascídias), Cephalochordata (anfioxos) e os Vertebrata.

Cordeiro – *Zoo.* Como é conhecido o carneiro (*Ovis aries*) quando jovem.

Cordiforme – *Bio.* Com feitio de coração.

Cordotonal – *Zoo.* O mesmo que escolopal. Veja Escolopal.

Coriáceo – *Bio.* Com textura semelhante à do couro.

Cório – *Embrio.* Anexo embrionário que recobre o embrião e outros anexos. Em mamíferos, esse anexo auxilia na fixação do embrião à parede uterina. *Zoo.* Porção basal mais esclerosada (dura) da asa anterior dos insetos hemípteros.

Corion, Chorion – *Etimo.* Termo de origem grega que significa pele, membrana.

Cornículo – *Zoo.* Par de apêndices tubulares próximos ao ápice do abdômen de insetos afídeos, através do qual estes eliminam uma substância que endurece sobre suas vítimas, quando expostas ao ar.

Corno – *Zoo.* Estrutura formada por revestimento oco de epiderme queratinizada, envolvendo uma parte central óssea que se projeta do crânio, está presente em vários ungulados de grande porte. As funções são: exibição sexual, combate entre os machos, reconhecimento social, defesa. Quando cortados ou quebrados, os cornos crescem lentamente de novo. Podem estar na cabeça (mais comum) e também sobre o focinho (rinocerontes). Não confundir com chifres, que são estruturas que costumam cair após a fase reprodutiva, estão presentes em cervos e veados, sendo processos ósseos cobertos por pele e que apresentam irrigação sanguínea, o que não ocorre nos cornos.

Cornu – *Etimo.* Termo de origem latina que significa corno, chifre.

Coro – *Zoo.* Larva vermiforme de dípteros e de muitos coleópteros que vivem em troncos podres.

Corona – *Zoo.* Conjunto de cílios de animais do filo Rotifera, que serve para a locomoção. *Etimo.* Vocábulo de origem latina que significa coroa.

Corona radiata – *Reprod.* Conjunto de células foliculares que contornam o ovócito.

Corpo alado – *Zoo.* Par de órgãos glandulares pequenos e ovoides, situados ao lado do esôfago, que secretam o hormônio juvenil. Este hormônio regula a metamorfose de alguns insetos.

Corpo *albicans* – *Reprod.* Estrutura formada, após a regressão do corpo lúteo (corpo amarelo), por fibroblastos e tecido conjuntivo denso. Sinônimo: corpo branco.

Corpo amarelo – *Fisio.* O mesmo que corpo lúteo. Veja Corpo lúteo.

Corpo branco – *Reprod.* O mesmo que corpo *albicans*. Veja Corpo *albicans*.

Corpo cardíaco – *Zoo.* Glândulas neurossecretoras localizadas próximas ao esôfago de alguns insetos, cuja secreção está relacionada com os batimentos cardíacos.

Corpo lúteo – *Fisio.* Estrutura glandular formada após a ovulação, sob influência principal do hormônio luteinizante. O corpo lúteo secreta progesterona e estrógeno, que auxiliam o endométrio a se preparar para a implantação do blastocisto. Se o óvulo for fertilizado, será formado o corpo lúteo gravídico, aumentando a produção de hormônios. Se não houver fertilização, o corpo lúteo degenera-se cerca de 10 dias após a ovulação. Sinônimo: Corpo amarelo.

Corpo vítreo – *Anato.* Material gelatinoso, hialino, transparente, que preenche o espaço do globo ocular entre a lente, o corpo ciliar e a retina. Contribui para manter o formato do olho.

Corpúsculo polar – *Reprod.* Restos celulares que ficam aderidos ao ovócito secundário durante a meiose. Se é proveniente da meiose I, chama-se corpúsculo polar I, e se for da meiose II, denomina-se corpúsculo polar II. Sinônimo: glóbulo polar.

Corrupião – *Zoo.* Nome popular da espécie *Icterus icterus*, pássaro com aproximadamente 20 cm de comprimento. Chama a atenção pela beleza de sua plumagem negra e laranja. Pertence à família Icteridae. Sinônimo: sofrê, turpial.

Corte – *Eto.* Exibição ou apresentação de um macho ou de uma fêmea para atrair seu cônjuge e procriar. Acontece em vários vertebrados e invertebrados. Sinônimo: cortejo.

Cortejo – *Eto.* O mesmo que corte. Veja Corte.

Coruja – *Zoo.* Ave da ordem Strigiformes. A maioria possui hábitos noturnos e por isso tem visão adaptada à escuridão, com olhos bem desenvolvidos. O bico é pequeno e as penas variam de coloração, sendo mais comuns as marrons com pequenas pintas brancas. Alimentam-se de insetos e pequenos vertebrados. Após a digestão, regurgitam bolotas com pelos, ossos e restos das presas. Animais de caráter pacato, costumam cantar em noites de luar. Põem de três a cinco ovos brancos em buracos de árvores, encostas e paredes. No Brasil, são registradas 22 espécies de corujas.

Corvidae – *Zoo.* Família de pássaros de grande porte que inclui as gralhas (*Cyanocorax*), no Brasil, e os corvos (*Corvus corax*), presentes no hemisfério setentrional.

Cosmoides, escamas – *Zoo.* Veja Escama cosmoide.

Cosmopolita – *Zoo.* Organismo que apresenta distribuição geográfica mundial.

Costa – *Zoo.* Nervura longitudinal que forma a margem anterior da asa dos insetos.

Costela – *Anato.* Trata-se de um osso plano, alongado e curvo no homem, que apresenta, usualmente, 12 pares de costelas. Presente nos demais vertebrados. A carapaça das tartarugas, por exemplo, é parcialmente composta por costelas. Estes ossos protegem vísceras torácicas e abdominais.

Cotingidae – *Zoo.* Família de passeriformes que inclui as arapongas, anambés, tietê e galo-da-serra. Considerada por alguns autores como uma subfamília (Cotinginae) de Tyrannidae. Os representantes desse grupo vivem em florestas neotropicais e são conhecidos por seu colorido exuberante.

Coxa – *Anato.* Uma das partes do membro inferior, localizada entre o quadril e a perna. O único osso presente é o fêmur. *Zoo.* Segmento proximal das pernas de aracnídeos e insetos.

Coxal – *Bio.* Que é relativo à coxa.

Cracídeo – *Zoo.* Nomenclatura utilizada por ornitólogos para designar os jacus.

Craniata – *Zoo.* Denominação conferida aos vertebrados e alguns animais antigos ainda sem vértebras, mas com o encéfalo desenvolvido e protegido por um crânio. Possuem endoesqueleto, e este é ósseo ou cartilaginoso. Exemplo: as feiticeiras (ou peixes-bruxa) são os Craniata viventes mais basais.

Crânio – *Anato.* Diz-se do esqueleto da cabeça. Abriga o encéfalo, os órgãos da visão, audição, gustação, olfato, e envolve as aberturas dos tratos digestivo e respiratório.

Cranion – *Etimo.* Termo de origem grega que significa crânio.

Cretáceo – *Paleo.* Período geológico compreendido pela era Mesozoica. Data de 140 milhões de anos. As angiospermas começavam a dominar a terra, e houve extinção de grande parte dos répteis e aves no final do período. O vasto número de montanhas surgidas permitiu que o clima se tornasse mais ameno. Foi o último período da era Mesozoica, sendo antecessor do Terciário, já na era Cenozoica.

Criacionismo – *Evo.* Princípio teológico que interpreta a ideia da evolução como sendo um ato de Deus. Segundo o conteúdo do Gênesis, os seres vivos foram criados durante 6 dias por um ser onipotente. Um dos maiores problemas que o criacionismo encontrou no passado, segundo essa teoria, é que todas as espécies são fixas e imutáveis através dos tempos, assim como Deus as criou no princípio. Nos dias atuais, do ponto de vista científico, essa teoria já foi superada há muitos anos. Sinônimo: fixismo.

Crinoidea – *Zoo.* Classe de equinodermos que compreende os lírios-do-mar. Apresentam corpo estrelado, geralmente com cinco braços, e ausência de espinhos externos. Certas espécies possuem mais de 200 braços. A boca dos crinoidéios é voltada para cima, diferentemente de outros equinodermos. O corpo fica preso ao substrato através de uma ramificação inferior, que pode chegar a 1 metro de comprimento. A maioria vive no mar fixo ao substrato de águas profundas, todavia algumas espécies podem liberar-se e nadar livremente. Existem cerca de 700 espécies descritas.

Crinos – *Etimo.* Termo de origem grega que significa cartilagem.

Crio, krio – *Etimo.* Termo de origem grega que significa frio.

Criptopentâmero – *Zoo.* Tarso que apresenta o quarto tarsômero muito pequeno, e em geral oculto ao terceiro tarsômero. Ocorre em alguns insetos.

Criptos, krypta – *Etimo.* Termo de origem grega que significa escondido, oculto, gruta. Ex.: *Cryptosporidium*; compreende um gênero de protozoários parasitos do sistema digestório, causador de diarreias severas em pacientes imunodeprimidos. A tradução seria a "semente (g. *sporos*) escondida", em virtude de que o parasito é de difícil visualização durante o exame parasitológico de fezes quando realizado em microscópio óptico, necessitando de corantes específicos para tal.

Criptotetrâmero – *Zoo.* Tarso que apresenta o terceiro tarsômero muito pequeno, e em geral totalmente oculto pelo segundo tarsômero. Presente em certos insetos.

Crisálida – *Zoo.* O mesmo que pupa, sobretudo de borboletas. Veja Pupa.

Crisos, Chryso – *Etimo.* Termo de origem grega que assinala ouro, algo dourado. Ex.: o gênero do Lobo-guará é *Chrysocyon*, cuja tradução seria "cão (g. *cyon*) dourado", aludindo à pelagem deste canídeo.

Crista neural – *Embrio.* Massa celular formada a partir de células neuroectodérmicas do embrião. Dá origem aos gânglios espinhais e gânglios do sistema nervoso autônomo. Os gânglios de alguns pares de nervos cranianos também derivam parcialmente da crista neural.

Crocodylia – *Zoo.* Ordem de répteis que abrange os jacarés e os crocodilos. Surgiram no período Triássico. Vivem nas zonas tropicais e subtropicais. Apresentam o corpo revestido de pele espessa, com placas córneas. São semiaquáticos. O coração divide-se em (pela primeira vez nos vertebrados) quatro cavidades, com dois átrios e dois ventrículos. São ovíparos, e muitas espécies cuidam da sua prole.

Crocodilo – *Zoo.* Nome popularmente atribuído aos répteis da família Crocodylidae, que inclui os gêneros *Crocodylus*, *Osteolaemus* e *Tomistoma*. Constroem ninhos, cuidam da prole e são ótimos nadadores. Distribuem-se pela África, Austrália, América Central e Ásia. São encontrados em rios e algumas regiões de água salgada. Podem ser facilmente diferenciados dos jacarés por seu quarto dente da maxila inferior, que fica exposto quando fecham a boca, e também por seu tamanho mais avantajado. Uma espécie bem conhecida é o crocodilo-do-nilo, *Crocodylus niloticus*, que pode atingir 6 m de comprimento, vive em rios africanos e é um dos animais ferozes mais conhecidos.

Crocodylidae – *Zoo.* Família de répteis crocodilianos que inclui os crocodilos. Atualmente existem 14 espécies descritas, distribuídas na Austrália, Ásia, África e nas Américas, onde são encontrados do sul da Flórida e ao norte da América do Sul.

Cromatóforo – *Zoo.* Célula pigmentar com muitas projeções citoplasmáticas. São originadas na crista neural durante o desenvolvimento embrionário, e posteriormente migram para a pele. Exemplos de cromatóforos: eritróforos: com pigmentos vermelhos; xantóforos: com pigmentos amarelos; melanóforos: com pigmentos marrons; os leucóforos: com pigmentos brancos; iridóforos: com pigmentos de coloração metálica. Tais células estão presentes no tegumento de animais invertebrados e vertebrados, como répteis e anfíbios. As aves e os mamíferos não possuem cromatóforos, sendo os melanócitos, células que contêm o pigmento melanina, os únicos tipos de células pigmentares presentes.

Crossopterígio – *Zoo.* Peixe primitivo, considerado ancestral dos tetrápodes. Apresenta nadadeiras lobadas, e vive em profundidades marinhas.

Crosta terrestre – *Geol.* O mesmo que litosfera. Veja Litosfera.

Crotalinae – *Zoo.* Subfamília de serpentes da família Viperidae caracterizadas pela presença de fosseta loreal (órgão de percepções térmicas). Ocorrem no Novo Mundo e na Ásia, ao contrário da subfamília Viperinae, encontrada apenas no Velho Mundo. No Brasil são representadas pela cascavel (*Crotalus*), pela jararaca (*Bothrops*) e pela surucucu (*Lachesis*). São assinaladas 150 espécies de crotalíneos ao redor do mundo.

Crotalus – *Zoo.* Gênero de répteis da ordem Squamata e subordem Ophidia. São conhecidos popularmente por cascavel. São serpentes peçonhentas, com cabeça triangular, um par de fossetas loreais, olhos pequenos com pupilas em fenda e dentes inoculadores de veneno. Apresentam na cauda um guizo, conhecido também como chocalho, sendo essa uma importante característica para sua identificação. Estão distribuídas em vários estados do Brasil. Alimentam-se principalmente de pequenos mamíferos, mormente pequenos roedores. Costumam ser menos agressivas que as jararacas. São frequentes nas regiões secas e pedregosas do Brasil. As cascavéis representam cerca de 10% dos acidentes com serpentes no País, sendo registrados, em 2012, 2.250 acidentes por esse gênero pelo Ministério da Saúde. Seu veneno costuma ser bastante lesivo, chegando a levar ao óbito cerca de um décimo das vítimas, mesmo quando há tratamento. A ação de sua peçonha é miotóxica, neurotóxica, nefrotóxica, hematotóxica e hepatotóxica. O tratamento é realizado com medicamentos sintomáticos e soro anticrotálico. *Etimo.* O termo provém do grego e significa chocalho, guizo, castanholas.

Crotalus durissus terrificus – *Zoo.* Espécie de cascavel brasileira mais conhecida, porém pode ser encontrada também no Uruguai, na Argentina, no Paraguai, no Peru e na Bolívia. Veja Cascavel e *Crotalus*.

Crusta – *Etimo.* Termo de origem latina que significa crosta, carapaça, pele grossa.

Crustacea – *Zoo.* Classe de artrópodes com cerca de 67.000 espécies descritas. Habitam principalmente o ambiente marinho, mas também podem estar presentes em ambientes de água doce, e até mesmo no terrestre (como o tatuzinho-de-jardim), embora não estejam muito bem adaptados a este último. A enorme heterogeneidade morfológica e ecológica do grupo dificulta levar a cabo muitas generalizações. Possuem simetria bilateral. O exoesqueleto pode possuir sais de cálcio. O corpo é dividido em cefalotórax e abdômen. Apresentam número variável de pernas, e dois pares de antenas, fator este que os distinguem de qualquer outro grupo de artrópodes. Podem ser carnívoros, detritívoros ou filtradores. O comprimento pode variar de menos de 1 mm, até caranguejos gigantes do fundo oceânico dotados de 3 m de abertura entre as pernas e 60 kg. Exibem, na maioria, uma forma larval chamada de náuplio, e os ovos são geralmente transportados pelas fêmeas. Podem apresentar importância para o homem como fonte de alimento (lagostas, caranguejos, siris), mas sua maior importância está no equilíbrio ecológico do ecossistema aquático. Constitui o único grande táxon de artrópodes predominantemente aquáticos.

Crustáceos – *Zoo.* Organismos pertencentes à classe Crustacea. Ex.: siri, lagosta, caranguejo, camarão, etc. Veja Crustacea.

Cryptodira – *Zoo.* Diz-se da subordem de quelônios que retraem o pescoço para dentro do casco, curvando-o de forma sinuosa. Ao contrário dos Pleurodira, que retraem o pescoço curvando-o lateralmente.

Ctenídeo – *Zoo.* Fileira de cerdas ou espinhos fortemente quitinizados, de localização variável, presente em certos sifonápteros (pulgas). O conjunto de cerdas lembra um pequeno pente, daí o nome ctenídeo. Essa estrutura serviu de base para denominação de um gênero de pulgas (*Ctenocephalides*), que significa "pentes na cabeça". Podem também figurar em alguns moluscos ou aracnídeos.

Ctenocephalides – *Zoo.* Gênero em que estão descritas as pulgas do cão (*Ctenocephalides canis*) e do gato (*Ctenocephalides felis*). Ambos os insetos são hematófagos obrigatórios, e as fêmeas depositam os ovos em locais protegidos, como frestas, por exemplo. Do ovo eclodem as larvas, que irão alimentar-se da dejeção das pulgas adultas e transformar-se em pupa, de onde emergem os adultos. Essas pulgas picam cães e gatos e podem também picar o homem. As picadas destes insetos são doloridas e abrem porta de entrada para infecções bacterianas secundárias, principalmente pelo ato de coçar. O gênero pode ser hospedeiro intermediário dos cestódeos *Dipylidium caninum* e *Hymenolepis* spp.

Ctenoide, escama – *Zoo.* Veja Escama ctenoide.

Ctenophora – *Zoo.* Filo de animais marinhos pelágicos, com aproximadamente 120 espécies registradas. São seres semelhantes às águas-vivas, mas de arquitetura bastante delicada. A principal característica do filo é a presença de oito pentes ciliares no corpo, os quais auxiliam na natação desses animais.

Ctenos – *Etimo.* Termo de origem grega que significa pente.

Cuatá – *Zoo.* O mesmo que macaco-aranha. Veja Macaco-aranha.

Cúbito – *Anato.* Antiga denominação da ulna. Veja Ulna. *Zoo.* Veia longitudinal da asa dos insetos, situada logo após a veia mediana.

Cuboide – *Anato.* Osso em formato cúbico, presente no pé humano.

Cubozoa – *Zoo.* Classe de cnidários que apresentam a medusa como forma dominante. Antigamente eram considerados membros da classe Scyphozoa. Vivem em oceanos tropicais e subtropicais. Existem 36 espécies conhecidas.

Cuculiformes – *Zoo.* Nomenclatura utilizada na ornitologia para designar a ordem dos anus, cucos, almas-de-gato, saci, etc. Aves de ampla distribuição geográfica, presentes tanto no Velho Mundo (cucos), quanto no Novo Mundo (anus). No Brasil, existem cerca de 20 espécies de cuculiformes.

Cuíca – *Zoo.* Mamífero marsupial da espécie *Marmosops incanus*, família Didelphidae, ordem Didelphimorphia. As cuícas, também conhecidas como guaiquicas, são animais noturnos, pequenos, pesam cerca de 60 g, de focinho cônico, olhos redondos e negros, cauda sem pelos e pelagem cinza, com regiões castanhas e ventre claro. Alimentam-se de frutos, insetos e outros invertebrados. A fêmea não possui marsúpio. Vivem sobre árvores, mas descem ao solo para procurar comida. Ocorrem no Brasil, da Bahia até o Paraná.

Culex quinquefasciatus – *Zoo.* Trata-se de um mosquito com grande distribuição geográfica, frequentemente urbano, cujas fêmeas são hematófagas. Os ovos desse inseto são colocados em grupo, na água, formando uma pequena jangada. O desenvolvimento das larvas também é aquático, e o adulto eclode após dez dias da postura, dependendo das condições climáticas. Alimentam-se principalmente de sangue humano e, em algumas regiões, tais mosquitos são transmissores da filariose linfática, através de sua picada. Seus criadouros são representados, principalmente, por coleções de água "suja", rica em matéria orgânica em decomposição, como os esgotos a céu aberto.

Culicídeos – *Zoo.* Grupo de insetos dípteros, conhecidos popularmente como mosquitos. São importantes na entomologia médica, pois existem espécies que podem transmitir várias doenças como: *Anopheles*: malária; *Aedes*: dengue; *Culex:* filariose linfática. Atualmente são descritas mais de 3.000 espécies de culicídeos e apenas algumas podem transmitir afecções. A transmissão das moléstias ocorre pela hematofagia realizada pelas fêmeas, os machos alimentam-se de açúcares da natureza.

Culicoides – *Zoo.* Gênero de insetos popularmente conhecidos como "maruins" ou "mosquito pólvora". Apresentam mais de 900 espécies descritas no mundo, das quais cerca de 70 já foram encontradas no Brasil. Somente as fêmeas realizam hematofagia, o macho alimenta-se de açúcares da natureza. Os maruins costumam picar as pessoas em bosques, matas, pântanos, mas também o fazem em locais abertos, e até dentro de habitações humanas. Picam principalmente quando o clima é quente e úmido e os ataques costumam ocorrer em "nuvens", o que pode levar a inúmeras lesões urticantes. São insetos muito inoportunos para o homem e os animais domésticos, pois sua picada é bastante dolorosa, e a hematofagia muitas vezes ocorre em locais destinados ao turismo, atrapalhando o descanso das pessoas. O controle é difícil de realizar devido ao pequeno tamanho desses insetos, tornando inútil o uso de telas para portas e janelas. A utilização de inseticidas não é recomendada, já que o ciclo biológico destes insetos dá-se no ambiente natural (em locais úmidos e alagadiços). A modificação dos locais de criação, por drenagem ou aterramento, vem sendo utilizada com sucesso em alguns locais.

Cumacea – *Zoo.* Ordem de crustáceos marinhos que vivem sob a areia e terrenos lamosos. A cabeça e o tórax são robustos e largos, distinguindo-se do abdômen, que é longo e cilíndrico. Seu plano corporal permite que os mesmos sejam diferenciados com certa facilidade dos outros grupos de crustáceos. São encontrados em profundidades de até 200 m. A maioria desses artrópodes são filtradores. Trata-se de animais dioicos, apresentando dimorfismo sexual, e os machos usualmente têm olhos, e as fêmeas, em geral, não são dotadas dessas estruturas. Há cerca de 1.600 espécies descritas. Medem entre 1 e 4 mm de comprimento. Não são conhecidos do público em geral.

Cuneiformes, ossos – *Anato.* Trata-se de três ossos do pé que formam o tarso, juntamente com outros ossos.

Cúneo – *Zoo.* Parte do hemiélitro de muitos hemípteros, localizado entre o cório e a membrana, mais externamente.

Cupim – *Zoo.* Inseto social que pode ocasionar danos à madeira, e que pertence à ordem Isoptera. Veja Isoptera.

Cupinzeiro – *Zoo.* O mesmo que termiteiro. Veja Termiteiro.

Cúpreo – *Bio.* Referente ao cobre. Normalmente, em biologia, condiz com a coloração de algum organismo ou de parte do mesmo.

Cupri, Cupro – *Etimo.* Termo de origem latina que faz referência ao cobre.

Cúpula – *Zoo.* Estrutura gelatinosa, frágil e transparente que recobre a superfície dos neuromastos, órgãos mecanorreceptores componentes do sistema da linha lateral dos peixes, protegendo os cílios sensoriais. A cúpula recebe as vibrações da água, transmitindo-as para os cílios, que se inclinam na direção do movimento.

Curiango – *Zoo.* Nome popular da ave *Nyctidromus albicollis*, espécie noturna, de cauda longa, plumagem marrom e pescoço branco. Pertence à ordem Caprimulgiformes. Sinônimo: bacurau.

Cursorial – *Zoo.* Pernas adaptadas para correr.

Curvata, curvatus – *Etimo.* Do latim, curvada, curvado, com uma curva. Expressão muito empregada na nomenclatura científica, sobretudo, como epíteto específico, para se referir à aparência curvada de parte de um organismo, ou dele como um todo.

Cutâneo – *Bio.* Relativo à pele.

Cutia – *Zoo.* Nome atribuído ao roedor da família Dasyproctidae e espécie *Dasyprocta leporina*. Apresenta cerca de 50 cm de comprimento, cauda curta e pesa até 4 kg. São animais diurnos, e correm muito quando se encontram em perigo. Alimentam-se basicamente de vegetais.

Cutícula – *Zoo.* Cobertura externa, acelular, flexível e delgada da pele de alguns animais, como artrópodes, fornecendo proteção, suporte a músculos, e impermeabilidade. Tem composição variada em cada clado, geralmente contendo proteínas, lipídios e glicídios (quitina).

Cutis – *Etimo*. Termo de origem latina que significa pele.

Cuxiú – *Zoo*. Primatas pertencentes ao gênero *Chiropotes*. Encontram-se na Floresta Amazônica e estão ameaçados de extinção. Possuem pelagem abundante, preta ou apenas escura. São diurnos, alimentam-se de frutas e folhas. Medem cerca de 30 cm de comprimento (excetuando-se a cauda).

Cycliophora – *Zoo*. Constitui o mais recente filo descrito entre os metazoários, sendo constituído por apenas três espécies registradas. Tratam-se de diminutos animais sésseis, usualmente encontrados junto ao corpo de diferentes crustáceos, especialmente na região bucal. Possuem complexo ciclo de vida, que alterna entre gerações sexuadas e assexuadas.

Cyclops – *Zoo*. Pequeno crustáceo copépodo de água doce que pode albergar a larva infectante do helminto *Dracunculus medinensis*. Quando ingerido pelos humanos, se estiver infectado, dará origem a parasitose conhecida como dracunculíase.

Cyclorrhapha – *Zoo*. Subordem de dípteros, constituída por moscas que apresentam antenas com três segmentos, sendo que o último sempre exibe uma arista. As larvas são acéfalas. Os adultos eclodem do pupário através de abertura circular. Muitas moscas deste grupo apresentam importância na natureza como polinizadoras, decompositoras de matéria orgânica, predadoras de larvas de pragas, etc. Entretanto, algumas espécies são causadoras de miíases no homem e em outros animais, além de transmitirem doenças. Algumas espécies englobadas nesta subordem são: *Musca domestica* (mosca doméstica), *Stomoxys calcitrans* (mosca-dos-estábulos), *Haematobia irritans* (mosca-dos-chifres), *Dermatobia hominis* (mosca do berne), *Cochliomyia hominivorax* (mosca da bicheira). Sinônimo: muscomorpha.

Cygnus – *Etimo*. Termo de origem latina que significa cisne. Ex.: *Cygnus*; é empregado como gênero para várias espécies de cisnes.

Cyn – *Etimo*. Termo de origem grega que significa cão.

Cynodontidae – *Zoo*. Família de peixes actinopterígios da ordem Characiformes, representada pelo peixe-cachorro. São animais de médio e grande porte, com corpo alongado e comprimido lateralmente, formando uma aquilha ventral que pode ser espinhosa. A boca é superior ou oblíqua, com dentes afiados caniniformes. Distribuem-se por rios da América do Sul.

Cyprinidae – *Zoo*. Família de peixes actinopterígios da ordem Cypriniformes, representada pelas carpas. Trata-se da maior família de peixes de água doce, composta por 2.070 espécies que habitam a Eurásia, África e América do Norte. Os ciprinídeos normalmente possuem boca protrátil com lábios finos, dentes faringeais, dispostos em uma a três séries. As espécies têm porte variável, sendo muitas delas, de grande importância para a pesca.

Cypriniformes – *Zoo*. Ordem de peixes teleósteos que inclui as carpas. Distribuem-se por todos os continentes, exceto América do Sul, Austrália e Antártida.

D

Dactylopteriformes – *Zoo.* Ordem que inclui os peixes chamados de "voadores de fundo", animais com as nadadeiras peitorais bastante desenvolvidas, corpo coberto por escamas em forma de escudos e desprovidos de linha lateral.

Darwin, Charles – *Biograf.* Teólogo e naturalista inglês (1809-1882). Propôs a teoria da seleção natural a partir de estudos e observações realizadas nas ilhas Galápagos (Equador). A viagem durou cerca de 5 anos, e Darwin aproveitou esse tempo para coletar animais e plantas pelos locais em que sua embarcação (chamada de *Beagle*) passava. Em 1859, publicou sua mais famosa obra, intitulada: "A origem das espécies". O livro, que se tornou *best-seller*, foi fonte de controvérsias na época, devido aos conservadores, pois com base em suas teorias, o homem passava a ser encarado como mais uma espécie animal, e próxima evolutivamente dos macacos. Darwin faleceu em 19 de abril de 1882, aos 73 anos. Alguns estudos sugerem que o pesquisador portava a doença de Chagas, a qual teria adquirido durante viagem pela América do Sul.

Darwinismo – *Evo.* Que guarda relação com as teorias propostas por Darwin, sobretudo com a seleção natural.

Dasypodidae – *Zoo.* Família que pertence à ordem Xenarthra, que abarca os tatus. Veja Tatu, Tatu-bola, Tatu-canastra, Tatu-galinha.

Dasys – *Etimo.* Verbete de origem grega que significa peludo, piloso. Uma dica é a espécie *Dasypus* (dasys + g. *podos* = pés, ou seja, pés peludos) *novemcinctus* (com nove cintas, estas presentes na carapaça), conhecido popularmente como tatu-galinha.

Datilos, Dactylos – *Etimo.* Termo de origem grega que significa dedo.

Decapoda – *Zoo.* Ordem de crustáceos que compreende camarões, caranguejos, siris, lagostas e lagostins. A maioria das espécies é marinha, mas alguns, em certas ocasiões, invadem a água doce. Além disso, existem caranguejos terrestres. Camarões, lagostas e lagostins, apresentam o abdômen bem desenvolvido, mas vários decápodos têm abdômen reduzido. Camarões são adaptados para a natação, enquanto lagostas e lagostins são bentônicos e estão adaptados para o rastejamento. Muitas espécies são comestíveis e representam item relevante da atividade pesqueira. Os caranguejos representam 4.500 espécies das mais de 38.000 descritas nessa ordem. Trata-se do grupo de crustáceos mais conhecido do público em geral, e mais estudado pelos biólogos. Seu nome provém do grego e significa dez (*deca*) pernas (*podos*).

Decompositor – *Eco.* Ser que se alimenta de organismo morto, ou de partes que estão em decomposição. Bactérias e fungos são os principais exemplos. A importância desses organismos é transformar a matéria orgânica morta, de forma que, muitas vezes, os produtores (geralmente vegetais) possam reutilizá-la.

Dectes – *Etimo.* Termo de origem grega que faz menção à mordida ou mastigação. Um exemplo é o piolho mastigador *Trichodectes canis*, que, segundo seu nome, alimenta-se ou morde os pelos (g. *trichos*) dos cães (l. *canis*).

Defaunação – *Zoo.* Extinção da vida animal de uma determinada região.

Demersal – *Zoo.* Diz-se da fauna que habita a região imediatamente acima do fundo do mar.

Demodex canis – *Zoo.* Espécie de ácaro que vive predominantemente no cão doméstico, possui corpo com aspecto vermiforme, medindo entre 0,1 e 0,4 mm de comprimento. Causa a sarna demodécica ou folicular dos cães, de difícil cura, pois os ácaros se alojam no interior dos folículos pilosos e glândulas sebáceas do hospedeiro.

Demodex folliculorum – *Zoo.* Espécie de ácaro escavador, de corpo afilado e alongado, com cerca de 2 mm de comprimento. Apresenta quatro pares de pernas localizadas na região anterior do corpo. Vive como comensal na pele do homem e de outros animais. É um dos causadores da acne.

Demônio-da-Tasmânia – *Zoo.* Mamífero marsupial da espécie *Sarcophilus harrisii*, família Dasyuridae, que habita a Tasmânia, na Oceania. Mede entre 50 e 80 cm de comprimento, possui pelagem escura, cabeça proporcionalmente grande, focinho parecido ao de um urso e pode abrir a boca a um ângulo de até 120° entre as maxilas. O marsúpio (bolsa como a dos cangurus e outros marsupiais) está presente no dorso da fêmea e é onde os filhotes ficam por cerca de 5 meses após o nascimento, sendo amamentados e protegidos. Apresenta dieta variada, alimentando-se de carcaças, ovos, insetos e outros animais passíveis de serem capturados. São animais de hábito noturno. Sinônimo: diabo-da-Tasmânia.

Demospongiae – *Zoo.* Classe de esponjas. Cerca de 90% das espécies de poríferos descritas estão contidas nessa classe. Todas as esponjas são do tipo leuconoide e sua distribuição varia entre águas rasas e profundas. A etimologia da classe provém do grego e significa esponja (g. *spongus*) do povo (*demos*).

Dendroaspis – *Zoo.* Gênero de serpentes da família Elapidae conhecidas popularmente como mambas. Esses animais possuem peçonha extremamente forte, sobretudo a mamba-negra (*Dendroaspis polylepis*). Habitam o continente africano.

Dendrobatidae – *Zoo.* Família de anuros conhecida por ser composta por espécies com secreções tóxicas na pele e coloração viva. A distribuição desta família estende-se por regiões tropicais e tropicais úmidas da Nicarágua ao Sudeste do Brasil, incluindo a Bolívia. Algumas espécies dessa família possuem o hábito de visitar a desova periodicamente e transportar o girino no dorso até a água, para que os mesmos completem o desenvolvimento.

Dendrocolaptidae – *Zoo.* Família de pássaros endêmicos da região Neotropical. Geralmente de bicos curvos e compridos. Alimentam-se de insetos capturados em troncos de árvores, onde sobem com agilidade. Inclui os Arapaçus.

Densidade populacional – *Eco.* Diz-se da dimensão de uma população, relacionada ao espaço onde ela se encontra. Quando dos humanos, esta densidade costuma ser expressa em habitantes por metro quadrado.

Dentário – *Anato.* Osso da maxila inferior em que se inserem os dentes.

Dente – *Anato.* Estrutura óssea presente na cavidade bucal, preso ao maxilar pelo alvéolo, cuja principal função é a mastigação dos alimentos, para facilitar a deglutição e a digestão dos mesmos. É dividido em coroa (parte externa), colo (parte intermediária) e raiz (fixada ao alvéolo e variável de acordo com o dente que é considerado). Veja Dentição.

Dente cuspidado – *Anato.* Dente que apresenta uma ou mais cúspides, projeções pontudas, em sua superfície.

Dente sulcado – *Zoo.* Diz-se das presas que injetam veneno. Presente em algumas serpentes como a jararaca e a cascavel.

Denteado – *Bio.* O mesmo que denticulado. Veja Denticulado.

Dentes caninos – *Anato.* Veja Canino.

Dentes multicuspidados – *Zoo*. Dentes com superfície composta de muitas cúspides, ou seja, muitas projeções.

Dentes palatinos – *Zoo*. Tipo de dente presente no palato, como ocorre nos peixes da espécie *Genidens genidens*, da família Ariidae.

Dentes tetracuspidados – *Zoo*. Dentes com superfície composta de quatro pontas, também denominadas cúspides.

Dentição – *Anato*. Conjunto de dentes presentes na cavidade bucal dos seres vivos. Nos humanos, observa-se a dentição decídua, constituída por dez dentes primários em cada maxila, popularmente denominados dentes de leite. Posteriormente, os dentes primários são substituídos por dentes permanentes, que são: quatro incisivos (cortam o alimento), dois caninos (perfuram os alimentos), quatro pré-molares e seis molares (trituram os alimentos), sendo essas quantidades referentes a uma maxila.

Denticulado – *Bio*. Guarnecido de pequenos dentes. O mesmo que denteado.

Dentículos dérmicos – *Zoo*. Também denominadas escamas placoides, refere-se a um tipo de escama bastante dura e pequena presente nos Chondrichthyes (raias, quimeras e tubarões). Recebem esse nome por apresentarem histologia parecida com a dos dentes, sendo compostas por uma camada externa de esmalte, uma média de dentina e uma cavidade da polpa, mais interna.

Dentiforme – *Bio*. Em forma de dente.

Dentina – *Anato*. Substância amarela localizada sob o esmalte dos dentes. Possui canais com fibras nervosas, logo, quando é rompida, ocasiona dor. Tecido com relativa flexibilidade, o que evita que os dentes se quebrem durante a mastigação de alimentos sólidos.

Dermaptera – *Zoo*. Ordem de insetos conhecidos popularmente como tesourinhas ou lacrainhas. São onívoros, terrestres, e geralmente vivem em locais úmidos. Possuem cerca de 3 cm de comprimento. Apresentam ramificações no final do abdômen em forma de pinças, o que faz algumas pessoas acreditarem que tais insetos são peçonhentos, o que não é verdade. Existem aproximadamente 2.000 espécies descritas.

Dermatobia hominis – *Zoo*. Díptero popularmente conhecido como mosca do berne. Os adultos são insetos com cerca de 2 cm de comprimento, e apresentam coloração amarelada e azulada. A fase parasitária é feita pela larva, que é deixada no hospedeiro a partir de um inseto vetor, pois a mosca do berne faz a postura dos ovos sobre outro inseto, e não diretamente sobre o hospedeiro final. Logo, as larvas eclodem dos ovos que estão presos no abdômen do inseto vetor e caem sobre o hospedeiro. As larvas penetram ativamente e começam a parasitar o tecido subcutâneo do animal acometido (bovinos, equinos, ovinos, cães, humanos, dentre outros). As larvas ficam completamente submersas no tecido que parasitam, situando apenas os espiráculos respiratórios para o exterior. O parasitismo provoca prurido e dor, e pode ser uma porta de entrada para infecções secundárias. O tratamento consiste na extração da larva.

Dermatocrânio – *Zoo*. Porção do esqueleto cefálico, também intitulada elementos dérmicos, formada por ossos de membrana. O dermatocrânio habitualmente está presente nos vertebrados, porém alguns grupos apresentam uma perda secundária. Os demais componentes do esqueleto cefálico são o condrocrânio e o esplancnocrânio.

Derme – *Etimo*. Termo de origem grega que significa pele.

Dermochelyidae – *Zoo*. Família de testudines que inclui a tartaruga-de-couro, *Dermochelys coriacea*, a maior tartaruga marinha do mundo e única representante da família. Estes animais têm tegumento coriáceo, que caracteriza a espécie. Estão distribuídas pelos mares de quase todo o mundo.

Dermochelys coriacea – *Zoo.* Nome científico dado à tartaruga-de-couro, espécie considerada como criticamente em perigo pelo IBAMA. Apresenta distribuição global. Veja Tartaruga-de-couro.

Dermoptera – *Zoo.* Ordem de mamíferos que compreende os lêmures voadores. Existem duas espécies descritas nessa ordem, e são encontradas na região Oriental. Popularmente tais lêmures são denominados colugos.

Derramamento de petróleo – *Eco.* Fenômeno que pode afetar a vida de milhares de organismos na área acometida. Além dos danos causados nos seres que ficam na superfície, a camada de óleo também reduz a capacidade da luz de penetrar na água, o que dificulta a fotossíntese de inúmeras espécies vegetais e, com isso, prejudica a cadeia alimentar. O petróleo derramado na água também dificulta a oxigenação normal da mesma, acarretando a morte de vários organismos por asfixia. Além disso, os animais intoxicados transferem o óleo para outros através da cadeia alimentar.

Des – *Etimo.* Termo de origem latina que significa retirada.

Desastre ambiental em Mariana – Eco. Veja Mariana, desastre ambiental.

Desenvolvimento direto – *Bio.* Diz-se do organismo que não possui fase larval durante seu desenvolvimento. Exemplo: homem.

Desenvolvimento indireto – *Bio.* Diz-se do organismo que apresenta fase larval durante seu desenvolvimento. Exemplo: insetos que sofrem metamorfose completa, sapos e a maioria das espécies de peixes.

Desequilíbrio populacional – *Eco.* Fenômeno no qual uma população sofre grandes variações na taxa de crescimento, podendo, em casos severos, algumas espécies serem extintas. O desequilíbrio pode ser causado por vários fatores como poluição, queimadas, predação excessiva, desmatamentos, etc.

Deserto – *Eco.* Tipo de bioma terrestre, extremamente árido e com escassez de água, o que seleciona fauna e flora adaptadas a essas condições. A temperatura é elevada durante o dia e baixa durante a noite. São encontrados na Ásia central, na África, na costa norte do Chile e na América do Norte.

Desinsetização – *Quim.* Técnica de combate a insetos vetores de doenças para humanos ou animais domésticos, ou daqueles que constituem pragas agrícolas. Costumeiramente é procedida por meio da aplicação de inseticidas, mas também podem ser adotadas outras técnicas. Visa à destruição dos insetos. Sinônimo: rociamento, borrifação.

Desmame – *Bio.* Cessação do aleitamento materno e início da alimentação com outros alimentos.

Desmos – *Etimo.* Termo de origem grega que significa cadeia.

Desnitrificação – *Eco.* Uma das fases do ciclo do nitrogênio. Ocorre após a morte de vários organismos. É realizada por bactérias saprófitas que vivem no solo e decompõem seres mortos, devolvendo o nitrogênio para a atmosfera, através da transformação dos nitratos em nitrogênio.

Desovar – *Bio.* Pôr os ovos em certa quantidade, assim como fazem os insetos, aracnídeos, crustáceos, peixes, répteis, aves e outros animais. A desova pode ser procedida na água (ex.: determinadas espécies de mosquitos) ou no solo (répteis e aves em geral).

Detritívoro – *Eco.* Ser que se alimenta de detritos de outros organismos.

Detrito – *Eco.* Matéria orgânica proveniente da morte ou dejetos de seres vivos, podendo ou não já estar parcialmente decomposta.

Deuterocérebro – *Zoo.* Parte do cérebro dos insetos representada pelos lobos olfatórios e antenais.

Deuteros – *Etimo.* Termo de origem grega que significa secundário.

Deuterostômio – *Zoo*. Animal cujo blastóporo não origina a boca, mas frequentemente origina o ânus. Equinodermos, cordados, artrópodes, são exemplos de deuterostômios.

Devoniano – *Paleo*. Período geológico compreendido pela era Paleozoica. Data de 408 milhões de anos. Nesse período, as terras ergueram-se mais, superando muitos mares rasos, e o clima ficou ameno. A água doce começou a surgir em maior quantidade. Ocorreram as primeiras florestas e o surgimento de insetos alados. Grande evolução de peixes e aparecimento dos primeiros tetrápodes. Esse período antecede o Carbonífero.

Di – *Etimo*. Termo de origem grega que significa dois.

Dia – *Etimo*. Termo de origem grega que significa através de.

Diabo-da-Tasmânia – *Zoo*. Sinônimo para demônio-da-Tasmânia. Veja Demônio-da-Tasmânia.

Diadromia – *Bio*. Tipo de migração de animais aquáticos em que há mudança do ambiente marinho para um dulcícola ou vice-versa. Há três tipos de diadromia: catadromia (da água doce para a salgada, com fins reprodutivos), anadromia (do mar para rios e lagos, também com fins reprodutivos) e anfidromia (de um ambiente para o outro, porém sem fins reprodutivos).

Diádromo – *Zoo*. Animal que, para completar seu ciclo de vida, necessita mudar de ambiente aquático salino para água doce, ou vice-versa. Os que migram da água doce para a salgada são denominados catádromos e os que fazem movimento contrário, anádromos.

Diáfise – *Anato*. Corpo de um osso longo, localizado entre as duas epífises. No geral, a diáfise porta a medula óssea em seu interior.

Diafragma – *Anato*. Divisão musculofibrosa que separa a cavidade abdominal da torácica. Durante a inspiração, o diafragma move-se para baixo e aumenta o volume da cavidade torácica, e durante a expiração move-se para cima, reduzindo esse volume. *Zoo*. Membrana delgada que divide as cavidades contendo o coração, o tubo digestório ou o cordão nervoso de alguns insetos.

Diapausa – *Bio*. Período de suspensão do desenvolvimento ou da atividade vital de um organismo.

Diapsida – *Zoo*. Nomenclatura que designa os vertebrados que apresentam dois pares de aberturas temporais no crânio, tais como crocodilianos, lagartos e aves.

Diásporo – *Bio*. Parte de um ser vivo, ou mesmo um estágio de vida, que faz a dispersão dessa espécie.

Diastema – *Zoo*. Espaços entre os dentes anteriores que obtêm os alimentos. Os diastemas deslocam os dentes para partes posteriores, permitindo que os animais cheguem o focinho mais próximo do chão enquanto se alimentam. O termo provém do grego e significa intervalo, interstício.

Dícero – *Zoo*. Fornido por duas antenas. Exemplo: vários insetos.

Dico – *Etimo*. Termo de origem grega que significa em duas partes.

Dicóptico – *Zoo*. Insetos com os olhos separados na parte superior. Exemplo: as fêmeas das mutucas (tabanídeos).

Didelfo – *Zoo*. Mamíferos que apresentam útero duplo. Exemplo: gambás, coalas e cangurus.

Didelphia – *Zoo*. O mesmo que Marsupialia. Veja Marsupialia.

Diencéfalo – *Anato*. Uma das duas vesículas (telencéfalo e diencéfalo) que subdividem o prosencéfalo, porção rostral do cérebro embrionário. Dá origem ao tálamo e ao hipotálamo. Localiza-se em posição caudal em relação ao telencéfalo.

Dieta – *Bio*. O mesmo que alimentação. Uma dieta é dita como balanceada quando os alimentos são ingeridos em combinações corretas, na quantidade necessária.

Dificerca, nadadeira – *Zoo*. Tipo de nadadeira caudal presente em alguns peixes ciclostomados e sarcopterígios em que a coluna vertebral se estende até o final da nadadeira e os dois lobos, ventral e dorsal, são de tamanhos praticamente iguais.

Difiodonte – *Zoo*. Qualidade daquele que possui duas dentições ao longo da vida: uma provisória (dente de leite) e outra permanente. Humanos e a maioria dos outros mamíferos são difiodontes.

Digenea – *Zoo*. Subclasse da classe Trematoda. São endoparasitos de várias classes de vertebrados. Existem cerca de 11.000 espécies descritas. O desenvolvimento é indireto, e o ciclo de vida inclui dois ou mais estágios infectivos. Geralmente, o primeiro hospedeiro intermediário constitui-se de algum molusco gastrópode e, se houver um segundo, normalmente é um artrópode, o hospedeiro definitivo é sempre um vertebrado. Exemplos: *Fasciola hepatica, Schistosoma mansoni, Schistosoma haematobium*.

Digestão nos ruminantes – *Fisio*. Nos ruminantes, o estômago possui quatro compartimentos: rúmen ou pança; retículo ou barrete; omaso ou folhoso; e coagulador ou abomaso (só o abomaso apresenta glândulas que secretam substâncias digestivas). O alimento, após ser deglutido, passa pela faringe, pelo esôfago e chega ao rúmen, onde irá sofrer a ação das bactérias que hidrolizam a celulose, transformando-a em glicose. O alimento vai para o retículo e volta para a boca, onde o animal realiza a ruminação e reingere o alimento. No omaso, a água é reabsorvida, e no abomaso, o alimento sofrerá digestão química pelo suco gástrico. Girafa, cabra, cervídeos, camelo e bovinos são exemplos de animais ruminantes.

Digitiforme – *Bio*. Com forma de dedo.

Digitígrado – *Zoo*. Nome dado aos animais que caminham apoiando apenas os dedos sobre o solo (do latim, *digitus* = dedo), como os cães e gatos.

Digitus – *Etimo*. Termo de origem latina que significa dedo.

Dímero – *Zoo*. Denominação atribuída ao tarso dos insetos, que é composto por dois tarsômeros. Também se diz de alguma estrutura dividida em duas partes.

Dimórfico – *Zoo*. Que apresenta duas formas.

Dimorfismo sexual – *Bio*. Diferenças morfológicas existentes entre os organismos dioicos. Exemplos: nas aves, geralmente o macho é maior e apresenta plumagem mais exuberante que as fêmeas; nos insetos, normalmente as fêmeas são maiores que os machos; o leão exibe juba circundando a cabeça, o que não ocorre nas fêmeas.

Dingo – *Zoo*. Nome popular dado ao canídeo da espécie *Canis lupus dingo*. Animal de origem asiática, que se tornou mais conhecido por ter sido introduzido na Austrália há milhares de anos. Foi um dos responsáveis pelo declínio da fauna de marsupiais, tão característicos da Oceania, pois eram facilmente predados pelos dingos. Trata-se de uma subespécie do lobo *Canis lupus*. Apresenta pelo amarelado, mede em média 75 cm (excetuando-se a cauda), pesa entre 10 e 20 kg e, de maneira geral, aparenta-se com o cão doméstico. São animais solitários, podendo também viver em pequenos grupos.

Dioico – *Bio*. Quando os organismos exibem sexos separados, sendo um macho e outro fêmea.

Dióxido de carbono (CO_2) – *Eco*. O CO_2 é muito utilizado durante a fotossíntese realizada pelos seres clorofilados. A excessiva emissão deste gás na atmosfera (por automóveis, queimadas, etc.) tem causado o efeito estufa, pela capacidade de reter o calor que essa substância possui.

Dióxido de enxofre (SO_2) – *Eco*. Substância química que representa um dos poluentes mais comuns na atmosfera. Forma-se da decomposição da matéria orgânica, queimada de derivados do petróleo, e das atividades vulcânicas. O excesso desse composto na atmosfera é nocivo para plantas, musgos e liquens. Nos humanos pode causar irritações de olhos, pele, e problemas respiratórios que são capazes de levar à morte. A combinação de SO_2 com água pode resultar em chuva ácida. Também está presente na inversão térmica.

Diphyllobothrium latum – *Zoo*. Espécie de tênia, com cerca de 10 m de comprimento e 4.000 proglotes. Parasita o intestino delgado do homem. Muito frequente nos países asiáticos, em razão ao hábito de consumir peixe cru. Os ovos do verme adulto são eliminados nas fezes, e passados alguns dias originam larvas ciliadas. Esta por sua vez torna-se livre, e nada até que seja ingerida pelos primeiros hospedeiros intermediários (crustáceos). A seguir há desenvolvimento de uma larva secundária. Os peixes (salmão e truta) tornam-se os segundos hospedeiros intermediários, ao ingerirem as larvas juntamente com os crustáceos. As larvas atravessam a parede intestinal e fixam-se nos músculos, sofrendo nova transformação. O homem se infecta ao ingerir a carne crua do peixe. A doença (difilobotríase) leva ao desenvolvimento de anemia perniciosa, com deficiência de vitamina B12. O tratamento é realizado com tenífugo associado à ingestão de vitamina B12.

Diplopoda – *Zoo.* Classe de artrópodes herbívoros e terrestres, com corpo dividido em cabeça, tórax diminuto e longo abdômen. Apresentam dois pares de pernas por segmento. Podem ter de 5 a 85 anéis corporais, e atingir 18 cm de comprimento. A transferência de espermatozoides é realizada através de espermatóforos do macho para as fêmeas. O exoesqueleto de alguns desses artrópodes possui carbonato de cálcio. Existem cerca de 12.000 espécies descritas. São popularmente conhecidos como piolhos-de-cobra ou embuás e normalmente são encontrados em ambientes úmidos. Os diplópodes, em sua maioria, são detritívoros, alimentando-se de restos de matéria orgânica vegetal.

Diplópode – *Zoo.* Organismos que pertencem à classe Diplopoda. Veja Diplopoda.

Diplospondilia – *Zoo.* Condição observada em muitos peixes, na qual existem duas ou mais vértebras caudais para cada segmento muscular e para cada par de nervos espinhais. Supõe-se que tal condição possa contribuir para a flexibilidade do animal.

Diplura – *Zoo.* Ordem da classe Insecta, formada por insetos de até 5 cm de comprimento. São ápteros e alimentam-se de matéria orgânica em decomposição, embora já tenham sida descritas espécies predadoras de dipluros. São pouco conhecidos do público em geral. Existem cerca de 1.000 espécies descritas.

Dipnoicos – *Zoo.* Grupo de peixes pulmonados, que podem viver grande tempo fora da água. No Brasil, a piramboia é um exemplo, pois em épocas de seca este peixe se aloja em buracos umedecidos respirando através da bexiga natatória.

Diptera – *Zoo.* Ordem de insetos conhecidos popularmente como moscas, mutucas, mosquitos, maruins, borrachudos, varejeiras, etc. Os adultos podem ter entre 6 e 60 mm de comprimento, mas a maioria não ultrapassa 2 cm. O aparelho bucal pode ser do tipo picador-sugador e lambedor-sugador. Apenas o primeiro par de asas é funcional, o segundo é atrofiado e chamado de balancins ou alteres, e serve para o equilíbrio durante o voo. É essa estrutura que produz o zumbido que tais insetos realizam durante o voo. São ovíparos e holometabólicos. Alimentam-se principalmente de matéria orgânica em decomposição, mas alguns são hematófagos e possuem importância médico-veterinária (em geral somente as fêmeas são hematófagas). Podem transmitir doenças como dengue, malária, febre amarela, leishmaniose, filariose, entre outras. As larvas de algumas espécies são parasitos, como *Dermatobia hominis* e *Cochliomyia hominivorax*. Determinadas espécies podem causar prejuízos em plantações. Existem aproximadamente 150 mil espécies descritas, sendo um dos grupos mais numerosos de insetos.

Díptero – *Zoo.* Insetos das subordens Nematocera, Brachycera e Cyclorrhapha, como os mosquitos e as moscas. Veja Diptera.

Dipylidium caninum – *Zoo.* Espécie de helminto cestódeo que parasita o intestino delgado de cães e gatos, podendo ocorrer também casos humanos, embora muito raros.

Dira, dire – *Etimo.* Termo de origem grega que significa pescoço. Ex.: pleurodira; denota um grupo de quelônios que retraem a cabeça para dentro do casco, curvando o pescoço para o lado (g. *pleuro*).

Dirofilaria – *Zoo.* Gênero de vermes de importância veterinária, que parasitam o sistema cardiovascular de cães e gatos. Os vermes adultos são encontrados no lado direito do coração de cães, podendo causar obstruções do fluxo cardíaco normal. A transmissão ocorre através da picada de mosquitos (gêneros *Anopheles*, *Culex*, etc.) infectados com larvas do parasito. O tratamento dos animais pode ser feito com a dietilcarbamazina.

Disco digital – *Zoo.* Protuberância presente nas extremidades dos dedos de alguns anuros, evidente em membros da família Hylidae (pererecas). Funciona como uma ventosa, proporcionando ao animal aderência a superfícies lisas.

Disco embrionário – *Embrio.* Disco bilaminar espesso, originado a partir de mudanças morfológicas do blastocisto, que se diferencia no embrião.

Disenteria – *Zoo.* Sinônimo de diarreia ou perturbação intestinal, podendo ser ocasionada por vários fatores, inclusive, por parasitoses.

Disfótica – *Eco.* Veja Zona disfótica.

Dispersão ativa – *Eco.* Fenômeno em que a propagação dos seres vivos ocorre através de meios próprios. A maioria dos animais se dispersa dessa forma, embora algumas plantas consigam lançar suas sementes a distâncias consideráveis, através da deiscência explosiva, por exemplo.

Dispersão passiva – *Eco.* Processo em que a dispersão da espécie ocorre por fatores alheios a ela, não sendo realizada pelos seus próprios recursos. A propagação dos vegetais comumente ocorre por esse tipo de dispersão.

Dispneia – *Fisio.* Insuficiência ou dificuldade respiratória, que pode, além de outras causas, estar associada à doença cardíaca ou pulmonar.

Dissecare – *Etimo.* Vocábulo oriundo do latim, que significa cortar, separar, dividir ao meio. Em anatomia/zoologia o termo dissecar designa o ato de separar metodicamente os diferentes órgãos de um ser humano, ou de outro animal, para estudá-los anatomicamente.

Distal – *Anato.* Que está mais afastado do ponto de origem, da linha mediana ou da parte central do corpo.

Distrito abissal – *Eco.* Veja Abissal, distrito.

Distrito batial – *Eco.* Veja Batial, distrito.

Distrito pelágico – *Eco.* Veja Pelágico, distrito.

Divisão binária – *Zoo.* Forma mais comum de reprodução assexuada dos organismos unicelulares, que consiste na divisão de uma célula em duas células filhas, podendo essa bipartição ser longitudinal ou transversal.

Divisão múltipla – *Reprod.* O mesmo que esporulação. Veja Esporulação.

Divisão simples – *Reprod.* O mesmo que Cissiparidade. Veja Cissiparidade.

Dolico – *Etimo.* Termo de origem grega que significa longo, estreito.

Dorsal – *Anato.* Relativo ao dorso, às costas.

Dorsifixo – *Bio.* Quando alguma estrutura é fixada pelo dorso.

Dorso – *Anato.* Nomenclatura anatômica para designar as costas. Fica na região oposta ao ventre (abdômen).

Dorso, Dorsi – *Etimo.* Termo de origem latina que significa costas.

Dory – *Etimo.* Termo de origem grega que significa lança.

Dourado – *Zoo.* Nome atribuído ao peixe da espécie *Salminus maxillosus*. Seu nome é devido a sua coloração dourada, com uma linha escurecida central e pequenos pontos escuros por todo o corpo. A cauda é alaranjada, o corpo é achatado lateralmente. Pode ultrapassar 1 metro de comprimento e pesar mais de 25 kg. Alimenta-se de pequenos peixes. Sobe rios para a desova e pode saltar cachoeiras com alguns m de altura. Peixe característico dos rios brasileiros, sendo muito procurado em pescas e vendido por alto preço.

Dragão komodoensis – *Zoo.* Réptil da ordem Squamata, família Varanidae e espécie *Varanus komodoensis*. É encontrado na ilha de Komodo, que dá origem ao seu nome, localizada na Indonésia. Trata-se de um dos maiores lagartos da atualidade, podendo atingir 3,5 m de comprimento e pesar mais de 100 kg. É carnívoro e alimenta-se de alguns mamíferos. Utiliza a cauda para caçar. A fêmea faz a postura de aproximadamente 25 ovos, que levam 2 meses para eclodir. Sinônimo: Dragão-de-komodo.

Drepan – *Etimo.* Termo de origem grega que significa foice.

Dromedário – *Zoo.* Denominação dada ao mamífero artiodáctilo da espécie *Camelus dromedarius*, família Camelidae. Difere do camelo pela presença de uma única corcova, além de ter o pescoço mais curto e coloração mais clara, de cor bege. Sua corcova, ou bossa, é composta por gordura, que serve como reserva energética para possíveis momentos de escassez de alimento. É encontrado na Ásia e na África, onde é utilizado na montaria e para o transporte de cargas, principalmente em regiões desérticas, visto que resistem bem a longos períodos sem beber água.

Dromos – *Etimo.* Termo de origem grega que significa andar, correr.

Drosophila melanogaster – *Zoo.* Grupo de moscas conhecidas popularmente como moscas das frutas. Essa espécie ficou conhecida por ser frequentemente utilizada em experimentos genéticos.

Dryosaurus – *Paleo.* Gênero de dinossauros ornitópodes, que habitaram a América do Norte durante o Jurássico. Eram animais bípedes, de pernas longas, braços curtos, cauda longa e forte, cabeça relativamente pequena, possuindo um bico córneo usado para cortar vegetais, alimento desses grandes herbívoros. Fósseis de Driossauros indicam que eles deviam medir mais de 4 metros de comprimento.

Drypto – (*gr.*) rasgo, algo que lacera. Ex.: Driptossauro; que significa "Lagarto lacerante". Gênero de dinossauro que viveu na América do Norte no final do Cretáceo.

Dulciaquícola – *Zoo.* Diz-se dos seres que vivem em água doce.

Dulcícola – *Eco.* Que tem relação com a água doce. Exemplo: várias espécies de peixes.

Duodeno – *Anato.* Primeira porção do intestino delgado, que fica próxima ao pâncreas. É o local onde desembocam o ducto biliar e o ducto pancreático. *Etimo.* O termo provém do latim e significa doze, de doze em doze, em alusão ao comprimento do duodeno que seria o de doze dedos postos lado a lado (*duodenum digitorum*).

Dura-máter – *Anato.* A mais externa, fibrosa e resistente das três camadas que recobrem o encéfalo.

Durofagia – *Bio.* Hábito alimentar que compreende a trituração e consumo de alimentos duros, tais como conchas e nozes.

Duto deferente – *Zoo.* Duto espermático que parte dos testículos carreando os espermatozoides até a uretra. Sinônimo: ducto deferente.

Duto ejaculatório – *Zoo.* Parte terminal do ducto espermático masculino. Sinônimo: Ducto ejaculatório. Sinônimo: ducto ejaculatório.

Dux, ducis – (*lat.*) general, o verbete pode ser aplicado para aludir o elevado tamanho de um organismo. Ex.: *Architeuthis dux* é o nome científico da lula gigante, molusco cefalópode que pode atingir 10 metros de comprimento.

E

Ec – *Etimo.* Termo de origem grega que significa para fora, do lado externo.

Ecdise – *Zoo.* Processo de eliminação do exoesqueleto que ocorre em alguns artrópodes, e permite o crescimento dos mesmos. Sinônimo: muda.

Ecdisona – *Zoo.* Hormônio da muda. Líquido secretado pelas células da epiderme que dissolve a endocutícula, permitindo ao inseto abandonar a antiga cutícula.

Ecésis – *Eco.* O mesmo que sucessão primária. Veja Sucessão primária.

Echinococcus granulosus – *Zoo.* Helminto cestódeo com cerca de 5 mm de comprimento. O parasito adulto habita o sistema digestivo de cães, sobretudo do meio rural, e geralmente não causa distúrbios consideráveis ao animal. O cão se infecta ingerindo as vísceras de ovelhas que contenham o cisto hidático; tais animais se infectam ao ingerir os ovos presentes nas fezes dos cães. O homem se infecta alimentando-se dos ovos do parasito, através de mãos, água ou alimentos contaminados, ocasionando a hidatidose.

Echinococcus multilocularis – *Zoo.* Verme platelminto, da classe Cestoda, que apresenta como hospedeiro definitivo os canídeos; os roedores cursam como hospedeiros intermediários. No homem, a forma intermediária (larval) assume aspecto difuso, infiltrante, conferindo caráter grave ao parasitismo. Não ocorre no Brasil, estando presente na Rússia, Europa Central, Canadá e Alasca.

Echinococcus vogeli – *Zoo.* Platelminto da classe Cestoda, em que o ciclo biológico usualmente ocorre entre cães (hospedeiros definitivos) e pacas (hospedeiros intermediários). Existem alguns casos humanos diagnosticados no Brasil (Acre, Pará e Minas Gerais), sendo a moléstia conhecida como hidatidose policística. Sua ocorrência maior se restringe a Venezuela, Colômbia e Equador.

Echinoderida – *Zoo.* Antiga denominação dada ao filo hoje designado Kinorhyncha.

Echinodermata – *Zoo.* Filo de animais celomados, deuterostômios e triblásticos. Estrelas-do-mar, bolachas-do-mar, ofiúros são organismos desse filo. Contém espinhos na superfície externa. A maioria dos adultos possui simetria pentâmera, mas a bolacha-do-mar tem simetria bilateral. O aparelho ambulacral, ou sistema aquífero, tem função de respiração, excreção, locomoção e circulação; constitui-se de uma placa perfurada, denominada placa madrepórica, por onde penetra a água do mar, indo até os pés ambulacrais, formando um sistema de canais que auxilia nas funções vitais. O endoesqueleto é originado por placas calcárias, que podem ser articuladas ou fundidas. O sistema digestório é completo e nos ouriços-do-mar, ao redor da boca, encontra-se a lanterna de Aristóteles, que tritura os alimentos. Os equinodermos são de vida livre e exclusivamente marinha. São dioicos, com fecundação externa e desenvolvimento indireto, através de larvas bipinárias e braquiolárias. São amplamente estudados na paleozoologia e sabe-se que esses seres já foram bem mais abundantes. Atualmente existem cerca de 7.000 espécies conhecidas, e estão divididas em cinco classes: Asteroidea (estrela-do-mar); Echinoidea (bolacha-do-mar e ouriço-do-mar); Crinoidea (lírios-do-mar); Holothuroidea (pepino-do-mar) e Ophiuroidea (ofiúros).

Echinoidea – *Zoo.* Classe de equinodermos representada pelo ouriço-do-mar e pela bolacha-do-mar. Constituída por animais esféricos, desprovidos de braços e com carapaça dorsal rígida que pode possuir longos espinhos móveis (ouriço-do-mar), ou espinhos pequenos e sésseis (bolacha-do-mar). Alimentam-se de detritos, algas, animais sedentários ou sésseis, através do auxílio da lanterna de Aristóteles, situada ao redor da boca. Apresentam desenvolvimento indireto. Existem cerca de 950 espécies descritas.

Echinostoma – *Zoo.* Gênero de helmintos que parasitam o intestino do homem nas Filipinas e na Indonésia. Os hospedeiros intermediários são moluscos, e a infecção ocorre através da ingestão dos mesmos. Não há registro dessa espécie no Brasil.

Echiura – *Zoo.* Filo de pequenos animais marinhos, vermiformes, bilatérios e celomados. Os equiúros habitam o substrato marinho e são detritívoros. Apresentam probóscide contrátil na região anterior e na região posterior uma estrutura semelhante a uma cauda. São dioicos, sendo que os machos são diminutos e frequentemente encontrados na probóscide das fêmeas. Grupo de animais pouco conhecidos do público em geral, sendo que alguns pesquisadores os designam como "vermes-colher". Até o momento foram registradas 165 espécies.

Eclosão – *Bio.* Momento em que o embrião sai do ovo. Nascimento de um organismo que provém de um ovo. Ocorre em vertebrados (mormente em aves e répteis), e inúmeros invertebrados (insetos, dentre outros artrópodes).

Eco – *Etimo.* Termo de origem grega que significa casa, habitação. Exemplo: Ecologia.

Ecolocação – *Eto.* Sistema de localização através da audição que os morcegos e as baleias realizam. Através da emissão de inúmeros ultrassons esses animais percebem os obstáculos, alimentos, predadores, dentre outros. Sinônimos: ecolocalização, biossonar.

Ecolocalização – *Eto.* O mesmo que ecolocação. Veja Ecolocação.

Ecologia – *Eco.* Ramo da biologia que estuda os seres vivos em seu ambiente, as interações entre eles e com o ambiente em que vivem. O vocábulo provém do grego "*oikos*", que significa casa e "*logos*", estudo.

Ecossistema – *Eco.* Conjunto de comunidades (componentes bióticos) e ambiente (componentes abióticos). Compreende o conjunto das interações estabelecidas entre os seres vivos da comunidade e com o ambiente.

Ecótono – *Eco.* Região que limita, ou separa, dois biótopos diferentes.

Ecótopo – *Eco.* O mesmo que biótopo. Veja Biótopo.

Ectasia – *Etimo.* Termo de origem grega que significa dilatação.

Ectoderma embrionário – *Embrio.* Folheto embrionário que dará origem ao sistema nervoso central e periférico, assim como a epiderme e seus anexos.

Ectoparasito – *Zoo.* Parasito que se localiza na região externa do corpo de seus hospedeiros, usualmente na pele: Exemplos: piolho, carrapato, pulga, sarna, etc.

Ectopos – *Etimo.* Termo de origem grega que significa fora do lugar.

Ectos – *Etimo.* Termo de origem grega que significa externo.

Edáfico – *Bio.* Pertencente ao solo.

Edafo, Edaphos – *Etimo.* Termo de origem grega que significa solo.

Edafologia – *Eco.* Ciência que estuda o solo.

Edeago – *Zoo.* Órgão copulador dos insetos machos, geralmente se constitui de um tubo esclerotinizado.

Edentados – *Zoo.* Mamíferos que pertencem à ordem Edentata. Exemplos: tatu, tamanduá e bicho-preguiça. Veja Edentata.

Edentata – *Zoo.* Antiga denominação para a ordem Xenarthra. Ver Xenarthra.

Ediacara, Fauna de – *Paleo.* Conjunto de registros fósseis dos mais antigos metazoários que se tem conhecimento, descobertos em 1947 em Ediacara, região do sul da Austrália. Esta fauna é composta por animais de corpo mole, desprovidos de esqueleto interno ou externo e semelhantes a celenterados, anelídeos. Posteriormente foi registrada na África do Sul, Inglaterra, Brasil, Sibéria e outras localidades. Trata-se de um registro fóssil importante, por representar os mais antigos animais pluricelulares conhecidos.

Edro – *Etimo.* Termo de origem grega que significa face.

Efeito estufa – *Eco.* Fenômeno que ocorre quando o dióxido de carbono (CO_2), liberado de forma abundante pela queima de matéria orgânica (como combustíveis fósseis ou árvores), junta-se à camada de CO_2 já existente, aumentando de forma exacerbada a quantidade de calor que essa camada retém na atmosfera, o que ocasiona o superaquecimento global. Esse aquecimento pode ampliar o degelo em algumas regiões, elevando o nível dos mares, e modificando a quantidade de chuvas.

Efípio – *Zoo.* Cápsula protetora de ovos, presente na câmara incubadora de certos crustáceos. Consiste de uma estrutura fundamental para proteção e resistência dos ovos à dessecação.

Éfira – *Zoo.* Medusa diminuta que participa da metagênese de alguns celenterados, como os do gênero *Aurelia.*

Égua – *Zoo.* Nome popularmente atribuído à fêmea do cavalo (*Equus caballus*).

EIA-RIMA – *Bio.* Sigla utilizada para "Estudo de Impacto Ambiental – Relatório de Impacto Ambiental". Corresponde ao estudo multidisciplinar, que visa à identificação das consequências positivas e negativas da intervenção no meio ambiente de um empreendimento, produto ou tecnologia ainda não empregados em escala comercial no Brasil. O Relatório de Impacto Ambiental (RIMA) é uma peça de comunicação dirigida à sociedade, que resume e disponibiliza, em linguagem acessível, o conteúdo do Estudo de Impacto Ambiental.

Eimeria – *Zoo.* Gênero de protozoários da família Eimeriidae, que possui como principal característica o oocisto maduro com quatro esporocistos, e no interior de cada um, dois esporozoítos. O gênero possui numerosas espécies, muitas das quais, são parasitos intestinais de galináceos domésticos, e por isso, pode ter grande impacto na produção econômica desses animais.

Eiros – *Etimo.* Termo de origem latina que significa profissão.

Elande – *Zoo.* Mamíferos bovídeo da espécie *Taurotragus oryx*, de grande porte (até 1,8 m de altura e 1 tonelada), pelo marrom e chifres médios. São os maiores antílopes da África, sendo predados por poucos animais, como os leões. Alimentam-se de capim, folhas e raízes. As fêmeas apresentam chifres maiores que os dos machos e dão à luz apenas um filhote por gestação. Vivem em manadas nas savanas das regiões Central e Sul do continente africano.

Elapidae – *Zoo.* Família de ofídios peçonhentos, conhecidos popularmente como cobra-coral verdadeira. Estão descritas cerca de 250 espécies de serpentes nessa família. Apresentam ampla distribuição geográfica. Existe o soro antielapídico, utilizado após uma pessoa ou animal ser picado por corais verdadeiras.

Elasma – *Etimo.* Termo de origem grega que significa placa delgada, lâmina.

Elasmobranchii – *Zoo.* Táxon que inclui as raias e os tubarões. É grupo-irmão do outro táxon de peixes cartilaginosos viventes, Holocephali, o qual é representado pelas quimeras. Os Elasmobranchii caracterizam-se por apresentarem nadadeira peitoral tribásica e múltiplas aberturas branquiais de cada lado da cabeça.

Elasmobrânquio – *Zoo.* Nome que designa os tubarões e as raias. O nome é provém das suas fendas branquiais (*elasmos*: lâmina; *barnkhia*: brânquia).

Elasmoides, escamas – *Zoo.* Veja Escama elasmoide.

Elasmosaurus – *Paleo.* Gênero de réptil pré-histórico que habitou a América do Norte há 80 milhões de anos, durante o período Cretáceo. Eram animais marinhos, com cerca de 14 metros de comprimento, e mais de duas toneladas. O pescoço media mais do que a metade do comprimento do corpo, e as patas eram em formato de remo. Eram carnívoros e comiam principalmente peixes e moluscos. A espécie mais conhecida é *E. platyurus*. Apesar de ser frequentemente chamados de "dinossauro marinho", o Elasmosauro não era um dinossauro, e sim, um Plesiossauro.

Elateriforme – *Zoo.* Larva típica da família Elateridae (Coleoptera).

Elefante – *Zoo.* Denominação utilizada aos mamíferos das espécies *Elephas maximus* (elefante asiático) e *Loxodonta africana* (elefante africano). São proboscídeos de grande porte, considerados os animais terrestres mais pesados que existem. Podem atingir até 3,5 m e pesar mais de sete toneladas. Vivem na Ásia e nas savanas africanas. São herbívoros. O elefante asiático é mais domesticável, e por vezes é utilizado em trabalhos florestais em seus países de origem.

Eleutheros – *Etimo.* Termo de origem grega que significa livre.

Élitro – *Zoo.* Asa anterior dos insetos com aspecto coriáceo. São bem rígidas, não servem para voar e protegem o segundo par de asas, quando presentes. Ocorre em muitos coleópteros, dentre outros insetos.

Ema – *Zoo.* Nome vulgar atribuído à ave *Rhea americana.* Ave grande, com cerca de 1,4 m de comprimento, podendo chegar a 1,7 m quando eleva o pescoço. É a maior e mais pesada ave brasileira, pesando até 35 kg. Vive em grupos de até 30 aves e habita campos abertos e cerrados. Alimenta-se de vegetais, sementes, insetos e até pequenos vertebrados (como algumas rãs e serpentes). Os machos constroem os ninhos e aproximam várias fêmeas para a postura, mas é ele que incuba os ovos e cuida dos filhotes.

Emberizidae – *Zoo.* Família de pássaros representada pelo tico-tico, *Zonotrichia capensis.* Tratam-se de aves pequenas, com cerca de 12 cm, comuns tanto em áreas florestais quanto urbanas. Alimentam-se de frutos, sementes e pequenos invertebrados.

Embiidina – *Zoo.* O mesmo que Embioptera. Veja Embioptera.

Embioptera – *Zoo.* Ordem de insetos que medem 0,5 a 2 cm de comprimento, corpo alongado, escuro, de largura uniforme em toda sua extensão. Uma das características mais relevantes desta ordem é que o primeiro artículo tarsal da perna anterior se apresenta extremamente dilatado. Não possui ocelos e a cabeça é relativamente grande. As antenas são filiformes e o aparelho bucal é do tipo mastigador. São paurometabólicos e terrestres, onde vivem abrigados em túneis, galerias, sob cascas, pedras, etc. Não têm importância médica ou agrícola. Na América do Sul, são citadas mais de 20 espécies, dentre as quais se destaca a espécie brasileira *Embia brasiliensis*. No âmbito global, até o momento foram descritas em torno de 300 espécies de embiópteros. Sinônimo: Embiidina.

Embios – *Etimo.* Termo de origem latina que significa "vivaz".

Embólio – *Zoo.* Parte do cório dos hemiélitros de muitos hemípteros, separada do restante por uma sutura.

Embolo – *Etimo.* Termo de origem grega que significa rolha, tampão.

Embrião hexacanto – *Zoo.* Também chamado de oncosfera, corresponde ao embrião contido no interior dos ovos dos cestódeos, que possui seis acúleos ou espinhos, daí o nome hexacanto.

Embrio, Embryon – Termo de origem grega que significa feto, embrião.

Embrioblasto – *Embrio*. Massa celular interna durante a clivagem do zigoto, que dará origem ao embrião.

Embuá – *Zoo*. Nome popularmente utilizado para designar artrópodes da classe Diplopoda, também conhecidos como piolhos-de-cobra. A espécie *Julus maximus* é uma das mais conhecidas. Veja Diplopoda.

Emergência – *Zoo*. Ato no qual o inseto adulto abandona o envoltório da pupa (exúvia) ou da última pele da ninfa.

Emigração – *Eco*. Saída de indivíduos de uma determinada população.

Empódio – *Zoo*. Estrutura em forma de almofada ou cerda, fixa no ápice do último segmento tarsal, entre as garras. Encontrada em muitos dípteros.

Emydidae – *Zoo*. Família de testudines da linhagem dos Cryptodira que ocorre em sua maioria na América do Norte. Há apenas um gênero na América do Sul, que inclui o tigre-d'água (*Trachemys dorbigni*), cágado presente no estado do Rio Grande do Sul, na Argentina e no Uruguai.

Emys – *Etimo*. Vocábulo oriundo do grego que significa tartaruga, cágado. O verbete é utilizado na formação de gêneros ou epítetos específicos, sozinho ou em conjunto com outros radicais, de várias espécies de quelônios. Ex.: Emys orbicularis; conhecido como cágado-de-carapaça-estriada, é um réptil distribuído por parte da Europa, Ásia e África.

En, Endo – *Etimo*. Termo de origem grega que significa no interior, dentro de.

Encefalização – *Zoo*. Tendência observada nos cordados e em alguns grupos de invertebrados, de concentrar os órgãos dos sentidos e alimentação na cabeça.

Encéfalo – *Anato*. Um dos componentes do sistema nervoso central. Fica protegido pelo crânio e é contínuo com a medula espinhal. É constituído por cérebro, cerebelo, tronco encefálico e estruturas primitivas. Apresenta cerca de 100 bilhões de neurônios. Através do encéfalo passam as mensagens nervosas, que nos permitem sentir, pensar, movimentar o corpo, dentre outras funções.

Endêmico – *Eco*. Espécie cuja ocorrência limita-se a uma determinada região.

Endocutícula – *Zoo*. Camada interna da cutícula dos insetos.

Endoderma embrionário – *Embrio*. Folheto embrionário que dará origem ao revestimento dos tratos digestório, respiratório, às glândulas tireoide e paratireoides, timo, fígado, pâncreas, revestimento epitelial da bexiga, uretra, cavidade timpânica e tuba auditiva.

Endoesqueleto – *Zoo*. Esqueleto interno dos animais vertebrados. Pode ser ósseo ou cartilaginoso.

Endogenia – *Zoo*. Um processo especial de reprodução assexuada, que consiste no brotamento interno, com a formação de células filhas, que são liberadas após a degeneração da célula mãe. Isso pode ser verificado no gênero *Toxoplasma*, no qual a célula se multiplica por endogenia, dando origem a vários endozoítos.

Endógeno – *Bio*. Diz-se do que ocorre ou se forma dentro de algo ou de determinado lugar.

Endopterigoto – *Zoo*. Insetos cujas asas têm desenvolvimento interno.

Endotórax – *Zoo*. Endoesqueleto do tórax dos insetos.

Enócito – *Zoo*. Células grandes situadas próximas dos espiráculos abdominais, e que contêm grânulos de lipoproteína, glicogênio, entre outros compostos. Presente em alguns artrópodes.

Entamoeba histolytica – *Zoo*. Espécie do gênero *Entamoeba* que é patogênica ao homem, produzindo a disenteria amebiana, conhecida como amebíase. Essa espécie pode ocorrer também em animais.

Enterobius vermicularis – *Zoo*. Nematódeo que ocasiona a enterobiose no homem. Apresenta os sexos separados, ambos com asas cefálicas na região anterior, e a fêmea fica repleta de ovos quando grávida, medindo cerca de 1 cm. A transmissão para o homem ocorre através da ingestão de ovos e o principal sintoma decorrente do parasitismo é o prurido anal. Sinônimo: *Oxyurus vermicularis*.

Enterocelia – *Zoo*. Processo no qual o celoma é formado a partir do arquêntero, ou tubo primitivo. A porção mais dorsal, ou teto do arquêntero, origina as cavidades celomáticas e a notocorda enquanto a porção mais ventral, ou assoalho do arquêntero, forma a endoderme. Esse tipo de formação é observada em alguns invertebrados, como o anfioxo. Opõe-se à esquizocelia, na qual o celoma é formado a partir da expansão e do descolamento da mesoderme.

Enteropneusta – *Zoo*. Classe do filo Hemichordata formada por vermes marinhos alongados, com até 2,5 m de comprimento. Possuem probóscide grande, colarinho e tronco alongado contendo ânus terminal. São encontrados no substrato mole, ou sob pedras. Alimentam-se de material em suspensão. Existem 70 espécies descritas, representando 70% dos hemicordados conhecidos.

Enterossoma – *Zoo*. Conjunto de órgãos, tecidos, glândulas ou outras estruturas que realizam processo digestivo.

Enterozoários – *Zoo*. Animais que fornidos de sistema digestivo completo, com boca e ânus. Quando o animal apresenta cavidade digestiva incompleta, alguns autores os classificam como enterozoários incompletos. Diz-se também dos organismos que vivem no interior do tubo digestivo de outro animal (como alguns parasitos).

Entognato – *Zoo*. Aquele que possui as peças bucais embutidas na cabeça. Exemplo: inúmeros artrópodes.

Entomófago – *Zoo*. Que se alimenta de insetos.

Entomofauna – *Zoo*. Fauna de insetos de uma determinada região.

Entomofilia – *Eco*. Fenômeno através do qual o transporte do pólen da flor masculina para a feminina é realizado pelos insetos.

Entomofobia – *Zoo*. Medo ou pavor acentuado, via de regra injustificado, que algumas pessoas apresentam quando visualizam certos insetos ou mesmo rastros deles. Os insetos que mais comumente causam tais alterações são as baratas, mariposas, borboletas e as abelhas. Também é conhecida como insetofobia.

Entomologia – *Zoo*. Ramo da zoologia que se dedica ao estudo dos insetos. Existem algumas subáreas como: entomologia médica, veterinária, agrícola, etc. Frequentemente o estudo dos insetos serve de base para investigações que abarcam as mais diferentes áreas da biologia, como evolução, ecologia, etologia, anatomia, fisiologia, bioquímica, genética, etc.

Entomos – *Etimo*. Termo de origem grega que significa inseto.

Entoprocta – *Zoo*. Filo de pequenos animais marinhos sésseis, com no máximo 7 mm de comprimento, bilatérios e com formato de funil. No ápice corpóreo existem tentáculos ciliados que auxiliam na obtenção de alimentos. Podem ser solitários ou coloniais, vivendo fixos ao substrato. São hermafroditas e se reproduzem assexuadamente. Existem 180 espécies conhecidas.

Entropia – *Bio*. Medida da variação ou desordem de uma população ou sistema.

Enzoose – *Zoo*. Doença que ocorre exclusivamente em animais.

Enzootia – *Zoo*. Doença esperada e constante que acomete animais de uma determinada região.

Eoceno – *Paleo*. Época do período Quaternário, que data de 50 milhões de anos, na qual ocorreu o surgimento de ungulados, entre outros mamíferos.

Éon – *Paleo.* Período de tempo mais abrangente que a era. O éon Fanerozoico, por exemplo, abrange as eras Paleozoica, Mesozoica e Cenozoica.

Eos – *Etimo.* Termo de origem grega que significa o início.

Ephemeroptera – *Zoo.* Ordem da classe Insecta, que abrange insetos com até 1 cm de comprimento. São alados na fase adulta e vivem como náiades na fase de ninfa. Encontram-se próximos ao ambiente aquático, e os adultos parecem não se alimentar e possuem apenas função de copular e colocar ovos, vivendo, geralmente, menos de 24 horas, sendo esta a razão de sua nomenclatura ("asas efêmeras"). Popularmente são denominados siriruias. São descritas cerca de 3.000 espécies de efemerópteros.

Ephemeros – *Etimo.* Termo de origem latina que significa "de 1 dia".

Epi – *Etimo.* Termo de origem grega que significa sobre, no.

Epibiótico – *Eco.* Característica de um táxon que já teve ampla distribuição geográfica, porém, após grande perda de populações, se encontra mais restrita.

Epicerca, nadadeira – *Zoo.* Tipo de nadadeira caudal caracterizada pela extensão da coluna vertebral através do lobo dorsal da cauda, que é maior que o ventral. É também denominada nadadeira heterocerca, e está presente em peixes de diversos grupos, dentre eles Chondrichthyes, Osteichthyes primitivos e Placodermi.

Epicrânio – *Zoo.* Parte dorsal da cabeça dos insetos, desde a fronte até a cérvix. Frequentemente inclui fronte, vértice e genas.

Epicutícula – *Zoo.* Camada externa da cutícula dos insetos. Não contém quitina.

Epidemia – *Bio.* Frequência anormal de todo e qualquer evento que, no curso de sua história natural, possa afetar a população, sendo de curta duração. Doença de caráter transitório, que ataca simultaneamente grande número de indivíduos em uma determinada localidade.

Epidemiologia – *Bio.* Estudo da história natural de todo e qualquer evento que possa afetar a população ou comunidade. Termo de origem grega que significa estudo sobre o povo.

Epiderme – *Anato.* Camada externa da pele, sendo mais espessa nas palmas das mãos e plantas dos pés. É dividida em cinco camadas, sendo elas: córnea, lúcida, granulosa, espinhosa e basilar. *Zoo.* Camada interna e celular do tegumento dos insetos. Secreta a cutícula.

Epifaringe – *Zoo.* Estrutura das peças bucais presa à superfície interna do labro ou clípeo dos insetos.

Epifauna – *Eco.* Fauna que vive presa ao substrato, como as cracas que vivem sobre as pedras.

Epifilo – *Bio.* Aquele que vive sobre folhas.

Epífise – *Anato.* Diz-se das extremidades dos ossos longos, sendo a parte entre elas denominada diáfise. É a extremidade articular de um osso longo. Também denominada cabeça óssea.

Epígeo – *Eco.* Ambiente localizado acima da terra. Tal nomenclatura é utilizada na espeleologia para designar as áreas externas a cavernas (meio hipógeo).

Epilímnio – *Eco.* Camada superficial de um lago, acima do metalímnio. Trata-se de uma zona com maior incidência de luz, água com temperatura mais elevada e maior produção primária.

Epimastigota – *Zoo.* Fase evolutiva do *Trypanosoma cruzi* (protozoário causador da doença de Chagas). Possui forma alongada, com o flagelo originando-se à frente e próximo ao núcleo, emergindo na extremidade anterior do parasito. Constitui a forma de reprodução do parasito no vetor, ou em meio de cultura.

Epímero – *Zoo.* Esclerito superior ou posterior da pleura dos insetos. É a porção do tórax situada entre o tergo e a inserção da perna.

Epinociclo – *Eco.* O mesmo que biociclo terrestre. Veja Biociclo terrestre.

Epipelágico – *Eco.* Que vive na zona epipelágica do oceano, ou seja, em até 200 metros de profundidade.

Epipleura – *Zoo.* Margem lateral do élitro, dobrada para baixo, nos besouros.

Epiprocto – *Zoo.* Apêndice situado acima do ânus. Presente em certos insetos.

Episterno – *Zoo.* Área de uma pleura torácica anterior à sutura pleural dos insetos.

Epíteto específico – *Bio.* Trata-se do segundo termo do nome de uma determinada espécie, por exemplo, a espécie humana (*Homo sapiens*) apresenta como gênero *Homo*, e como epíteto específico, *sapiens*.

Epitoquia – *Zoo.* Hábito de se agrupar que pode ocorrer na reprodução sexuada, por exemplo, de certos anelídeos.

Epizootia – *Zoo.* Epidemia de uma doença que acomete animais de uma determinada região.

Época – *Paleo.* Denominação utilizada na história evolutiva que fica compreendida pelos períodos que, por sua vez, são englobados pelas eras. A Cenozoica apresenta sete épocas: Holoceno (ou Recente), Pleistoceno, Plioceno, Mioceno, Oligoceno, Eoceno e Paleoceno.

Equi – *Etimo.* Termo de origem latina que significa cavalo.

Equidae – *Zoo.* Família de mamíferos ungulados perissodáctilos do gênero *Equus*, como o cavalo, o burro e as zebras.

Équidna – *Zoo.* Mamífero pertencente à ordem Monotremata e à família Tachyglossidae. São conhecidos dois gêneros viventes: *Zaglossus* e *Tachyglossus*. Assim como os ornitorrincos, as équidnas põem ovos. Seus ovos são incubados em uma bolsa ventral. Esses mamíferos não têm mamilos e por isso os filhotes lambem o leite que é excretado por poros e escorrem através dos pelos circundantes. A équidna mede cerca de 35 cm de comprimento e pesa de 2 a 6 kg. Seu dorso é recoberto por espinhos de coloração preta e amarela. Desprovido de dentes, seu focinho é comprido e fino, especializado para a alimentação constituída principalmente por formigas, cupins e vermes, os quais são capturados com sua língua longa e pegajosa. Suas unhas são fortes para escavar buracos no solo. São encontradas na Austrália e na Nova Guiné.

Equilíbrio ecológico – *Eco.* Equilíbrio entre os seres vivos e suas relações. Várias atitudes devem ser tomadas para manter tal equilíbrio, que na maioria das vezes é quebrado pela ação do homem, exemplos: controle do desmatamento, exploração correta dos recursos naturais, preservação de espécies, etc.

Equilíbrio pontuado – *Evo.* Teoria evolutiva que preconiza a existência de longos períodos sem alteração, que são interrompidos por curtos períodos de mudanças frequentes e repentinas.

Equilíbrio populacional – *Eco.* Fenômeno que ocorre quando uma população está em equilíbrio e sofre pequenas variações no seu crescimento.

Equinococose – *Zoo.* Infecção parasitária ocasionada pela forma adulta do cestódeo do gênero *Echinococcus*, que tem como espécie mais importante o *E. granulosus*. O parasito adulto vive no intestino delgado do cão e de outros canídeos, que se infectam ingerindo as vísceras de hospedeiros intermediários (como ovinos, bovinos e outros), que contenham o cisto hidático.

Equinocultura – *Zoo.* Nome técnico dado à criação de equinos. No Brasil, não se destina à produção de carne e leite, ao contrário da bovinocultura, e sim ao melhoramento do animal para exposições e campeonatos, para uso como reprodutor ou mesmo como força de trabalho. Atualmente existem diversas raças de cavalos, sendo algumas delas: andaluz, árabe, manga-larga-marchador, bretão, campolina, quarto-de-milha, brabantino, bolonhês e argentino.

Equinodermos – *Zoo.* Organismos que pertencem ao filo Echinodermata. Veja Echinodermata.

Equinoides – *Zoo.* Animais que pertencem ao filo Echinoidea, como o ouriço-do-mar e a bolacha-do-mar. Veja Echinoidea.

Equiúros – *Zoo.* Animais vermiformes que habitam o substrato marinho. Pertencem ao filo Echiura. Veja Echiura.

Equus (Amerhippus) neogaeus – *Paleo.* Espécie de cavalo fóssil que habitou campos de cerrado das Américas do Sul e do Norte e foi extinto no Pleistoceno. Eram bastante parecidos com os cavalos atuais, porém eram menores, com cerca de 300 kg e 1,5 metro de altura. Acredita-se que estes animais tiveram origem norte-americana e que migraram para a América do Sul após o surgimento do istmo do Pananá, há três milhões de anos.

Equus caballus – *Zoo.* Nome científico do cavalo doméstico, mamífero da família Equidae, ordem Perissodactyla. Veja Cavalo.

Era geológica – *Paleo.* Cada uma das quatro grandes divisões de tempo, desde a origem do mundo, até os dias atuais. São elas: Pré-Cambriana, Paleozoica, Mesozoica e Cenozoica.

Eremotherium laurillardi – *Paleo.* Nome científico da preguiça-gigante, animal extinto durante o Pleistoceno, e um dos principais fósseis da megafauna brasileira, bastante estudado pelo paleontólogo Cástor Cartelle. Eram animais herbívoros, mediam até 6 m de comprimento e habitaram quase todo o continente americano. Foi descrita por Lund em 1842.

Eretmochelys imbricata – *Zoo.* Nome científico dado à tartaruga-de-pente, espécie encontrada na costa de mares tropicais e subtropicais. Veja Tartaruga-de-pente.

Eritróforos – *Zoo.* Tipo de cromatóforo, ou seja, célula pigmentar típica de animais invertebrados e vertebrados, que confere coloração vermelha. Possuem grânulos de pteridina e vesículas de carotenoides.

Eruci – *Etimo.* Termo de origem latina que significa “lagarta”.

Eruciforme – *Zoo.* Semelhante à larva (lagarta) de Lepidoptera.

Erucismo – *Zoo.* Acidente ocasionado através do contato humano com lagartas urticantes de lepidópteros. Popularmante são conhecidas como taturanas (gênero *Lonomia*) e marandovás (gênero *Megalopyge* e *Podalia*). As cerdas destas larvas apresentam glândulas de veneno urticantes, podendo ocasionar dermatites e até síndromes hemorrágicas. O tratamento baseia-se no uso de medicamentos sintomáticos (analgésicos, anestésicos locais) e compressas frias na região acometida. Em casos de manifestações sistêmicas (vômito, cefaleia) acompanhadas de diminuição acentuada do fibrinogênio plasmático, que sugere tendência às hemorragias, o emprego do soro anti-*Lonomia* está indicado. É um tipo de acidente comum no Brasil.

Ery – *Etimo.* Termo de origem grega que significa arrastar.

Erycinae – *Zoo.* Subfamília de serpentes da família Boidae, composta por 14 espécies distribuídas pelo continente africano, Índia e América do Norte. São serpentes de hábitos fossoriais.

Erythrinidae – *Zoo.* Família de peixes actinopterígios da ordem Characiformes, cujos representantes são popularmente conhecidos como traíra, taraíra, lobó e trairão. Possuem corpo cilíndrico, pedúnculo caudal largo, e escamas grandes. São predadores de outros peixes e têm hábito sedentário. Alguns conseguem até mesmo se locomover entre poças de água, se arrastando por terra. São de grande importância na pesca, visto que sua carne é apreciada. Os três gêneros, *Erythrinus*, *Hoplias* e *Hoplerythrinus* são encontrados em rios e lagos da América do Sul e América central.

Escabiose – *Zoo.* Parasitismo ocasionado pelo ácaro *Sarcoptes scabiei*. Veja *Sarcoptes scabiei*.

Escafópodo – *Zoo.* Molusco que pertence à classe Scaphopoda. Veja Scaphopoda.

Escama – *Zoo.* Trata-se de um dos aspectos mais característicos dos peixes ósseos e cartilaginosos, embora sejam inexistentes nos ciclóstomos modernos. As escamas, em geral, servem como cobertura protetora do corpo, sendo que sua origem, estrutura e função variam nos diferentes grupos.

Escama cicloide – *Zoo.* Tipo de escama elasmoide, fina e lisa, que se diferencia das ctenoides pela ausência de projeções espinhosas. Crescem constantemente. Comuns em espécies de peixes teleósteos.

Escama cosmoide – *Zoo.* Tipo de escama presente nos peixes Sarcopterygii. Possuem envoltório externo fino e duro de esmalte, seguido por uma camada de dentina, uma de osso esponjoso e outra de osso laminar.

Escama ctenoide – *Zoo.* Tipo de escama elasmoide que se diferencia das cicloides pela presença de pequenas projeções em forma de espinhos que dão ao animal aparência áspera. Crescem por toda a vida e são comuns em espécies de peixes teleósteos.

Escama elasmoide – *Zoo.* Tipo de escama bastante leve e translúcida devido à ausência da camada de esmalte e dentina. É constituída de apenas uma camada de osso laminar. São características dos peixes teleósteos e derivadas das escamas ganoides. Existem dois tipos distintos de escamas elasmoides: cicloides e ctenoides, diferenciadas pela presença de pequenas projeções espinhosas na superfície das ctenoides.

Escama ganoide – *Zoo.* Tipo de escama mais leve que as cosmoides dos Sarcopterygii devido à perda da camada de dentina. São compostas por uma camada externa de esmalte, seguida de uma de osso esponjoso e outra de osso laminar. Tem formato retangular com pino de articulação em uma de suas pontas, que liga uma escama a outra. Ocorrem em alguns peixes Actinopterygii.

Escama placoide – *Zoo.* Tipo de escama presente nos peixes Chondrichthyes, também chamadas de dentículos dérmicos, por terem histologia parecida com a dos dentes. São pequenas e duras, compostas por uma camada externa de esmalte, uma média de dentina e uma cavidade da polpa, mais interna.

Escapo – *Zoo.* Artículo basal da antena dos insetos.

Escápula – *Anato.* Osso triangular que forma o dorso do ombro. Origina a parte posterior do cíngulo do membro superior.

Escaravelho – *Zoo.* Insetos coleópteros, como os besouros, que pertencem à família Scarabaeidae. Usualmente são besouros grandes e coloridos, havendo mais de 30 mil espécies descritas. Popularmente algumas espécies são conhecidas como "rola-bosta", em decorrência do hábito das fêmeas empregarem esterco para postura de ovos e, posteriormente, levarem o mesmo, empurrando-o com as pernas, até eclodirem as larvas que se alimentarão dos constituintes do esterco (realizam coprofagia).

Esclerito – *Zoo.* Placa endurecida na superfície do corpo, marginada por suturas ou áreas membranosas. Presente nos insetos.

Esclero, Skleros – *Etimo.* Termo de origem grega que significa duro.

Esclerotizada – *Zoo.* Região dura e rica em esclerotina.

Escólex – *Zoo.* Como é conhecida a cabeça das tênias, onde existem as ventosas de fixação do parasito, assim como coroa de ganchos (caso seja *Taenia solium*).

Escolopal – *Zoo.* Sensilo sem processo externo, que atua como órgão de equilíbrio. Presente em alguns insetos.

Escopa – *Zoo.* Aparelho coletor de pólen situado no lado ventral do abdômen de abelhas.

Escorpião – *Zoo.* Artrópode quelicerado que apresenta o corpo dividido em cefalotórax e abdômen. No cefalotórax estão presentes as pernas, quelíceras e os pedipalpos, esses últimos servem como pinças para capturar as presas. O abdômen é alongado e as glândulas de veneno localizam-se no télson, que porta o aguilhão (estrutura inoculadora de veneno). Vivem em regiões quentes e secas. A fêmea é vivípara e os filhotes ficam no seu abdômen. As espécies de maior importância médica no Brasil são: *Tityus serrulatus* (escorpião-amarelo) e *Tityus bahiensis* (escorpião-preto ou escorpião-marrom).

Escorpião amarelo – *Zoo.* Denominação vulgar conferida ao escorpião da espécie *Tityus serrulatus*. É registrado nos estados de Minas Gerais, Bahia, Espírito Santo, Rio de Janeiro e São Paulo. Trata-se de uma das espécies que mais comumente ocasiona acidentes no Brasil, sendo considerado mais perigoso que o escorpião-marrom (*Tityus bahiensis*) em virtude de seu veneno. Veja Escorpião, acidente por.

Escorpião marrom – *Zoo.* Nome popularmente atribuído ao escorpião da espécie *Tityus bahiensis*. Ocorre desde a Bahia até Santa Catarina e no Mato Grosso do Sul. Trata-se de uma das espécies que mais comumente ocasiona acidentes no Brasil. Veja Escorpião, acidente por.

Escorpião, acidente por – *Zoo.* Tipo de acidente com atrópodes comum no Brasil sendo que, em 2015, foram notificados 74.598 casos pelo Ministério da Saúde. A maioria dos acidentes é ocasionada pelas espécies *Tityus serrulatus* – escorpião amarelo – (Minas Gerais, Bahia, Espírito Santo, Rio de Janeiro, São Paulo) e *Tytius bahiensis* – escorpião marrom – (Bahia até Santa Catarina e Mato Grosso do Sul). As picadas ocorrem habitualmente de setembro a março (meses quentes e chuvosos), e atingem principalmente os membros superiores, sobretudo mãos e antebraço. O veneno escorpiônico é composto por proteínas que atuam no sistema nervoso simpático e parassimpático. Os principais sintomas e alterações provocados pela picada são: dor local com sensação de queimação, sudorese, mal-estar, náuseas, vômitos, distúrbios cardiovasculares e respiratórios, podendo resultar em morte, especialmente em idosos ou crianças menores de 7 anos. Os acidentes por *Tityus serrulatus* são mais graves. O tratamento sintomático visa o alívio da dor, e em casos com alteração sistêmica a soroterapia (emprego de soro antiescorpiônico) deve ser administrada. Sinônimo: escorpionismo.

Escorpião-vinagre – *Zoo.* Nome comum de pequenos escorpiões da ordem Uropygi, em virtude da substância expelida por estes artrópodes quando se sentem ameaçados, a qual apresenta o ácido acético entre os seus constituintes. Veja Uropygi.

Escorpionismo – *Zoo.* Termo técnico para designar os acidentes ocasionados por escorpiões. Veja Escorpião, acidente por.

Escudo – *Zoo.* Placa córnea dura e achatada que protege a superfície tegumentar de répteis, como tartarugas e crocodilos.

Esmalte – *Anato.* Tecido que envolve os dentes e protege as camadas subjacentes dos mesmos das substâncias liberadas pelos alimentos, assim como de frio e calor. Não apresenta vitalidade e tem aspecto brilhante. É considerado um dos tecidos mais resistentes do corpo.

Esôfago – *Anato.* Parte do aparelho digestório. Tubo muscular que vai da faringe até o estômago. Possui cerca de 25 cm de comprimento. Entra em contato com o estômago no óstio cárdico deste. A parede esofágica interna apresenta glândulas mucosas para realizar lubrificação adicional aos alimentos.

Espaço perivitelino – *Embrio.* Região entre o vitelo e a membrana do zigoto.

Espádua – *Zoo.* Parte mais elevada dos membros anteriores (ombros) dos quadrúpedes.

Especiação – *Evo.* Processo de ramificação em que novas espécies se originam a partir de uma única população ancestral.

Especialista – *Eco*. Espécie cuja alimentação tem variedade bastante restrita, podendo ingerir apenas uma espécie de presa ou apenas uma parte específica da presa.

Espécie – *Bio*. Última classificação (mais próxima) de uma categoria taxonômica; agrupa indivíduos com ampla semelhança. Também pode ser definida como o grupo de indivíduos semelhantes que se reproduzem, ocorrendo produção de prole fértil.

Espécie exótica – *Eco*. Qualquer espécie que tenha sido introduzida pelo homem a um território que não faz parte de sua distribuição original e tenha conseguido se estabelecer, tornando-se praga. Sinônimo: espécie invasora.

Espécie invasora – *Eco*. Espécie exótica, ou seja, que não faz parte da biota original de uma determinada região, introduzida pelo homem, que se torna praga e causa danos às espécies nativas ou ao meio ambiente.

Espécie pioneira – *Eco*. Espécie capaz de crescer em um ambiente desmatado. Geralmente se trata de um organismo generalista, bem adaptado a longos períodos de exposição à luz solar, que apresenta crescimento rápido e reprodução precoce.

Espécie rara – *Eco*. Espécie que possui pequena distribuição geográfica, *habitat* incomum ou populações locais pequenas. O urso-panda é um exemplo de espécie rara que apresenta as três características citadas e por isso corre risco de extinção.

Espécie-chave – *Eco*. Espécie que apresenta interação com várias outras populações; sua remoção pode provocar grandes desequilíbrios na estrutura de uma teia alimentar.

Espécies crípticas – *Bio*. Espécies cujas semelhanças morfológicas entre elas é tão grande, que se faz impossível a distinção visual.

Espécime – *Bio*. Diz-se dos indivíduos de uma mesma espécie.

Espeleologia – *Zoo*. Ramo da biologia que se dedica ao estudo das cavernas e grutas.

Esperança – *Zoo*. Inseto que pertence à ordem Orthoptera. Veja Orthoptera.

Espermacete – *Zoo*. Corpo gorduroso presente na cabeça de cetáceos odontocetáceos, com propriedades acústicas, que auxilia na ecolocação desses animais. Também dá a forma típica da cabeça dos golfinhos.

Espermateca – *Zoo*. Estrutura saculiforme do aparelho reprodutor feminino de certos insetos, na qual são armazenados os espermatozoides.

Espermatóforo – *Zoo*. Estrutura na qual alguns artrópodes machos armazenam espermatozoides. Pode ser introduzido na abertura genital das fêmeas de algumas espécies.

Espícula – *Zoo*. Estrutura que forma o esqueleto de algumas esponjas. Pode ser calcária ou silicosa.

Espículo – *Zoo*. Estrutura quitinosa presente no aparelho genital dos machos nematódeos, que durante a cópula é introduzida na abertura genital feminina, dilatando-a, e facilitando o afluxo do líquido fecundante proveniente do canal ejaculador. Nos trematódeos, refere-se ao espinho existente no ovo de *Schistosoma mansoni* e *S. haematobium*. Em biologia geral, o termo pode ser referente a um pequeno espinho.

Espinho hemático – *Anato*. Porção do arco hemático das vértebras que se estende ventralmente e está relacionada à inserção de músculos que movimentam o esqueleto axial.

Espinho neural – *Anato*. Extensão em forma de espinho do arco neural das vértebras. Esse processo está relacionado à inserção de músculos que movimentam o esqueleto axial.

Espiniforme – *Bio*. Estrutura ou organismo que apresenta forma de espinho.

Espiráculo – *Zoo*. Nome dado à abertura das traqueias dos insetos, para o meio externo. Veja Respiração traqueal.

Espiráculo respiratório – *Zoo.* Abertura externa da traqueia dos insetos, através da qual tais organismos respiram.

Espirotromba – *Zoo.* Probóscide. Apêndice alongado do aparelho bucal dos insetos lepidópteros, formado pelas gáleas das maxilas. Seu formato fino e comprido permite que retirem o pólen mesmo em flores nas quais este alimento está profundo e difícil de ser acessado.

Esplancnocrânio – *Zoo.* Uma das três porções do esqueleto cefálico de origem cartilaginosa que pode ou não ser ossificada durante a ontogênese. O esplancnocrânio dá sustentação aos arcos branquiais e seus derivados e está presente em todos os vertebrados. Os demais componentes do esqueleto cefálico são o dermatocrânio e o condrocrânio.

Esplenomegalia – *Anato.* Aumento do volume do baço que pode, além de outras causas, ocorrer em parasitoses.

Espondil, Spondyl – *Etimo.* Termo de origem grega que significa vértebra.

Espongiário – *Zoo.* O mesmo que esponja. Veja Esponja.

Espongiocele – *Zoo.* Cavidade central dos poríferos. Geralmente é guarnecido por grande quantidade de coanócitos. Sinônimo: átrio.

Esponja – *Zoo.* Animais sésseis e aquáticos que pertencem ao filo Porifera. Veja Porifera.

Esponja-de-vidro – *Zoo.* Esponja que pertence à classe Hexactinellida. O nome é atribuído em razão do aspecto que a mesma apresenta.

Esporocisto – *Bio.* Entre os esporozoários, com o espessamento dos esporoblastos, resulta a formação dos esporocistos (também chamados de esporo), no processo de reprodução denominado esporogonia. Nos trematódeos, o miracídio, ao penetrar no molusco, perde os cílios e se transforma em massa com forma de saco contendo aglomerados de células germinativas e desprovida de tubo digestivo, que é também chamado de esporocisto.

Esporogonia – *Reprod.* Processo de reprodução assexuada dos esporozoários, que após várias gerações assexuadas, nas quais se formam os merozoitos, estes se diferenciam em gametócitos, que darão origem aos macrogametas e microgametas, equivalentes aos óvulos e espermatozoides dos metazoários. Após fusão desses elementos, resulta a formação do oocisto.

Esporozoíto – *Zoo.* Forma infectante final da reprodução dos esporozoários por esporogonia, cujo número varia com as diferentes espécies, bem como a respectiva localização. Por exemplo, no Plasmodium, os esporozoítos acumulam-se nas glândulas salivares dos mosquitos; na Eimeria, estão contidos nos oocistos esporulados, nas fezes, ou no solo.

Esporulação – *Reprod.* Tipo de reprodução assexuada em que o núcleo de uma célula começa a fragmentar-se, e cada fragmento levará uma porção de citoplasma com membrana, formando esporos que originarão novos indivíduos. É um processo encontrado em fungos, algas e protozoários. Sinônimo: divisão múltipla.

Esquamiforme – *Zoo.* Característica daquele semelhante a uma escama. Exemplo: sensilo esquamiforme, presente em determinados insetos.

Esqueleto apendicular – *Anato.* Estrutura formada pelos ossos dos membros superiores, inferiores, cíngulo do membro superior e cíngulo do membro inferior.

Esqueleto axial – *Anato.* Denominação atribuída aos ossos que formam o eixo central do corpo (costelas, vértebras, ossos da cabeça, esterno), que é formado por 80 ossos.

Esquilo – *Zoo.* Nome geralmente atribuído ao mamífero da família Sciuridae. Apresenta longa cauda peluda, e dedos com garras pontiagudas. São amplamente distribuídos, sendo encontrados na Austrália, em Madagascar e no sul da América do Sul. Também denominados caxinguelês, serelepes, coatipurus ou quatipurus. Veja caxinguelê.

Esquizocelia – *Zoo.* Processo no qual o celoma é formado a partir do descolamento da mesoderme, que passa a delimitar uma cavidade. Este processo diferencia-se da enterocelia, por esta ser caracterizada pela formação do celoma a partir da invaginação do arquêntero.

Esquizogonia – *Reprod.* Processo de reprodução assexuada em que uma única célula se fragmenta, dando origem a várias outras. Esse tipo de multiplicação ocorre nos esporozoários.

Estádio – *Zoo.* Período entre duas mudas sucessivas ou entre a eclosão e a primeira muda. Cada uma das fases pelas quais o inseto passa durante sua vida: ovo – larva – ninfa – pupa – adulto. Sinônimo: instar.

Estato-acústico – *Anato.* Denominação dada ao oitavo par de nervos cranianos, responsável pela audição e pelo equilíbrio.

Estema – *Zoo.* Nome dado aos olhos simples das larvas dos insetos holometábulos.

Estenoalino – *Eco.* Diz-se dos seres com baixa capacidade de adaptação às variações salinas do meio em que vivem. Exemplo: a maioria dos peixes.

Estenobárico – *Eco.* Diz-se dos organismos que não suportam grande variação de pressão do ambiente. Exemplo: a maioria dos seres aquáticos.

Estenobionte – *Eco.* Diz-se dos organismos com baixa capacidade de se adaptar a novos ambientes.

Estenotérmico – *Eco.* Diz-se dos animais com baixa capacidade de suportar variações de temperatura de um determinado ambiente. Exemplo: a maioria dos animais pecilotérmicos.

Estenoxeno – *Zoo.* Diz-se de um organismo que tem alta especificidade parasitária, ocorrendo apenas em espécies muito próximas.

Estepe – *Eco.* Bioma de planície, com predominância de gramíneas, sem árvores, que ocorre em locais com clima árido e frio. Geralmente se situa em zonas de transição, ao redor de desertos.

Estercoral – *Bio.* Referente ao conteúdo fecal. Exemplo: *Strongyloides stercoralis,* parasito do intestino delgado no homem, logo, também habitante do seu conteúdo.

Esternito – *Zoo.* Esclerito ventral de um segmento do corpo dos insetos.

Esterno – *Anato.* Osso achatado e longo, localizado na parte média da parede anterior do tórax. É dividido em manúbrio, corpo e processo xifoide. O esterno possui cavidade medular de fácil acesso, sendo comum realizar-se, nesse local, aspirados de medula óssea para análises laboratoriais.

Esternon – *Etimo.* Termo de origem grega que significa peito.

Esternopleura – *Zoo.* Esclerito situado ao lado do tórax, logo acima da base da perna média dos dípteros.

Estigma – *Zoo.* Está presente no aparelho respiratório dos insetos e outros artrópodos de vida aérea, constituído de tubos que penetram no interior do corpo. Aberturas respiratórias externas (no tórax) por onde entra o ar.

Estilado – *Zoo.* Aquele que possui estilo. Antena estilada. Presente em insetos.

Estilo – *Zoo.* Processo cerdiforme resultante do alongamento do último segmento da antena dos insetos.

Estilocônico – *Zoo.* Sensilo semelhante a um dente terminal, com função olfatória.

Estivação – *Zoo.* Processo de torpor sofrido por algumas espécies, geralmente associado a altas temperaturas ambientais e escassez de água.

Estocástico – *Eco.* Característica de um evento que ocorre ao acaso, como terremotos.

Estol – *Zoo.* Perda de força de ascensão pela asa de uma ave. O termo é amplamente empregado na aviação para se referir à separação do fluxo de ar da asa da aeronave que perde sustentação e capacidade de voar.

Estoma – *Etimo.* Termo de origem grega que significa boca.

Estômago – *Anato.* Órgão em formato de "J" (nos humanos) que fica entre o esôfago e o intestino delgado. Trata-se de uma região expandida do tubo digestivo, e funciona como uma "batedeira" de alimentos, onde atuam os sucos gástricos. Pode armazenar até 3 litros de alimentos. Constitui-se de cinco partes: cárdia, fundo, corpo, pilórica e piloro.

Estomatópode – *Zoo.* Crustáceo malacostraco que pertence à ordem Stomatopoda. Vivem no fundo do mar, usualmente ocultos na lama ou areia. Apresentam três pares de pernas ambulatoriais, olhos pedunculados e abdômen grande e comprido. São conhecidos pelo público em geral como tamburutacas. Existem cerca de 400 espécies descritas nesta ordem. Veja Tamburutaca.

Estomodeu – *Zoo.* Intestino anterior dos insetos.

Estrela-do-mar – *Zoo.* Seres invertebrados que pertencem ao filo Echinodermata e classe Asteroidea. A denominação é devida à morfologia externa desses animais, que é geralmente pentâmera, com formato de estrela. São animais deuterostômios, com simetria radial, exclusivamente marinhos. O corpo duro pode ou não ser coberto por espinhos. Veja Asteroidea.

Estribo – *Anato.* Um dos ossículos que formam o ouvido médio. Transmite as vibrações sonoras da bigorna para a orelha.

Estridular – *Zoo.* Fazer ruído pelo atrito de duas estruturas. Esse tipo de produção sonora é comum em determinados insetos, como gafanhotos e grilos.

Estridulatório – *Zoo.* Que produz estrídulo (som). Nos hemípteros existe o sulco estridulatório logo abaixo da probóscide, na região anterior do tórax. Os estrídulos servem para a comunicação entre os insetos.

Estrildidae – *Zoo.* Família de passeriformes representada pela espécie *Estrilda astrild*, conhecida popularmente como bico-de-lacre ou beijo-de-moça. Veja também Bico-de-lacre.

Estróbilo – *Zoo.* Conjunto de proglotes ou anéis dos cestódeos, em pequeno ou grande número, dependendo das espécies.

Estrongiloidíase – *Zoo.* Parasitose determinada, no homem e animais, pelas espécies do gênero *Strongyloides*.

Estuário – *Eco.* Ambiente que se forma na junção de um rio com o mar, contendo água salobra (menos salina que as águas marinhas). Também inclui a foz dos rios, os pântanos costeiros e as enseadas.

Etimologia – Estudo da origem das palavras. Em biologia a maioria dos termos científicos empregados apresenta origem latina e/ou grega.

Etiópica, região – *Eco.* O mesmo que região alotropical. Veja Alotropical, região.

Etologia – *Eto.* Ramo da biologia dedicado ao estudo do comportamento animal.

Eu – *Etimo.* Termo de origem grega que significa verdadeiro, perfeição.

Eucéfala – *Zoo.* Diz-se das larvas mais primitivas dos dípteros, que exibem cabeça desenvolvida, bem diferenciada do resto do corpo, diferentemente do que ocorre em larvas acéfalas (ex.: larvas de moscas). Exemplo: larvas dos mosquitos.

Euchordata – *Zoo.* O mesmo que Vertebrata. Veja Vertebrata.

Eucone – *Zoo*. Olho composto em que cada omatídio contém um cone cristalino. Presente em insetos tisanuros, ortópteros, odonotas e himenópteros.

Eucordado – *Zoo*. Organismo que pertence ao grupo Euchordata, ou Vertebrata. Veja Vertebrata.

Eufótica – *Eco*. Veja Zona eufótica.

Eurialino – *Eco*. Diz-se dos organismos, geralmente peixes, com ampla capacidade de adaptação às variações salinas do meio em que vivem. Exemplo: salmão.

Euribárico – *Eco*. Diz-se dos organismos que suportam grande quantidade de pressão. Exemplo: os seres abissais, que apresentam grande pressão interna.

Euribionte – *Eco*. Diz-se dos organismos com grande capacidade de adaptar-se nos mais diversos ambientes. Exemplo: homem.

Euritérmico – *Eco*. Diz-se dos organismos com grande capacidade de suportar variações de temperatura.

Eurixeno – *Zoo*. Organismo que tem baixa especificidade parasitária, ocorrendo em hospedeiros distanciados zoologicamente, ou seja, em ampla faixa de hospedeiros.

Eury – *Etimo*. Termo de origem grega que significa largo.

Eurytrema – *Zoo*. Gênero de trematódeos, parasitos de ruminantes. São comumente encontrados no pâncreas, podendo também ocorrer nos ductos biliares, embora seja mais raro. O trematódeo possui duas ventosas bem desenvolvidas, sendo a oral maior que a ventral.

Eutério – *Zoo*. Animal que apresenta desenvolvimento placentário. Sinônimo: placentário. Veja Eutheria.

Eutheria – *Zoo*. Nomenclatura utilizada para designar os mamíferos que possuem placenta. Representam a maioria dos mamíferos da atualidade, estando fora desse grupo os marsupiais e os monotremados.

Eutrofização – *Eco*. Situação em que um ecossistema aquático é enriquecido por compostos nitrogenados, fosforados, dentre outros. Geralmente resulta de excesso de lixo e esgoto nas águas, ou da lixiviação de fertilizantes utilizados na agricultura. Pode ocorrer, com isso, a superpopulação de organismos decompositores nesse ecossistema, consumindo o oxigênio presente na água.

Evolução – *Evo*. Mudanças biológicas que se transmitem ao longo das gerações. Evolução não é necessariamente o progresso de uma espécie. Pode ser convergente, quando há o desenvolvimento independente de estruturas semelhantes em organismos não relacionados, ou paralela, quando há o desenvolvimento de estruturas semelhantes morfológica e fisiologicamente em duas ou mais linhas evolutivas.

Excretossoma – *Zoo*. Conjunto de órgãos ou tecidos dos insetos, que exercem a função de excreção.

Exocone – *Zoo*. Tipo de olho composto cujo cone cristalino é substituído por um cone extracelular de origem cuticular. Presente em alguns insetos.

Exocório – *Zoo*. Camada externa e dura da membrana que reveste o ovo dos insetos.

Exocutícula – *Zoo*. Camada da cutícula localizada acima da endocutícula e abaixo da epicutícula dos insetos.

Exoesqueleto – *Zoo*. Esqueleto externo que recobre o corpo dos artrópodes, fornecendo sustentação às partes moles e proteção. Para que haja crescimento do animal, ocorre o fenômeno conhecido como muda, no qual há perda do exoesqueleto antigo e formação de um novo, maior. O exoesqueleto perdido é denominado ecdise, ou muda.

Exofítico – *Zoo.* Inseto, ou outro organismo, que vive sobre plantas.

Exopterigoto – *Zoo.* Inseto cujas asas se desenvolvem no exterior do corpo.

Exótica – *Bio.* Qualquer espécie que tenha sido levada para uma região que não faz parte da sua distribuição original. De maneira geral, essas espécies não conseguem sobreviver na área onde foram introduzidas, porém, quando sobrevivem, podem ocasionar graves danos ecológicos, em razão da competição com espécies nativas, que podem chegar a ser extintas. Um exemplo clássico é o tucunaré, peixe de origem amazônica introduzido em rios do Sudeste brasileiro, devido ao seu apelo comercial. O tucunaré se alimenta de outros peixes menores e provoca a extinção de espécies nativas que antes não eram expostas a tal pressão de predação.

Extinção de espécies – *Eco.* Processo de desaparecimento de espécies que pode ocorrer por motivos diversos. Atualmente muitas espécies têm sido extintas por ação do homem, e isso se deve principalmente ao desmatamento e à destruição de *habitats*, caça predatória e introdução de espécies exóticas. Estima-se que a taxa atual de extinção seja de uma espécie por ano.

Extinção ecológica – *Eco.* Tipo de extinção em que uma espécie ainda pode ser encontrada, porém a diminuição drástica de suas populações faz com que ela já não exerça seu papel ecológico na comunidade.

Extinção global – *Eco.* Tipo de extinção em que já não existem mais representantes de uma determinada espécie, tanto na natureza quanto em cativeiro. Quando ainda existem indivíduos em cativeiro, diz-se que a espécie está extinta na natureza.

Extinção local – *Eco.* Processo no qual uma espécie deixa de ocorrer em uma determinada região, mas ainda pode ser encontrada em outra área. Um exemplo é a ararinha-vermelha, espécie extinta no estado do Espírito Santo.

Exúvia – *Zoo.* Tegumento deixado pelos artrópodes após a muda. O termo provém do latim e faz alusão à "sobras", "roupas largadas", "espólio".

F

Facial – *Anato.* Que é relativo à face, ao rosto. Veja Nervo facial.

Fagia, Phagein – *Etimo.* Termo de origem grega que significa comer.

Faisão – *Zoo.* Ave da ordem Galliformes e família Phasianidae. Apresenta dimorfismo sexual, sendo o macho maior que a fêmea e com plumagem colorida. Existem diversas espécies e gêneros de faisão, dentre eles está *Phasianus colchicus*, conhecido como faisão-comum.

Falange – *Anato.* Ossos que formam os dedos das mãos ou dos pés.

Falconiformes – *Zoo.* Nomenclatura utilizada em ornitologia para designar o grupo dos falcões, gaviões, águias, condores, dentre outros. Existem mais de 300 espécies nesse grupo, com ampla distribuição geográfica.

Falodeu – *Zoo.* Órgão copulador masculino presente nos anfíbios da ordem Gymnophiona, representada pela cecília ou cobra-cega.

Fálus – *Zoo.* Órgão copulador presente nos machos de algumas espécies de crocodilos, tartarugas e aves ratitas, tinamiformes, podicipediformes, galliformes e anseriformes.

Fanerozoico – *Paleo.* Éon que teve início após o fim do Proterozoico, ou Pré-Cambriano, há aproximadamente 540 milhões de anos e estende-se até os dias atuais. É composto pelas eras Paleozoica, Mesozoica e Cenozoica, e caracteriza-se pela presença de vida.

Farado – *Zoo.* Situação em que um inseto se encontra, na qual seu corpo se depara com um novo estádio, porém envolvido pela cutícula do estádio anterior.

Faringe – *Anato.* Tubo com cerca de 15 cm de comprimento, que é uma continuação do tubo digestório, a partir da cavidade bucal. Localiza-se atrás das cavidades oral e nasal, e da laringe. A sua extremidade inferior é contínua ao esôfago. *Zoo.* Parte posterior do estomodeu dos insetos.

Fáscia muscular – *Anato.* Lâmina de tecido conjuntivo que envolve os músculos. Sua espessura é variável, e às vezes, esta é espessa o suficiente para prender o músculo no esqueleto. Quando uma lesão ultrapassa a fáscia muscular, ela é tida como lesão profunda.

Fasciola hepatica – *Zoo.* Espécie de trematódeo da família Fasciolidae, que possui corpo achatado, com aspecto foliáceo. É um parasito muito comum em algumas regiões do Brasil, especialmente no Rio Grande do Sul. Pode parasitar o homem, que se contamina ao ingerir a metacercária, juntamente com água e alimentos. É mais comum em rebanhos ovinos, podendo também ocorrer em ruminantes, equinos e outros animais. Vive no fígado e nos canais biliares, por isso, é também conhecido popularmente como "baratinha do fígado". É considerado o mais importante trematódeo de ruminantes domésticos, por causar elevadas perdas econômicas, traduzidas por retardamento no crescimento de animais jovens, abortos, quedas na produção leiteira, anemia e mortalidade, acrescidos aos gastos referentes ao controle da parasitose.

Faunívoro – *Bio.* Hábito alimentar daquele animal que se alimenta de outro animal. O mesmo que carnívoro.

Fáunula – *Eco.* Diz-se da fauna de animais diminutos de um determinado ambiente.

Fecaloide – *Bio.* Parecido com material fecal.

Fecundação – *Reprod.* União dos gametas masculino e feminino, que geralmente origina um ovo ou zigoto. A fecundação pode ser interna ou externa, dependendo da espécie levada em consideração. Veja Fecundação externa; Fecundação interna.

Fecundação externa – *Reprod.* Aquela que ocorre externamente ao corpo das fêmeas. Acontece em muitos invertebrados, peixes e anfíbios. Geralmente as fêmeas eliminam os óvulos e os machos disseminam os espermatozoides sobre eles, ou no ambiente próximo aos mesmos.

Fecundação interna – *Reprod.* Aquela que ocorre no interior do corpo da fêmea. Acontece em nematódeos, moluscos, artrópodes, peixes, répteis, aves e mamíferos.

Feiticeira – *Zoo.* O mesmo que peixe-bruxa. Veja Peixe-bruxa.

Felis – *Etimo.* Verbete oriundo do latim que significa gato. Ex.: *Felis domesticus*; constitui o nome científico do gato que habita as casas de seres humanos, ou seja, o gato doméstico.

Fêmur – *Anato.* Trata-se do osso da coxa, sendo considerado o maior e mais resistente osso do corpo humano e de outros animais. Vai da pelve até o joelho. *Zoo.* Parte da perna dos insetos entre o trocânter e a tíbia.

Fenestra – *Anato.* Nome dado a qualquer grande abertura presente em um osso, como as fenestras temporais do crânio dos animais diápsidos e sinápsidos.

Fenestra – *Etimo.* Palavra de origem latina que significa janela.

Ferrão – *Zoo.* Estrutura especializada presente em alguns invertebrados, geralmente responsável pela inoculação de peçonha. Em insetos, como abelhas e vespas, o ferrão é constituído de um ovipositor modificado. Pode ser liso ou possuir farpas voltadas para trás.

Fertilização – *Reprod.* União dos gametas haploides (masculino e feminino) para formar o zigoto diploide.

Fertilização externa – *Reprod.* Fenômeno através do qual a união dos gametas ocorre fora do corpo, usualmente na água. Exemplo: diferentes invertebrados aquáticos e peixes. Muitas espécies exibem comportamento que visa facilitar a liberação dos gametas ao mesmo tempo, e o encontro destes em ambiente favorável como, por exemplo, acontece nos salmões.

Fertilização *in vitro* – *Reprod.* Fertilização realizada fora do organismo humano, ou de outros animais, em que os óvulos são fecundados por espermatozoides em laboratório. Após a fecundação, os embriões são transferidos para o útero materno. É uma das técnicas utilizadas em caso de infertilidade. Popularmente também é conhecida como "bebê de proveta".

Fertilização interna – *Reprod.* Diz-se quando a liberação dos espermatozoides ocorre diretamente no sistema reprodutivo da fêmea.

Festões – *Zoo.* Reentrâncias presentes lateral e inferiormente no corpo de algumas espécies de carrapatos. Quando esses ectoparasitos estão ingurgitados de sangue, os festões desaparecem.

Feto – *Embrio.* Denominação dada ao estágio de desenvolvimento em que o embrião já apresenta características semelhantes às dos genitores. Na espécie humana corresponde ao embrião com mais de 8 semanas de idade.

Fiandeira – *Zoo.* Glândulas existentes no abdômen das aranhas. Tem como função produzir o tecido do qual as aranhas arquitetam suas teias.

Fíbula – *Anato.* Osso que forma a parte lateral da perna. É um dos dois ossos que constituem a perna, sendo menor que a tíbia. Antigamente era denominado perônio.

Fígado – *Anato.* Maior glândula do corpo e o maior órgão abdominal. Pertence ao sistema gastrointestinal e situa-se abaixo do diafragma, no lado direito do abdômen. Apresenta quatro lóbulos (direito, esquerdo, caudado e quadrado). Passa cerca de 1,5 litro de sangue por minuto através do fígado, proveniente da veia porta, que traz o conteúdo absorvido pelo intestino. O metabolismo deste órgão é fundamental para o provimento de energia ao organismo. Entre as inúmeras funções do fígado estão: produção de bile, síntese de proteínas do plasma, depósito de glicogênio, e o metabolismo de inúmeras substâncias.

Filamento branquial – *Zoo.* Projeções finas, alongadas e delicadas presentes nos arcos branquiais de alguns organismos aquáticos, tais como peixes, onde ocorrem as trocas gasosas.

Filária – *Zoo.* Nome atribuído, por exemplo, aos helmintos nematódeos *Wuchereria bancrofti* (causador da filariose linfática ou elefantíase) e *Onchocerca volvulus* (agente da oncocercose).

Filariose – *Zoo.* Infecção causada por nematódeos filariformes que parasitam o sistema circulatório sanguíneo e linfático, tecidos conjuntivo e muscular, e as cavidades serosas de vertebrados, hospedeiros definitivos do parasito. Possuem espécies de importância médica e veterinária, dentre essas, *Wuchereria bancrofti*, *Onchocerca volvulus* e *Dirofilaria immitis*.

Filiforme – *Bio.* Em formato de fio. *Zoo.* Em alguns insetos, as antenas são semelhantes a um fio, cujos artículos são do mesmo diâmetro, daí antenas filiformes.

Filo – *Bio.* Categoria taxonômica que reúne classes semelhantes. É a segunda categoria em hierarquia (reino, filo, classe, ordem, família, gênero, espécie).

Filo, Philos – *Etimo.* Termo de origem grega que significa amigo.

Filofagia – *Eco.* Hábito de comer folhas.

Filófago – *Eco.* Organismo que se alimenta de folhas.

Filogênese – *Bio.* O mesmo que Filogenia.

Filogenia – *Bio.* Parte da biologia que estuda as relações evolutivas entre os organismos. Conjunto de informações a respeito de uma espécie, tais como período e sequência de surgimento, assim como seu processo evolutivo.

Filoide – *Bio.* Com aspecto de folha.

Filopluma – *Zoo.* Tipo de pena diminuta que apresenta raque relativamente longa e pouca quantidade de barbas. Está presente na cabeça de algumas aves, como a gralha-azul, *Cyanocorax caeruleus*.

Filotraqueia – *Zoo.* Estrutura laminar presente no abdômen dos aracnídeos, que se abre para o exterior através de espiráculos e desempenha função respiratória.

Filtradores – *Zoo.* Organismos que filtram a água retirando oxigênio e partículas alimentares, usualmente liberando resíduos na mesma. Exemplos: poríferos e algumas espécies de moluscos.

Fincão – *Zoo.* Denominação popularmente atribuída aos insetos hemípteros hematófagos da subfamília Triatominae, transmissores do *Trypanosoma cruzi*, protozoário causador da doença de Chagas. Também são conhecidos como "barbeiros" ou "chupões". Veja Triatomíneos.

Fisiologia – *Fisio.* Estudo das funções (funcionamento) de células, órgãos e sistemas de um organismo.

Fisoclisto – *Zoo.* Qualidade dos peixes que não possuem conexão entre o tubo digestório e a bexiga natatória. Nesses animais, o enchimento de tal órgão é realizado através da passagem de oxigênio dos capilares da *rete mirabile* para dentro da bexiga gasosa.

Fisóstomo – *Zoo.* Qualidade dos peixes que possuem conexão entre o tubo digestório e a bexiga natatória, e assim, para encherem a bexiga gasosa, engolem ar.

Fissão binária – *Reprod.* O mesmo que cissiparidade. Veja Cissiparidade.

Fitofagia – *Eco.* Hábito de nutrir-se apenas de vegetais. Sinônimo: Herbivoria, Herbivorismo.

Fitófago – *Zoo*. Que se alimenta de plantas, de vegetais. Sinônimo: Herbívoro.

Fitoplâncton – *Eco*. Seres vegetais marinhos e flutuantes, representados principalmente pelas algas. Servem de alimento para inúmeras espécies de organismos. Produzem a maior parte do oxigênio livre da atmosfera.

Fitotraqueias – *Zoo*. O mesmo que pulmões foliáceos. Veja Pulmão foliáceo.

Fixismo – *Evo*. O mesmo que Criacionismo. Veja Criacionismo.

Flabelada, antena – *Zoo*. Tipo de antena na qual os artículos antenais, exceto o escapo e o pedicelo, estendem-se lateralmente e tomam aspecto de folha. Presente em alguns insetos.

Flagelo – *Zoo*. Organela de locomoção presente em diversos organismos como, por exemplo, nos protozoários. Normalmente são encontrados em bem menor número que os cílios, fazendo-se presente, um ou dois flagelos. Exemplos de espécies que apresentam flagelo para locomoção: *Trypanosoma cruzi*, *Leishmania* spp., *Trichomonas vaginalis*, *Giardia lamblia*, dentre inúmeros outros protozoários parasitos, ou de vida livre. Também é denominado flagelo a cauda do espermatozoide e diversas outras estruturas filamentosas que proporcionam movimento, presentes nos tecidos de metazoários.

Flagelômero – *Zoo*. Cada uma das partes da antena dos insetos que compõem o flagelo.

Flamenguinha – *Zoo*. Denominação popular da aranha do gênero *Latrodectus*, também conhecida como viúva-negra. Veja *Latrodectus*.

Flamingo – *Zoo*. Ave da ordem dos Phoenicopteriformes. Animal pernalta, de plumagem cor-de-rosa, rêmiges negras, bico curvo, pescoço fino e comprido e corpo delgado, que se destaca por sua beleza. Mede cerca de 1,3 metro de altura. Vive em bandos grandes. Habita lagoas salobras de toda a América, onde está constantemente buscando alimentação: pequenos animais, vegetais e matéria orgânica depositada no fundo dos lagos. No Brasil são conhecidas três espécies de flamingos.

Flavo, flava, flavus – *Etimo*. Termo de origem latina que significa amarelo, louro. Ex.: medula óssea flava, ou amarela, que possui esse nome em decorrência do tecido conjuntivo gorduroso ali presente, o qual possui cor amarelada. Seu sinônimo em grego é xantos.

Floresta Amazônica – *Eco*. Região fitogeográfica brasileira que cobre extensas áreas, principalmente dos estados do Amazonas, Pará, Acre, Mato Grosso, Rondônia, Roraima, Amapá, Maranhão e o norte de Goiás, além de abranger países vizinhos. O clima é tipicamente equatorial, com temperaturas elevadas e grande umidade, com chuvas distribuídas e abundantes, não havendo período de seca. Tais fatores favorecem o desenvolvimento de fauna densa e variada. O solo geralmente é pobre em nutrientes minerais, mas rico em humo. Algumas das espécies vegetais encontradas são: paineira, castanha-do-pará, maracujá e buriti.

Floresta boreal – *Eco*. O mesmo que taiga. Veja Taiga.

Floresta de coníferas – *Eco*. Nome também usado para designar o bioma taiga. Veja Taiga.

Floresta decídua temperada – *Eco*. Bioma terrestre que ocorre em locais de clima temperado, com as quatro estações bem definidas. Acontece em alguns locais do sul do Brasil, Estados Unidos, Europa ocidental, China, Coreia e Japão. Sua flora apresenta numerosas espécies de árvores, muitas são arbóreas (nogueiras, carvalhos, faias). Em grande parte das árvores as folhas caem durante o inverno (decíduas), diminuindo a transpiração. Essa queda é uma adaptação fisiológica das plantas, pois o inverno é rigoroso e congela a água do solo, impedindo as plantas de obtê-la. A fauna é formada por invertebrados, répteis, aves, roedores, veados, etc.

Floresta tropical – *Eco*. Tipo de bioma terrestre que ocorre no litoral da América do Sul, na América Central, na África e na Ásia. No Brasil está representada pela Floresta Amazônica e

Mata Atlântica. O clima da região é quente e úmido, com grande pluviosidade. A luminosidade é intensa, fato que permite rica vegetação, e a flora dessa região é constituída por plantas rasteiras e arbóreas. A fauna é bastante variada, constituída de várias espécies de artrópodes, anfíbios, répteis, aves e mamíferos.

Fluvio, fluvius, fluere – *Etimo.* Termo de origem latina que significa rio. Ex.: ambiente fluvial.

Foca – *Zoo.* Nome atribuído ao mamífero aquático da ordem Carnivora. Existem várias espécies de foca, dentre elas *Phoca vitulina*, ou foca-comum. Tal espécie pode medir 1,8 m e pesar 100 kg, sua cor geral é acinzentada. Alimenta-se de peixes e camarões. É vista mais comumente na América do Norte e na Eurásia. Sua gestação dura de 9 a 11 meses e origina um filhote. Sua pele costuma ser muito cobiçada, o que pode levar o animal à extinção.

Folheto embrionário – *Embrio.* Folhetos originados na gastrulação, que darão origem aos órgãos. Sinônimo: folheto germinativo.

Folheto germinativo – *Embrio.* O mesmo que folheto embrionário. Veja Folheto embrionário.

Folhiço – *Eco.* Diz-se da camada ou cobertura de folhas sobre o solo. É o local que muitos invertebrados elegem para sobreviver, não raro, retirando daí seus alimentos.

Folhoso – *Zoo.* A terceira das quatro câmaras do estômago dos mamíferos ruminantes. O mesmo que omaso. As demais partes são rúmen, retículo e abomaso.

Foliáceo – *Bio.* Semelhante a uma folha.

Fômite – *Zoo.* Qualquer objeto, partícula ou substância capaz de absorver, reter e transportar organismos contagiosos ou infecciosos de um indivíduo para outro. Podem ser considerados fômites, desde vetores de agentes patógenos, como também roupas, instrumentos, entre outros.

Fontanela – *Anato.* Espaço de tecido fibroso, encontrado entre os ossos parietais e o osso frontal dos lactentes. A consistência amolecida dessa região facilita e protege a criança durante o parto, por exemplo. É conhecida popularmente como moleira. *Zoo.* Nos insetos trata-se de uma pequena mancha pálida na fronte, entre os olhos, presente em muitos isópteros.

Forame, forâmen – *Etimo.* Vocábulo oriundo do latim que significa orifício, buraco, poro, abertura. Ex.: forame magno; abertura através do osso occipital que serve de comunicação entre a cavidade craniana e o canal vertebral.

Forame de Panizza – *Zoo.* Orifício que faz a comunicação entre as artérias aorta e pulmonar na circulação dos crocodilianos. Apesar de terem o coração dividido em quatro cavidades, há comunicação entre os sangues venoso e arterial nesses vertebrados. Isso proporciona aos crocodilos um maior aproveitamento do oxigênio, permitindo que eles fiquem mais tempo submersos sem precisar respirar.

Forame magno – *Anato.* Orifício localizado no osso occipital, que une a coluna vertebral à cavidade craniana, por onde passa a medula espinal.

Forcípula – *Zoo.* Primeiro par de apêndices do tronco das centopeias. Serve para a inoculação de veneno em suas presas, que são principalmente insetos.

Foresia – *Eco.* Tipo de relação na qual alguns seres vivos se utilizam de outros para a locomoção. Um exemplo é a mosca *Dermatobia hominis*. Veja *Dermatobia hominis*.

Formicação em aves – *Eto.* Hábito que algumas aves possuem de deixar formigas entrarem em suas penas para friccioná-las, liberando ácido fórmico, tendo como uma das principais funções expulsar parasitos do corpo.

Formicariidae – *Zoo.* Família de passeriformes abundante na América do Sul. Geralmente não possuem colorido chamativo, sendo de cores mais discretas. Alimentam-se de insetos e outros artrópodes, podendo predar pequenos vertebrados. É representada pelas tovacas, chocas, choró-boi e papa-formigas.

Foros, Pheros – *Etimo*. Termo de origem grega que significa apresentar, portar, carrear.

Forragear – *Eto*. Hábito de procurar alimentos.

Fossa navicular – *Anato*. Porção dilatada da luz da uretra masculina, localizada no corpo esponjoso do pênis, próxima à sua extremidade distal.

Fossa poplítea – *Anato*. Região em forma de losango localizada atrás do joelho, entre os tendões dos músculos semitendinoso e bíceps femoral.

Fossador – *Zoo*. Adaptado para cavar. Termo adotado para designar as patas de determinados animais.

Fosseta labial – *Zoo*. Órgão termossensível presente em algumas serpentes como as da família Colubridae. Apresenta-se sob a forma de uma sequência de orifícios localizados na parte superior da boca dessas serpentes. Desempenha o mesmo papel das fossetas loreais da família Viperidae.

Fosseta loreal – *Zoo*. Orifício localizado entre a narina e os olhos das serpentes peçonhentas, com alta densidade de neurônios sensíveis ao infravermelho. São termossensoriais, capacitando estes répteis a detectarem a presença de animais de sangue quente, principalmente pequenos mamíferos e aves.

Fóssil – *Paleo*. Fragmentos, peças inteiras ou vestígios de seres que viveram em épocas remotas. Os fósseis são formados apenas em condições especiais, do contrário, o organismo é decomposto antes de ser fossilizado. O verbete provém do latim *fossilis*, que significa "extraído da terra".

Fóssil índice – *Paleo*. O mesmo que fóssil guia. Veja Fóssil guia.

Fóssil-guia – *Paleo*. Qualquer fóssil que seja representativo de um tempo e permita o reconhecimento deste. Tais fósseis são úteis para estabelecer correlações temporais e geográficas. Para que uma espécie seja considerada bom fóssil-guia é necessário que a mesma apresente rápida evolução, grande número de espécimes e ampla distribuição espacial. Exemplo: *Nummulites*, espécie de foraminífero (tipo de protozoário marinho extinto) que viveu exclusivamente no Eoceno.

Fossilis – *Etimo*. Termo de origem latina que significa "extraído da terra".

Fossilização – *Paleo*. Transformações físicas e químicas que possibilitam que restos e vestígios de organismos de períodos geológicos passados sejam preservados até os dias atuais.

Fossorial – *Zoo*. Animal que realiza escavação. Exemplos: vários insetos, répteis, dentre outros.

Foto – *Etimo*. Termo de origem grega que significa luz.

Fotossintetizante – Eco. Diz-se do organismo autótrofo, que sintetiza seus alimentos através da luz, como ocorre nos vegetais.

Fóvea – *Anato*. Diz-se da depressão existente em uma estrutura anatômica. É frequente em certos ossos. Na retina, diz-se da depressão onde não existem bastonetes e a visão é nítida.

Fragata – *Zoo*. Ave marinha da família Fregatidae de porte médio, podendo apresentar mais de 2 m de envergadura. Apresentam bico longo, curto, pés pequenos, plumagem branca e preta e cauda bifurcada, motivo pelo qual também é conhecida como tesourão. Alimenta-se de peixes capturados na superfície do mar ou de alimentos roubados de outras aves, tais como atobás. A família possui um único gênero, sendo mais conhecida a espécie *Fregata magnificens*, ou fragata-comum, também conhecida como tesourão.

Fragilis – *Etimo.* Vocábulo proveniente do latim que significa frágil, também usado para referir algo delicado. Na zoologia o termo é empregado mormente em invertebrados, e no epíteto específico, para referir à fragilidade ou pequenez de um organismo.

Fringillidae – *Zoo.* Família de passeriformes representada pelo pintassilgo, *Carduelis magellanicus*, animal muito capturado para viver em gaiolas, bastante comum no Brasil.

Frontal – *Anato.* Osso que forma, juntamente com outros ossos, a calota craniana. Constitui a região da testa e o teto das órbitas. Articula-se com os dois ossos parietais na sutura coronal, e com os ossos nasais na sutura frontonasal, além de outras articulações. No feto, esse osso se apresenta separado pela sutura metópica.

Fronte – *Zoo.* Nos insetos, é a região da cabeça situada acima do clípeo e abaixo das suturas frontais.

Frugívoro – *Bio.* Que se alimenta de frutos ou vegetais.

Frutívoro – *Bio.* Que se alimenta de frutos.

Fulgens, fulgo, fulgentis – *Etimo.* Termo proveniente do latim que significa brilhoso, que brilha. Na nomenclatura zoológica, alguns mamíferos e aves já receberam este epíteto para designar pelos ou penas brilhosas.

Fuliginosus, fuliginosa – *Etimo.* Vocábulo oriundo do latim que alude algo com aspecto de fuligem, portanto, enegrecido. O termo já foi empregado centenas de vezes na zoologia para designar espécies de poliquetos, insetos, peixes, serpentes, aves, roedores, marsupiais, dentre outros, sempre em razão do aspecto escurecido do animal, ou de parte dele.

Fungícola – *Eco.* Diz-se dos seres que vivem associados aos fungos.

Fungívoro – *Zoo.* Característica daquele que se alimenta de fungos, o mesmo que micetófago.

Furão – *Zoo.* Nome vulgar do mamífero carnívoro da família Mustelidae e espécie *Mustela putorius furo.* Medem cerca de 35 cm, tem as pernas curtas, corpo alongado e pelagem marrom. São ágeis e cavam buracos no solo, onde se escondem. Alimentam-se de vertebrados pequenos, frutas e ovos.

Furcado – *Bio.* Ramificado como uma forquilha. Com ramos separados tal como um garfo.

Fúrcula – *Zoo.* Órgão situado no ápice do abdômen dos colêmbolos, adaptado para o salto.

Furfuráceo – *Bio.* Semelhante ao farelo ou à farinha.

Furnariidae – *Zoo.* Família de passeriformes que inclui o João-de-barro, Petrim, João-teneném, João-graveto, dentre outros. São exclusivos da região Neotropical. Possuem coloração discreta em tons de marrom. Muitas espécies vivem em casais e alimentam-se de insetos. São pássaros abundantes no Brasil e conhecidos por seus ninhos, de formatos que variam de acordo com o gênero, mas sempre elaborados.

Furnarioidea – *Zoo.* Superfamília de pássaros suboscines que engloba as famílias Rhinocryptidae, Formicariidae, Conopophagidae, Furnariidae e Dendrocolaptidae. Exclusivos da região Neotropical. Diferenciam-se por sua siringe de estrutura exclusivamente traqueal.

Furnarius rufus – *Zoo.* Nome científico do popular João-de-barro, espécie amarronzada comum no Brasil, que constrói ninhos em forma de forno, vive em casais e alimenta-se de insetos. Trata-se de uma ave passeriforme da família Furnariidae.

Fusiforme – *Bio.* Com aspecto de fuso, logo, constitui uma estrutura mais espessa ao centro e afilada nas extremidades.

Gadiformes – *Zoo.* Ordem que inclui os bacalhaus e as merluzas, peixes de porte médio e de grande importância comercial. Caracterizam-se pela nadadeira pélvica posicionada logo abaixo ou à frente das peitorais e pelas dorsais e anais com a base longa. São encontrados em água salgada e água doce.

Gafanhoto – *Zoo.* Inseto que pertence à ordem Orthoptera. Veja Orthoptera.

Gaia, hipótese – *Bio.* Veja Hipótese de Gaia.

Gaivota – *Zoo.* Aves pertencentes aos gêneros *Larus*, *Phaetusa* e *Thalasseus*. Animal de asas muito longas e estreitas, com cerca de 130 cm de envergadura, penas claras na cabeça e no ventre, rêmiges primárias cinzas ou negras e bico pequeno. No Brasil, é comum a espécie *Larus maculipennis*. São Charadriiformes (alguns autores a incluem na ordem Ciconiiformes), e se alimentam de pequenos peixes e detritos do mar.

Galápagos – *Evo.* Conjunto de pequenas ilhas localizadas a 800 km da costa do Equador, país ao qual elas pertencem, onde Darwin fez grandes descobertas, das quais muitas serviram de exemplo para descrever suas teorias sobre a evolução. O nome das ilhas é atribuído às espécies de jabutis gigantes que habitam as ilhas.

Gálea – *Zoo.* Uma das partes da maxila dos insetos, presa ao estipe.

Galeocerdo cuvier – *Zoo.* Nome científico do tubarão-tigre. Veja Tubarão-tigre.

Galeos, Galeus – *Etimo.* Termo de origem grega que significa tubarão. Ex.: Galeomorphii; constitui um grupo que incluí praticamente todos os tubarões existentes na atualidade, contabilizando mais de 300 espécies.

Galliformes – *Zoo.* Nomenclatura utilizada em ornitologia para designar o grupo das galinhas, jacus, faisões, perdizes, dentre outros. Existem mais de 180 espécies descritas nesse grupo, com ampla distribuição geográfica.

Gallus – *Etimo.* Termo de origem latina que significa galináceo.

Gambá – *Zoo.* Mamífero marsupial pertencente ao gênero *Didelphis,* que habita quase todo o continente americano. Reproduz em média três vezes ao ano. Os filhotes nascem pouco desenvolvidos e se dirigem até ao marsúpio, uma bolsa ventral que os abriga até completarem seu desenvolvimento e onde estão presentes as mamas. Atinge cerca de 45 cm e pode viver por até 4 anos.

Gameta – *Reprod.* São as células reprodutivas originadas nas gônadas sexuadas de organismos. Os gametas masculinos podem ser: anterozoides (nos vegetais) e espermatozoides (nos animais); e os gametas femininos são: oosferas (nos vegetais) e ovócitos secundários ou óvulos (nos animais).

Gametogênese – *Reprod.* Processo através do qual são produzidos os gametas ou células sexuais. Na fêmea esse processo, denominado ovogênese, ocorre nos ovários e origina os óvulos. Já nos machos é denominado espermatogênese, ocorre nos testículos e origina os espermatozoides.

Gammarus – *Etimo.* Vocábulo oriundo do latim e significa camarão. Verbete utilizado como gênero ou epíteto específico com frequência na carcinologia, ou seja, no estudo dos crustáceos (g. *carcino* + g. *logos*).

Gamos, Gamia – *Etimo.* Termo de origem grega que significa casamento.

Gânglio – *Zoo.* Parte do nervo com aspecto de nó, formada por uma massa de neurônios. Também pode referir-se a um gânglio linfático, os quais, quando estão aumentados são denominados, popularmente, ínguas.

Gânglio subesofágico – *Zoo.* Nos insetos é o gânglio situado abaixo do esôfago, formado pela união dos gânglios mandibular, maxilar e labial.

Ganoide, escama – *Zoo.* Veja Escama ganoide.

Ganos – *Etimo.* Termo de origem grega que significa brilhante.

Ganso – *Zoo.* Ave da ordem dos Anseriformes, família Anatidae. Em geral são animais de clima temperado, que, durante o inverno, migram para locais de clima mais quente. Vivem em bandos e são habitualmente territorialistas. Pesam cerca de 10 kg. Alimentam-se de vegetais, minhocas, insetos e outros invertebrados. *Anser anser* é uma da espécies comumente criada em cativeiro, com finalidade de comercialização da carne e das penas.

Garça – *Zoo.* Aves de bicos longos e retos pertencentes à família Ardeidae, ordem Ciconiiformes. Voam com o pescoço encolhido e com as pernas esticadas para trás. Habitam principalmente ambientes aquáticos. Alimentam-se de anfíbios, crustáceos, moluscos e peixes. Vivem solitárias, em duplas ou bandos, dependendo da espécie. São gêneros comuns de garças: *Ardea*, *Egretta* e *Bubulcus*.

Garra tarsal – *Zoo.* Garra ou unha presente no ápice do tarso dos insetos.

Gás carbônico – *Eco.* O mesmo que dióxido de carbono. Veja Dióxido de carbono.

Gás freon – *Eco.* Gás utilizado na indústria de aerossóis, geladeiras, ar-condicionados, dentre outros, e que está envolvido na destruição da camada de ozônio. Sinônimo: CFC, clorofluorcarbono.

Gaster – *Etimo.* Termo de origem grega que significa estômago, ventre.

Gáster – *Zoo.* Parte do abdômen das formigas.

Gasterosteiformes – *Zoo.* Ordem que inclui os cavalos-marinhos (*Hippocampus*) e os peixes-cachimbo (*Syngnathus*). Possuem focinho tubular com boca terminal. Veja também Cavalo-marinho.

Gastrocele – *Embrio.* O mesmo que arquêntero. Veja Arquêntero.

Gastroderma – *Zoo.* Camada que reveste a parte interna do corpo dos celenterados. É formada por células especializadas, sobretudo na digestão dos alimentos.

Gastrólito – *Paleo.* Tipo de fóssil que consiste em pedras presentes dentro do estômago de alguns indivíduos como aves e dinossauros que auxiliavam na digestão dos alimentos.

Gastropoda – *Zoo.* Classe de moluscos representada por seres de água doce, marinhos ou terrestres. A concha é univalvada, geralmente de simetria helicoidal nos caracóis, e está ausente nas lesmas. A massa visceral desses moluscos exibe giro de 180° em sentido anti-horário com relação à cabeça. A cabeça apresenta quatro tentáculos onde estão os órgãos do olfato e da visão. Os gastrópodes terrestres são conhecidos por pulmonados e as lesmas marinhas, como prosobrânquios. Existem cerca de 77.000 espécies descritas, e entre os mais conhecidos estão: os caracóis de jardim, as lesmas e os caramujos.

Gastrópode – *Zoo.* Moluscos que pertencem à classe Gastropoda. Veja Gastropoda.

Gastrotricha – *Zoo.* Filo de pequenos animais vermiformes que vivem no ambiente aquático e raramente ultrapassam 1 mm quando adultos. São hermafroditas. Alimentam-se de detritos e bactérias que chegam a sua boca através de movimentos dos cílios bucais. Existem cerca de 500 espécies descritas, distribuídas em duas ordens: Macrodasyida e Chaetonotida. A nomenclatura provém do grego, *gaster*, estômago e *thricos*, pelo, cabelo.

Gastrotríqueo – *Zoo.* Animal vermiforme que pertence ao filo Gastrotricha. Veja Gastrotricha.

Gastrozoide – *Zoo.* Diz-se dos pólipos responsáveis pela alimentação do celenterado *Obelia* "spp.", o qual é formado por uma colônia de organismos.

Gástrula – *Embrio.* Estágio embrionário caracterizado pela formação dos folhetos embrionários.

Gastrulação – *Embrio.* Processo de transformação do blastocisto para gástrula, no qual o embrioblasto é convertido em um disco embrionário trilaminar.

Gato – *Zoo.* Nome popularmente atribuído ao mamífero carnívoro da espécie *Felis catus*. É um animal doméstico originário do Egito. Pertence à família Felidae. São pequenos, pesando entre 2 e 7 kg, com orelhas apontadas para cima, focinho curto, visão apurada, cauda londa e peluda, caninos desenvolvidos e com molares em número reduzido. Vivem cerca de 20 anos. Existem várias raças, dentre elas: siamês, angorá, persa, bengal e himalaio. No Brasil existem mais de 22 milhões de gatos, com isso, o país contém uma das maiores populações destes animais de estimação no mundo.

Gato-mourisco – *Zoo.* Nome popular da espécie *Herpailurus yagouaroundi,* felino também conhecido como jaguarundi ou gato-vermelho. Sua pelagem é uniforme de coloração marrom-acinzentada. Tem a cauda longa e peluda, a cabeça é pequena e achatada, as orelhas pequenas, as patas curtas e o corpo alongado. Mede em média 60 cm (excluindo-se o comprimento da cauda) e pesa cerca de 5 kg. A cada gestação, de aproximadamente 2 meses e meio, nascem dois filhotes. Alimenta-se de aves, mamíferos e répteis. São animais ágeis, com grande habilidade para caçar e subir em árvores. Habitam as Américas do Norte, Central e do Sul, estando presentes em praticamente todos os biomas brasileiros.

Gato-vermelho – *Zoo.* Felino da espécie *Herpailurus yagouaroundi*, de pelagem marrom-acinzentada, cabeça pequena e achatada, patas curtas e de aproximadamente 60 cm (excluindo-se o comprimento da cauda). São também conhecidos como gato-mourisco e jaguarundi. Veja Gato-mourisco.

Gavial – *Zoo.* Animal da família Gavialidae, pertencente à mesma ordem dos crocodilos e jacarés. Há apenas uma espécie conhecida, *Gavialis gangeticus*. Vive em água doce e pode ser encontrado na Índia, no Paquistão e em Bangladesh. Diferencia-se dos demais crocodilianos principalmente por seu focinho bastante fino e comprido. Alimenta-se de peixes e anfíbios e pode atingir até 6 m de comprimento. Ótimo nadador, porém, com dificuldades de caminhar em terra, já que é grande e pesado e seus membros são curtos e frágeis. Esses vertebrados estão ameaçados de extinção em razão da caça predatória, da procura por carne e pele.

Gavialidae – *Zoo.* Família de répteis crocodilianos que inclui os gaviais. Há apenas uma espécie descrita: *Gavialis gangeticus*, que ocorre na Índia, no Paquistão e em Bangladesh. Veja Gavial.

Gavião – *Zoo.* Nome popular dado às aves pertencentes à família Falconidae. São aves de rapina que geralmente se alimentam de pequenos vertebrados e insetos. São encontradas na América, Europa, Ásia, África e Oceania. Dentre as várias espécies conhecidas, algumas são encontradas em território brasileiro, tais como *Micrastur chimachima* (gavião-carrapateiro), *Leptodon forbesi*, (gavião-de-pescoço-branco) e *Micrastus ruficollis* (gavião-caburé).

Gavião-real – *Zoo.* Ave da espécie *Harpia harpyja*, também conhecida como harpia. Veja Harpia.

Gekkonidae – *Zoo.* Família de lagartos popularmente chamados de lagartixa. É composta de 1.050 espécies que podem ser divididas em dois grandes grupos: espécies que possuem olhos fixos ou incapazes de se movimentar e espécies que possuem olhos móveis. São cosmopolitas, podendo ser encontrados em desertos, regiões tropicais e subtropicais. Grande parte das espécies desta família apresenta lamelas subdigitais desenvolvidas, característica que torna esses animais escaladores habilidosos. Comunicações vocais são incomuns entre os squamatas, porém muitos gekkonídeos emitem ruídos semelhantes a *clicks* que são utilizados na comunicação intraespecífica. Veja *Thecadactylus rapicauda* e *Coleodactylus amazonicus*.

Gemiparidade – *Reprod.* Tipo de reprodução assexuada em que de um organismo nasce um broto, ou gema, o qual constitui um novo indivíduo. Essas gemas podem continuar unidas ao organismo que as originou ou destacarem-se e viver livremente. Ocorre em fungos, poríferos e celenterados. Sinônimo: brotamento, gemulação.

Gemulação – *Reprod.* O mesmo que gemiparidade. Veja Gemiparidade.

Gena – *Zoo.* Nos insetos é a área da cabeça situada abaixo e atrás dos olhos compostos.

Generalista – *Eco.* Espécie que consome grande variedade de presas, como as garças, que se alimentam de peixes, invertebrados e também de vegetais.

Gênero – *Bio.* Categoria taxonômica que agrupa espécies semelhantes, sendo também o primeiro termo de um nome científico.

Genesis – *Etimo.* Termo de origem grega que significa origem.

Geniculado – *Bio.* Estrutura que possui formato de joelho, portanto se apresenta dobrada em um ângulo mais ou menos agudo.

Geniculiforme – *Bio.* Que possui formato de joelho. Sinônimo: geniculado.

Genitália – *Zoo.* Denominação geral adotada para designar o aparelho reprodutor masculino ou feminino de qualquer organismo.

Genos – *Etimo.* Termo de origem grega que significa nascimento.

Genus – *Etimo.* Termo de origem latina que significa joelho.

Geo – *Etimo.* Termo de origem grega que significa terra.

Geofagia – *Zoo.* Diz-se do hábito de comer terra. É frequente em helmintoses, como a ancilostomose, principalmente entre crianças.

Geração espontânea – *Bio.* O mesmo que abiogênese. Veja Abiogênese.

Germário – *Zoo.* Nos insetos é a porção do ovaríolo que contém oogônias.

Gestação – *Embrio.* Termo aplicado ao período de desenvolvimento embrionário que ocorre no útero. Refere-se desde o momento da fecundação até o nascimento.

Giardia lamblia – *Zoo.* Espécie de protozoário flagelado, que é mais comum em crianças com idade inferior a dez anos, porém, pode ocorrer em qualquer faixa etária. Pode ser encontrado em todo intestino delgado, mas localiza-se com maior frequência nas porções mais altas do intestino, sendo o duodeno o seu habitat preferencial. Este parasito ocasiona distúrbios digestórios e a sua prevenção é procedida por meio da implementação de saneamento básico e educação sanitária.

Gibão – *Zoo.* Primata da família Hylobatidae, gênero *Hylobates*, que habita florestas do sudeste asiático (Índia, China, Bornéu, Java, etc.). Mede cerca de 1 metro e pesa em média 15 kg. Animal bastante forte e ágil. Seus braços são longos, auxiliando-o a se locomover sobre as árvores. Quando está no solo adota postura bípede. Alimenta-se de frutas, folhas, sementes, flores, ovos e artrópodes.

Giboso – *Bio.* Diz-se do organismo que apresenta giba (curvatura convexa), conferindo aspecto corcunda. Exemplo: espécies de flebotomíneos (dípteros que podem transmitir a leishmaniose).

Girafa – *Zoo.* Nome atribuído ao mamífero artiodáctilo da espécie *Giraffa camelopardalis*. Animal de grande porte, podendo atingir 5 m de altura através de seu pescoço muito longo, embora o mesmo apresente apenas sete vértebras, tal como ocorre nos humanos e em grande parte dos mamíferos. Possui adaptações fisiológicas para que o coração consiga bombear o sangue até a cabeça. Apresenta pequenos chifres. Pode atingir notável velocidade quando corre. Torna-se vulnerável aos seus predadores quando está bebendo água, com o pescoço baixo. São herbívoras e se alimentam de folhas e brotos. São encontradas no continente africano. Como dispõem de visão acurada, uma posição elevada e olfato apurado, as girafas são frequentemente acompanhadas por zebras e gnus que podem se beneficiar destes animais tendo-os como um sistema de alerta aos predadores. A expectativa de vida na natureza é de 20 anos. Seu epíteto específico *camelopardalis* significa "camelo marcado como um leopardo".

Girino – *Zoo.* Forma jovem de anfíbios anuros, sendo aquáticos de respiração branquial. São filtradores durante a alimentação, mas algumas espécies são predadoras e podem alimentar-se até de outros girinos, ou ovos de anuros.

Glabra, Glabellus – *Etimo.* Termo de origem latina que significa liso, sem pelos.

Glabro – *Bio.* Diz-se da estrutura ou organismo desprovido de pelos, cerdas ou penugens.

Gládio – *Zoo.* O mesmo que pena (nos insetos). Veja Pena.

Glândula antenal – *Zoo.* Glândula localizada na região anterior do corpo dos crustáceos, responsável pela excreção. Sinônimo: glândula verde.

Glândula bissogênica – *Zoo.* Glândula de moluscos bivalvos que produz o biso, o qual serve para que esses se fixem nas rochas, dentre outros sedimentos.

Glândula cerífera – *Zoo.* Glândula produtora de cera, presente em alguns artrópodes, como as abelhas.

Glândula coxal – *Zoo.* Estrutura que, juntamente aos Túbulos de Malpighi, forma o sistema excretor dos aracnídeos.

Glândula de Duvernoy – *Zoo.* Glândula presente na maxila de serpentes da família Colubridae que, em algumas espécies, produz uma secreção tóxica capaz de imobilizar a presa. Estrutura homóloga à glândula de veneno da família Viperidae.

Glândula lacífera – *Zoo.* Glândula produtora de laca. Presente em alguns insetos.

Glândula mamária – *Zoo.* Glândulas acessórias da pele, que produzem leite nas fêmeas dos mamíferos, através de estimulações hormonais. Estão presentes, embora inativas, nos machos e nos filhotes. *Anato.* Diz-se das elevações hemisféricas cobertas de pele localizadas superficialmente aos músculos peitorais maiores. Logo abaixo do centro de cada glândula mamária há a aréola circular e o mamilo. A aréola apresenta numerosas glândulas sebáceas, as quais produzem secreção serosa com a função de prevenir as rachaduras do mamilo durante a amamentação. Internamente, cada glândula mamária é constituída de tecido adiposo mantido por um estroma conjuntivo. Centralmente, há de 15 a 20 lobos formados por tecido conjuntivo denso e adiposo. Cada lobo é de fato uma glândula mamária, com sua parte secretora e seu ducto excretor próprio, que se abre no mamilo. As glândulas mamárias começam seu desenvolvimento após a puberdade, quando ficam expostas às estimulações de estrógeno e progesterona. Aumentam em tamanho durante a gravidez e alcançam seu tamanho máximo durante a amamentação.

Glândula odorífera – *Zoo.* Produtora de substância de cheiro forte. Presente em alguns artrópodes, dentre outros animais.

Glândula pineal – *Anato.* Pequena glândula em forma de cone, situada atrás do terceiro ventrículo do encéfalo. Apresenta importância no controle das atividades sexuais e de reprodução. Também libera melatonina.

Glândula salivar – *Zoo.* Glândula produtora de saliva, substância lubrificante que auxilia na deglutição dos alimentos, além de conter enzimas digestivas. Presente em animais terrestres. Nos mamíferos existem quatro pares de glândulas salivares.

Glândula serígena – *Zoo.* Produtora de seda em alguns insetos, como no bicho-da-seda.

Glândula sudorípara – *Zoo.* Tipo de glândula que ocorre normalmente nos mamíferos e serve não apenas para eliminar substâncias residuais do corpo, mas também para auxiliar enormemente a termorregulação. A evaporação de suor da pele serve para resfriar a superfície corpórea. A presença de pelagem densa e pesada, em muitos mamíferos, não permite que haja uma distribuição universal destas glândulas pelo corpo, como ocorre na espécie humana, e a distribuição destas estruturas, portanto, vai ser diferente de uma espécie para outra.

Glândula suprarrenal – *Anato.* Glândulas localizadas acima de cada rim. Contêm estruturas que funcionam como glândulas endócrinas separadas: a medula e o córtex. A medula funciona como parte simpática do sistema nervoso, produzindo epinefrina, norepinefrina e catecolaminas, logo a medula apresenta uma função neuroendócrina. O córtex das glândulas suprarrenais libera hormônios androgênios, estrogênios, cortisol e aldosterona.

Glândula uropiagiana – *Zoo.* Veja Uropigiana, glândula.

Glândula verde – *Zoo.* São órgãos de excreção presentes próximo às antenas de alguns crustáceos.

Glauco, glaukos – *Etimo.* Termo de origem grega que significa verde pálido, esverdeado. O verbete, ou suas ramificações, já foi adotado, por exemplo, para batizar espécies de insetos e moluscos, em virtude da cor verde do animal ou de parte do mesmo.

Gliptodonte – *Paleo.* Mamífero da espécie *Glyptodon clavipes*, extinto há aproximadamente 11.000 anos. Pertencente à ordem Xenarthra, o animal possuía uma carapaça óssea protetora e era parecido com um tatu, porém media cerca de 3 m e pesava mais de 1 tonelada. Eram herbívoros e habitaram as Américas do Sul e do Norte desde o período Terciário até o Pleistoceno, quando se extinguiram.

Glóbulo polar – *Reprod.* O mesmo que corpúsculo polar. Veja Corpúsculo polar.

Glossa – *Zoo.* Nos insetos, é o par de estruturas no ápice do lábio, entre as paraglossas. Nas abelhas, as glossas se enrolam formando a "língua".

Glóssico – *Bio.* Relativo à língua.

Glossina – *Zoo.* Mosca popularmente conhecida como tsé-tsé. Apresenta hábitos hematofágicos e pode transmitir os tripanossomas responsáveis pela doença do sono na África (*Trypanosoma gambiensi*).

Glossofaríngeo – *Anato.* Veja Nervo glossofaríngeo.

Glossus – *Etimo.* Termo de origem grega que significa língua.

Glyptodon clavipes – *Paleo.* Nome científico do Gliptodonte, mamífero da ordem Xenarthra, extinto durante o Pleistoceno. Habitava o Novo Mundo, em especial a América do Sul. Eram animais de grande porte, com uma carapaça óssea forte e pesada recobrindo seu dorso, parecendo-se com tatus gigantes.

Gnathos – *Etimo.* Termo de origem grega que significa mandíbula.

Gnathostomulida – *Zoo.* Filo de pequenos vermes aquáticos com simetria bilateral, sem sistema circulatório ou de trocas gasosas. Apresentam sistema alimentar desenvolvido, com mandíbulas que servem para retirar fungos e bactérias da superfície das rochas. São pouco conhecidos do público em geral, com registro de 100 espécies colocadas em duas ordens: Filospermida e Bursovaginida. São encontrados em todos os oceanos do mundo, habitando, normalmente, o interstício de grãos de areia.

Gnatossoma – *Zoo.* Região do corpo dos ixodidos, onde estão reunidas todas as peças que formam o sistema de fixação e ingestão de alimentos (peças bucais).

Gnatostomados – *Zoo.* Animais dotados de mandíbula. O termo é muito utilizado para os primeiros peixes que apresentavam mandíbula, e que surgiram no período devoniano.

Gnatostomulídeos – *Zoo.* Animais vermiformes com menos de 1 mm de comprimento, sem sistema circulatório ou de trocas gasosas. Vivem no sedimento marinho. Pertencem ao filo Gnathostomulida. Veja Gnathostomulida.

Gnoto, gno, gnose – *Etimo.* Termo de origem grega que significa conhecer, saber.

Gnotobiótico – *Zoo.* Animal, ou outro organismo, que se conhece a população de microrganismos presente, comumente, por estarem submetidos a rigorosas barreiras sanitárias.

Golfinho – *Zoo.* Mamífero da ordem Cetacea, subordem Odontoceti, família Delphinidae e espécie *Delphinus delphis*. Vive nos oceanos ou, no caso dos botos, em água doce. Não possui orelhas nem pescoço e tem o corpo com formato hidrodinâmico, sendo excelente nadador e saltador, podendo atingir 60 km/h ao nadar. Alcança 2,5 m de comprimento e pode pesar 150 kg. Alimenta-se de moluscos e peixes e destaca-se por sua sociabilidade e facilidade de aprender, sendo considerado um dos animais mais inteligentes. Atinge a maturidade sexual antes dos 3 anos de idade; a gestação dura em torno de 11 meses. Pode viver por 30 anos. Sinônimos: golfinho-comum; golfinho-comum-de-bico-curto.

Golfinho nariz-de-garrafa – *Zoo.* Mamífero da ordem Cetacea, subordem Odontoceti, família Delphinidae e espécie *Tursiops truncatus*. Golfinho amplamente conhecido em virtude da série de TV "Fliper" e por meio dos *shows* apresentados em oceanários. São seres ditos evoluídos do ponto de vista neurológico, sendo considerados animais inteligentes. Possui coloração cinza, mais clara na área ventral. Pode atingir até 3,5 m de comprimento e pesar 250 kg. Apresenta "bico" ou "nariz" pronunciado. Habita os mares tropicais e temperados do planeta, podendo ser visto tanto em populações costeiras fixas quanto em grupos migratórios. Alimenta-se basicamente de peixes de médio porte e cefalópodes, ingerindo cerca de 10 kg de alimento diariamente. A cópula se precede de corte demorada, e a gestação dura cerca de 1 ano. Vive por aproximadamente 30 anos. É também conhecido como golfinho-roaz.

Gomívoro – *Zoo.* Característica do animal que se alimenta de gomas exsudadas de árvores, como os saguis. Sinônimo: gumívoro.

Gônada – *Anato.* Estrutura de reprodução representada pelos ovários nas fêmeas e pelos testículos nos machos.

Gonadossoma – *Zoo.* Conjunto de órgãos e tecidos que realizam reprodução.

Gonadotrofina – *Fisio.* Hormônios hipofisários que agem sobre órgãos sexuais, como a prolactina, hormônio luteinizante, hormônio folículo estimulante.

Gondwana – *Geol.* Grande continente formado durante o Jurássico pela separação da Pangeia em dois grandes blocos, Laurásia e Gondwana. Abrangia as terras que hoje formam América do Sul, África, Índia, Antártida, Austrália, Nova Zelândia e outras ilhas.

Gono – *Etimo.* Termo de origem grega que significa semente.

Gonocorístico – *Bio.* Organismo que apresenta os sexos separados. Sinônimo: Dioico.

Gonoduto – *Zoo.* Canal condutor do produto das gônadas.

Gonóporo – *Zoo.* Em machos se refere à abertura externa do ducto ejaculatório, enquanto nas fêmeas representa a abertura do oviduto comum, na vagina. Ocorre nos insetos.

Gonozoide – *Zoo.* Pólipos responsáveis pela reprodução do celenterado *Obelia*, que é formado por uma colônia de organismos.

Gorila – *Zoo.* Nome popularmente atribuído ao primata da espécie *Gorilla gorilla*. Apresenta biótipo próximo ao dos humanos, embora os braços sejam mais longos que as pernas. Possui cérebro desenvolvido, com circunvoluções semelhantes às do homem, embora mais simples.

É predominantemente terrestre. Um macho adulto pode chegar a 1,80 m de altura, e pesar mais de 200 kg, por isso, o gorila é considerado o primata mais forte que existe. Vive em grupos de famílias liderados por um macho, e exibe grande senso de organização. Tem hábitos diurnos e pode ser visto em algumas florestas africanas. Pertence à família Pongidae.

Gracilis – *Etimo.* Vocábulo oriundo do latim que significa delgado, fino, delicado. Em zoologia o termo foi empregado, por exemplo, para denominar várias espécies de peixes em virtude de seu aspecto franzino.

Gralha – *Zoo.* Pássaro de grande porte de cor branca no ventre e azul-escuro no dorso, nas asas e cabeça. Possui penas prolongadas no píleo. É onívoro e pode ser encontrado em matas de galerias e capões. Pertence ao gênero *Cyanocorax*.

Gralha-do-pantanal – *Zoo.* Nome popularmente atribuído à ave *Cyanocorax cyanomelas*. Apresenta cor geral azulada, com cerca de 40 cm de comprimento. Seu canto é bastante conhecido e estudado pelos ornitólogos. Costuma cantar em sinal de alarme quando algo se aproxima. Habita matas e cerrados. Alimenta-se de frutos, insetos, sementes e pequenos vertebrados.

Grande circulação – *Fisio.* O mesmo que circulação sistêmica. Veja Circulação sistêmica.

Granívoro – *Eco.* Comedor de grãos.

Graxaim – *Zoo.* O mesmo que cachorro-do-mato. Veja Cachorro-do-mato.

Grilo – *Zoo.* Inseto que pertence à ordem Orthoptera. No Brasil, é comum a espécie *Gryllus assimilis*. Os machos produzem sons altos para atrair as fêmeas, através da fricção de suas asas. As pernas posteriores são compridas e adaptadas para saltar. Veja Orthoptera.

Griseus, Gris – *Etimo.* Termo oriundo do latim que significa cinza, ou faz menção a algo grisalho ou ancião. Verbete vastamente utilizado como epíteto específico de inúmeras espécies de organismos (insetos, aracnídeos, peixes, aves, mamíferos) para mencionar a cor acinzentada (grisalha) de todo, ou de parte, dos mesmos.

Gruiformes – *Zoo.* Nomenclatura utilizada em ornitologia para designar o grupo de siriemas, carões, jacamins, dentre outros. Esse grupo exibe ampla distribuição geográfica, com cerca de 200 espécies descritas.

Grupo externo – *Evo.* Agrupamento não pertencente ao grupo-alvo do estudo cladístico, denominado grupo interno. O grupo externo deve ser preferencialmente o grupo irmão do grupo interno, ou seja, o agrupamento que compartilhe um ancestral comum e imediato. O grupo externo é importante para a determinação dos caracteres plesiomórficos e apomórficos do grupo interno e pode pertencer a qualquer nível taxonômico, como um gênero ou uma família.

Grupo interno – *Evo.* Grupo-alvo de determinado estudo cladístico. O grupo interno pode pertencer a qualquer nível taxonômico, como um gênero ou uma família. Nesse tipo de estudo é importante a escolha de um grupo externo que não faça parte do grupo interno, preferencialmente seu grupo irmão, ou seja, o agrupamento que compartilhe um ancestral comum e imediato com o grupo interno. O grupo externo é importante para a determinação dos caracteres plesiomórficos e apomórficos do grupo interno.

Grupo monofilético – *Evo.* Veja Monofilético, Grupo.

Grupo parafilético – *Evo.* Veja Parafilético, Grupo.

Grupo-irmão – *Bio.* Dois táxons que possuem um ancestral comum e imediato.

Guarabá – *Zoo.* Nomenclatura empregada ao mamífero sirênio também conhecido como peixe-boi. Sinônimos: boi-marinho, urauá ou manaí. Veja Peixe-boi.

Guariba – *Zoo.* Primata do gênero *Alouatta*, família Cebidae, também conhecido como bugio ou barbado. Possui cauda longa e preênsil e pelagem macia que varia de coloração de acordo com a espécie, sendo geralmente negra ou amarelo-escura. Emite vocalização rouca e alta, típica. Pode medir até 70 cm de comprimento (excetuando-se o comprimento da cauda) e pesar entre 5 e 9 kg. A fêmea da à luz apenas um filhote a cada gestação, que dura 6 meses. Vive em regiões florestais das Américas do Sul e Central e do México.

Guaxinim – *Zoo.* Nome popularmente atribuído ao mamífero da ordem Carnivora e espécie *Procyon lotor*. Apresenta cerca de 1 metro de comprimento, quando contabilizada sua cauda e pode pesar 20 kg. Por sua pelagem, mais escura ao redor dos olhos e nas extremidades das patas, é também chamado de mão-pelada mascarado. É onívoro e encontrado na América do Norte.

Gubernáculo – *Zoo.* O mesmo que pênis ou edeago. Tal denominação aplica-se para alguns helmintos e insetos, por exemplo. Contudo, o termo também faz menção a alguma estrutura que serve como "leme" ou dá direcionamento a outra parte.

Guepardo – *Zoo.* Nome atribuído ao mamífero carnívoro da família Felidae e espécie *Acinonyx jubatus*. Pode chegar a 2 m de comprimento se considerarmos sua cauda, e pesar até 60 kg. Pode atingir 110 km por hora, sendo considerado o mais rápido animal terrestre. Alimenta-se de gazelas, antílopes, zebras, dentre outros. Vive por aproximadamente 20 anos. É encontrado no continente Africano. Sua gestação dura cerca de 3 meses, gerando entre dois e cinco filhotes.

Guigó – *Zoo.* Nome popular da espécie *Callicebus personatus*, primata ameaçado de extinção que habita o Nordeste, o Sudeste e o Centro-Oeste do Brasil. Também conhecido como Titi e Sauá. Tem a pelagem densa e macia. Alimenta-se de folhas, frutos, sementes e insetos.

Guilda – *Eco.* Populações de espécies diferentes que exploram a mesma classe de recursos, podendo, assim, competir entre si.

Guizo da cascavel – *Zoo.* Parte final da cauda da cascavel, constituída a partir de parte da pele das mudas que a serpente faz durante sua vida. O guizo é oco, mas emite ruído quando os anéis se tocam durante a vibração da cauda, de tal maneira que também é conhecido por chocalho, e serve como sinal de alerta. Há relatos populares de que a idade da "cobra" pode ser aferida a partir desta característica, já que cada anel do guizo equivaleria a um ano da vida do animal, o que não condiz com a plena verdade. Embora possa se estimar a idade do ofídio a partir de seu guizo, não há um tempo exato para estas mudas de pele, sendo este fator dependente de variáveis como a idade do animal (serpentes jovens podem realizar muda mais de uma vez por ano), sua alimentação e ambiente, além disso, parte do mesmo pode ser perdido durante uma luta ou o arrastar do réptil por uma fenda ou esconderijo.

Gula – *Zoo.* Nos insetos, trata-se do esclerito ventral da cabeça, situado entre o lábio e o forame occipital.

Gumívoro – *Zoo.* Aquele que se alimenta de gomas exsudadas de árvores, como, por exemplo, os saguis. Sinônimo: gomívoro.

Gutta, guttatus – *Etimo.* Vocábulo oriundo do latim que significa pintado, com pintas. O termo é vastamente utilizado em zoologia para denominar espécies de insetos, crustáceos, peixes, aves, dentre outros, que apresentam o corpo, ou parte do mesmo, provido por pintas.

Gymno – *Etimo.* Termo de origem grega que significa nu.

Gymnophiona – *Zoo.* Grupo de anfíbios que compreende a cecília ou cobra-cega. Sinônimo: Apoda. Veja Apoda.

Gymnophtalmidae – *Zoo.* Família de lagartos da linhagem dos Scleroglossa composta por cerca de 150 espécies geralmente ápodas ou com apêndices reduzidos. Habita florestas da região Neotropical.

Gymnotidae – *Zoo.* Família de peixes actinopterígios da ordem Gymnotiformes, cujos representantes são popularmente conhecidos como tuvira, sarapó, poraquê e ituí. São animais de corpo subcilíndrico na região média e anterior do corpo, sendo a porção caudal comprimida lateralmente. Possuem cauda afilada, boca prognata, nadadeira anal longa, nadadeiras dorsais e peitorais ausentes, nadadeira caudal diminuta ou ausente e corpo coberto por escamas cicloides. Produzem correntes elétricas de intensidades diferentes, dependendo da espécie, e por isso são chamados "peixes elétricos". As correntes elétricas são usadas para detectar organismos na água ou sob o substrato. É um grupo exclusivo da América do Sul, bem como a ordem Gymnotiformes.

Gymnotiformes – *Zoo.* Ordem de peixes teleósteos exclusivos da América do Sul. Inclui os peixes-elétricos, caracterizados pela nadadeira caudal geralmente ausente ou diminuta e pela anal comprida estendendo-se por mais da metade do corpo do animal. O poraquê (*Electrophorus electricus*) da Amazônia é capaz de liberar descarga elétrica de mais de 500 V.

Gyr – *Etimo.* Termo de origem grega que significa círculo.

H

Habitat – *Eco*. Diz-se do endereço de uma espécie. Local onde a espécie vive e adapta-se. Lugar no qual a espécie é encontrada na natureza. O termo pode ser utilizado para designar locais de maior amplitude, como oceanos, florestas, assim como locais menores: intestino grosso, macrófagos. Sinônimo: biótopo, ecótopo.

Haemagogus – *Zoo*. Gênero de mosquitos em que as fêmeas são vetores da febre amarela, sobretudo, aos macacos no ambiente silvestre. Entre as principais espécies estão: *Haemagogus janthinomys* e *Haemagogus leucocelaenus*. Só transmitem a infecção ao homem caso este adentre o ambiente silvestre.

Haematobia irritans – *Zoo*. Espécie de inseto Díptero, conhecido popularmente como mosca-dos-chifres. Tanto os machos quanto as fêmeas são hematófagas e alimentam-se com voracidade. Seus estádios larvais desenvolvem-se no esterco de bovinos e equinos. Podem transmitir alguns patógenos aos animais, principalmente bovinos e equinos, além da sua picada ser dolorosa e deixar uma porta de entrada para infecções secundárias, ocasionando, portanto, prejuízo aos rebanhos.

Haematopinus – *Zoo*. Gênero de piolho sugador que parasita suínos, bovinos e equinos, principalmente.

Haemonchus – *Zoo*. Gênero de vermes nematódeos, hematófagos, com cerca de 3 cm, que parasitam o abomaso de ovinos e bovinos. Os animais se contaminam ao ingerir as larvas do parasito com o pasto. Ocasionam anemia hemorrágica aguda, podendo levar os animais ao óbito por causa de gastrite hemorrágica, sobretudo os ovinos. O tratamento é realizado com anti-helmínticos.

Halófilo – *Eco*. Organismos que vivem em locais com alto índice salino. Exemplo: algumas bactérias.

Halteres – *Zoo*. Asas posteriores dos dípteros modificadas em órgãos de equilíbrio. Sinônimo: balancins.

Hálux – *Anato*. Primeiro dedo do pé. Apresenta duas falanges, uma proximal e outra distal.

Hamster – *Zoo*. Nome atribuído aos roedores pertencentes às espécies *Cricetus cricetus* e *Misocricetus arantus*. Estão incluídos na família dos murídeos e são provenientes da África e Ásia. Apresentam pelagem curta, cavidade oral grande e cauda diminuta. Possuem cerca de 30 cm de comprimento.

Hámulos – *Zoo*. Pequenos ganchos da margem costal da asa posterior que prendem a asa posterior à anterior em muitos insetos himenópteros.

Haplorrhini – *Zoo*. Grupo parafilético de primatas representado pelos tarsos e antropoides.

Haplos – *Etimo*. Termo de origem grega que significa simples, singelo.

Harpia – *Zoo*. Ave de rapina da espécie *Harpia harpyja*. Distribuem-se pelo México, Américas Central e do Sul. Mede cerca de 1 metro e atinge 2 m de envergadura. São grandes predadoras, podendo capturar macacos e outros mamíferos. Suas penas têm coloração preta, branca e cinza em algumas partes, como na cabeça. Sinônimo: gavião-real.

Haustelado – *Zoo*. Tipo de aparelho bucal adaptado para sugar. Presente em alguns insetos.

Haustelo – *Zoo*. Nos dípteros superiores, parte da probóscide, além dos palpos maxilares.

Helminto – *Zoo.* O mesmo que verme. Exemplo: *Ascaris lumbricoides*, popularmente conhecido por lombriga.

Helmintose – *Zoo.* Doença ocasionada por algum helminto, ou seja, algum verme. Pode ser tanto intestinal (*Ascaris lumbricoides*, *Trichuris trichiura*, *Taenia solium*, etc.), como ocorrer em outros órgãos ou tecidos (*Schistosoma mansoni* – sistema porta-hepático; *Fasciola hepatica* – fígado e ductos biliares; *Wuchereria bancroft* – sistema linfático; hidatidose – fígado, pulmão e outros, etc.).

Hemácia nucleada – *Zoo.* Tipo de hemácia encontrada em anfíbios, répteis e aves, por exemplo.

Hematofagia – *Eco.* Ato de ingerir sangue. Alguns insetos (mosquitos fêmeas, triatomíneos), anelídeos e morcegos realizam hematofagia.

Hematófago – *Eco.* Diz-se dos seres que se alimentam de sangue. Grande parte dos artrópodos que transmitem doenças aos seres humanos apresentam este hábito alimentar, como, por exemplo, os mosquitos, barbeiros, pulgas, piolhos e carrapatos.

Hemero – *Etimo.* Termo de origem grega que significa dia.

Hemi – *Etimo.* Termo de origem grega que significa metade.

Hemibrânquia – *Zoo.* Barra branquial em que apenas uma de suas duas superfícies apresenta filamentos branquiais.

Hemicéfala – *Zoo.* Larva intermediária entre a larva eucéfala e a larva acéfala, nos dípteros.

Hemichordata – *Zoo.* Filo com aproximadamente 100 espécies, que compreende animais marinhos vermiformes de vários tamanhos, alguns podendo atingir 25 m de comprimento. Podem viver em túneis no substrato aquático, ou constituir colônias. São dioicos e se reproduzem de forma sexuada ou assexuada. Apresentam fendas branquiais e tubo neural oco e dorsal, por isso são próximos, evolutivamente, dos cordados. As espécies estão distribuídas em três classes, sendo a principal delas a classe Enteropneusta, que apresenta 70% das espécies.

Hemicordado – *Zoo.* Animal que pertence ao filo Hemichordata. Veja Hemichordata.

Hemiélitro – *Zoo.* Asa anterior dos hemípteros.

Hemimetábolo – *Zoo.* Inseto com metamorfose incompleta, isto é, de seus ovos geralmente eclodem as ninfas, já parecidas com os adultos, mas sem asas e aparelho reprodutor desenvolvido; em seguida, estas sofrem muda e tornam-se insetos adultos. Exemplos: gafanhotos, baratas, hemípteros. Sinônimo: paurometábolo.

Hemipênis – *Zoo.* Órgão copulador masculino presente nos Squamata, que incluem serpentes e lagartos em geral. Trata-se de um órgão bifurcado que aumenta de volume no momento da cópula e apresenta algumas projeções espinhosas.

Hemipnêustico – *Zoo.* Tipo de aerossoma de alguns insetos, no qual um ou mais pares de espiráculos são fechados.

Hemiptera – *Zoo.* Ordem de insetos conhecidos popularmente como barbeiro, fede-fede, maria-fedida, barata-d´água, etc. São insetos alados, com aparelho bucal picador-sugador. Neste aparelho bucal existe o feixe de estiletes formado por dois canais, um que libera saliva e outro que absorve fluido. O primeiro par de asas é dividido em metade anterior coriácea e posterior membranácea, por isso a denominação hemíptero (meia asa). São ovíparos. Geralmente são terrestres e podem ser fitófagos, predadores ou hematófagos. Várias espécies são pragas agrícolas e os hematófagos, conhecidos como barbeiros, podem transmitir ao homem o *Trypanosoma cruzi*, protozoário causador da doença de Chagas. Existem mais de 90.000 espécies descritas.

Hemiptero – *Zoo*. Insetos que pertencem à ordem Hemiptera. Veja Hemiptera.

Hemocele – *Zoo*. Cavidade interna dos insetos por onde circula a hemolinfa.

Hemocianina – *Zoo*. Pigmento respiratório de cor azul, que contém cobre, presente no sangue de alguns crustáceos.

Hemócito – *Zoo*. Células da hemolinfa, mergulhadas no plasma. Presente em vários invertebrados, tais como alguns artrópodes e moluscos. Funcionam como células de defesa desses animais.

Hemolinfa – *Zoo*. Sangue dos insetos, composto de plasma e de hemócitos. Antigamente, dizia-se que era uma mistura de sangue e linfa.

Hemossoma – *Zoo*. Nos insetos diz-se do conjunto de órgãos e tecidos que realizam a circulação dos fluidos do organismo.

Hepatomegalia – *Zoo*. Aumento do volume do fígado. Pode ocorrer em parasitoses, além de possuir outras causas. O termo é de origem grega e significa fígado grande.

Hepatopâncreas – *Zoo*. Conjunto de glândulas digestivas de alguns crustáceos que liberam enzimas digestivas no estômago desses animais.

Hepatos – *Etimo*. Termo de origem grega que significa fígado.

Herbivoria – *Eco*. Hábito de nutrir-se exclusivamente de vegetais. Sinônimo: Fitofagia.

Herbivorismo – *Eco*. Tipo de alimentação caracterizada pela ingestão exclusiva de vegetais. Tem importância para o ecossistema, pois é a partir desse fenômeno que a energia solar aproveitada pelos vegetais irá passar para os demais níveis tróficos.

Herbívoros – *Eco*. Ser vivo que se alimenta de plantas ou matéria vegetal. Veja Herbivorismo.

Hermafrodita – *Zoo*. Diz-se do organismo que possui ambos os gametas sexuais masculinos e femininos. O termo alude a uma figura mitológica que seria filha de Hermes (filho de Zeus e símbolo da masculinidade) e de Afrodite (deusa do amor), e teria ambos os sexos.

Herp – *Etimo*. Termo de origem grega que significa rastejar.

Herpetofauna – *Zoo*. Fauna de répteis e anfíbios de uma determinada região.

Herpetologia – *Zoo*. Ramo da biologia que trata dos répteis e dos anfíbios.

Heterakis – *Zoo*. Gênero de nematódeos parasitos de aves, principalmente galinhas domésticas e perus, sendo encontrados no ceco destas. O gênero possui espécies importantes, que através de seus ovos, podem veicular o protozoário *Histomonas meleagridis*, causador da enterohepatite, ou cabeça negra em perus. O parasitismo por espécies desse gênero pode causar sérios prejuízos econômicos na avicultura.

Heterocerca, nadadeira – *Zoo*. Tipo de nadadeira caudal característica dos Chondrichthyes, de alguns Osteichthyes basais, dos Placodermi, dentre outros peixes. Caracteriza-se pela extensão da coluna vertebral através do lobo dorsal da cauda, que é maior que o ventral. Sinônimo: nadadeira epicerca.

Heterodonte – *Zoo*. Diz-se dos animais que dotados por diferentes tipos de dentes, como, por exemplo: incisivos, caninos, pré-molares e molares. A maioria dos mamíferos enquadra-se neste grupo.

Heterolécito – *Embrio*. Tipo de óvulo cujo vitelo é encontrado em um dos poros do óvulo, no vegetativo ou no animal. Está presente em anfíbios, peixes, moluscos, anelídeos e platelmintos. Sinônimo: telolécito incompleto, mesolécito.

Heterômero – *Zoo*. Diz-se dos insetos cujos três pares de tarsos diferem quanto ao número de tarsômeros.

Heteroptera – *Zoo.* Subordem da ordem Hemiptera. Os insetos são popularmente conhecidos por percevejos. Apresentam asas anteriores do tipo hemiélitro; até dois ocelos; região do clípeo bastante reduzida; presença de glândulas odoríferas; venação alar reduzida.

Heteros – *Etimo.* Termo de origem grega que significa diferente.

Heterotrófico – *Eco.* O mesmo que consumidor. Veja Consumidor.

Heterótrofo – *Eco.* O mesmo que consumidor. Veja Consumidor.

Heteroxeno – *Zoo.* Diz-se do parasito que tem em seu ciclo biológico, mais de um hospedeiro. Possui desenvolvimento indireto, com a intervenção do hospedeiro intermediário.

Hexactinellida – *Zoo.* Classe de poríferos. O nome é atribuído ao fato de as espículas possuírem seis pontas. São também conhecidas como esponjas-de-vidro. Sua distribuição é mundial e são mais frequentes nas águas profundas. Sinônimo: Hyalospongiae.

Hexapoda – *Zoo.* Que apresenta seis pernas. O mesmo que Insecta. Veja Insecta.

Hialoide – *Bio.* Que possui aparência de vidro, geralmente por ser translúcido.

Hialos – *Etimo.* Termo de origem grega que significa vidro.

Hibernação – *Bio.* Estado de dormência que ocorre durante o inverno em alguns seres.

Hibridação – *Reprod.* Corresponde à formação de descendentes a partir do cruzamento de parentais distintos.

Hidátide – *Zoo.* Vesícula ou esfera formada pela larva do cestodeo *Echinococcus granulosus*, repleta de líquido transparente, semelhante a uma bolsa de água. A hidátide, juntamente com a adventícia, capa de tecido conjuntivo ao redor do parasito, constituem o cisto hidático. Veja cisto hidático.

Hidatidose – *Zoo.* Presença da larva do cestódeo do gênero *Echinococcus*, em hospedeiros intermediários habituais: ovinos, bovinos, porcinos e outros mamíferos de menor importância epidemiológica, e acidentalmente o homem. A contaminação se dá pela ingestão de ovos do parasito, que chegam ao intestino delgado do hospedeiro, liberam o embrião hexacanto que penetra na mucosa, e através da circulação portal, chega ao fígado. Os órgãos mais frequentemente afetados pela larva do parasito são fígado e pulmão. Os caninos são os hospedeiros do estágio adulto do parasito, o que constitui a equinococose. A hidatidose é conhecida desde a Antiguidade como "bolsas cheias d'água", referindo-se ao cisto hidático ou hidátide, que constitui uma esfera revestida por tecido conjuntivo, cheia de líquido transparente, com a larva da tênia no interior.

Hidro – *Etimo.* Termo de origem grega que significa água.

Hidrodinâmico – *Bio.* Que apresenta rapidez (dinamismo) para se locomover na água.

Hidrófita – *Eco.* Diz-se de plantas que vivem na água. Exemplo: vitória-régia.

Hidrografia – *Eco.* Conjunto das águas correntes ou estáveis de uma determinada região.

Hidrozoário – *Zoo.* Cnidário que pertence à classe Hydrozoa. Veja Hydrozoa.

Hiena – *Zoo.* Mamífero da família Hyaenidae, ordem Carnivora. Atualmente existem três espécies de hienas, sendo a maior delas a hiena-malhada, *Crocuta crocuta,* que mede cerca de 1,6 m de comprimento e 80 cm de altura. As hienas exibem olfato bem desenvolvido, glândulas odoríferas, cabeça e pescoço grandes, e quartos traseiros mais baixos que a região dos ombros, proporcionando-lhe postura típica. Dentes bem desenvolvidos e mandíbulas fortes ajudam a triturar carcaças e ossos. A pelagem varia com a espécie, mas em geral observa-se coloração castanha, com tons de vermelho ou cinza, coberta com manchas (hiena-malhada, *Crocuta crocuta*), listras (hiena-riscada, *Hyaena hyaena*) ou sem nenhum dos dois padrões, como é o caso da hiena-castanha (*Hyaena brunnea*), diferenciada também pelas patas cinzentas. As hienas são conhecidas por sua "risada", que na verdade é apenas uma das vocalizações que ela pode emitir, quase sempre ao encontrar alimento. Em geral, as hienas são mais ativas à noite e caçam em grupo, buscando gnus, zebras e cervídeos, além de comerem carcaças e outros animais de menor porte. Os grupos podem ser pequenos ou grandes, com até 100 indivíduos, e são liderados pelas fêmeas, que costumam ter grande agressividade, explicada pela alta taxa de testosterona diagnosticada em seu sangue. As fêmeas costumam ser confundidas com machos, já que seu clitóris é muito desenvolvido, chegando a medir 90% do tamanho do pênis do macho. A gestação da hiena-malhada dura 110 dias e nascem em geral dois filhotes. Vivem nas savanas do centro e do sul da África e no oeste da Ásia.

Higrorreceptor – *Fisio*. Estrutura sensorial capaz de perceber as mudanças de umidade do ar.

Higros – *Etimo*. Termo de origem grega que significa úmido.

Hilófago – *Eco*. Organismos que se nutrem de madeira.

Himen, *hymen* – *Etimo*. Termo de origem grega que significa "membrana".

Hiomandibular – *Zoo*. Osso que juntamente ao aparelho hial forma o arco hioide dos peixes, estrutura que participa do processo de sucção da água para a cavidade orobranquial.

Hiostílica – *Zoo*. Tipo de suspensão do arco mandibular em que este é totalmente sustentado pelo osso hiomandibular, que o liga ao condrocrânio. A suspensão hiostílica está presente na maioria dos tubarões.

Hiper – *Etimo*. Termo de origem grega que significa posição superior.

Hipermetamorfose – *Zoo*. Metamorfose completa na qual os diversos estádios apresentam dois ou mais tipos de larvas.

Hiperparasito – *Eco*. Termo que designa o parasito de outro parasito.

Hipnos – *Etimo*. Termo de origem grega que significa sono.

Hipo – *Etimo*. Termo de origem grega que significa embaixo de.

Hipocampo – *Anato*. Porção localizada na face inferior do lobo cerebral, responsável pelos mecanismos de memória.

Hipocerca, nadadeira – *Zoo*. Nadadeira caudal caracterizada pela extensão da coluna vertebral através do lobo ventral da cauda até sua extremidade. Os Anaspidas (grupo extinto de peixes) apresentavam nadadeira hipocerca.

Hipocôndrio – *Anato*. Região localizada abaixo das costelas inferiores, de ambos os lados do abdômen.

Hipocrômico – *Bio*. Nomenclatura empregada para designar estruturas ou lesões que possuem coloração branca, esbranquiçada ou clara.

Hipofaringe – *Zoo*. Estrutura mediana das peças bucais dos insetos, semelhante a uma língua e situada à frente do lábio.

Hipógeo – *Eco*. Ambiente localizado abaixo da terra, como as cavernas. Tais locais apresentam características próprias como ausência de luz, pouca variação de temperatura e alta umidade do ar.

Hipoglosso – *Anato*. Nome dado ao décimo segundo par de nervos cranianos, responsável pela movimentação da língua.

Hipognato – *Zoo*. Cabeça de alguns insetos, em que as peças bucais estão voltadas para baixo. Exemplo: baratas.

Hipolímnio – *Eco*. Região mais profunda dos lagos, situada abaixo do metalímnio, que possui características próprias, como menor incidência de luz, temperaturas mais baixas e água menos oxigenada.

Hipometabolia – *Zoo.* Metamorfose simples cujas ninfas são subterrâneas e os adultos vivem em ambiente terrestre.

Hipopleura – *Zoo.* Parte inferior do mesepímero dos insetos. Um esclerito no tórax situado logo acima das coxas posteriores dos dípteros.

Hipopótamo – *Zoo.* Nome atribuído à espécie *Hippopotamus amphibius*. Trata-se de mamífero artiodáctilo, herbívoro, que habita algumas áreas do continente africano. Apresentam porte robusto, membros curtos e fortes, pele grossa e com poucos pelos, cabeça e boca grandes, orelha pequena e cauda curta. Não são ruminantes. Vivem em bandos e passam a maior parte do tempo dentro da água. Sua pele secreta uma substância avermelhada que, além de ser antibacteriana, funciona como protetor solar. A origem de seu nome científico é cavalo (gr. *hippos*) dos rios (gr. *potamos*), uma vez que este grande mamífero aprecia ficar dentro da água doce. Podem pesar 1,5 tonelada, contudo, são capazes de correr a 30 km/h. Por serem agressivos, são tidos como um dos animais mais perigosos da África, entretanto, seguidamente são ameaçados pela caça ilegal que ocorre em busca de sua carne e longos caninos.

Hipostômio – *Zoo.* Parte do aparelho bucal dos carrapatos. Trata-se de um ferrão com dentes recorrentes através do qual o aracnídeo se fixa ao hospedeiro e alimenta-se de sangue.

Hipotálamo – *Anato.* Estrutura do cérebro localizada sob o tálamo, que apresenta forma de amêndoa e estende-se do quiasma óptico até a margem posterior dos corpos mamilares. Controla a emissão de hormônios da glândula hipófise, produzindo hormônios liberadores dos hormônios hipofisários. O hipotálamo controla a temperatura corpórea, o apetite, as secreções da hipófise, a atividade reprodutora, as emoções e as funções autônomas.

Hipótese da rainha vermelha – *Evo.* Hipótese evolutiva elaborada com inspiração na frase dita pela Rainha Vermelha no livro *Alice através do espelho* (Lewis Carrol): “É preciso correr o máximo possível, para permanecer no mesmo lugar”. Tal hipótese postula que uma espécie precisa estar em constante evolução para que possa permanecer em um ambiente que igualmente está em constante evolução. Dessa forma, haveria uma constante corrida armamentista evolutiva entre espécies que competem entre si ou têm outros tipos de relação ecológica, como predador × presa.

Hipótese de Gaia – *Eco.* Hipótese que propõe que a terra é um grande ser vivo do qual todos os organismos, e as reações químicas e físicas, fazem parte.

Hipótese idade-área – *Eco.* Hipótese que acredita que quanto maior a idade de um táxon, maior deve ser a amplitude da sua distribuição geográfica.

Hippidion principale – *Paleo.* Espécie de cavalo fóssil de origem norte-americana que habitou o Novo Mundo até o final do Pleistoceno. Após o soerguimento do ístmo do Panamá, esta e outras espécies, como o *Equus (Amerhippus) neogaeus*, outro cavalo fóssil, migraram para a América do Sul, onde se estabeleceram em campos de cerrado até o evento de extinção. Era em que os cavalos possuíam menor porte que os atuais, medindo cerca de 1,5 m de altura, com patas mais curtas.

Hippos – *Etimo.* Termo de origem grega que significa cavalo.

Hipsodonte – *Zoo.* Dente molariforme que apresenta a coroa alta, como os dentes dos cavalos.

Hipsos – *Etimo.* Termo de origem grega que significa altura.

Hirsuto – *Bio.* Que apresenta muitos pelos ou cerdas.

Hirudina – *Zoo.* Substância anticoagulante liberada pelas glândulas salivares dos hirudíneos (sanguessugas).

Hirudinea – *Zoo.* Classe de anelídeos que apresentam corpo segmentado, clitelo e ventosas nas extremidades corporais para fixação. Evoluíram a partir de um ancestral comum com os oligoquetos. Habitam basicamente ambientes de água doce e não possuem cerdas corporais. Popularmente são conhecidos como sanguessugas e podem parasitar certos animais como peixes, anfíbios e mamíferos, enquanto realizam hematofagia. São hermafroditas com fecundação cruzada. Existem cerca de 500 espécies descritas.

Hirudo medicinalis – *Zoo*. Espécie de anelídeo que pertence à classe Hirudinea, popularmente conhecido como sanguessuga.

Hirundinidae – *Zoo*. Família de passeriformes representada pelas andorinhas. São animais de pequeno porte, insetívoros e de voo característico, eventualmente confundido com o voo de um morcego. No Brasil ocorrem diversos gêneros, tais como *Riparia*, *Hirundo*, *Progne*, *Tachycineta* e *Atticora*.

Histero – *Etimo*. Termo de origem grega que significa útero.

Histomonas meleagridis – *Zoo*. Espécie de protozoário flagelado, causador da histomonose, parasitose dos perus, que acomete principalmente aves jovens, podendo atingir também galinhas e aves de caça. A transmissão ocorre através da ingestão do ovo do ascarídeo *Heterakis gallinarum*, contendo o protozoário. Anelídeos podem caracterizar hospedeiros paratênicos ao ingerirem ovos de *H. gallinarum* contaminados, e após, serem ingeridos pelas aves.

Histos – *Etimo*. Termo de origem grega que significa tecido.

Holo – *Etimo*. Termo de origem grega que significa todo, inteiro.

Holobrânquia – *Zoo*. Barra branquial em que ambas as superfícies (cranial e caudal) contêm filamentos branquiais.

Holocéfalo – *Zoo*. Subdivisão utilizada para os peixes elasmobrânquios. Apresentam brânquias recobertas por opérculo, são desprovidos de escamas e cloaca. Exemplo: quimeras.

Holoceno – *Paleo*. Época do período Quaternário, que representa os dias atuais. O Holoceno, também denominado "Recente", teve início há 11.000 anos e é considerado um interglacial do Quaternário, período caracterizado pelas diversas idades do gelo alternadas a interglaciais, que são os intervalos de temperatura mais alta.

Holometábolo – *Bio*. Organismo, usualmente insetos, com metamorfose completa (ovo–larva–pupa–adulto). Exemplo: lepidópteros, dípteros, coleópteros, etc.

Holopnêustico – *Zoo*. Tipo mais primitivo de aerossoma dos insetos, em que os espiráculos são todos funcionais.

Holóptico – *Zoo*. Característica na qual os olhos de alguns invertebrados se encostam dorsalmente, ficando contíguos, como ocorre nos tabanídeos machos.

Holothuroidea – *Zoo*. Classe de equinodermos que compreende os pepinos-do-mar. Não apresentam braços, como os outros equinodermos, e têm formato cilíndrico. A boca está localizada na região inferior do corpo e o madreporito na superior. Os holotúrios locomovem-se lentamente através de pés tubulares distribuídos ao redor do corpo, entretanto algumas espécies são sedentárias e utilizam os pés para fixação. Existem cerca de 1.400 espécies descritas.

Holozóico – *Zoo*. Diz-se do que ou daquele que se alimenta exclusivamente de matéria orgânica de origem animal.

Homem – *Zoo*. Veja *Homo sapiens*.

Homem no Brasil – *Evo*. Os primeiros habitantes do local hoje conhecido como Brasil datam de 15 mil anos, e os primeiros fósseis foram encontrados no estado de São Paulo (município de Rio Claro). No estado de Minas Gerais já foram encontrados esqueletos humanos que datam de 10 mil anos. Existem diversos relatos de ossadas e fósseis humanos em vários locais do Brasil, mas os fósseis mais antigos não ultrapassam essas marcas.

Homeotermos – *Zoo.* Diz-se de animais que têm a capacidade de regular a temperatura interna corpórea, ou seja, independentemente do meio externo, seu corpo sempre manterá a mesma temperatura.

Hominidae – *Zoo.* Família que inclui os seres humanos, inclusive os gêneros extintos, tal como o *Australopithecus*. Calcula-se que os hominídeos começaram a enterrar seus mortos há 100 mil anos, o que facilitou aos antropólogos a obtenção de esqueletos completos para fins comparativos. Acredita-se que a rápida evolução na família hominidae tenha sido muito mais resultado da postura ereta do que do aumento do encéfalo, já que registra-se que este último ocorreu depois do desenvolvimento da postura ereta e o forâmen magno moveu-se de uma posição posterior para a posição do crânio. Atualmente a espécie *Homo sapiens*, com cerca de 7 bilhões de indivíduos, é o único respresentante da família.

Homo erectus – *Evo.* Espécie de hominídeo que evoluiu a partir do *Homo habilis*, há cerca de 2 milhões de anos. Seu volume craniano era consideravelmente maior que o do seu ancestral direto. Sua estatura era de 1,65 m. Produziam peças rudimentares e, pelo seu desenvolvido instinto de cooperação, conseguiam abater grandes presas. Tal espécie já apresentava indícios de convívio social e possivelmente usava cavernas como moradia. São encontrados fósseis desses hominídeos na África, na Ásia e possivelmente na Europa. Sua idade calculada fica entre 500 e 300 mil anos.

Homo habilis – *Evo.* Ancestral que apresenta características intermediárias entre os australopitecos e *Homo erectus*, que viveu há cerca de 3 milhões de anos na África. É o primeiro hominídeo com cérebro consideravelmente maior que os demais símios africanos. Existem alguns registros de que tais hominídeos confeccionavam instrumentos rústicos, de natureza principalmente cortante. Provavelmente construíam pequenos abrigos, por causa da distribuição de pedras ao redor de seus fósseis, em locais onde as mesmas não costumam ocorrer.

Homo sapiens – *Evo.* Espécie da ordem Primata, que compreende os humanos. Os primeiros fósseis de primatas do gênero *Homo* datam de 2,5 milhões de anos. A espécie humana evoluiu há cerca de 200 mil anos, sobretudo nos últimos 50.000 anos. Nenhuma outra espécie havia dominado de forma tão completa os recursos naturais. O homem exibe, proporcionalmente, um dos maiores cérebros da natureza, com capacidade craniana de 1.500 cm^3. Tudo indica que a evolução ocorreu a partir do continente africano, e o homem se espalhou rapidamente por quase todo o planeta. Fósseis com 40 mil anos foram encontrados em todos os continentes. A colonização do continente americano ocorreu, provavelmente, há cerca de 40 mil anos, a partir de humanos provenientes da Ásia. O seu desenvolvimento tem sido predatório e destrutivo para muitas outras espécies. Entre as principais características da espécie humana, estão: articulação de ombro e cotovelo (permite a movimentação dos membros anteriores em várias direções e posições); movimentação oponível do polegar (permite o movimento de pinça); visão bastante desenvolvida, com ampla distinção das cores e olhos binoculares voltados para frente; geralmente apenas um filhote por gestação, com período de desenvolvimento lento (o que favoreceu uma grande organização social); capacidade e facilidade em manter o tronco na posição ereta, constituindo-se em animal bípede; cérebro desenvolvido e grande em relação ao corpo. A melhor utilização das mãos (para o uso de ferramentas) e do caminhar a passos largos, provavelmente ajudou o ser humano a desenvolver cada vez mais sua capacidade cerebral.

Homocerca, nadadeira – *Zoo.* Tipo de nadadeira caudal característica de peixes teleósteos, caracterizada por apresentar os lobos dorsal e ventral praticamente iguais e posicionados caudalmente em relação à coluna vertebral.

Homocromia – *Eco.* Situação na qual algum ser, através da camuflagem, mistura-se com as cores do ambiente em que vive. Exemplo: algumas espécies de insetos, algas, etc.

Homodonte – *Zoo.* Qualidade daquele que apresenta todos os dentes iguais. Exemplo: crocodilianos e golfinhos.

Homologia – *Bio.* Característica que possui uma mesma origem de outra, tendo ou não função semelhante. Exemplo: os ossículos do ouvido dos mamíferos são homólogos a alguns ossos da mandíbula dos répteis. Estes têm diferentes funções, porém as mesmas origens.

Homólogo – *Evo.* Veja Órgão homólogo.

Homomorfia – *Eco.* Fenômeno através do qual algum ser, através de camuflagem, fica parecido com alguma forma do ambiente que o cerca. Exemplo: bicho-pau, bicho-folha.

Homoplasia – *Bio.* Características semelhantes ou de mesma função que surgem em diferentes táxons, mas que não apresentam a mesma origem. Exemplo: as asas dos morcegos e das aves têm a mesma função (voar), porém, surgiram independentemente e possuem origens distintas.

Homos – *Etimo.* Termo de origem grega que significa semelhante, igual. Ex.: homodonte; animal que possui apenas um tipo de dentição, como é o caso dos golfinhos.

Hoplophorus euphractus – *Paleo.* Mamífero da família dos Gliptodontes, extinto há aproximadamente 11.000 anos. Possui origem sul-americana e habitou o Novo Mundo. Assim como seu parente, o *Glyptodon clavipes*, possuía uma carapaça óssea e era parecido com o tatu, porém o focinho era mais curto e largo, a cabeça era rica em pelagem e sem carapaça protetora. A cauda possuía quatro grandes espinhos na extremidade, usados para se proteger de predadores. Mediam mais de 2 m de comprimento.

Hormônio – *Anato.* Substância orgânica produzida por glândulas endócrinas ou células especializadas, secretada geralmente em pequenas quantidades na corrente sanguínea, exercendo um efeito fisiológico específico sobre uma ou mais partes do corpo.

Hormônio folículo-estimulante (FSH) – *Fisio.* Hormônio gonadotrófico secretado pelo lobo anterior da hipófise dos mamíferos. Regula o desenvolvimento, crescimento, maturação na puberdade, e os processos reprodutivos do corpo humano.

Hormônio luteinizante (LH) – *Fisio.* Hormônio gonadotrófico secretado pelo lobo anterior da hipófise dos mamíferos. Estimula a ovulação e a formação do corpo lúteo nas fêmeas e a secreção de andrógenos nos machos.

Hospedeiro definitivo (H.D.) – *Zoo.* Considerado o hospedeiro em que se processa o ciclo sexuado do parasito, ou seja, que o apresenta na fase adulta.

Hospedeiro intermediário (H.I.) – *Zoo.* Apresenta o parasito em sua fase larvária ou assexuada, no qual a permanência deste é transitória.

Hospedeiro paratênico – *Zoo.* Hospedeiro intermediário no qual o parasito não sofre desenvolvimento ou reprodução, mas permanece viável até atingir novo hospedeiro definitivo.

Humo – *Eco.* Matéria orgânica rica para o solo, originada, dentre outros fatores, a partir das fezes de minhocas terrestres.

Húmus – *Eco.* O mesmo que humo. Veja Humo.

Hyalospongiae – *Zoo.* O mesmo que Hexactinellida. Veja Hexactinellida.

Hydra – *Zoo.* Gênero de celenterado muito comum em água doce. Divide-se através de brotamento.

Hydrochaeris hydrochaeris – *Zoo.* Nome científico da capivara. Veja Capivara.

Hydrozoa – *Zoo.* Classe de cnidários que apresenta os pólipos como forma predominante. Vivem em água doce. Reproduzem-se sexuadamente ou assexuadamente por brotamento. Algumas espécies realizam metagênese no seu ciclo evolutivo (como a *Obelia*). Ainda existem alguns hidrozoários que possuem epiderme calcária, formando os hidrocorais. A caravela, também conhecida como caravela-portuguesa (*Physalia* "sp."), é uma espécie conhecida desse grupo. 3.500 espécies estão descritas nessa classe.

Hyla – *Zoo.* Gênero de pererecas distribuídas pela Europa, leste da Ásia, nordeste da África e América do Norte. Tal gênero abrangia anteriormente todas as espécies de pererecas brasileiras, porém foi recentemente substituída por três gêneros no Brasil (*Bokermannohyla, Hypsiboas* e *Dendropsophus*). Veja *Bokermannohyla circumdata, Dendropsophus minutus* e *Hypsiboas faber*.

Hylidae – *Zoo.* Família de anuros popularmente conhecidos como pererecas. As espécies desta família estão distribuídas em todo o continente Americano, oeste da Índia, Austrália e regiões temperadas da Eurásia. Apesar de serem extremamente variáveis em tamanho e forma, são facilmente identificadas por possuírem discos adesivos nas mãos e nos pés, que as auxiliam a escalar superfícies lisas. A maioria dos hilídeos é arborícola, apesar de alguns serem aquáticos (*Acris*) ou fossoriais (*Pternohyla*).

Hylobatidae – *Zoo.* Família de primatas que inclui os gibões, macacos típicos de florestas do sudeste asiático. Veja Gibão.

Hymenolepis – *Zoo.* Gênero de helminto cestódeo que parasita o intestino delgado do homem. Existem duas espécies de maior importância: *Hymenolepis nana* e *Hymenolepis diminuta*, sendo a última espécie mais comum em ratos. O homem se infecta pela ingestão de ovos com água e alimentos contaminados, além da ingestão de insetos que podem conter, no seu interior, uma forma do parasito (larva cisticercoide). O parasitismo não costuma causar distúrbios ou sintomas aparentes, mas podem ser citados casos de diarreia, dor abdominal, agitação, dentre outros.

Hymenoptera – *Zoo.* Ordem que contempla alguns dos insetos mais conhecidos pelo público, como as abelhas, formigas, vespas, marimbondos, mamangavas, etc. Medem entre 0,5 mm e 15 cm de comprimento. O aparelho bucal é do tipo mastigador ou sugador. São ovíparos e se reproduzem por via sexuada. Vivem isolados ou formando colônias, como algumas espécies de formigas e abelhas. São predominantemente fitófagos. Sua importância ecológica está associada à polinização das flores, aumentando a produção de frutos e sementes. Alguns sintetizam substâncias que são aproveitadas pelo homem, como o mel e a cera, produzidos pelas abelhas. Estão distribuídos nas subordens Symphyta e Apocrita. Existem mais de 115.000 espécies descritas.

Hyper – *Etimo.* Termo de origem grega que significa acima de.

Hypophthalmidae – *Zoo.* Família de peixes actinopterígios da ordem Siluriformes, cujos representantes são popularmente conhecidos como marapá e mandubí. São animais desprovidos de escamas, com nadadeira anal longa e nadadeira caudal furcada. A cabeça é achatada ventralmente, possui olhos laterais, boca grande e sem dentes, e três pares de barbilhões curtos (um maxilar e dois mentonianos). Alimentam-se de plâncton e têm hábito pelágico, o que é facilitado pela grande quantidade de gordura acumulada no corpo.

Hypsiboas faber – *Zoo.* Espécie de pererecas da família Hylidae popularmente conhecida como sapo-ferreiro. Veja Sapo-ferreiro.

Hyracoidea – *Zoo.* Ordem de mamíferos que inclui os hyraxes. Ocorrem na África e na Síria. São animais de hábitos diurnos, pequenos, com orelhas e cauda curta e se assemelham a preás.

I

Ianthinus – *Etimo*. Vocábulo proveniente do latim que significa violeta, violáceo. Ex.: *Labidochromis ianthinus*; peixe que exibe coloração violeta, os machos apresentam essa coloração nos flancos e guelras. O verbete também é utilizado como epíteto específico para algumas espécies de insetos e répteis, por exemplo.

IBAMA – *Bio*. Sigla de Instituto Brasileiro do Meio Ambiente e dos Recursos Naturais Renováveis.

Ichthyostega – *Zoo*. Gênero de anfíbios primitivos pertencente à família Ichthyostegidae. Representa um dos gêneros de tetrápodas mais antigo. Foi descoberto no alto Devoniano e auxiliou na caracterização dos tetrápodas e na descrição de sua provável origem. Provavelmente eram animais carnívoros e possuíam de seis a oito dígitos por membro.

Ichthys – *Etimo*. Termo de origem grega que significa peixe.

Icnofóssil – *Paleo*. Tipo de registro fóssil no qual existem marcas de atividade biológica de um indivíduo, tais como pegadas, escavações, coprólitos e ovos.

Ico, Ino, Ito – *Etimo*. Termos de origem grega que significam diminutivos, depreciativos.

Iconos – *Etimo*. Termo de origem grega que significa imagem.

Icteridae – *Zoo*. Nome da família de aves à qual pertencem o chopim (também conhecido como chopim-do-brejo), *Pseudoleistes guirahuro*; o japu, *Psarocolius decumanus* e o corrupião ou sofrê, *Icterus icterus*. Apresentam bico pontiagudo e cônico e a coloração preta e amarela é frequente nas asas.

Ictero – *Etimo*. Termo de origem grega que significa amarelo.

Icti, Ictio – Termo de origem grega que significa peixe.

Ictiófago – *Eco*. Que se alimenta de peixes.

Ictiofauna – *Zoo*. Fauna de peixes de uma determinada região.

Ictiologia – *Zoo*. Parte da zoologia que se dedica ao estudo dos peixes.

Ictioplâncton – *Zoo*. Ovos e larvas de peixes que compõem o plâncton.

Ictiose – *Zoo*. O mesmo que ictismo. Veja Ictismo.

Ictismo – *Zoo*. Diz-se dos acidentes ocasionados por animais marinhos, especialmente, por determinadas espécies de peixes.

Ideo – *Etimo*. Termo de origem grega que significa de natureza de.

Idiossoma – *Zoo*. Compreende toda região posterior do corpo dos ixodidos, onde estão articuladas as pernas e estão posicionadas as aberturas anal, genital, respiratória, e os escudos esclerotizados.

Iguana – *Zoo*. Nome popular atribuído a répteis que pertencem à ordem Squamata e subordem Lacertilia. São lagartos herbívoros de grande porte (cerca de 1 metro). A maioria das espécies que ocorre na América do Sul é arborícola. A espécie Iguana iguana popularmente conhecida como iguana verde ou apenas iguana, pode ser adotada como animal de estimação desde que a aquisição seja devidamente legalizada pelo IBAMA. A mesma deve ser mantida em terrário espaçoso, com galhos e com temperatura e umidade adequadas. Se criada desde jovem com o seu proprietário, normalmente o animal se torna dócil e pode ser manuseado.

Iguania – *Zoo.* Linhagem de lagartos que inclui as famílias Iguanidae, Chamaeleonidae e o grupo parafilético Agamidae.

Iguanidae – *Zoo.* Família de lagartos que englobam um grande número de gêneros e espécies distribuídas em todo continente americano, ilhas Galápagos, oeste da Índia e nas ilhas Fiji. As espécies desta família são popularmente conhecidas como iguanas. Quando jovens, alimentam-se de insetos e outros pequenos animais, porém, quando adultos passam a se alimentar de vegetais. Por possuírem beleza exuberante, são muito comercializados para fins ornamentais. Os iguanídeos podem ser terrestres, arborícolas, podem habitar ambientes áridos e até mesmo podem ser marinhos, fato que demonstra a grande diversidade desta família.

Iknos – *Etimo.* Termo de origem grega que significa vestígio.

Íleo – *Anato.* Uma das três divisões do intestino delgado (duodeno, jejuno, íleo). A parte terminal do intestino delgado, com cerca de 3,7 m de comprimento. *Zoo.* Nos insetos trata-se da parte anterior do intestino posterior.

Ílio – *Anato.* Osso do quadril. Pode ser dividido em ísquio e púbis, sendo que o ílio por vezes é considerado a parte mais alargada do osso do quadril.

Imago – *Zoo.* Inseto adulto e sexualmente maduro. O termo provém do latim e significa "imagem", caracterizando a forma evolutiva final de insetos adultos holometábolos, usualmente depois que os mesmos abandonam as pupas, como se tratasse da "imagem real" do artrópode.

Imigração – *Eco.* Entrada de novos indivíduos na população.

Impala – *Zoo.* Mamífero artiodáctilo da espécie *Aepyceros melampus*, família Bovidae. Os impalas são animais gregários, vivendo em rebanhos que habitam planícies do continente africano. Apresentam pelagem castanha, mais clara nos membros, escura no dorso e branca no ventre e na cauda. Medem cerca de 1 metro de altura e pesam de 55 a 70 kg. Os machos têm chifres curvados e grandes. Alimentam-se de folhas de arbustos e capim e são alvo de predadores, tais como leopardos, leões e hienas. As fêmeas atingem a maturidade sexual por volta dos 2 anos. A gestação dura 7 meses e nasce apenas um filhote a cada vez. São animais ágeis, bons saltadores e de aparência elegante e delicada.

Impressão – *Paleo.* Tipo de registro fóssil em que as reproduções (em negativo) da morfologia de um indivíduo são deixadas no material que o contorna. Sinônimo: molde.

In loco – *Etimo.* Termo de origem latina que significa no lugar.

In situ – *Etimo.* Termo de origem latina que significa no lugar, no sítio.

In toto – *Etimo.* Termo de origem latina que significa na totalidade.

Incidência – *Zoo.* Refere-se ao número de novos casos surgidos numa determinada população e num determinado intervalo de tempo.

Incisivo – *Anato.* Tipo de dente de mamíferos que ocorre na região mediana dos ossos maxilares, de aspecto estreito, alongado, superfície seccionada em bisel, servindo para cortar, triturar e apreender.

Inerme – *Bio.* Diz-se de estruturas desprovidas de espinhos ou acúleos. O termo "*inermis*" provém do latim e faz alusão a "ausência de armas", "desarmado". Na zoologia tal vocábulo foi empregado como epíteto específico para espécies de moluscos, insetos, crustáceos, peixes, répteis, mamíferos, dentre outros organismos.

Infauna – *Zoo.* Conjunto de animais que vivem enterrados no substrato, como crustáceos que se escondem debaixo da areia no fundo do mar.

Infecção – *Fisio.* Penetração, desenvolvimento ou multiplicação de um agente etiológico no organismo humano ou animal, podendo ser causada por vírus, bactérias, parasitos, entre outros.

Infestação – *Zoo.* Constitui o alojamento, desenvolvimento e reprodução de artrópodes na superfície do corpo, em vestimentas ou em moradias.

Infra – *Etimo.* Termo de origem latina que significa abaixo de.

Inhambu – *Zoo.* Conhecido também como nhambu, trata-se de uma ave da ordem dos Tinamiformes, gênero *Crypturellus*, endêmica da América do Sul. Encontrada em matas fechadas, mede entre 20 e 40 cm e sua plumagem varia de acordo com a espécie. É uma ave não voadora, podendo apenas dar pequenos e rápidos voos em situações de perigo.

Inimigos naturais – *Bio.* Diz-se dos organismos capazes de predar um determinado ser no ambiente em que o mesmo é naturalmente encontrado. Exemplos: certas aranhas são inimigos naturais das baratas domésticas, as galinhas são inimigos naturais de alguns escorpiões.

Inquilinismo – *Eco.* Tipo de associação interespecífica harmônica, na qual um ser vivo se utiliza do outro como moradia, sendo apenas um deles beneficiado, sem, no entanto, trazer prejuízo para a espécie associada. Em geral, o inquilino adquire proteção ou suporte no outro ser vivo. Exemplo: O peixe *Firaster* "spp.", que se refugia no interior do pepino-do-mar.

Insecta – *Zoo.* Classe dos invertebrados mais numerosos do planeta, com cerca de 1.000.000 espécies descritas, o que representa mais de 50% de todas as espécies biológicas assinaladas pelo homem. Vivem nos mais variados ambientes. Apresentam corpo dividido em cabeça, tórax e abdômen. Na cabeça, estão os olhos, ocelos, aparelho bucal e antenas. No tórax estão inseridas as pernas e as asas. No abdômen encontra-se o aparelho reprodutor, excretor, dentre outros. São os únicos invertebrados que voam, e essa capacidade facilitou aos insetos a procura de alimentos, dispersão e fuga de inimigos naturais. Nem todos os insetos possuem asas (ex.: pulgas e piolhos). São guarnecidos por um exoesqueleto quitinizado, o que oferece boa proteção aos órgãos internos, e dificulta a desidratação. A excreção nitrogenada é dada por meio de ácido úrico. Podem possuir desenvolvimento ametábolo (em que indivíduo jovem é igual ao adulto), hemimetábolo (com metamorfose incompleta, e os indivíduos jovens, embora semelhantes aos adultos, não apresentam asas e aparelho sexual desenvolvido), e holometábulo (com metamorfose completa, passando pelas fases de ovo-larva-pupa-adulto). Os insetos podem ser úteis na polinização das plantas, na produção de mel, cera e própolis, por atuarem no controle e no equilíbrio biológico da natureza, etc. Os nocivos podem transmitir doenças, como leishmaniose, doença de Chagas, febre amarela, dengue, etc. São capazes de parasitar o homem e outros animais (ex.: piolhos). Também existem insetos venenosos como algumas vespas, larvas de besouros e formigas. Podem ser considerados excelentes indicadores biológicos já que são abundantes e possuem sensibilidade às alterações ambientais. Importa relatar que o Brasil, até em virtude da sua extensão e variedade de biomas, é considerado o país do mundo com maior número de espécies de insetos.

Insectivora – *Zoo.* Ordem de mamíferos que compreende os ouriços, toupeiras e musaranhos. Existem cerca de 390 espécies descritas, e a distribuição da ordem dá-se por todo o mundo, exceto na Antártida.

Insetário – *Zoo.* Local adaptado para criação de insetos, usualmente com finalidade de pesquisa.

Inseticida – *Quim.* Substância que mata os insetos. Veja BHC, Piretroide.

Insetívoros – *Eco.* Que se alimentam de insetos.

Instar – *Zoo.* O mesmo que estádio. Fase de desenvolvimento de vários insetos.

Instinto – *Eto.* Reação geralmente padrão de um organismo em resposta a algum estímulo. Ocorre de maneira inata.

Insulina – *Fisio.* Hormônio dos vertebrados que controla a glicemia, secretado pelas ilhotas de Langerhans, que constitui um grupo de células especializadas do pâncreas.

Interação interespecífica – *Eco.* Interação que ocorre entre indivíduos de espécies diferentes.

Interação intraespecífica – *Eco.* Interação que ocorre entre indivíduos de uma mesma espécie.

Intercentro – *Zoo.* Unidade mais cranial do centro vertebral de alguns anfíbios extintos. O elemento mais caudal é denominado pleurocentro.

Interglacial – *Paleo.* Intervalo de tempo entre as fases glaciais do período Quaternário. Os interglaciais são caracterizados por temperaturas mais quentes e recuo dos lençóis de gelo glacial.

Interstitial – *Etimo.* Vocábulo oriundo do latim que significa intervalo, que está no meio. Ex.: interstício alveolar; constituído pelo tecido localizado entre os alvéolos e os capilares pulmonares. É o espaço entre as células alveolares (que formam as paredes dos alvéolos) e as células endoteliais (que compõem as paredes dos capilares pulmonares).

Intestino anterior – *Zoo.* Nos insetos é o mesmo que estomodeu. Parte do intestino que vai desde a faringe até a válvula cárdica.

Intestino delgado – *Anato.* Parte do aparelho digestório com cerca de 7 m de comprimento e 3 cm de diâmetro. É dividido em duodeno, jejuno e íleo. O pH dessa região é levemente alcalino. É no intestino delgado que o alimento sofre ação dos sucos biliar, pancreático e entérico. A absorção dos alimentos ocorre nessa porção intestinal, e daí parte para a corrente sanguínea. Veja Bile; Suco pancreático; e Suco entérico.

Intestino grosso – *Anato.* Parte do aparelho digestório que mede cerca de 1,5 m de comprimento por 6 cm de diâmetro. É dividido em apêndice vermiforme, ceco, cólon (ascendente, transverso e descendente) e reto. Suas principais funções são: reabsorção de água e formação e acumulação das fezes.

Intestino médio – *Zoo.* Parte do intestino dos insetos que fica entre as válvulas cárdica e pilórica. Sinônimo: mesêntero.

Intestino posterior – *Zoo.* Parte do intestino dos insetos situada entre a válvula cárdica e o ânus. Sinônimo: proctodeu.

Intestino primitivo – *Embrio.* O mesmo que arquêntero ou gastrocele. Veja Arquêntero.

Íntima – *Zoo.* Camada cuticular mais interna do mesêntero, do proctodeu e da traqueia dos insetos.

Intra – *Etimo.* Termo de origem latina que significa por dentro.

Invaginação – *Bio.* Ato de dobrar para dentro, formar uma bainha.

Inversão térmica – *Eco.* Ocorre quando uma camada de ar quente fica sobre as camadas de ar frias da atmosfera, isso impede que o ar poluído suba (o que aconteceria em condições normais). Logo, os poluentes ficam próximos da superfície, ocasionando inúmeros problemas respiratórios.

Invertebrado – *Zoo.* Indivíduo do reino Metazoa desprovido de coluna vertebral. Trata-se da grande maioria dos animais. São exemplos de invertebrados: esponjas, águas-vivas, minhocas, caramujos, vermes, ouriços-do-mar, caranguejos e insetos.

Ipso facto – *Eco.* Artefato mais específico que caracteriza uma espécie. Exemplo: a casa do João-de-barro é típica desta espécie de ave, sendo que nenhuma outra espécie é capaz de reproduzi-la na natureza.

Irara – *Zoo.* Carnívoro da espécie *Eira barbara*, família Mustelidae, também conhecidos como papa-mel e chupador-de-cana. São animais parecidos com lontras, apesar de não serem aquáticos. Possuem pelagem marrom-escura no corpo e cinza ou amarelada na cabeça. Tem o corpo comprido, cabeça pequena, membros curtos e cauda longa. Sobem e descem de árvore com grande facilidade e alimentam-se de pequenos vertebrados, frutos e mel. A fêmea pode ter de três a quatro filhotes por ninhada e a gestação dura entre 60 e 70 dias. São encontradas da Argentina ao México, principalmente em regiões de floresta ou cerrado.

Irerê – *Zoo.* Nome comum dos marrecos da espécie *Dendrocygna viduata,* que habita lagos da América do Sul e de algumas regiões africanas. O nome "irerê" é uma onomatopeia que tenta imitar o som dessas aves, que costumam vocalizar durante o voo, ao fim da tarde e durante a noite.

Iridóforos – *Zoo.* Tipo de cromatóforo, ou seja, célula pigmentar típica de animais invertebrados e vertebrados, que confere coloração metalizada.

Irradiação adaptativa – *Evo.* Processo em que, a partir de um tipo ancestral, formam-se vários grupos com linhas evolutivas divergentes, permitindo a cada grupo a adaptação ao ambiente em que vive.

Isco – *Etimo.* Termo de origem grega que significa retenção, supressão.

Ismo, ismos – *Etimo.* Termo de origem grega que significa condição, teoria, estado de. Ex.: Darwinismo; teoria evolucionista fundamentada nas ideias do naturalista inglês Charles Robert Darwin, na qual são propostos mecanismos evolutivos baseados na seleção natural.

Iso – *Etimo.* Termo de origem grega que significa semelhante.

Isolamento geográfico – *Eco.* Fenômeno através do qual ocorre isolamento de populações devido às barreiras geográficas (mares, desertos, campos) existentes entre elas. Essas populações continuarão a receber os efeitos do meio, assim como sofrerão mutações, mas sem entrar em contato com as espécies do outro local, podendo originar com isso novas espécies. Acredita-se que este é um dos processos mais frequentes na formação de espécies novas.

Isolamento reprodutivo – *Eco.* Diz-se da incapacidade de espécies diferentes produzirem descendência fértil. O isolamento reprodutivo pode acontecer em várias etapas da reprodução, mas geralmente ocorre na falta de atração que uma espécie tem sobre a outra.

Isolécito – *Embrio.* O mesmo que oligolécito. Veja Oligolécito.

Isopoda – *Zoo.* Ordem de crustáceos que apresentam o corpo dorsoventralmente achatado. A maioria das espécies possui entre 5 e 15 mm de comprimento, todavia existem espécies gigantes de mares profundos que podem atingir 42 cm de comprimento por 15 cm de largura. Os organismos dessa ordem habitam todos os tipos de *habitats*. São animais bentônicos e adaptados a rastejar. A maioria das espécies é onívora. Muitos exemplares são parasitos. Os tatuzinhos-de-jardim (ex.: *Oniscus asellus*, *Armadillidium vulgare*) pertencem a esse grupo, assim como a baratinha-da-praia (Lygia). Existem cerca de 10.000 espécies descritas nessa ordem, sendo considerada uma das mais numerosas da superordem Peracarida (perdendo somente para a ordem Amphipoda).

Isoptera – *Zoo.* Ordem de insetos conhecidos popularmente como cupins. São insetos sociais de cor esbranquiçada. Estão divididos nas seguintes castas: soldado, operário, rainha e rei (que são os reprodutores). Às vezes são chamados de formigas brancas, embora não sejam formigas. As peças bucais são do tipo mastigador e existe mandíbula em alguns exemplares. O abdômen da rainha pode passar de 10 cm de comprimento e conter até 50 mil ovos. A rainha e o rei são alados, diferentemente dos operários e soldados. Todos vivem em elevações de terra, geralmente cilíndricas, denominadas cupinzeiros ou termiteiros. Embora esses insetos possam causar danos em vários tipos de madeira (como de móveis, por exemplo) ou em plantas silvestres e frutíferas, eles auxiliam na aeração do solo e sua colônia serve de abrigo a vários outros animais. Um dos seus maiores inimigos naturais é o tamanduá. Há cerca de 2.700 espécies descritas.

Isquio – *Etimo*. Termo de origem grega que significa anca.

Istmo – *Zoo*. Em ictiologia, refere-se à região gular dos peixes, compreendida entre as bordas inferiores das membranas que cobrem as brânquias.

Iterópara – *Eco*. Característica da espécie que se reproduz várias vezes durante a vida, ao contrário de espécies semélparas, que morrem após a reprodução. Por esse motivo espécies iteróparas buscam alocar recursos para sobreviver após a geração de descendentes, enquanto as semélparas investem toda sua energia nesse processo. Ex.: homem.

IUCN – *Bio*. Sigla em inglês para União Internacional para a Conservação da Natureza (*International Union for Conservation of Nature*). Órgão que reúne dezenas de países em prol da conservação do meio ambiente. Periodicamente a IUCN disponibiliza uma lista vermelha das espécies mais ameaçadas de extinção e classifica as espécies em categorias, de acordo com sua situação de conservação. As categorias das espécies na lista vermelha são: pouco preocupante, quase ameaçada, vulnerável, em perigo, criticamente ameaçada, extinta na natureza, extinta globalmente.

Ixodides – *Zoo*. Ordem da subclasse Acari, que contempla os aracnídeos, dentre eles, os parasitos popularmente conhecidos como carrapatos. Engloba a família Argasidae, caracterizada pelos ditos "carrapatos moles" devido à ausência de escudo quitinoso dorsal, e a família Ixodidae, representada pelos chamados "carrapatos duros" que possuem escudo. O termo provém do grego e significa viscoso, pegajoso.

Jaburu – *Zoo*. O mesmo que tuiuiú. Veja Tuiuiú.

Jabuti – *Zoo*. Nome popularmente atribuído a alguns répteis da ordem Chelonia. Animais de hábitos terrestres, geralmente herbívoros e que podem atingir mais de 60 cm de comprimento. Apresentam coloração viva, quando comparados a tartarugas e cágados. Suas patas não são dotadas de nadadeiras, o que ocorre com as tartarugas. Uma das espécies comuns no nosso meio é *Testudo tabulata*. Veja também Chelonia.

Jabutirica – *Zoo*. Nome popular do felino *Leopardus pardalis*, mais conhecido como jaguatirica ou gato-do-mato. Animal de pelagem amarelada com manchas escuras, cauda grossa, patas grandes, cerca de 15 kg e 1,40 m de comprimento da cabeça à ponta da cauda. Veja Jaguatirica.

Jaçanã – *Zoo*. Nome popularmente atribuído à ave *Jacana jacana*. Apresenta aproximadamente 25 cm de altura, e é comum em áreas alagadas e pantanosas. Em suas asas há um esporão amarelo que serve para defesa. Sua cor geral é vermelha, com pescoço preto. A fêmea pode pôr ovos em mais de um ninho e a incubação e os cuidados com a prole são realizados pelos machos, que são menores que as fêmeas.

Jacaré – *Zoo*. Nome atribuído popularmente aos répteis crocodilianos da família Alligatoridae. Diversas espécies são conhecidas, tais como as brasileiras *Caiman yacare* e *Caiman latirostris*. Apresentam boca grande, dentes afiados, cauda longa e forte e membros curtos. Podem ser agressivos, principalmente em épocas de postura de ovos. As fêmeas desempenham intenso cuidado parental aos ovos e aos juvenis. São caçados constantemente em decorrência da comercialização de seu couro e carne. Passam grande parte do dia dentro de rios, ou na margem dos mesmos. Habitam o continente americano. Veja também Crocodilo e Crocodilia.

Jacu – *Zoo*. Ave da família Cracidae, endêmica da região Neotropical, frequente em áreas florestais. Pertencem ao gênero *Penelope*, podem medir até 75 cm e pesar mais de 1 kg. Apresentam cauda longa, pescoço vermelho e plumagem geralmente escura.

Jaguarundi – *Zoo*. Nome popular do felino da espécie *Herpailurus yagouaroundi*. Trata-se de animal com comprimento médio de 60 cm (excluindo-se o comprimento da cauda), cabeça relativamente pequena, cauda longa e pelo marrom-acinzentado. Habita as Américas do Norte, Central e do Sul. Alimenta-se de pequenos vertebrados.

Jaguatirica – *Zoo*. Nome popularmente atribuído ao felino *Leopardus pardalis*. Animal extremamente ágil, por seu pequeno tamanho e grande potência muscular. Vive em florestas e pode subir em árvores para caçar ou durante uma fuga. Costuma caçar ao anoitecer. Apresenta bom sentido de visão e audição. Alimenta-se de aves, serpentes, lagartos e mamíferos de pequeno porte. Sua pelagem geral é amarelada com manchas escuras. Mede 1,40 m de comprimento da cabeça até a ponta da cauda e pesa cerca de 15 kg. Sinônimo: Jabutirica.

Janela oval – *Anato*. Orifício localizado no ouvido interno, que recebe vibrações de ondas sonoras transmitidas pelos ossículos do ouvido médio.

Janela redonda – *Anato*. Orifício do ouvido médio coberto por uma membrana elástica que pode ser contraída ou relaxada para compensar as variações de pressão do meio.

Japu – *Zoo.* Nome popularmente atribuído à ave da espécie *Psarocolius decumanus*, da família Icteridae. É um pássaro grande, que pode alcançar mais de 45 cm de comprimento. Sua cor geral é escura, mas o bico e as rectrizes exibem cor amarelada. Vive nas matas em bandos. O seu voo provoca um som característico pelo atrito das asas com o ar.

Jaratataca – *Zoo.* Mamífero dos gêneros *Conepatus* ou *Mephitis*, família Mephitidae, ordem Carnivora, também conhecido como jaritataca, cangambá e jitira. As jaratatacas têm pelagem preta, com duas listras brancas longitudinais no dorso, cauda longa e peluda, cabeça pequena, medem cerca de 60 cm de comprimento total e pesam até 2 kg. Alimentam-se de pequenos vertebrados, insetos, larvas e frutos. O gênero *Conepatus* é encontrado do México ao sul da América do Sul, enquanto *Mephitis* habita a América do Norte. Os dois gêneros são muito parecidos e muitas vezes são confundidos com o gambá, que é um marsupial, pela produção de forte e desagradável odor quando o animal se sente ameaçado. Esse líquido é secretado por glândulas localizadas na base da cauda, próximo ao ânus.

Jaú – *Zoo.* Nome atribuído ao peixe da espécie *Paulicea luetkeni*. Tem aproximadamente 1 metro de comprimento, e pode pesar até 100 kg. Possui coloração uniforme amarelo-escura. Fica em poços profundos. É um peixe característico dos rios brasileiros.

Javali – *Zoo.* Nome popularmente atribuído ao mamífero artiodáctilo, da espécie *Sus scrofa*. Pertencem à família Suidae. A espécie de porco doméstico deriva-se desta. Apresenta pelagem geral cinza-escura e possui grandes presas. Alimenta-se de plantas e animais. É encontrado na África, na Ásia e na Europa. A espécie foi introduzida no Brasil, é exótica, e não tem predadores naturais no país, sendo considerada invasora pelo IBAMA, que em 2013 regulamentou a caça como medida de controle populacional deste suíno, já que o mesmo tem trazido enormes prejuízos para plantações além de ser reservatório de patógenos.

Jegue – *Zoo.* Animal perissodáctilo da espécie *Equus asinus*. Possui pelagem castanho-acinzentada, focinho branco e orelhas compridas. Tem porte médio, sendo bem menor que o cavalo. O cruzamento do jegue com a égua (*Equus caballus*) é comum, dando origem ao burro ou à mula, inférteis.

Jejuno – *Anato.* Uma das três divisões do intestino delgado (duodeno, jejuno, íleo). A parte média do intestino delgado, com cerca de 2,5 m de comprimento. É tipicamente mais vazio, mais vascularizado e com paredes mais espessas que o íleo, entretanto, por vezes é difícil distinguir a parte distal do jejuno da parte proximal do íleo.

Jiboia – *Zoo.* Réptil da ordem Squamata, subordem Ophidia, família Boidae, de nome científico *Boa constrictor*. Serpente grande, de cor amarelada com manchas escuras no dorso. Não é peçonhenta e mata suas vítimas após se enroscar ao redor das mesmas, ocasionando constrição. Vive em terra seca e pode atingir até 5 m de comprimento. Sua alimentação constitui-se de pequenos mamíferos. Apesar de se tratar de um animal silvestre, é criada como animal doméstico em alguns locais.

Joaninha – *Zoo.* Nome popular de diferentes espécies de insetos da ordem Coleoptera e família Coccinellidae. Normalmente exibem colorido avermelhado ou amarelado com manchas no primeiro par de asas e no pronoto. Boa parte das espécies se alimenta de pragas agrícolas, como os pulgões, ácaros e cochonilhas.

João-de-barro – *Zoo.* Nome popularmente atribuído à ave da espécie *Furnarius rufus*. Ave bastante conhecida do público em geral pelo seu ninho de barro em formato de forno, que pode pesar até 4 kg. O ninho é construído durante a época reprodutiva da ave, sobre árvores ou postes. A ave adulta apresenta cerca de 19 cm de comprimento e habita campos com árvores esparsas e cerrados. Sua alimentação baseia-se, sobretudo, em insetos.

João-graveto – *Zoo*. Nome popular da espécie *Phacellodomus rufifrons*, pássaro comum no Brasil que constrói ninhos de gravetos pendurados em galhos de árvores, onde depositam três ovos por ninhada. Medem em média 16 cm e suas penas têm coloração castanha. São encontrados principalmente em campos de cerrado e pastos no Nordeste, Centro-Oeste, Sudeste e Sul do Brasil, assim como em outros países latino-americanos, tais como Venezuela, Colômbia, Bolívia, Paraguai e Equador. Alimentam-se de insetos. São também conhecidos pelos nomes: João-de-pau, casaca-de-couro, carrega-madeira e João-garrancho.

Jugo – *Zoo*. Expansão na base da asa anterior, que cobre a asa posterior em insetos lepidópteros (mariposas). Esclerito da cabeça de muitos hemípteros.

Jugular, jugulum – *Etimo*. Verbete de origem latina que significa garganta, pescoço. Ex.: veias jugulares, ou seja, as veias do pescoço. O termo "*jugularis*" é adotado na nomenclatura científica como epíteto específico de diversas espécies de aves, por exemplo, para caracterizar a coloração do pescoço destes animais.

Jumento – *Zoo*. Mamífero da espécie *Equus asinus*, família Equidae, de pelagem castanho-acinzentada, orelhas grandes, cerca de 400 kg e 2,5 m de comprimento. Também conhecidos como jegue, são amplamente utilizados pelo homem para transporte de carga, já que são animais fortes, baratos e de fácil criação. Alimentam-se de capim e outros vegetais e são resistentes à escassez de água. O cruzamento de um jumento macho com uma égua, *Equus caballus*, origina a mula e o burro (o nome burro é utilizado tanto como sinônimo de jumento quanto de híbrido), que são geralmente inférteis.

Jurássico – *Paleo*. Período geológico, parte da era Mesozoica. Data de 200 milhões de anos. O clima começava a se tornar quente e estável. Muitos gêneros de gimnospermas e angiospermas surgidas no jurássico existem até hoje. Os répteis estavam amplamente distribuídos. Ocorreu também o surgimento das primeiras aves nesse período; que antecede o Cretáceo.

Jusante – *Eco*. Referente à região mais próxima à foz de um rio.

K

K – *Quim.* Símbolo do elemento potássio. Faz alusão ao seu nome latino *Kalium*.

Kainos – *Etimo.* Termo de origem grega que significa recente, novo.

Karcharos – *Etimo.* Vocábulo de origem grega que significa afiado. Lembrar-se do gênero *Carcharodon* (g. *karcharos* + g. *odonto* = dentes), que designa o predador tubarão-branco, com seus dentes afiados.

Karion – *Etimo.* Termo de origem grega que significa núcleo.

K-estrategistas – *Eco.* Espécies cuja estratégia reprodutiva consiste em investir energia em poucos filhotes que já nascem grandes e com maior probabilidade de sobrevivência. Costumam apresentar cuidado parental. Apesar de não serem bons colonizadores, devido à prole reduzida, os filhotes são fortes e bons competidores. Exemplo: mamíferos.

Kinetoplastida – *Zoo.* Ordem de protozoários flagelados, caracterizados pela presença do cinetoplasto. O grupo engloba parasitos responsáveis por graves enfermidades em humanos e outros animais, como, por exemplo, espécies de *Trypanosoma* e *Leishmania*.

Kino – *Etimo.* Termo de origem grega que significa movimento.

Kinorhyncha – *Zoo.* Filo de pequenos animais vermiformes de simetria bilateral. O corpo é segmentado em partes denominadas de zonitos. Vivem no substrato marinho e apresentam um cone oral protrátil com estiletes ao redor, sendo daí proveniente seu nome (do grego *kino*: movimento + *rhynchos*: focinho, nariz). São pouco conhecidos do público em geral, com registro de 150 espécies.

Kinosternidae – *Zoo.* Família de testudines da linhagem dos Cryptodira conhecidas também por tartarugas-almiscaradas. Existem 22 espécies descritas, havendo representantes aquáticas, outras que se enterram sob o lodo e ainda algumas que conseguem subir em árvores, graças à peculiar mobilidade presente no casco desses animais. Estão presentes no continente americano.

Kyoto, protocolo de – *Eco.* Acordo que visa obrigar os países signatários da "Convenção sobre Mudanças Climáticas" a reduzir os níveis de emissão de gases de efeito estufa, o que culminará na diminuição do aquecimento global. Estipula a criação de um fundo anual, para facilitar a adaptação das nações pobres às exigências do protocolo, além de determinar regras para a compra e venda de créditos obtidos por cortes nas emissões de dióxido de carbono.

L

Labelado – *Zoo.* Que apresenta labelo.

Labelo – *Zoo.* Ápice do lábio expandido, presente em muitos insetos dípteros.

Lábio – *Anato.* Estrutura externa, derivada da pele, que forma os limites da boca ou da cavidade oral. Também são assim denominados os lábios da região pudenda (grandes ou pequenos lábios). *Zoo.* Em insetos representa uma das peças bucais situadas atrás das maxilas.

Labirintodonte – *Zoo.* Que apresenta dentes com estrutura complexa e dobras internas da dentina e do esmalte, formando labirintos quando vistos em corte transversal. *Paleo.* Indivíduo pertencente ao clado Labyrinthodontia, composto por anfíbios extintos que habitaram o planeta Terra durante o Paleozoico e Mesozoico. Tais anfíbios eram de grande porte (mais de um metro de comprimento), apresentavam cauda musculosa e tinham hábito aquático.

Labro – *Zoo.* Em insetos, é uma das peças bucais situadas abaixo do clípeo.

Labyrinthodontia – *Paleo.* Grupo de anfíbios extintos. Veja Labirintodonte.

Labyrinthus – *Etimo.* Termo de origem grega que significa passagem tortuosa.

Laca – *Zoo.* Substância resinosa amarelada ou avermelhada, produzida pelas glândulas epidermais das cochonilhas da laca (Homoptera, Lacciferidae).

Lacertidae – *Zoo.* Família de lagartos da linhagem dos Scleroglossa encontrados na Europa, África e Ásia. Existem cerca de 220 espécies de Lacertidae, sendo a maioria animais terrestres. Algumas espécies são territorialistas e podem defender agressivamente certas áreas durante a época de reprodução.

Lacertilia – *Zoo.* Grupo de répteis representados por lagartos, lagartixas e camaleões.

Lachesis – *Zoo.* Gênero de serpentes conhecidas popularmente como Surucucus. Estão distribuídas nas florestas tropicais. É a maior serpente peçonhenta que ocorre no Brasil, podendo atingir 4 m de comprimento. As picadas desses animais são raras em nosso País, sendo notificados, no ano de 2012, 877 acidentes com esse gênero pelo Ministério da Saúde. Sua peçonha tem ação coagulante, necrosante e vasculotóxica.

Lacínea – *Zoo.* Lobo interno da maxila dos insetos, fixo no estipe.

Lacraia – *Zoo.* Nome popularmente atribuído a alguns quilópodes. Veja Chilopoda.

Lacrau – *Zoo.* Nome popularmente atribuído aos escorpiões, principalmente nas regiões Norte e Nordeste do Brasil.

Lacto, Lactis – *Etimo.* Termo de origem latina que significa leite.

Lacustre – *Etimo.* Termo de origem latina indicativo de lago. Ex.: animais lacustres estão nas águas ou nas margens de um lago.

Lagarta – *Zoo.* Larva de borboletas. Nome também atribuído a larvas de vespas.

Lagartixa – *Zoo.* Nome popularmente atribuído a répteis da ordem Squamata e subordem Lacertilia. São pequenos, geralmente menores que 10 cm e possuem dedos providos de lâminas que possibilitam a escalada de paredes lisas ou locais escorregadios. São comumente encontrados em habitações humanas e possuem hábitos noturnos. Alimentam-se principalmente de insetos (mosquitos, por exemplo). Realizam autotomia quando estão fugindo. A cauda amputada normalmente é regenerada. No Brasil existem 15 espécies descritas.

Lagarto – *Zoo*. São répteis que pertencem à ordem Squamata e subordem Lacertilia. O tamanho pode variar de 3 cm até mais de 3 m (dragão de Komodo). A maioria das espécies é insetívora e os hábitos podem ser diurnos ou noturnos. Os lagartos de maior porte são, na maioria, herbívoros. O dragão de Komodo pode alimentar-se de búfalos e veados e é um dos poucos exemplos de predadores de grandes vertebrados. Lagartixas, camaleões e iguanas são reunidos, muitas vezes, no grupo dos lagartos. Existem cerca de 3.000 espécies descritas.

Lagena – *Zoo*. Estrutura que compõe a parte ventral do aparelho vestibular do ouvido interno dos vertebrados com função relacionada ao equilíbrio do animal. O aparelho vestibular também é composto pelo utrículo, sáculo e pelos canais semicirculares.

Lagochilascaris – *Zoo*. Gênero que foi descrito pelo helmintologista Robert T. Leiper, em 1909, quando recebeu exemplares de um Nematoda da família Ascaridae, colhidos de abcessos subcutâneos de dois pacientes naturais de Trindad. Ao observar o material, supôs que se tratava de formas imaturas de *Ascaris lumbricoides*. Porém, ao encontrar ovos no útero e observar um espessamento cuticular logo após os lábios, além da presença de interlábios na extremidade anterior do verme, verificou que se tratava de uma nova espécie.

Lagochilascaris minor – *Zoo*. Espécie do gênero *Lagochilascaris* de maior importância, parasitando felídeos silvestres e, eventualmente, o homem, cães e gatos domésticos. Tem sido encontrado em abcessos subcutâneos da região cervical, mastoide, rino e orofaringe, ouvido médio, seios nasais, pulmões, sistema nervoso central, região sacra e alveólo dentário do homem, ou seja, em localizações diferentes do tubo digestivo, onde normalmente são encontrados outros ascarídeos. Observa-se, portanto, uma preferência por tecidos do pescoço, cabeça e pulmão.

Lagomorpha – *Zoo*. Ordem de mamíferos que contêm os coelhos e as lebres. São dotados de incisivos de crescimento contínuo tanto na maxila superior como na inferior. Apresentam boa capacidade de salto. Geralmente são herbívoros. Algumas espécies realizam coprofagia, comendo as fezes que eles próprios depositam em suas tocas para resgatar o produto da fermentação microbiana. Existem aproximadamente 70 espécies descritas nessa ordem, distribuídas amplamente pelo mundo.

Lagos – *Etimo*. Termo de origem grega que significa lebre.

Lagosta – *Zoo*. Nome popularmente atribuído a crustáceos decápodes marinhos, da infraordem Astacidea. São artrópodes marinhos grandes, com peso que pode passar 1 kg, possuem antenas longas e urópodes, em forma de leque. São apreciados na culinária de diversos países, assumindo, portanto, importância econômica.

Lagostim – *Zoo*. Crustáceo decápodo muito semelhante às lagostas, mas que geralmente não apresenta antenas. São diagnosticados em riachos, lagoas, lagos e cavernas de todo o mundo. Existem cerca de 400 espécies descritas. Muitas espécies são escavadoras, utilizando os buracos como abrigos. Usualmente atingem menos de 10 cm de comprimento. Certas espécies são apreciadas na culinária.

Lamarck – *Biograf*. Jean Baptiste Pierre Antoine de Monet (1744-1829), Cavaleiro de Lamarck, foi professor de Zoologia na França. Foi soldado, bancário, botânico, taxonomista e evolucionista. Foi precursor de Darwin nas ideias sobre a evolução. Suas ideias foram imortalizadas no livro "Filosofia Zoológica", obra datada de 1809. Propôs duas leis bastante conhecidas: Lei do uso e desuso e Lei da herança dos caracteres adquiridos. A lei do uso e desuso relata que quanto mais uma parte do corpo é usada, mais esta se desenvolve, por outro lado as partes que não são utilizadas se atrofiam de forma gradativa, podendo perder a função com o tempo e até mesmo desaparecer. Essa teoria foi derrubada por estudos realizados por outros pesquisadores, embora se saiba que o sistema muscular esquelético realmente respeita essa hipótese, assim como o maior ou menor fôlego que uma pessoa pode ter embaixo d´água também está relacionado com essa lei. A lei da herança dos caracteres adquiridos comenta que o uso e o desuso, ou seja, os caracteres perdidos ou adquiridos, são transmitidos de geração em geração.

Lamarckismo – *Evo*. Diz-se das ideias que são embasadas nas teorias propostas por Lamarck.

Lambari – *Zoo*. Nome popularmente atribuído aos peixes do gênero *Astyanax*. Apresenta escamas prateadas, destacando-se manchas pretas atrás do opérculo. Possui aproximadamente 15 cm de comprimento. É fonte de alimento para muitas aves, devido seu hábito de nadar próximo a superfície. Ocorre em grandes cardumes e é uma das espécies de água doce mais pescadas no Brasil.

Lamela – *Bio*. Diz-se de membranas ou lâminas que são muito delgadas.

Lamelada – *Zoo*. Antena de insetos cujos artículos terminais são expandidos lateralmente, formando lobos arredondados ou com aspecto de folhas.

Lamelas branquiais – *Zoo*. Lâminas de tecido respiratório dispostas em cada um dos dois lados dos filamentos branquiais.

Lamelibrânquios – *Zoo*. Moluscos bivalvos que representam a maioria dos organismos dessa classe. Alimentam-se por filtração.

Lameliforme – *Bio*. Que possui formato de lâmina ou membrana.

Lamellibranchia – *Zoo*. O mesmo que Bivalvia. Veja Bivalvia.

Lamellibranchiata – *Zoo*. Antiga denominação dada aos bivalvos. Veja Bivalvia.

Lamnidae – *Zoo*. Família de tubarões caracterizada pela nadadeira caudal em forma de meia-lua e pela quilha lateral presente no pedúnculo caudal, que auxiliam na natação. O tubarão-branco, *Carcharodon carcharias*, é o representante mais famoso do grupo, ocorrendo na costa brasileira, assim como o Anequim (também denominado tubarão-mako), *Isurus oxyrinchus*.

Lampreia – *Zoo*. Animal da classe Petromyzontiformes, que representa os vertebrados mais basais viventes. Pode viver em lagos ou no mar, sendo que esta espécie sobe o rio para desovar. Suas larvas são filtradoras, ao contrário dos adultos, parasitos que raspam a pele dos peixes e sugam seu sangue. Tem corpo tubular e chegam a medir 1 metro de comprimento e pesar 1 kg.

Lanterna de Aristóteles – *Zoo*. Aparelho situado ao redor da boca dos equinodermos. É constituído por cinco placas que funcionam como dentes, permitindo a esses animais ingerirem algas e outros organismos sedentários ou sésseis.

Laparo – *Etimo*. Termo de origem grega que significa flanco, lado.

Larídeos – *Zoo*. Nomenclatura utilizada pelos ornitólogos para designar as gaivotas.

Laringe – *Anato*. Parte das vias aéreas, com aproximadamente 5 cm de comprimento. Localiza-se entre a faringe e a traqueia. Na laringe localizam-se as pregas ou cordas vocais, estruturas que atuam na produção de sons. A laringe também evita que o alimento deglutido entre nas vias respiratórias inferiores.

Larva – *Zoo*. Estágio que segue após o ovo e antecede a pupa. Estágio de crescimento dos insetos holometábolos.

Larva anfiblastular – *Zoo*. Forma larval, com estrutura oca, de algumas esponjas calcárias.

Larva parenquimelar – *Zoo*. Forma larval de algumas esponjas.

Larva triungulina – *Zoo*. Primeiro estágio larval ativo dos Strepsiptera e de besouros com hipermetamorfose.

Larva vermiforme – *Zoo*. Larva sem pernas e sem cabeça, semelhante a um verme. Várias ordens de insetos apresentam essa forma larval.

Larvacea – *Zoo*. Classe do subfilo Urochordata que compreende pequenos animais aquáticos. Vivem livres e nadam com auxílio de uma cauda, são plantônicos. Reproduzem-se sexuadamente. São pouco conhecidos do público em geral.

Larvicida – *Bio*. Que elimina as larvas. Usualmente são substâncias utilizadas para eliminar larvas de importância econômica (que destroem plantações) ou na saúde (parasitos do homem ou outros animais).

Larvícola – *Eco*. Que vive no corpo de larvas. Normalmente se trata de parasitos desta forma evolutiva.

Larviforme – *Bio*. Com aspecto de larva.

Larvíparo – *Zoo*. Diz-se das fêmeas que, em vez de porem ovos, põem larvas. Ocorre em certos dípteros.

Larvópodo – *Zoo*. Pés abdominais de larvas.

Latente – *Etimo*. Termo de origem latina que significa estar escondido.

Latrodectus – *Zoo*. Aranha de importância médica no Brasil. Popularmente conhecida como viúva-negra ou flamenguinha. Pode apresentar entre 3 e 18 mm de comprimento. Apresenta abdômen com forma globosa, oito olhos dispostos em duas fileiras de quatro. No ventre do abdômen há um desenho em forma de ampulheta de cor vermelha ou laranja. Constrói teias irregulares, sendo uma aranha de hábitos noturnos e sedentários. Normalmente não é agressiva e só pica quando espremida contra o corpo. Instala-se em ambientes escuros como porões, entre tijolos, atrás de móveis, dentro de vestimentas, etc. Comumente se encontra em plantações de trigo. Muitas vezes, para sua defesa, ao serem perturbadas, deixam-se cair da teia, permanecendo imóveis como se estivessem mortas (tanatose). Sua maior importância está no nordeste do Brasil. A picada é bastante dolorosa e pode levar a contraturas musculares, opistótono (espasmo acentuado dos músculos dorsais e da nuca), priapismo (ereção persistente, sem estímulo sexual) choque, etc. Analgésicos, miorrelaxantes e soro antilatrodéctico (nas formas graves) são recomendados.

Laurásia – *Geol*. Grande continente formado no Jurássico após separação da Pangeia, o continente único, em dois grandes blocos, Laurásia e Gondwana. Englobava as terras que atualmente formam a América do Norte, Europa e Ásia (exceto Índia).

Leão – *Zoo*. Nome popularmente atribuído ao felídeo carnívoro da espécie *Panthera leo*. Habita a África e o Sul da Ásia, sendo encontrado nas estepes e savanas. Alimenta-se principalmente de antílopes e zebras. Pode atingir mais de 2,5 m de comprimento e 250 kg de peso. Sua gestação dura cerca de 3 meses, gerando dois ou três filhotes.

Leão-marinho – *Zoo*. Mamífero marinho da ordem Pinnipedia e espécie *Otaria flavescens*. Trata-se do pinipédio mais comum das águas brasileiras, sendo mais frequente na costa do Rio Grande do Sul. Os machos podem atingir um comprimento de até 3 m e pesar mais de 300 kg, e as fêmeas, 2 m e 160 kg. Os machos apresentam juba proeminente de pelos longos, que se desenvolve a partir do quinto ano de vida do animal. A coloração geral é marrom claro ou escuro. Alimentam-se fundamentalmente de peixes, cefalópodos e crustáceos. Os machos formam haréns e o período de gestação das fêmeas é de cerca de 1 ano.

Lebiasinidae – *Zoo.* Família de peixes actinopterígios, da ordem Characiformes, cujos representantes são popularmente conhecidos como charutinhos. São peixes de pequeno porte (2 a 18 cm de comprimento), de corpo cilíndrico, com nadadeira adiposa ausente, osso maxilar curto, e mandíbula com no mínimo duas séries de dentes. São encontrados em rios da América do Sul e América Central.

Lebre – *Zoo.* Denominação dada ao mamífero lagomorfo, semelhante a um coelho, pertencente ao gênero *Lepus* sp. São animais rápidos, que criam seus filhotes em ninhos sobre o solo.

Lecito – *Embrio.* Substância rica em fosfolipídeos e proteínas que nutre o embrião durante o desenvolvimento. É também denominado vitelo.

Lectótipo – *Zoo.* Sintipo designado como único tipo padrão de referência, subsequentemente ao estabelecimento de uma espécie ou de uma subespécie.

Lei da herança dos caracteres adquiridos – *Evo.* Lei proposta por Lamarck, na qual este supunha que as características adquiridas pelo uso, ou deletadas pelo desuso, eram transmitidas de geração em geração. Após a descoberta do gene e da sua transmissão hereditária essa lei foi destituída. Todavia, atualmente ja se admite que características adiquiridas podem ser passadas aos descendentes epigeneticamente.

Lei do uso e desuso – *Evo.* Lei proposta por Lamarck, na qual este supunha que o uso repetido de determinado órgão ou estrutura conduz à hipertrofia, e o desuso leva à atrofia do mesmo, podendo o órgão vir a desaparecer. Para alguns exemplos essa lei é válida, como na utilização dos músculos estriados esqueléticos durante um exercício, ou o maior fôlego de pessoas acostumadas a ficar submersas. Para a maioria dos exemplos sabe-se que o uso ou desuso não leva a hipertrofia ou atrofia dos órgãos ou estruturas.

Leio – *Etimo.* Termo de origem grega que significa liso.

Leishmania – *Zoo.* Gênero de protozoários da família Trypanosomatidae que está envolvido num espectro de doenças tegumentares e viscerais, podendo ter caráter crônico, muitas vezes deformante e até fatal, transmitidas pela picada de fêmeas de diversas espécies de flebótomos. O homem, animais domésticos e silvestres constituem o hospedeiro definitivo do parasito, nos quais se manifesta a doença.

Leishmaniose tegumentar – *Zoo.* Uma das formas de manifestação da afecção causada por protozoários flagelados do gênero *Leishmania*, que tem como principal característica uma lesão cutânea ulcerada de difícil cicatrização, podendo resultar em graves mutilações oronasais. A transmissão entre animais e o homem ocorre através da picada de fêmeas de flebótomos. A infecção se caracteriza pelo parasitismo das células do sistema fagocítico mononuclear da derme e mucosas do hospedeiro vertebrado, e pode ser dividida em três grupos: leishmaniose cutânea, que é a que produz exclusivamente lesões cutâneas, ulcerosas ou não, porém limitadas; leishmaniose cutaneomucosa, caracterizada por formas que se complicam frequentemente com o aparecimento de lesões destrutivas nas mucosas do nariz, boca, palato, laringe e faringe, levando a deformações e mutilações; leishmaniose cutânea difusa, com formas disseminadas cutâneas que se apresentam em indivíduos alérgicos, imunodeprimidos, ou tardiamente, em pacientes que foram tratados de calazar, forma crônica que não responde ao tratamento.

Leishmaniose visceral – *Zoo.* Também chamada de calazar, trata-se de uma infecção generalizada do sistema fagocitário mononuclear, sistema celular de defesa, causada pela *L. chagasi*. A enfermidade é expressa clinicamente por febre irregular, anemia, hepatoesplenomegalia, emagrecimento acentuado, edema, e manifestações intestinais. Se manifesta posteriormente sob formas viscerais, em que o parasito tem afinidade (tropismo) com o SFM (sistema fagocítico mononuclear) do baço, do fígado, da medula óssea e dos tecidos linfoides.

Lêmur – *Zoo.* Mamífero da ordem dos primatas que habita a ilha de Madagascar, na África. São animais geralmente de hábitos noturnos, arborícolas, com cerca de 40 cm, grandes olhos, focinho comprido e cauda longa, peluda, listrada e não preênsil. Alimentam-se de frutos, invertebrados e ovos.

Lêmure – *Zoo.* O mesmo que lêmur. Veja Lêmur.

Lemuroidea – *Zoo.* Subgrupo de primatas Strepsirrhini que inclui os lêmures, pequenos animais de grandes olhos e hábito noturno que habitam a ilha de Madagascar.

Lênticas – *Eco.* São as coleções de águas paradas. Exemplos: lagoas, lagos, açudes, etc.

Leopardo – *Zoo.* Mamífero felídeo, carnívoro, pertencente à espécie *Panthera pardus*. Animal de grande porte, mede até 2 m de comprimento, com pelagem amarelada coberta por manchas escuras e cauda longa. Seu porte esguio faz com que sejam ótimos corredores e caçadores, tendo preferência por cervídeos. Ocorre na África e Ásia.

Leopardus pardalis – *Zoo.* Nome científico da jaguatirica. Veja Jaguatirica.

Lepidochelys kempii – *Zoo.* Nome científico atribuído à tartaruga-de-Kemp, espécie criticamente em perigo de extinção, encontrada da região do Golfo do México. Veja Tartaruga-de-Kemp.

Lepidochelys olivacea – *Zoo.* Nome científico dado à tartaruga-oliva, espécie que habita os oceanos Pacífico, Atlântico e Índico, sendo uma das espécies de tartarugas marinhas encontradas no litoral brasileiro. Veja Tartaruga-oliva.

Lepidofagia – *Zoo.* Hábito daquele que se alimenta de escamas.

Lepidofago – *Zoo.* Característica daquele que se alimenta de escamas, como o peixe *Roeboides prognathus*, conhecido como saicanga.

Lepidoptera – *Zoo.* Ordem de insetos conhecidos popularmente como borboletas e mariposas. Podem ter desde 2 até 30 cm de comprimento. Apresentam o corpo em forma de bastão com dois pares de asas bem desenvolvidos. Tanto o corpo quanto as asas são revestidos de escamas. As peças bucais são do tipo sugador com uma espirotromba enrolada em espiral. São ovíparos e holometabólicos. Podem ser tanto de hábitos diurnos como noturnos. O casulo pode ser confeccionado através de um fio produzido pelo inseto adulto ou por folhas enroladas. A maioria das larvas é inofensiva, mas algumas podem causar severas queimaduras. Os adultos se alimentam do néctar das flores e as larvas, de folhas. Os inimigos naturais são outros insetos, aranhas, pássaros, anfíbios, etc. O prejuízo que os lepidópteros podem causar está relacionado à destruição de plantações pelas suas larvas. Existem aproximadamente 160 mil espécies descritas, sendo esse um dos mais numerosos grupos de insetos. Seu nome provém do grego Lepidos, escama + Pteros, asa, ou seja, asa com escamas.

Lepidosauria – *Zoo.* Representa um grande grupo de répteis formado por lagartos, serpentes, anfisbenas, tuataras e alguns táxons extintos. Junto com Archosauria (aves e crocodilos), Testudines e alguns táxons extintos, formam o grande grupo Reptilia.

Lepidotríquios – *Zoo.* Raios ósseos e segmentados das nadadeiras dos peixes ósseos.

Lepis, Lepido – *Etimo.* Termo de origem grega que significa escama.

Leporidae – *Zoo.* Família de mamíferos da ordem Lagomorpha que engloba os coelhos e lebres. Caracterizam-se por cauda curta, normalmente bem peluda, orelhas grandes, incisivos superiores grandes, patas posteriores muito maiores que as anteriores, adaptadas aos saltos, e cinco dígitos nos pés e nas mãos.

Leptodactylidae – *Zoo.* Família de anuros que apresenta cerca de 1.100 espécies, encontradas, em sua maioria, nas Américas Central e do Sul. Possuem dedos finos e geralmente sem membranas interdigitais. Ex.: *Eleutherodactylus*, *Physalaemus*, *Leptodactylus*.

Leptodactylus labyrinthicus – *Zoo*. Espécie de rã da família Leptodactylidae popularmente conhecida como rã-pimenta. Veja Rã-pimenta.

Leptodactylus ocellatus – *Zoo*. Espécie de rã da família Leptodactylidae popularmente conhecida como rã-manteiga. Veja Rã-manteiga.

Leptos – *Etimo*. Termo de origem grega que significa, pequeno, delgado.

Leque caudal – *Zoo*. Região posterior do abdômen de alguns crustáceos malacostracos, originada da união dos urópodes e do télson, capaz de gerar grande impulso quando flexionado. Sua contração resulta de vigorosos músculos abdominais. Essa estrutura é responsável pela rápida resposta de fuga observada em camarões, lagostas e lagostins.

Lesma – *Zoo*. Nome popularmente atribuído a moluscos aquáticos ou terrestres que pertencem à classe Gastropoda. Veja Gastropoda.

Letal – *Etimo*. Termo de origem latina que significa morte.

Letalidade – *Bio*. Expressa o número de óbitos com relação à determinada doença ou fato, tendo como referência uma população.

Letargia – *Bio*. Estado patológico em que o paciente apresenta sonolência, apatia, entorpecimento.

Leuco – *Etimo*. Termo de origem grega que significa branco.

Leucóforos – *Zoo*. Tipo de cromatóforo, ou seja, célula pigmentar típica de animais invertebrados e vertebrados, que confere coloração branca. Possuem grânulos de purina.

Leuconoide – *Zoo*. Tipo de arquitetura do corpo das esponjas. É a forma que apresenta mais curvas no seu interior, logo possui maior capacidade de obter alimentos. É tido como o tipo mais evoluído de esponja.

Leucopenia – *Bio*. Diminuição dos leucócitos. Comum, entre outras causas, em algumas parasitoses, como por exemplo, na leishmaniose visceral, na qual a diminuição dos glóbulos brancos é um elemento importante no diagnóstico da doença.

Levator bulbi – *Zoo*. Músculo localizado abaixo dos olhos dos anfíbios. Tal músculo exibe a função de levantar os olhos desses vertebrados, aumentando sua cavidade bucal. Trata-se de uma sinapomorfia do grupo.

Levo – *Etimo*. Termo de origem latina que significa esquerdo.

Lhama – *Zoo*. Nome popularmente atribuído ao mamífero da ordem Artiodactyla, família Camelidae e espécie *Lama glama*. Pode medir mais de 2 m e pesar até 140 kg. Foi um animal amplamente utilizado para carregar materiais, e ainda o é em alguns países. Sua lã e sua carne são também utilizadas na economia de certas localidades. É comum nos países andinos.

Lico, likos, lyco – *Etimo*. Vocábulo de origem grega que significa lobo. Ex.: *Lycosa*; que constitui o gênero de aranhas conhecidas popularmente como aranhas-lobo nos Estados Unidos (no Brasil são mais conhecidas como tarântulas ou aranhas-de-jardim), em decorrência do hábito de caçar suas presas, as espreitando antes do ataque, como fazem os lobos.

Licranço – *Zoo*. Lagarto ápode da espécie *Anguis fragilis*, conhecido também como cobra-de-vidro. Veja Cobra-de-vidro.

Ligno, ligni, lignum – *Etimo*. Vocábulo de origem latina que denota madeira, lenha. Ex.: lignina; um dos principais componentes da madeira. Sinônimo em grego *Xilo*.

Limnociclo – *Eco*. O mesmo que biociclo dulcícula. Veja Biociclo dulcícola.

Limosus – *Etimo*. Termo de origem latina que significa limoso, com limo. Algumas espécies de crustáceos e anfíbios, por exemplo, foram descritas com esta alcunha em seu epíteto específico, aludindo ao hábito de viver próximo ao limo, ou por possuir aspecto limoso (caso do anfíbio).

Límulo – *Zoo.* Artrópode quelicerado conhecido como límulo (*Limulus polyphemus*), é considerado como um fóssil vivo já que surgiu há 400 milhões de anos. Apresenta carapaça espessa e rígida, com forma geral de ferradura, sendo por isso também denominado caranguejo-ferradura. Possuem corpo dividido em prossoma e opistossoma, separados por uma fenda articulada. Podem alcançar até 75 cm de comprimento e alimentam-se de moluscos e algas. Vivem na costa marinha estadunidense, México, Japão, Coreia, Filipinas e Indonésia. Pertencem a ordem Xiphosura.

Lineus longissimus – *Zoo.* Nemertino vermiforme com cerca de 40 m de comprimento. É o maior animal em comprimento conhecido. É parasito entérico de baleias, sendo conhecido como "verme cordão de bota" em virtude do seu aspecto. Veja Nemertea.

Língua protrátil – *Zoo.* Tipo de língua que pode ser movida para longe do corpo. Geralmente protraída para captura de alimentos. Comum em anuros, salamandras e alguns lagartos.

Linguado – *Zoo.* Peixes da ordem Pleuronectiformes conhecidos por sua assimetria corporal, possuindo os dois olhos em um mesmo lado da cabeça. Vivem no fundo dos mares, onde ficam enterrados na areia com os olhos para fora. A maioria das espécies pertence aos gêneros *Paralichthys* e *Solea.*

Linha lateral – *Zoo.* Estruturas presentes tanto nos peixes ósseos, como nos cartilaginosos, que permitem a esses animais perceberem mudanças na vibração da água.

Linha primitiva – *Embrio.* Faixa linear que aparece no princípio da terceira semana de desenvolvimento embrionário. Essa linha dará origem ao mesênquima.

Lio – *Etimo.* Termo de origem grega que significa liso.

Lipo – *Etimo.* Termo de origem grega que significa gordura.

Líquen – *Eco.* Tipo de mutualismo que ocorre entre algumas espécies de fungos e algas. As algas sintetizam matéria orgânica e fornecem parte do alimento sintetizado aos fungos e os fungos protegem as algas com suas hifas.

Líquido amniótico – *Embrio.* Líquido que envolve o embrião e proporciona amortecimento contra choques mecânicos, espaço para os movimentos fetais e auxílio na regulação da temperatura corporal do feto. Ele provém, em sua maior parte, do líquido intersticial materno.

Lis – *Etimo.* Termo de origem grega que significa liso.

Lise – *Etimo.* Termo de origem grega que significa dissolução.

Litosfera – *Geol.* Camada sólida da terra, constituída de vários tipos de rochas e minerais. Apresenta principalmente silício e alumínio na sua constituição. Funciona como uma casca rochosa, e possui aproximadamente 5 km de espessura sob os oceanos e 32 km sob os continentes. Sinônimo: crosta terrestre.

Lixiviação – *Eco.* Processo realizado pelas águas de percolação onde há movimentação descendente e a drenagem de minerais ou íons inorgânicos do solo.

Lobo – *Zoo.* Nome popularmente atribuído aos mamíferos canídeos da espécie *Canis lupus.* Geralmente apresentam 1,5 metro de comprimento e pesam 45 kg, mas essas medidas variam de acordo com a espécie estudada. São carnívoros caçadores e habitam amplas regiões da Ásia, América do Norte e Europa.

Lobo anal – *Zoo.* Projeção na parte basal e posterior da asa dos insetos.

Lobo marinho – *Zoo.* Nome atribuído aos mamíferos pinipédios da espécie *Arctocephalus australis,* encontrados nos Oceanos Atlântico e Pacífico Sul. Podem ser vistos na costa sul do Brasil, durante as migrações. Medem cerca de 1,8 metro e pode pesar mais de 150 kg, sendo as fêmeas menores que os machos. Possuem coloração cinza-escura. Alimentam-se de peixes, crustáceos, cefalópodos e outros invertebrados marinhos. Os lobos marinhos têm predileção por locais rochosos, ao contrário dos leões marinhos, os quais vivem em áreas planas.

Lobo-da-Tasmânia – *Zoo*. Nome atribuído ao mamífero marsupial da espécie *Thylacinus cynocephalus*. Era encontrado na Tasmânia, uma vez que foi extinto após a chegada do homem e introdução do dingo, canídeo que auxiliou na redução e extinção de diversas espécies de marsupiais na Oceania. Eram exclusivamente carnívoros. A pelagem era marrom-acinzentada, com listras escuras dorsais. Possuía o focinho comprido e assemelhava-se a um cachorro de maior porte.

Lobo-guará – *Zoo*. Nome popularmente atribuído ao mamífero *Chrysocyon brachyurus*. É considerado o maior canídeo da América do Sul, com cerca de 1,80 de comprimento da cabeça até a ponta da cauda, e 90 cm de altura. A pelagem geral é castanho-avermelhada, com as patas e o focinho pretos. Esse animal tem hábitos crepusculares e noturnos e alimenta-se de pequenos vertebrados, ovos e frutos. Vive cerca de 15 anos.

Locus – *Etimo*. Termo de origem grega que significa lugar.

Lofodonte – *Zoo*. Tipo de dente molariforme que apresenta cúspides fundidas formando cristas dispostas transversalmente ao comprimento do dente e paralelas entre si. Este tipo de dente está presente em alguns herbívoros, como a anta.

Lofoforado – *Zoo*. Grupo de animais que apresentam lofóforo. Pertencem a esse grupo os filos Phoronida, Brachiopoda e Bryozoa.

Lofoforo – *Zoo*. Aparelho alimentar dos lofoforados. Constitui-se de uma coroa repleta de tentáculos que circunda a boca.

Logia – *Etimo*. Termo de origem grega que significa estudo, tratado.

Logos – *Etimo*. Termo de origem grega que significa estudo, tratado.

Lombar – *Anato*. Relativo à região entre as costelas e a pelve.

Longi, longus – *Etimo*. Palavra de origem latina que significa longo, estendido, comprido. Inúmeros organismos receberam este verbete, inteiro ou como parte componente, para formar seu gênero ou epíteto específico, usualmente fazendo menção a alguma característica alongada de sua morfologia.

Longilíneo – *Anato*. Diz-se das pessoas que possuem os membros longos em relação ao tórax. Normalmente as pessoas altas são assim denominadas. Veja Brevilínieo, Mediolíneo.

Lonomia – *Zoo*. Gênero de insetos lepidópteros que pertencem à família Saturniidae, cujas larvas são conhecidas popularmente como taturanas ou lagartas-de-fogo. Não raro ocasionam acidentes no Brasil por meio do contato da pele com os pelos urticantes destas lagartas. O acidente pode se tornar grave e resultar em óbito, devido às hemorragias que a toxina promove. São mais comuns no Sul do Brasil. Veja Taturana.

Lontra – *Zoo*. Mamífero do gênero *Lutra*, família Mustelidae, ordem Carnivora. São animais noturnos, aquáticos, de corpo alongado, pelagem castanha e curta, focinho curto, longas vibrissas sensoriais, orelhas pequenas e que podem ultrapassar 1 metro de comprimento e pesar até 15 kg. São excelentes nadadoras. Alimentam-se de peixes, anfíbios, pequenos mamíferos e crustáceos. A gestação dura 2 meses e nascem até seis filhotes. Durante o dia ficam entocadas entre pedras, vegetações da margem dos rios ou em barrancos de argila. São encontradas em rios da América do Sul, América do Norte, Europa e Ásia, sendo *Lutra longicaudis* a espécie mais comum no Brasil.

Lophiiformes – *Zoo*. Ordem que inclui os peixes-pescadores, que recebem esta denominação em razão da modificação de sua nadadeira dorsal formando um ilício, projeção carnosa e às vezes luminescente, que serve como isca para atrair suas presas. É composta por mais de 300 espécies, as quais vivem no fundo do mar.

Lophos – *Etimo.* Termo de origem grega que significa crista, carena.

Lordo – *Etimo.* Termo de origem grega que significa encurvado.

Loricariidae – *Zoo.* Família de peixes actinopterígios da ordem Siluriformes, representada pelo cascudo-preto, cascudo-chinelo e acari. É a maior família de siluriformes, com mais de 680 espécies descritas, habitando rios da América do Sul e América Central. São caracterizados pela presença de placas ósseas dispostas em fileiras irregulares, que recobrem seu couro, o qual é livre de escamas. A nadadeira adiposa é geralmente ausente ou reduzida. Possuem olhos dorsais e boca ventral formando uma ventosa. São peixes de fundo, que se alimentam de microrganismos e algas, aderidos a rochas e à lama do fundo dos rios.

Loricifera – *Zoo.* Filo de pequenos animais (por volta de 0,5 mm de comprimento) que possuem uma cabeça rodeada de espinhos e um pequeno pescoço sem tronco. A excreção é feita por protonefrídeos e o sistema digestivo apresenta boca e ânus. Vivem nas profundezas marinhas. São dióicos e podem apresentar dimorfismo sexual. Constitui-se de um grupo de animais pouco conhecidos pelos biólogos, composto por menos de 50 espécies descritas.

Lóris – *Zoo.* Mamífero primata da espécie *Loris tardigradus*, família Loridae, que habita parte do continente africano, Índia e ilhas como a de Madagascar. São animais pequenos, medindo entre 10 e 20 cm de comprimento corporal, tem olhos grandes e redondos, cauda comprida, membros compridos e pelo castanho-acinzentado.

Lorisidae – *Zoo.* Subgrupo de primatas Strepsirrhini que inclui os lóris, "pottos" e gálagos, pequenos macacos que habitam regiões da África e da Ásia.

Loro – *Zoo.* Esclerito lateral da cabeça de insetos da ordem Hemiptera e Homoptera.

Lóticas – *Eco.* Diz-se das coleções de águas correntes. Exemplos: águas de rios, riachos, cachoeiras, regatos, etc.

Louva-deus – *Zoo.* Inseto que pertence à ordem Mantodea. Veja Mantodea.

Loxosceles – *Zoo.* Aranha de importância na saúde pública do Brasil, popularmente nomeada de Aranha-marrom, em virtude de sua coloração predominante. Apresenta cerca de 1 cm de comprimento e 3 cm entre as pernas. Possui seis olhos, dispostos em três pares. Aranha com hábitos pacatos, e somente ataca quando pressionada contra o corpo, quando a vítima veste uma roupa ou deita-se na cama, por exemplo. Tem hábitos noturnos, vivendo em teias irregulares, sendo capaz de ocupar ampla gama de habitáculos. Tal aracnídeo ocasiona os acidentes mais graves do tipo no Brasil, principalmente no Sul. A picada causa pouca dor no início, mas após cerca de 24 horas podem surgir áreas hemorrágicas e isquêmicas, que evoluem para graves ulcerações e até insuficiência renal aguda. O óbito pode ocorrer em 25% dos casos. O tratamento é realizado com soro antiaracnídico e outras drogas de ação sistêmica.

Lucy – *Evo.* Apelido dado ao fóssil de uma mulher encontrada na Etiópia pertencente à espécie *Australopithecus afarensis*, um dos mais antigos hominídeos conhecidos, que viveram há aproximadamente 3,2 milhões de anos. Suas características indicam que Lucy media 1 metro e pesava 45 kg.

Ludo – *Etimo.* Termo de origem latina que significa jogo.

Lula – *Zoo.* Nome popularmente atribuído a moluscos marinhos membros da classe Cephalopoda. Veja Cephalopoda.

Lumbricus terrestris – *Zoo.* Conhecida popularmente como minhoca de jardim, esse anelídeo constrói galerias subterrâneas que aumentam a drenagem e a aeração do solo. Além disso, suas fezes na terra são importantes para formar a matéria orgânica que fertiliza o solo, chamada humo.

Lúnula frontal – *Zoo.* Pequeno esclerito em forma crescente, localizado logo acima da base das antenas de insetos dípteros.

Luteus – *Etimo.* Termo de origem latina que significa amarelo.

Lutzomyia – *Zoo.* Gênero de insetos nematóceros que pertencem à família Psychodidae, subfamília Phlebotomyinae. Podem transmitir as Leishmanioses ao homem e a outros animais, sobretudo os cães. São insetos pequenos, semelhantes a mosquitos, com cerca de 3 mm de comprimento e somente as fêmeas são hematófagas. O desenvolvimento das formas larvais desse inseto é realizado em chão úmido, entre raízes de árvores, fendas de rochas, mas não diretamente na água. Algumas espécies apresentam hábito sinantrópico, e por isso possuem importância médica. A relevância das espécies varia de acordo com a região e com o parasito que essas transmitem. Algumas das espécies mais estudadas: *Lutzomyia longipalpis* (principal vetor da *Leishmania chagasi*) e *Lutzomyia intermedia* (um dos vetores da *Leishmania braziliensis*).

Lymnaea – *Zoo.* Gênero de moluscos no qual determinadas espécies servem de hospedeiros intermediários do parasito *Fasciola hepatica*. Apresentam conchas acuminadas com enrolamento dextrógiro. O dente central da rádula possui uma só cúspide. Pertencem a família Lymnaeidae.

M

Macaco – *Zoo*. Designação vulgar aplicada aos mamíferos da ordem Primates.

Macaco-aranha – *Zoo*. Nome popularmente aplicado ao gênero *Ateles* "sp." São primatas grandes, com membros e cauda bastante longos. A cauda é preênsil. Existem duas espécies e quatro subespécies distribuídas pelo Brasil, sobretudo na região Amazônica. Sinônimo: coatá.

Macaco-da-noite – *Zoo*. Primata pertencente ao gênero *Aotus*, que apresenta pelagem escura no dorso, marrom no ventre e branca ao redor dos olhos. Seus olhos são grandes e arregalados e pode estar ativo tanto durante o dia quanto à noite. Alimenta-se de frutas, sementes, insetos e folhas. Habita a Floresta Amazônica.

Macaco-prego – *Zoo*. Nome popularmente atribuído ao primata da espécie *Cebus apella*. É arborícola e apresenta hábitos diurnos. Alimenta-se de frutas, sementes, insetos, pequenos vertebrados, etc. Vive em grupos de até 20 indivíduos, chefiados por um macho adulto. Possui cerca de 1 metro de comprimento, considerando da cabeça até a cauda, e pode pesar 3 kg. As fêmeas criam um filhote de cada vez, e esses ficam agarrados na sua pelagem por vários meses. Há registros de que já tenha vivido até 45 anos em cativeiro.

Macellaria – *Etimo*. Verbete de origem latina que significa carniceiro. Um exemplo é a mosca *Cochliomyia macellaria*, cujas larvas alimentam-se de tecido ferido de vários vertebrados, sendo, então, consideradas "carniceiras".

Macrauquênia – *Paleo*. Nome referente às espécies dos gêneros *Macrauchenia* e *Xenorhinotherium*, que viveram na América do Sul e foram extintas há mais de 11.000 anos. Eram animais parecidos com os atuais camelos, porém não apresentavam corcovas, tinham uma probóscide mais desenvolvida que a de uma anta e três dedos nos pés e nas mãos. Mediam cerca de 2 m de altura e pesavam em média 1 tonelada. Eram animais herbívoros.

Macro – *Etimo*. Termo de origem grega que significa longo, grande. Ex. 1: *Macropus agilis*; espécie de canguru da Austrália que, traduzindo, seria o "pé (g. *podos*) grande (g. *macro*) e ágil (l. *agilis*)". Ex. 2: macrófago; compreende um tipo de leucócito com elevado poder fagocitário de partículas estranhas, portanto foi nomeado como o grande (g. *macro*) comedor (g. *fagos*).

Macroclima – *Eco*. União de condições ambientais (luminosidade, umidade, temperatura, etc.) de uma determinada região.

Macroevolução – *Evo*. Evolução dos grupos taxonômicos acima do nível de populações.

Macrogameta – *Embrio*. Nome atribuído à célula germinativa feminina, o óvulo, por apresentar maior tamanho que o gameta masculino, ou microgameta.

Macrômero – *Embrio*. Denominação dada aos blastômeros que ficam grandes e possuem grande quantidade de vitelo.

Macróptero – *Zoo*. Diz-se de insetos com asas grandes.

Macroscelidea – *Zoo*. Ordem de mamíferos que inclui os musaranhos-elefantes. São exclusivos do continente africano, possuem focinho alongado e se locomovem através de saltos. Esta ordem é constituída de apenas uma família, denominada macroscelididae.

Macuco – *Zoo.* Ave da espécie *Tinamus solitarius*, endêmica da região Neotropical, onde é encontrada em ambientes de Mata Atlântica. Apresenta coloração cinza e verde-oliva, mede cerca de 50 cm e chega a pesar 2 kg. Seus ovos são verdes-turquesa. Alimenta-se de artrópodes, frutas e sementes. Não são boas voadoras, dando apenas voos explosivos em caso de perigo. Estão ameaçadas de extinção devido à caça predatória e ao desmatamento.

Macula – *Etimo.* Termo de origem latina que significa mancha.

Maculata, maculatus, maculosus – *Etimo.* Vocábulo de procedência grega que significa com manchas, manchado. Este verbete é empregado com frequência em zoologia como epíteto específico, visando descrever o aspecto manchado de algum ser ou de parte do mesmo.

Madreporito – *Zoo.* Estrutura através da qual o sistema ambulacral, presente em equinodermos, se comunica com o exterior. Sinônimo: placa madrepórica.

Maguari – *Zoo.* Nome popularmente atribuído à ave *Ardea cocoi*. É a maior espécie de garça que ocorre no Brasil e pode alcançar 1,25 metro de comprimento. Apresenta plumagem geral branca, sendo o ápice da cabeça escuro. Distribui-se em locais de ambientes úmidos e vive de forma solitária. Sua postura constitui-se de dois a quatro ovos e o período de incubação é de 25 dias. É também conhecida como garça-moura ou socó-de-penacho.

Malacofauna – *Zoo.* Conjunto de espécies de moluscos de uma determinada região geográfica.

Malacologia – *Bio.* Ramo da zoologia que se dedica ao estudo dos moluscos.

Malacostraca – *Zoo.* Classe que reúne a maioria das espécies de crustáceos, incluindo todas as formas maiores (caranguejos, siris, camarões, lagostas). A cabeça consiste em cinco segmentos, o tronco é formado por oito segmentos, com apêndices (chamados de pleópodos), e o abdômen por seis segmentos, além do télson. Na maioria dos malacostracos, de um a três segmentos torácicos anteriores unem-se à cabeça para originar o cefalotórax. Constituem um grupo bem adaptado. Existem cerca de 42.000 espécies descritas nessa classe, a ordem mais conhecida do público em geral é a Decapoda.

Malária – *Zoo.* Também chamada de paludismo, trata-se de uma infecção causada por protozoários do gênero *Plasmodium*, transmitida pela picada de fêmeas de mosquitos do gênero *Anopheles*, infectados. No entanto, a doença pode ser também adquirida por transfusão sanguínea, por uso compartilhado de agulhas contaminadas, ou por via congênita no momento do parto. A moléstia caracteriza-se por febre intermitente, cefaleia, anemia e esplenomegalia.

Mallo – *Etimo.* Termo de origem latina que significa cabelo. Sinônimo em grego: *trichos, trico.*

Mallophaga – *Zoo.* Ordem de insetos conhecidos popularmente como piolhos-de-galinha. Possuem corpo achatado dorsoventralmente, cabeça larga, são ápteros e são os piolhos mastigadores que parasitam aves e mamíferos. O que os diferencia dos piolhos anopluros (piolhos sugadores) é a cabeça mais larga. Nos mamíferos, parasitam bovinos, caprinos, ovinos e equinos. Também acometem inúmeras espécies de aves. Causam dermatite, intensa irritação e inquietude, fazendo com que os animais se esfreguem contra muros e cercas de arame, deixando o couro danificado, além de o animal poder adquirir infecções secundárias nessas lesões. Existem cerca de 2.500 espécies descritas.

Mamba-negra – *Zoo.* Serpente da família Elapidae pertencente à espécie *Dendroaspis polylepis*. É encontrada no continente africano. Trata-se de animais velozes, que vivem no solo e em árvores e medem cerca de 3 m. A mamba-negra é uma das serpentes com peçonha mais poderosa do mundo. Seu nome provém da coloração do interior da sua boca (negra ou preta), que a serpente abre em sinal de alerta, ameaçando possíveis predadores. Também conhecida como mamba-preta.

Mamífero – *Zoo.* Nome atribuído aos vertebrados da classe Mammalia. Veja Mammalia.

Mamma – *Etimo*. Termo de origem latina que significa peito.

Mammalia – *Zoo*. Vertebrados que apresentam mamas. Originaram-se a partir de répteis sinapsídeos. O desenvolvimento do crânio, das maxilas e dos dentes foi importante fator na evolução desses animais. São encontrados nos mais variados *habitats*. Fazem parte deste grupo o homem, cachorro, gato, porco, cavalo, vaca, coelho, tatu, gambá, baleia, etc. Características principais: glândulas mamárias produtoras de leite (destinado à alimentação dos filhotes); corpo coberto por pelos e pele rica em queratina; presença de glândulas sudoríparas e sebáceas (para manutenção e regulação da temperatura do corpo, já que são animais homeotérmicos); existência de outros anexos do tegumento, como chifres, cornos, cascos, unhas, garras, etc.; respiração pulmonar, com auxílio do músculo diafragma; circulação dupla, fechada e completa, e o coração com quatro cavidades (sendo dois átrios e dois ventrículos); hemácias anucleadas, diferentemente dos outros animais; maioria das espécies com quatro membros, exceto nos cetáceos e sirênios (apenas dois membros conspícuos); reprodução sexuada com fecundação interna; geralmente vivíparos (exceto nos monotremados); único grupo a apresentar placenta no seu desenvolvimento embrionário; desenvolvimento direto. Existem cerca de 5.000 espécies de mamíferos distribuídos em várias ordens, como: Chiroptera, Primata, Xenarthra, Cetacea, Sirenia, Artiodactyla, Perissodactyla, Lagomorpha, Rodentia. No Brasil, ocorrem cerca de 710 espécies.

Man – *Etimo*. Termo de origem latina que significa mão.

Maná – *Zoo*. Exsudação de certos coccídeos.

Manaí – *Zoo*. Nomenclatura empregada ao mamífero sirênio também conhecido como peixe-boi (*Trichechus manatus*). Sinônimos: boi-marinho, urauá ou guarabá. Veja Peixe-boi.

Manati – *Zoo*. Nome também atribuído ao peixe-boi (*Trichechus manatus*). Veja Sirenia.

Mancha pélvica – *Zoo*. Região bastante vascularizada presente no ventre de alguns anuros, principalmente daqueles que habitam regiões desérticas. Através dessa mancha eles são capazes de absorver grande quantidade de água presente no solo e armazená-la. Para diminuir a perda de água durante o dia esses anfíbios se encolhem, de modo a proteger a mancha pélvica e evitar a desidratação.

Mandíbula – *Anato*. Osso móvel da região inferior da face, onde estão os dentes. Sinônimo: maxilar inferior. *Zoo*. Nos insetos representa a peça bucal, adaptada para mastigar, como em Orthoptera, perfurar em Hemiptera, ou moldar cera em abelhas (Himenópteros).

Mandril – *Zoo*. Nome conferido ao babuíno *Mandrillus sphinx*, encontrado nas florestas africanas. Apresenta a ponta do nariz e o focinho muito coloridos em vermelho e azul, além de pelos amarelados em volta do pescoço e da cabeça. Possui cerca de 1,5 m de comprimento e patas relativamente curtas.

Manto – *Geol*. Camada da terra localizada logo abaixo da litosfera, com quase 3.000 km de espessura. Corresponde a 80% do volume total da terra. No manto terrestre as temperaturas são altíssimas e os metais encontram-se derretidos. Predominam aqui o silício e o magnésio. Amostras deste material são expelidas pelos vulcões na forma de magma. *Zoo*. Parte da massa visceral dos moluscos, responsável pela produção da concha. Sinônimo: Pálio.

Mantodea – *Zoo*. Ordem de insetos conhecidos popularmente como louva-deus ou profeta. Suas pernas anteriores são raptoriais e a posição de ataque que esses insetos apresentam é bastante característica, e faz com que algumas pessoas acreditem que esse artrópode seja peçonhento, o que não é verdade. A cabeça é pequena, triangular e móvel. O aparelho bucal é do tipo mastigador e as asas podem ser bem desenvolvidas ou atrofiadas. São predadores de moscas, gafanhotos, aranhas, etc. Chegam a medir 15 cm. Apresentam ciclo hemimetábolo e os ovos são postos em uma ooteca. É considerado grupo-irmão de Blattodea e Isoptera, originando o grupo Dictyoptera. Existem cerca de 2.000 espécies descritas.

Mantophasmatodea – *Zoo.* Ordem de insetos constituída por membros hemimetábolos de tamanho mediano (2 cm), cabeça hipognata, antenas longas e delgadas e região distal angulada. Uma curiosidade desta ordem é que em muitas espécies ocorre o canibalismo sexual, e a fêmea (maior) alimenta-se do macho durante ou após a cópula, que pode durar até 3 dias ininterruptos. Os artrópodes dessa ordem foram assim denominados pela sua semelhança com duas outras ordens (Mantodea e Phasmida). Existem pouco mais de uma dezena de espécies descritas até o momento, sendo três extintas.

Mão-pelada – *Zoo.* Nome popular do mamífero carnívoro do gênero *Procyon*, da família Procyonidae, também conhecido como guaxinim, mascarado e mão-lisa. De maneira geral apresentam pelagem com coloração cinza-escura com manchas amareladas, escura ao redor dos olhos e branca na ponta do focinho, olhos escuros e redondos e cauda peluda e listrada. A espécie *Procyon cancrivorus* pesa cerca de 5 kg. São endêmicos do continente americano, sendo que *P. cancrivorus* é encontrado no Brasil, na Argentina, Bolívia, Colômbia, no Peru, na Venezuela, Guiana, no Suriname e na América Central.

Maré vermelha – *Eco.* Episódio em que as águas ficam tóxicas devido à liberação de toxinas por algas denominadas dinoflagelados. Geralmente o episódio leva à morte de milhares de peixes, e outros seres marinhos, podendo a água tornar-se tóxica aos humanos, assim como a ingestão de animais presente nessas águas, como moluscos e peixes, por exemplo. As altas temperaturas superficiais, o elevado número de nutrientes da água, baixa salinidade, dentre outros, são fatores que propiciam esse acontecimento.

Marginado – *Zoo.* Diz-se de uma estrutura que tenha margem lateral aguda projetada, ou em forma de quilha.

Mariana, desastre ambiental – Eco. Em outubro de 2015, ocorreu o maior desastre ambiental do Brasil em decorrência do rompimento da barragem do Fundão, em Mariana, Minas Gerais. No que tange à zoologia, centenas de espécies foram acometidas, com milhares ou, possivelmente, milhões de mortes de espécimes, sobretudo, animais viventes na bacia do Rio Doce. Mais de 100 espécies de aves, 60 espécies de peixes, 30 espécies de mamíferos, 25 espécies de anfíbios e quatro de répteis foram diretamente acometidas. Naturalmente, os grupos mais gravemente atingidos foram os peixes e demais organismos aquáticos. Além disso, moradores dependentes da água ou da pesca proveniente do Rio Doce ficaram seriamente prejudicados. Com base em laudo técnico do IBAMA, mais de 1.400 hectares de mata nativa, incluindo áreas de preservação permanente, foram destruídos. Testes de qualidade da água identificaram metais pesados muito acima do permitido, com destaque para o ferro e o manganês, o que afetará a vida nesse ambiente por muitos anos. O desastre é considerado um dano irreparável ao ecossistema local e brasileiro.

Mariposa – *Zoo.* Inseto que pertence à ordem Lepidoptera. Veja Lepidoptera.

Maritimus – *Etimo.* Vocábulo de origem latina que significa marítimo, que vem do mar. Ex.: o urso-polar que vive nas regiões árticas do polo norte e apresenta patas adaptadas ao nado, possui nome científico *Ursus maritimus*, por viver próximo ao mar.

Marmota – *Zoo.* Mamífero roedor da espécie *Marmota marmota*, família Sciuridae. As marmotas medem de 60 a 90 cm de comprimento (incluída a cauda), pesam de 4 a 8 kg, tem focinho curto, corpo robusto, incisivos grandes e de crescimento contínuo, pelo castanho e cauda grossa. Alimentam-se de folhas. As colônias vivem em tocas construídas com terra, pedras, grama e pequenos galhos. Durante o período de hibernação a temperatura corporal cai bruscamente, e as marmotas se mantêm protegidas do frio e dos predadores dentro de suas tocas. As fêmeas reproduzem-se em intervalos de pelo menos 2 anos. A gestação dura 5 semanas e nascem até sete filhotes a cada ninhada.

Marreco – *Zoo.* Nome comum dado a várias espécies de aves da família Anatidae. São originários da América do Norte. Possuem bico chato e passam grande parte do tempo em lagos.

Marsupialia – *Zoo.* Ordem de mamíferos também intitulada Didelphia. Existem desde espécies pequenas, como os gambás, até cangurus australianos que podem atingir mais de 1,50 m. Apresentam útero duplo e vaginas duplas ou triplas, daí a origem do nome didelfídeos. Seus filhotes nascem prematuros e terminam seu desenvolvimento nos marsúpios, bolsas ventrais presentes na maioria dos marsupiais, em cujo interior estão os mamilos. Embora os cangurus sejam os exemplos mais conhecidos, também são marsupiais os gambás, lobo-da-tasmânia, esquilo-voador, o coala, dentre outros.

Marsupio – *Etimo.* Termo de origem latina que significa bolsa.

Marsúpio – *Zoo.* Estrutura presente no corpo dos mamíferos marsupiais, onde os recém-nascidos prendem-se às glândulas mamárias até completar o seu desenvolvimento. Bolsa que se localiza no abdômen dos marsupiais (canguru, coala, gambá, etc.).

Martelo – *Anato.* Ossículo do ouvido médio, localizado na parte mais externa, quando comparamos os três ossículos (martelo, bigorna e estribo). Fica preso à membrana timpânica e uma de suas partes se articula com a bigorna.

Martim-pescador – *Zoo.* Ave da ordem Coraciiformes, também conhecida como pica-peixe ou ariramba. São aves de bico comprido e porte médio. Vivem próximo a rios, onde se alimentam de peixes, larvas e insetos aquáticos. No Brasil ocorrem os gêneros *Ceryle* e *Chloroceryle.*

Maruins – *Zoo.* Nome popularmente atribuído aos insetos do gênero *Culicoides*. Veja *Culicoides*.

Massa celular interna – *Embrio.* O mesmo que embrioblasto. Veja Embrioblasto.

Massa visceral – *Zoo.* Como é chamado o conjunto de órgãos internos dos moluscos.

Masseter – *Anato.* Músculo localizado na bochecha, que auxilia na movimentação para a mastigação.

Mastigophora – *Zoo.* Subfilo que reúne os protozoários flagelados, que se locomovem por propulsão flagelar. Engloba gêneros como *Trypanosoma*, *Leishmania*, *Trichomonas*, *Histomonas* e *Giardia.*

Mastigota – *Etimo.* Termo de origem grega que significa flagelo.

Masto, Mastia – *Etimo.* Termo de origem grega que significa seio, peito.

Mastodonte – *Paleo.* Animal aparentado aos atuais elefantes. Habitaram a Terra, inclusive o Brasil, há aproximadamente 10 mil anos. A espécie *Stegomastodon waringi* foi descrita por Holland, em 1920.

Mastofauna – *Zoo.* Diz-se da fauna de mamíferos de uma determinada região.

Mastoide – *Bio.* Que possui formato de mama.

Mastozoologia – *Zoo.* Parte da Zoologia que se destina ao estudo dos mamíferos.

Mata Atlântica – *Eco.* Zona fitogeográfica brasileira caracterizada pelo clima equatorial ao Norte e clima subtropical ao sul. O solo é pobre e a topografia é acidentada. Ocorre desde o Rio Grande do Norte ao Rio Grande do Sul. Entre as principais espécies desta região estão: jacarandá, pau-brasil, jatobá, peroba, samambaias, musgos, avencas e orquídeas.

Mata temperada das araucárias – *Eco.* Zona fitogeográfica brasileira caracterizada pelo clima temperado com chuvas regulares e estações bem definidas. A topografia é de regiões serranas e o solo pode ser rico em alguns locais. A vegetação predominante é o pinheiro-do-paraná (*Araucaria angustifolia*), mas também ocorrem a canela, a imbuia e a erva-mate. Localiza-se nos três Estados do Sul do Brasil (Paraná, Santa Catarina e Rio Grande do Sul).

Mater – *Etimo.* Termo de origem latina que significa mãe.

Matriz da paisagem – *Eco.* Vegetação dominante ou mais conectada de uma área. A matriz não é necessariamente a vegetação original e sim a mais abundante.

Maxila – *Zoo.* Peça bucal que nos insetos mastigadores está situada logo atrás das mandíbulas.

Maxilar inferior – *Anato.* O mesmo que mandíbula. Veja Mandíbula.

Maxilípede – *Zoo.* Apêndices da região anterior do cefalotórax de alguns crustáceos, que constituem peças bucais auxiliares. Também são denominadas "patas-maxilas".

Meato – *Anato.* Diz-se de uma abertura ou passagem no corpo. Exemplos: meato nasal e meato acústico externo.

Mecoptera – *Zoo.* Ordem de insetos alados, com o rostro formando as peças bucais. Na parte posterior dos machos a genitália lembra um aguilhão, mas não produz picadas. São ovíparos com desenvolvimento larval. Vivem em florestas fechadas. Alimentam-se de outros insetos menores e também de larvas. Possuem cerca de 5 cm de comprimento. Existem perto de 550 espécies descritas, mas não são conhecidas do público em geral.

Mecos – *Etimo.* Termo de origem latina que significa "longo".

Média – *Zoo.* Uma das veias longitudinais de uma asa de inseto, entre o rádio e o cúbito.

Mediolíneo – *Anato.* Diz-se das pessoas que apresentam o corpo proporcional, como por exemplo: o comprimento dos membros proporcional em relação ao comprimento do tronco. É o biótipo intermediário entre o brevilíneo e o longilíneo.

Medusa – *Zoo.* São cnidários, geralmente móveis, de corpo gelatinoso e que apresentam o ápice convexo, lembrando um guarda-chuva. Na parte côncava fica localizada uma abertura que serve como boca e ânus. Reproduz-se de forma sexuada.

Megafauna – *Zoo.* Termo empregado para a fauna de grandes animais vertebrados terrestres de uma determinada região.

Megalécito – *Embrio.* O mesmo que telolécito. Veja Telolécito.

Megalo – *Etimo.* Termo de origem grega que significa grande.

Megaloptera – *Zoo.* Ordem de insetos alados, com cabeça prognata e mandíbulas bem desenvolvidas. São ovíparos com desenvolvimento indireto. As larvas aquáticas são predadoras, e os adultos se alimentam de açúcares da natureza. Existem aproximadamente 300 espécies conhecidas.

Megaloquinídeos – *Paleo.* Família de preguiças terrícolas de menor porte, extintas há aproximadamente 11.000 anos, durante o Pleistoceno. Vários fósseis da espécie *Nothrotherium maquinense* foram encontrados em Minas Gerais, na Gruta de Maquiné.

Megalosaurus – *Paleo.* Gênero de dinossauros terópodes que habitaram a região onde hoje é a América do Sul, Ásia e Europa durante o final do período Jurássico. Eram grandes carnívoros, de nove metros de comprimento e uma tonelada. Apresentavam postura bípede, com braços curtos, cauda longa e musculosa, equilibrando o peso da cabeça voltada para a frente. Foram os primeiros fósseis de dinossauros descobertos, no ano de 1818.

Megaterídeos – *Paleo.* Família de preguiças terrícolas que habitaram a América do Sul durante o Pleistoceno (aproximadamente 11.000 anos atrás). Inclui os animais de maior porte, como as preguiças-gigantes, das espécies *Eremotherium laurillardi* e *Megatherium americanum.*

Megatherium americanum – *Paleo.* Espécie extinta de preguiça-gigante da família dos Megaterídeos, que habitou as Américas do Sul e do Norte até o final do Pleistoceno. Eram animais herbívoros de aproximadamente 3 m de altura e 4 toneladas.

Mel – *Zoo.* Substância orgânica complexa produzida pelas abelhas, a partir da coleta e elaboração do néctar das plantas por estes insetos, sendo segregada por glândulas especiais denominadas melíferas. Constitui um líquido espesso, rico em glicose, que serve de sustento para as larvas. É usado como alimento pelos humanos e diversos animais silvestres.

Melanóforos – *Zoo.* Tipo de cromatóforo, ou seja, célula pigmentar típica de animais invertebrados e vertebrados, que confere coloração marrom e preta. Possuem grânulos de melanina e omocromos.

Meli – *Etimo.* Verbete de origem latina que significa mel. Ex.: Meliphagidae, a qual trata-se de uma família de aves cuja tradução seria "comedor (g. *fago*) de mel", sendo uma referência ao comportamento dos indivíduos desta família de se alimentarem do néctar das flores.

Membrana – *Zoo.* Estrutura fina, geralmente transparente. Na asa do tipo hemiélitro de alguns insetos, é a parte distal, além do cório.

Membrana interdigital – *Zoo.* Membrana presente entre os dedos de alguns vertebrados, bastante evidente em anuros membros das famílias Ranidae e Pipidae. Tal estrutura auxilia na natação destes animais.

Membrana peritoneal – *Zoo.* Membrana que reveste o tubo digestivo dos insetos.

Membrana peritrófica – *Zoo.* Membrana secretada pelas células que revestem o mesêntero; é produzida na presença do alimento e forma um envoltório em torno do mesmo. Em geral desprende-se do mesêntero, fica em torno do alimento e sai com as fezes.

Membrana vitelina – *Zoo.* Tecido delicado e homogêneo que reveste o vitelo do ovo dos insetos.

Membranáceo – *Bio.* Com aspecto de membrana. Estrutura delicada, delgada.

Mensa – *Etimo.* Vocábulo de origem latina que significa mesa. Recordar de comensalismo, a relação ecológica entre organismos de espécies diferentes que se caracteriza por ser benéfica para uma espécie ou ambas, não causando prejuízo a nenhuma destas. O termo propõe que as espécies estariam juntas (l. *co*) à mesa (l. *mensa*).

Mento – *Zoo.* Parte do lábio dos insetos onde se prendem os palpos e a lígula.

Mento, mentum – *Etimo.* Termo de origem latina que significa queixo.

Mergulhão – *Zoo.* Ave da ordem Podicipediformes, presente em todos os continentes, exceto Antártida. São aves aquáticas parecidas com patos, porém suas patas possuem localização mais caudal, dificultando a locomoção em terra. Alimentam-se de peixes e invertebrados aquáticos.

Merísticos, caracteres – *Zoo.* Caracteres morfológicos de um animal ou outro ser vivo, que pode ser contabilizado, como: número de antenas, patas, escamas, etc.

Meroístico – *Zoo.* Tipo de ovaríolo possuidor de células nutritivas, como ocorre nas abelhas, por exemplo.

Mesencéfalo – *Anato.* Uma das três vesículas primárias do cérebro, encontrada em posição mediana, entre o prosencéfalo e o rombencéfalo.

Mesênquima – *Embrio.* Tipo de tecido conjuntivo frouxo embrionário. O mesênquima espalha-se a partir da linha primitiva e uma parte deste se agrega para formar uma camada denominada mesoderma intraembrionário.

Mesêntero – *Zoo.* O mesmo que intestino médio. Veja Intestino médio.

Mesepímero – *Zoo.* O epímero localizado no mesotórax dos insetos.

Mésico – *Eco.* Característica do ambiente que é úmido.

Mesoesterno – *Zoo.* Esterno do mesotórax dos insetos.

Mesogleia – *Zoo.* Lâmina gelatinosa, localizada entre a epiderme e a gastroderme dos celenterados.

Mesolécito – *Embrio.* O mesmo que heterolécito. Veja Heterolécito.

Mesolímnio – *Eco.* Camada intermediária de um lago situada entre o epilímnio e o hipolímnio. O mesmo que metalímnio.

Mesolítico – *Paleo.* Período da pré-história entre o Paleolítico e o Neolítico que representa a época de transição entre os dois. Ocorreu há aproximadamente 10.000 anos.

Mesonefron – *Zoo.* Uma das três regiões funcionais do rim. As demais regiões são denominadas pronefron e opistonefron, sendo o mesonefron a porção dorsal mediana.

Mesonoto – *Zoo.* Esclerito dorsal do mesotórax dos insetos.

Mesopleura – *Zoo.* Pleura do mesotórax dos insetos.

Mesos – *Etimo.* Termo de origem grega que significa meio.

Mesosterno – *Zoo.* O mesmo que mesoesterno. Veja Mesoesterno.

Mesotórax – *Zoo.* Parte do tórax dos insetos que fica entre o protórax e o metatórax. Parte do tórax onde se inserem as pernas médias e as asas anteriores.

Mesozoa – *Zoo.* Filo de animais invertebrados, vermiformes, sem órgãos desenvolvidos e de vida marinha. São endoparasitos de outros invertebrados, como moluscos, platelmintos, anelídeos e equinodermos. Existem cerca de 50 espécies de mesozoários divididas em duas classes: Rhombozoa e Orthonectida.

Mesozoica – *Paleo.* Era geológica data de 240-140 milhões de anos, e compreende os períodos Triássico (240 milhões de anos), Jurássico (200 milhões de anos) e Cretáceo (140 milhões de anos). Nesta Era o clima era quente, as gimnospermas estavam amplamente distribuídas e houve o surgimento das primeiras angiospermas. Surgiram os dinossauros e os primeiros mamíferos e aves. No final da Era já havia dominância de angiospermas.

Meta – *Etimo.* Termo de origem grega que significa à distância.

Metabolo, metabole, metaballein – *Etimo.* Verbete de origem grega que significa mudança. Ex.$_1$: Um inseto holometábolo cursará com ciclo de mudança completo (g. *holo*), passando pelas formas de ovo – larva (que pode apresentar vários estádios) – pupa – adulto. Ex.$_2$: A soma de todas as alterações físicas e químicas que ocorrem no interior de um organismo é chamada de metabolismo.

Metacarpo – *Anato.* Parte média da mão que é formada por cinco ossos delgados.

Metacercária – *Zoo.* Fase larval dos trematódeos, na qual se encistam em pequenos invólucros, normalmente arredondados ou esféricos, onde ficam alojados, com a finalidade de prolongar sua vida. Podem também fixar-se à vegetação ambiente, com a qual podem ser ingeridas por um hospedeiro.

Metaendopleurito – *Zoo.* Metendopleurito. Pleurito do metatórax dos insetos.

Metaendosternito – *Zoo.* Metendosternito. Endosternito do metatórax dos insetos.

Metaendotergito – *Zoo.* Metendotergito. Endotergito do metatórax dos insetos.

Metagênese – *Zoo.* Fase reprodutiva de alguns cnidários, na qual ocorre alternância de gerações com fase sexuada, representada pela forma medusoide, e fase assexuada, representada pela forma polipoide.

Metalímnio – *Eco.* Camada intermediária de um lago situada entre o epilímnio e o hipolímnio. Também chamada de mesolímnio.

Metameria – *Zoo.* Característica de alguns organismos que apresentam o corpo dividido em segmentos sobrepostos no sentido longitudinal, como por exemplo, a minhoca de jardim (*Lumbricus terrestris*). Permite um aumento na flexibilidade corporal e a contração muscular de cada segmento, independentemente dos outros. *Anato*. No homem, a metameria está presente nas vértebras e também nas costelas, sendo estas algumas das poucas estruturas em metameria que o homem conserva quando adulto, pois no período embriológico, existem diversas outras estruturas que estão dispostas em segmentos semelhantes.

Metâmero – *Zoo*. Segmento do corpo de alguns organismos (como artrópodes), que se repete. Exemplo: os segmentos abdominais podem ser denominados metâmeros. Sinônimo: somito.

Metamorfose – *Zoo*. Nos insetos é a série de mudanças (estádios de desenvolvimento) pelas quais o inseto passa no seu crescimento, desde o ovo até a fase adulta.

Metamorfose completa – *Zoo*. Fenômeno vivido por determinados insetos, cujo ciclo de vida é caracterizado pela presença dos estádios de ovo – larva – pupa – adulto.

Metamorfose incompleta – *Zoo*. Fenômeno vivido por determinados insetos, cujo ciclo de vida é caracterizado pela presença dos estádios de ovo – ninfa – adulto, estando ausente a fase de pupa em seu desenvolvimento.

Metanefrídio – *Zoo*. Órgãos saculiformes que apresentam função de excreção nos moluscos.

Metapleura – *Zoo*. Pleura do metatórax dos insetos.

Metapnêustico – *Zoo*. Nos insetos diz-se quando somente o espiráculo posterior do abdômen é funcional. Tipo de aerossoma.

Metapopulação – *Eco*. População que, devido ao processo de fragmentação do ambiente, encontra-se dividida em subpopulações que apresentam dinâmica interna própria, mas mantêm um fluxo gênico entre si.

Metasterno – *Zoo*. Em insetos é o esterno do metatórax.

Metatarso – *Anato*. Parte média do pé que é formada por cinco ossos delgados. *Zoo*. Tarso das pernas posteriores dos insetos.

Metatheria – *Zoo*. Subclasse de mamíferos que são didelfos e apresentam a placenta difusa. Caracterizam-se pelo curto período ġestacional. Os filhotes nascem ainda embriônicos e terminam seu desenvolvimento fora do útero, quase sempre em uma estrutura denominada marsúpio, onde estão presentes os mamilos. A maior diversidade de metatérios encontra-se na Oceania, seguida pela América do Sul. Exemplos: cangurus, coalas e gambás.

Metatórax – *Zoo*. Parte do tórax atrás do mesotórax, onde se prendem as pernas posteriores e as asas posteriores dos insetos.

Metazoa – *Zoo*. O mesmo que Reino Animalia. Veja Animalia, reino.

Metazoários – *Zoo*. Diz-se dos animais que pertencem ao Filo Metazoa.

Metencéfalo – *Anato*. Uma das duas vesículas (metencéfalo e mielencéfalo) que subdividem o rombencéfalo, porção caudal do cérebro embrionário. Origina o cerebelo e a ponte. Localiza-se em uma posição mais rostral em relação ao mielencéfalo.

Mexilhão – *Zoo*. Nome popularmente atribuído a moluscos bivalvos, muito utilizados na culinária. Veja Bivalvia.

Micetófago – *Zoo*. Aquele que se alimenta de fungos. Sinônimo: fungívoro.

Mico-de-cara-branca – *Zoo*. Primata da espécie *Callithrix geoffroyi*, família Callitrichidae. Recebem esse nome por terem a face branca, ao contrário do resto do corpo, de pelagem negra e cinza. Apresentam cauda longa, olhos redondos e alaranjados, e pesam por volta de 300 g. Alimentam-se principalmente de frutos e insetos. Ocorrem em regiões de Mata Atlântica dos estados da Bahia, Minas Gerais e Espírito Santo. Sinônimo: sagui-de-cara-branca.

Mico-estrela – *Zoo.* Primata bastante comum no Brasil, pertencente à espécie *Callithrix penicillata*, família Callitrichidae. São animais ágeis, vivem sobre árvores, alimentam-se de frutos, flores, invertebrados e gomas de árvores. Tem a cauda longa, pelo cinza-escuro e uma mancha branca na testa. Pesam cerca de 250 g e medem 30 cm, mais 35 cm de cauda. Atualmente é encontrado em regiões de floresta e cerrado da costa brasileira e nos estados de Minas Gerais e Goiás. Sinônimo: sagui-de-tufos-pretos.

Mico-leão-dourado – *Zoo.* Pequeno primata, frugívoro, da espécie *Leontopithecus rosalia.* Pesam em média 500 g, tem a cauda longa, pelo dourado brilhante, face pequena contornada por uma juba também dourada. Vivem em bandos. Alimentam-se de frutos, insetos, pequenos vertebrados e ovos. Habita a região da América Tropical, principalmente ambientes de Mata Atlântica. É considerado ameaçado de extinção.

Micorriza – *Eco.* Associação de fungos com raízes de algumas espécies de plantas, na qual os fungos auxiliam essas plantas na absorção de vários nutrientes. As micorrizas representam um tipo de relação harmônica interespecífica. Podem ser divididas em endomicorrizas e ectomicorrizas, sendo o primeiro tipo mais frequente.

Microclima – *Eco.* Mudanças climáticas que existem em cada um dos estratos de um bioma, com especialização dos seres que neles vivem. Exemplo: numa floresta existem diferenças climáticas entre a parte mais alta das copas das árvores (maior índice de ventos, sol, chuvas), e o espaço existente entre suas raízes (escuridão, umidade, temperatura quase constante).

Microgameta – *Embrio.* Denominação dada à célula sexual masculina, ou espermatozoide, que recebe esse nome por ser menor que o gameta feminino, ou macrogameta.

Microhylidae – *Zoo.* Família de anfíbios anuros cuja maior parte de seus representantes apresentam formato corporal peculiar que varia de globular a oval, olhos pequenos e dorsais e braços curtos. Apresentam hábito noturno fossorial ou semifossorial, passando boa parte do tempo em abrigos no chão ou enterrados. As espécies desta família estão distribuídas em todo continente americano, na África subsaariana e da Coreia ao nordeste da Austrália.

Microlécito – *Embrio.* Ovos que apresentam pequena quantidade de vitelo distribuída uniformemente pelo citoplasma. Mamíferos placentários, anfioxos e equinodermos são exemplos de animais que possuem ovos microlécitos. Sinônimo: oligolécito.

Micrômero – *Embrio.* Diz-se dos blastômeros menores e pobres em vitelo.

Micróptero – *Zoo.* Diz-se dos insetos com asas muito diminutas.

Microtríquias – *Zoo.* Pequena expansão piliforme da cutícula, sem articulação basal.

Micrurus – *Zoo.* Gênero que designa espécies conhecidas popularmente como cobra-coral. Pertencem à família Elapidae. Essas serpentes apresentam a cabeça arredondada e não têm fosseta loreal. Possuem hábito noturno e embora sua distribuição seja por todo o Brasil, elas não costumam ser agressivas, só atacam se muito estimuladas, por esse motivo os acidentes com essas serpentes não representam 1% dos acidentes ofídicos no país, mas quando ocorrem é comum serem fatais. No ano de 2012, foram registrados 240 acidentes por este gênero de serpente pelo Ministério da Saúde. Ao pressentirem o perigo, enrolam-se e levantam a cauda, dando a impressão de que se trata da cabeça. Apresentam porte pequeno e vivem entocadas. O reconhecimento entre as corais verdadeiras e as corais falsas é muito difícil e perigoso, deve-se duvidar sempre.

Mictacea – *Zoo.* Pequeno grupo de crustáceos, recentemente descritos (década de 1980), com somente cinco espécies. Habitam profundidades dos oceanos Atlântico e Pacífico e algumas cavernas marinhas. Possuem 3,5 mm de comprimento ou menos. Embora pouco se saiba quanto a sua biologia, é proposto que tais organismos sejam detritívoros.

Midden – *Zoo.* Termo em inglês que define a massa de resíduos orgânicos de animais que se deposita em determinado local.

Mielencéfalo – *Anato.* Uma das duas vesículas (metencéfalo e mielencéfalo) que subdividem o rombencéfalo, porção caudal do cérebro embrionário. Origina o bulbo. Localiza-se em uma posição mais caudal em relação ao metencéfalo.

Migração – *Eto.* Espécies que se movimentam de uma região para outra. Na maioria das vezes a migração ocorre periodicamente. Geralmente o período reprodutivo das espécies coincide com a época de deslocamento. Exemplos de animais que migram: leões marinhos, baleias, golfinhos, andorinhas, pombos, cegonhas, etc.

Migração de quelônios – *Eto.* Algumas espécies de tartarugas marinhas apresentam grande capacidade de migrar, podendo ser comparadas às migrações das aves. Esses quelônios nadam por mihares de quilômetros para retornar à praia onde nasceram e lá depositarem seus ovos. Para isso utilizam o sol como principal fonte de orientação.

Migração e orientação das aves – *Eto.* As migrações sazonais que algumas aves realizam estão diretamente relacionadas à frutificação ou floração de alguns vegetais. Nas aves aquáticas, e mesmo em outras não aquáticas, as migrações estão mais vinculadas a mudanças de estações e a vazantes e/ou cheias dos rios, e geralmente coincide com a oferta de alimento. As migrações podem ser desde individuais até em grandes bandos. A maioria das aves não apresenta comportamento migratório, só se deslocando para procurar alimento ou proliferar a espécie.

Miíases – *Zoo.* Constituem parasitoses, resultantes da invasão de dípteros (moscas) em sua forma larval, em tecidos do homem ou animais. Podem ser classificadas em três tipos: miíase primária ou obrigatória, na qual as larvas se desenvolvem somente em tecidos vivos, ou seja, dentro de animais vivos ou sobre eles, como por exemplo: berne; miíase facultativa ou secundária, na qual as larvas se desenvolvem em tecidos animais em decomposição, e também em tecidos necrosados de animais vivos, como feridas abertas, como por exemplo: bicheiras; miíase acidental ou pseudomiíase, ocasionada por larvas de dípteros que acidentalmente são ingeridos ou penetram nas cavidades, e podem, eventualmente, causar distúrbios no hospedeiro.

Milodontídeos – *Paleo.* Família de preguiças terrícolas extintas há aproximadamente 11.000 anos, durante o Pleistoceno. Eram de porte médio, pesando cerca de 500 kg. Possuíam garras fortes nos pés e crânio alongado. Já foram encontrados fósseis da espécie *Catonyx cuvieri* no Nordeste do Brasil e no Estado de Minas Gerais.

Mimetico – *Etimo.* Termo de origem grega que significa imitação.

Mimetismo – *Eto.* Tipo de camuflagem que alguns animais possuem para escapar de seus predadores ou aproximarem-se de suas presas. O animal pode procurar um ambiente de cor semelhante à sua, ou trocar a tonalidade de sua cor através de processos hormonais, como ocorre no camaleão, e ainda existem aqueles que se assemelham a alguma parte do ambiente, como o bicho-pau ou o bicho-folha, os quais apresentam, respectivamente, morfologia de arbusto e folhas de algumas espécies de vegetais.

Mimidae – *Zoo.* Família de passeriformes que inclui os sabiás do gênero *Mimus*, encontrados em regiões litorâneas e campestres, com áreas abertas e semiáridas. As espécies mais conhecidas são o sabiá-do-campo, *Mimus saturninus*, e o sabiá-da-praia, *Mimus gilvus*.

Minhoca – *Zoo.* Nome popularmente atribuído ao oligoqueto da espécie *Lumbricus terrestris*. Veja *Lumbricus terrestris*.

Mioceno – *Paleo.* Época do período quaternário, que data de 20 milhões de anos. Desta época são os primeiros registros fósseis de ursos, girafas, várias aves, etc. Antecede o Plioceno.

Miossoma – *Zoo.* Conjunto de músculos dos insetos.

Miracídio – *Zoo.* Primeiro estágio larval de vida livre dos trematódeos, que emerge do ovo sob condições favoráveis de temperatura e umidade. Tem formato oval, com cerca de 0,17 mm de comprimento, revestido por um grande número de cílios, que proporcionam sua locomoção no meio líquido, à procura do hospedeiro intermediário (molusco no qual penetra).

Miria – *Etimo.* Termo de origem grega que significa muito numeroso.

Miriápodo – *Zoo.* Grupo de artrópodes, que compreende os quilópodes, diplópodes, dentre outros. Apresentam corpo formado basicamente pela cabeça e tronco longo e indiferenciado, com vários segmentos com pernas. Existem cerca de 17.000 espécies conhecidas. A maioria desses seres vivem em ambientes úmidos, devido sua epicutícula permeável. Existem espécies que atingem 30 cm de comprimento.

Mirme, Myrme – *Etimo.* Termo de origem grega que significa formiga.

Mirmecocoria – *Eco.* Dispersão de sementes e pólen por meio de formigas.

Mirmecófago – *Zoo.* Animais que se alimentam de formigas, como o tatu e o tamanduá. Veja Edentata.

Miso – *Etimo.* Termo de origem grega que significa odiar.

Mississippiano – *Paleo.* Tempo geológico descrito como a segunda parte do período carbonífero. Data de 330-300 milhões de anos. Veja Carbonífero.

Moela – *Zoo.* O mesmo que proventrículo. Parte do aparelho digestório das aves. Tem função de triturar os alimentos. Veja Proventrículo.

Moinho gástrico – *Zoo.* Conjunto de dentes do proventrículo de muitos insetos envolvidos na alimentação de matérias sólidas. Sua função é triturar os alimentos.

Molar – *Anato.* Tipo de dente que tritura os alimentos em partículas menores, e localiza-se no fundo da cavidade bucal. São oito molares em cada maxila.

Molde – *Paleo.* Tipo de registro fóssil, também conhecido como impressão, em que a morfologia de um organismo é encontrada reproduzida em negativo no material que o contorna. Pode-se encontrar, por exemplo, a marca do contorno de um peixe em uma rocha marinha formada sobre seu corpo.

Moleira – *Anato.* O mesmo que fontanela. Veja Fontanela.

Mollusca – *Zoo.* Filo de animais invertebrados que contempla lesmas, caracóis, lulas e polvos. São celomados, protostômios, triblásticos e de simetria bilateral. Apresentam o corpo mole não segmentado e constituído de cabeça, pé e massa visceral. A massa visceral é envolvida por uma prega epidérmica chamada manto, que tem como função secretar a concha (em alguns moluscos a concha é interna e outros nem a possuem). O manto dobra-se e forma a cavidade do mesmo, a qual tem uma fenda para alcançar os órgãos respiratórios (brânquias ou pulmões). Apresentam sistema digestório completo e a alimentação é realizada pela rádula, cuja função é raspar os alimentos. O sistema respiratório pode ser cutâneo, branquial (mexilhões) ou pulmonar (caracóis). O aparelho circulatório é aberto, e o coração se encontra encerrado no pericárdio. A excreção é efetuada pelos metanefrídeos e desemboca na cavidade do manto, sendo retirada daí pela passagem da água. Podem ocupar os mais variados ambientes. Algumas espécies são empregadas na culinária pelo homem e outras podem produzir pérolas. Além disso, esse grupo de animais é muito útil para a constatação de uma determinada área, já que algumas espécies podem ser usadas como bioindicadores. Existem cerca de 130.000 espécies descritas, sendo o segundo maior filo em número de espécies do reino animal, ficando atrás dos artrópodes. O tamanho pode variar de 2 mm até cerca de 20 m (lulas gigantes do oceano). Os exemplares estão distribuídos, principalmente, em três classes: Cephalopoda; Gastropoda; Bivalvia. Entre os gastrópodes e os bivalvos estão mais de 95% das espécies.

Molluscus – *Etimo.* Termo de origem latina que significa mole.

Molusco – *Zoo.* Animal que pertence ao filo Mollusca. Veja Mollusca.

Moniliforme – *Zoo.* Tipo de antena de alguns insetos, cujos artículos são cilíndricos e apresentam diminutos intervalos regulares. Traçando-se um paralelo, lembra a disposição das contas de um rosário.

Mono – *Etimo.* Termo de origem grega que significa sozinho, um.

Monófago – *Zoo.* Inseto que se alimenta de determinada espécie de planta.

Monofilético – *Bio.* Organismo que apresenta uma só origem. Que provém de um ancestral comum.

Monofilético, Grupo – *Bio.* Grupo natural caracterizado pela presença de um ou mais caracteres apomórficos. Inclui um táxon ancestral e todos seus derivados.

Monogamia – *Zoo.* Sistema de acasalamento em que uma fêmea e um macho cruzam apenas entre si, como acontece com o pinguim, o albatroz, a arara, dentre outros.

Monogenea – *Zoo.* Classe de platelmintos que compreende alguns ectoparasitos de peixes. Apresentam ventosas para fixação ao hospedeiro. Existem aproximadamente 1.100 espécies descritas.

Monoico – *Bio.* O mesmo que hermafrodita.

Monoplacophora – *Zoo.* Classe de moluscos, hoje reduzidos a pequeno número (29 espécies), que foram muito numerosos no Cambriano. Apresentam uma única concha simétrica e vivem em águas profundas. Acredita-se que estes organismos, devido a sua morfologia, sejam ancestrais dos gastrópodos, bivalvos e cefalópodos.

Monotipia – *Eco.* Diz-se quando um táxon é formado fundamentado em apenas uma espécie.

Monotremata – *Zoo.* Ordem de mamíferos que compreende as équidnas e os ornitorrincos. Os animais adultos apresentam bico coriáceo, que difere do bico das aves. Possuem cloaca, daí o nome monotremados (do grego: uma abertura). As fêmeas não produzem a placenta e são ovíparas. O leite desses animais sai através da pele e dos pelos, já que não possuem mamas. Ocorrem na Austrália e Nova Zelândia.

Monoxeno – *Zoo.* Parasito que realiza o seu ciclo de vida em um único hospedeiro, ou seja, a fase de reprodução e desenvolvimento ocorre em apenas um animal, não sendo necessário que esse seja repassado a outro indivíduo.

Monóxido de carbono (CO) – *Eco.* É um dos principais poluentes encontrado na atmosfera urbana e é produzido pela queima de combustível que apresente carbono na sua constituição. Quando é inalado, o CO, nos alvéolos pulmonares, liga-se às hemácias, fazendo uma ligação muito estável (a carboxi-hemoglobina), o que impossibilita a hemácia de transportar o gás oxigênio, comprometendo a respiração.

Montante – *Eco.* Referente à região onde nasce um curso de água, cabeceira de um rio.

Morbidade – *Bio.* Termo usado para designar o conjunto de casos de uma dada doença ou a soma de agravos à saúde que atingem um grupo de indivíduos, em um dado intervalo de tempo e lugar específico.

Morcego – *Zoo.* Mamífero que pertence à ordem Chiroptera. Existem três espécies hematófagas no Brasil, podendo transmitir algumas doenças ao homem, entre elas a raiva. Existem mais de 150 espécies descritas. São os únicos mamíferos com capacidade de voo, em virtude de terem seus membros anteriores transformados em asas.

Morcego-vampiro – *Zoo.* Nome popularmente atribuído à espécie *Diaemus youngi.* É um quiróptero que se alimenta do sangue de aves, principalmente galinhas e perus. Pode atacar pessoas, sobretudo durante o repouso. Sua saliva apresenta substâncias anticoagulantes e anestésicas, e o animal se alimenta lambendo o ferimento que ele mesmo ocasiona com os dentes.

Morfotipos – *Eco.* Exemplares de uma mesma espécie que se diferenciam por variações cromáticas e/ou anatômicas/morfológicas.

Mortalidade – *Bio.* Refere-se ao número de óbitos em relação ao número de habitantes num dado intervalo de tempo.

Mórula – *Embrio.* Aglomerado de células, originada pelos blastômeros, quando há 12 ou mais destes. É semelhante a uma amora (Latim: *morus*), por isso a denominação utilizada. No homem, esse estádio é atingido 3 dias após a fertilização.

Mosasaurus – *Paleo.* Gênero de lagartos marinhos que habitaram a Terra durante o período Cretáceo. Tais répteis tinham hábito carnívoro, viviam no oceano Atlântico, eram de grande porte, podiam medir mais de 15 metros de comprimento, sendo considerados um dos grandes predadores do período. Não há consenso sobre seu hábito de vida ser estritamente marinho, ou o *Mosasaurus* poderia adentrar leitos de água doce, todavia, fósseis do gênero foram encontrados em regiões de rio, especificamente no rio Mosa, que atualmente banha os Países Baixos, fato esse que deu origem ao nome do gênero.

Mosca – *Zoo.* Insetos alados silvestres ou domiciliados e que podem transmitir diversas doenças. Pertencem à ordem Diptera.

Mosca berneira – *Zoo.* Nome comumente atribuído à mosca *Dermatobia hominis.* Veja *Dermatobia hominis.*

Mosca varejeira – *Zoo.* Denominação atribuída ao díptero da espécie *Cochliomyia hominivorax*, principal mosca causadora de miíase primária nas Américas. Veja *Cochliomyia hominivorax.*

Mosca-da-bicheira – *Zoo.* Nome popularmente atribuído à mosca da espécie *Cochliomyia hominivorax*, cuja forma larval provoca miíases (bicheira) em humanos e outros animais. Veja *Cochliomyia hominivorax.*

Mosca-dos-chifres – *Zoo.* Denominação vulgar conferida à mosca *Haematobia irritans.* Veja *Haematobia irritans.*

Mosca-dos-estábulos – *Zoo.* Nome popularmente atribuído às moscas da espécie *Stomoxys calcitrans*, em face de frequentemente serem vistas em estábulos, onde realizam hematofagia nos grandes animais. Veja *Stomoxys calcitrans.*

Mosquito – *Zoo.* Insetos da ordem Diptera, alados, em que as fêmeas apresentam hábitos hematófagos para desenvolver seus ovos. Podem transmitir várias doenças tanto ao homem quanto a outros animais. Algumas das principais espécies de importância médica são: *Culex quinquefasciatus*, *Aedes aegypti*, *Anopheles darlingi*, *Lutzomyia* "spp." Algumas espécies podem perfurar a pele profundamente em busca de capilares, enquanto outras operam diminutos ferimentos na superfície da pele, originando pequenas poças de sangue para alimentação.

Mosquito-palha – *Zoo.* Denominação popularmente atribuída aos flebotomíneos, insetos dípteros vetores da Leishmaniose visceral e tegumentar, em razão de sua coloração clara ou amarelada, quando vistos contra a luz.

Motacillidae – *Zoo*. Família de pássaros campestres de pequeno porte (perto de 13 cm), plumagem discreta e voz bastante aguda. Alimentam-se de insetos. No Brasil ocorre apenas um gênero *Anthus*, conhecidos como caminheiros devido ao hábito de se movimentarem constantemente sobre o capim.

Muco – *Cito*. Secreção límpida e escorregadia presente nos tecidos mucosos dos animais.

Muda – *Zoo*. O mesmo que ecdise. Veja Ecdise.

Mula – *Zoo*. Nome popularmente dado ao híbrido do jumento com a égua. Geralmente são estéreis, mas existem casos de fertilidade. A cruza é realizada pelos criadores para sua utilização no transporte de cargas, visto que esses animais apresentam boa resistência.

Multi – *Etimo*. Termo de origem latina que significa muitos.

Muridae – *Zoo*. Família de mamíferos roedores, que compreende ratos, camundongos e outros. Até o momento foram descritas mais de 1.000 espécies nesta família.

Muriqui – *Zoo*. Mamífero da ordem dos primatas pertencente à espécie *Brachyteles arachnoides*, encontrado em regiões de Mata Atlântica, principalmente do sudeste brasileiro. São animais com cerca de 55 cm de comprimento (excetuando-se a cauda), possuem membros compridos, cauda preênsil e pelo amarelado. Tal primata, o maior da América, é ameaçado pela caça predatória e pela destruição constante da Mata Atlântica.

Musaranho-elefante – *Zoo*. Pequeno mamífero do gênero *Elephantulus*, ordem Insectivora, que mede cerca de 10 cm, excluindo o comprimento da cauda. Tem coloração cinza-amarelada, focinho fino e proeminente e patas traseiras longas, que permite que deem grandes saltos que auxiliam na caça de insetos, seu principal alimento. Devido ao rápido metabolismo, estão quase sempre a procura de comida. A gestação dura 2 meses, dando origem a dois filhotes. Distribuem-se por vários tipos de vegetação do continente africano, desde desertos até regiões florestais. Atualmente são comercializados como animais de estimação em diversos países, inclusive o Brasil.

Musaranho-pigmeu – *Zoo*. Mamífero da ordem Insectivora pertencente à espécie *Suncus etruscus*. São os menores mamíferos terrestres atuais, medindo em média 8 cm, incluindo-se o comprimento da cauda. Devido ao seu metabolismo acelerado, estão quase sempre procurando por comida, alimentando-se principalmente de vermes, insetos e aranhas. São animais de hábito noturno, de pelo acinzentado, rabo longo (média de 3 cm), focinho fino, confundidos por leigos com ratos e outros roedores. São encontrados em campos e florestas do sul da Europa e Ásia e norte da África. A gestação dura 3 meses e cada indivíduo pode viver por até 2 anos.

Musca domestica – *Zoo*. Espécie de díptero popularmente conhecida como mosca doméstica. Apresenta alto grau de antropofilia e pode veicular diversos patógenos até o homem. Tem distribuição geográfica mundial. Possui ciclo holometábolo e as formas larvais desenvolvem-se em locais com matéria orgânica em decomposição, como lixões. No verão, o ciclo completo pode durar menos de 1 semana. São atraídas por diversos odores e carreiam inúmeros microrganismos (bactérias, protozoários, ovos de helmintos, vírus, dentre outros) em suas pernas, pelos corpóreos, e na regurgitação sobre os alimentos. Entre as medidas profiláticas estão: coleta e destino correto do lixo, recolher fezes dos animais e manter a casa asseada.

Muscomorpha – *Zoo*. Subordem de dípteros de importância na saúde médico-veterinária. Sinônimo: Cyclorrhapha. Veja Cyclorrhapha.

Mussum – *Zoo*. Peixe da ordem Synbranchiformes, muitas vezes confundido com uma serpente devido ao seu formato anguiliforme e à ausência de nadadeiras. São escorregadios e difíceis de serem capturados com as mãos. Apresentam uma única abertura branquial. Comum em diversas coleções de água doce, inclusive em pequenas coleções ricas em matéria orgânica em decomposição. Pode sobreviver por determinado tempo durante uma estiagem em virtude do hábito de se enterrar no solo úmido em caso de seca. Ocorrem na região Neotropical. Também é conhecido como enguia de água doce e peixe-cobra.

Mutualismo – *Eco.* Tipo de relação harmônica interespecífica. Nesse tipo de relação, há um benefício recíproco entre os associados. O mutualismo pode ser obrigatório ou não obrigatório. No obrigatório, a relação entre as espécies é tão forte que pode ocasionar perdas para ambos organismos. Ocorrem nos líquens (algas e fungos); cupins e protozoários (que digerem a celulose ingerida por esses insetos); fungos e raízes (formando as micorrizas), etc. No mutualismo não obrigatório, a separação entre os indivíduos não acarreta grandes desequilíbrios metabólicos para os mesmos. Exemplo: crocodilo e o pássaro palito, que fica na boca desse réptil e retira e alimenta-se dos sanguessugas que ficam parasitando o animal. O mutualismo não obrigatório é também chamado de protocooperação. Sinônimo: simbiose.

Mutucas – *Zoo.* Nome popularmente atribuído a insetos alados que pertencem à ordem Diptera. Veja Tabanidae.

Mutum – *Zoo.* Nome vulgar que se dá a algumas aves da ordem Galliformes, família Cracidae, pertencente a gêneros como *Crax* e *Mitu.* Possuem a plumagem preta, porte médio e não voam bem. Distribuem-se por alguns Estados do Brasil, como Goiás, Minas Gerais e Paraná.

Myctophiformes – *Zoo.* Ordem de peixes representada pelo peixe-lanterna (*Lampanyctus pusillus*). Ocorrem em todos os oceanos. Alimentam-se de plâncton.

Myria – *Etimo.* Termo de origem grega que significa dez mil.

Myriapoda – *Zoo.* Antiga nomenclatura utilizada para designar os quilópodes e os diplópodes. O nome provém dos termos *Myria* (do grego: dez mil) e *podos* (do grego: pés).

Mysidacea – *Zoo.* Ordem de crustáceos semelhantes a camarões. A maioria das espécies é marinha e vivem em grupos numerosos, mas existem alguns representantes de água doce. São onívoros. Existem cerca de 1.000 espécies conhecidas. Constituem importante fonte alimentar para inúmeros peixes.

Mystacocarida – *Zoo.* Classe de crustáceos diminutos, que vivem entre grãos de areia, apresentam relação com os copépodos. Possuem longas antenas e mandíbula. Alimentam-se de detritos marinhos.

Mysticeti – *Zoo.* Nome utilizado para designar cetáceos sem dentes e que utilizam barbatanas para capturar alimentos, como a maioria das baleias. Diferentemente dos Odontoceti, que são as baleias-de-dentes, golfinhos e botos.

Myxa – *Etimo.* Termo de proveniência grega e significa muco.

Myxiniformes – *Zoo.* Classe que inclui os peixes-bruxa, também chamados de feiticeiras. São pertencentes ao gênero *Myxine*, dentre outros. É o primeiro grupo de craniados, tendo como características apomórficas a presença de dentes laterais, glândulas mucosas bem desenvolvidas, corações acessórios, narina única que leva água para respiração e um véu muscular em forma de pergaminho.

N

Nadadeira – *Zoo.* Apêndices locomotores dos peixes.

Nadadeira dificerca – *Zoo.* Tipo de nadadeira caudal na qual a coluna vertebral se estende até a extremidade da cauda e os lobos dorsal e ventral são praticamente do mesmo tamanho. Ocorre em peixes de diferentes grupos, dentre eles Cyclostomata e Sarcopterygii.

Nadadeira embrionária – *Zoo.* Em ictiologia, refere-se à membrana transparente que contorna a larva e é precursora das nadadeiras ímpares (dorsal, anal e caudal). É também denominada nadadeira primordial.

Nadadeira epicerca – *Zoo.* Tipo de nadadeira caudal em que a coluna vertebral penetra no lobo dorsal da cauda, que é maior que o ventral, estendendo-se até sua extremidade. É observada em Chondrichthyes, Osteichthyes primitivos, Placodermi, dentre outros grupos. Sinônimo: nadadeira heterocerca.

Nadadeira heterocerca – *Zoo.* Aquela em que os lobos dorsal e ventral são assimétricos, com o uróstilo (parte final da coluna vertebral) presente em apenas um deles, como ocorre em Chondrichthyes, Placodermi, Acanthodii, Sarcopterygii e Actinopterygii basais.

Nadadeira hipocerca – *Zoo.* Tipo de nadadeira caudal em que a coluna vertebral estende-se até a extremidade da cauda penetrando no lobo ventral, de maior tamanho. Os extintos Anaspida são um exemplo de peixes com nadadeira hipocerca.

Nadadeira homocerca – *Zoo.* Aquela em que os lobos dorsal e ventral são simétricos e uróstilo reduzido a um espinho no final da coluna vertebral. Ocorre na maioria dos peixes teleósteos.

Nadadeira primordial – *Zoo.* O mesmo que nadadeira embrionária ou membrana embrionária. Membrana transparente que contorna a larva do peixe e origina as nadadeiras ímpares (dorsal, anal e caudal).

Náiade – *Zoo.* Ninfa aquática com respiração branquial.

Naja – *Zoo.* Nome das serpentes da família Elapidae e gênero *Naja*, encontradas no sul da Ásia e África. Estes répteis são muito conhecidos pela sua agressividade e pelo seu veneno perigoso. Quando ameaçadas, algumas espécies são capazes de dilatar as vértebras cervicais, dando a aparência de serem maiores para amedrontar o inimigo. Outras são capazes de esguichar o veneno, sendo conhecidas como "najas cuspideiras".

Nano – *Etimo.* Termo de origem grega que significa anão.

Nanoplâncton – *Eco.* São os menores organismos que compõem o fitoplâncton. É formado por algas e cianobactérias, sendo muito numerosos e importantes para a produtividade marinha.

Natator depressus – *Zoo.* Nome científico atribuído à tartaruga *flat-back*, espécie de tartaruga marinha da família Cheloniidae, de distribuição limitada à costa norte da Austrália e de Papua Nova Guiné. Veja Tartaruga-*flatback*.

Náuplio – *Zoo.* Estágio de eclosão do ovo de vários crustáceos.

Navicular – *Anato.* Osso do pé. É achatado, oval e em forma de barco.

Neártica – *Eco.* Região biogeográfica que contempla a América do Norte, Groenlândia e norte do México.

Necator americanus – *Zoo.* Helminto nematódeo que parasita o homem, causando-lhe a ancilostomose. A infecção dá-se pela penetração ativa das larvas do verme através dos pés e das mãos, principalmente de crianças.

Necrobiontófaga – *Bio.* Diz-se das larvas de dípteros que se alimentam de matéria orgânica em decomposição, ou seja, possuem tropismo por tecido necrosado. As larvas necrobiontófagas produzem as miíases cutâneas secundárias, ocasionadas principalmente por larvas da mosca *Cochliomyia macellaria*, que faz postura de ovos em animais mortos, esterco, matéria orgânica geral em decomposição.

Necrófago – *Eco.* Organismo que se alimenta de animal ou vegetal morto.

Necrofitófago – *Bio.* Organismo que se alimenta de matéria vegetal morta. Exemplo: inúmeros insetos.

Necros – *Etimo.* Termo de origem grega que significa cadáver, morte.

Nectarífago – *Eco.* O mesmo que nectívoro e nectarívoro. Veja Nectívoro e Nectarívoro.

Nectarívoro – *Eco.* Animais que se alimentam de néctar. Exemplos: algumas espécies de insetos e de morcegos. Veja Nectívoro e Nectarífago.

Nectein – *Etimo.* Termo de origem grega que significa natação.

Nectívoro – *Bio.* Que se alimenta de néctar, como as abelhas, algumas moscas e borboletas. Sinônimo: nectarívoro, nectarífago.

Nécton – *Eco.* Conjunto de seres que habitam os mares e se deslocam por natação. Exemplos: moluscos, crustáceos, celenterados, tartarugas, a maioria dos peixes, os mamíferos marinhos, etc.

Nefrídeo – *Zoo.* Aparelho excretor dos anelídeos. Retiram os produtos finais do metabolismo do celoma e os levam ao exterior pelos orifícios da parede corporal destes organismos.

Nemata – *Zoo.* O mesmo que Nematoda. Veja Nematoda.

Nemathelminthes – *Zoo.* Nome antigamente atribuído aos vermes do filo hoje chamado Nematoda. Veja Nematoda.

Nematócero – *Zoo.* Insetos que pertencem à subordem Nematocera, como os culicídeos, simulídeos, flebotomíneos, etc.

Nematocisto – *Zoo.* Cápsula urticante das células dos cnidoblastos de certos cnidários.

Nematoda – *Zoo.* Filo de invertebrados triblásticos, pseudocelomados, protostômios, de simetria bilateral e cutícula complexa. Exibem forma de fio ou filamento (*nematos* = fio). O aparelho digestório apresenta boca e ânus. Não possuem aparelho circulatório. São dioicos e reproduzem-se sexuadamente. Podem ser de vida livre, parasitos de plantas e animais, ou sésseis. Podem se alimentar de bactérias, outros microrganismos, serem fitófagos ou ingerirem alimentos presentes no tubo digestório de outros animais. Entre as espécies parasitas do homem estão: *Ascaris lumbricoides*; *Ancylostoma duodenale*; *Enterobius vermicularis*; *Necator americanus*; *Trichuris trichiura*, *Wuchereria bancrofti*, etc. São descritas mais de 80.000 espécies, mas estimativas apontam para a existência de mais de um milhão de espécies viventes, sendo este provavelmente o segundo filo de animais mais numeroso que existe, atrás apenas dos artrópodes. Atualmente alguns pesquisadores descrevem o nome do filo como Nemata.

Nematodirus – *Zoo.* Gênero de vermes nematódeos, que parasitam o intestino delgado de ruminantes. Os adultos medem cerca de 2 cm de comprimento. Os animais se infectam ao ingerir as larvas do parasito. Ocasionam diarreias, podendo causar desidratação. O tratamento é realizado com anti-helmínticos.

Nematomorpha – *Zoo.* Filo de animais semelhantes aos nematódeos, dos quais diferem devido à degeneração do intestino que ocorre nos adultos. Os nematomorfos medem entre 3 mm e 1 m de comprimento, simetria bilateral, fase larval parasita e a adulta de vida livre. São animais aquáticos ou de ambiente úmido. Existem cerca de 330 espécies registradas. Os exemplares mais longos lembram o pelo da crina do cavalo, e por isso são conhecidos são conhecidos como verme crina de cavalo.

Nemertea – *Zoo.* Filo de animais invertebrados, vermiformes, bilatérios e achatados dorsoventralmente. Medem de 0,5 mm até mais de 30 m. O sistema digestório é completo e o sistema circulatório é fechado em vasos. Apresentam como principal característica uma probóscide contrátil que é usada para alimentação em alguns e locomoção em outros. São aquáticos ou terrestres e se alimentam de moluscos, protistas e artrópodes. São dioicos ou hermafroditas e a reprodução pode ser sexuada ou assexuada. A esse filo pertence a espécie *Lineus longissimus*, um verme com mais de 40 m de comprimento, que é o maior animal de todos existentes na terra. Existem cerca de 1.300 espécies distribuídas em duas classes: Anopla e Enopla. No Brasil, existem menos de 50 espécies conhecidas.

Neochoerus sulcidens – *Paleo.* Nome científico da espécie de capivara gigante que viveu no Brasil até o final do Pleistoceno, quando foi extinta. Media cerca do dobro do tamanho de uma capivara atual. Fósseis foram encontrados em grutas do Estado de Minas Gerais.

Neodarwinismo – *Evo.* Lei evolutiva proposta após a Lei de Seleção Natural de Darwin, a qual afirma que as mutações e recombinações gênicas que ocorrem nas células germinativas podem ser transmitidas a sucessivas gerações, sendo que estas modificações podem favorecer o aparecimento de diferentes características nos indivíduos, possibilitando o surgimento de novas espécies. Sinônimo: teoria sintética da evolução.

Neognathae – *Zoo.* Nome atribuído ao grupo de aves mais derivadas, que reúne todas as ordens, com exceção dos tinamiformes e struthioniformes, que são aves paleognathae.

Neolítico – *Paleo.* Período da pré-história que teve início há aproximadamente 10.000 anos e terminou há cerca de 4.000 anos, com o surgimento da escrita. Durante o neolítico surgiu a agricultura que permitiu que o homem deixasse de ser nômade e se tornasse sedentário. Nessa época o homem também desenvolveu a criação de animais, a cerâmica, o comércio e a produção de vestimentas.

Neonato – *Bio.* O mesmo que recém-nascido.

Neos – *Etimo.* Termo de origem grega que significa novo, recente.

Neotenia – *Zoo.* Retenção de caracteres larvais ou embrionários em um indivíduo já adulto, capaz de se reproduzir. Esse fenômeno pode ser observado em algumas espécies de salamandras, que, mesmo durante a vida adulta, retêm as brânquias, caráter larval que auxilia na respiração desse anfíbio.

Neotropical – *Eco.* Região biogeográfica que abrange a América Central, as Antilhas e a América do Sul.

Nephila – *Zoo.* Gênero de aranhas silvestres de elevado porte, com abdome e cefalotórax mais longo do que largo. Pertencem à família Nephilidae. Possui belas cores e as fêmeas produzem teias grandes e resistentes. Alimentam-se de insetos como mariposas, gafanhotos e borboletas, que ficam presos em suas teias. É incomum esses aracnídeos deixarem suas teias e não são consideradas aranhas agressivas. Embora possam picar seres humanos e causar dor e vermelhidão local, raramente o acidente enseja a adoção de medicamentos. São comuns em várias regiões do Brasil e podem ser visualizadas desde os Estados Unidos até a Argentina.

Nephros – *Etimo.* Termo de origem grega que significa rim.

Nervo abducente – *Anato*. Sexto par de nervos cranianos. Inerva, juntamente com os nervos oculomotor e troclear, os músculos que movimentam os olhos, além dos músculos intrínsecos dos olhos.

Nervo acessório – *Anato*. Décimo primeiro par de nervos cranianos. Inerva os músculos da laringe, mas também inerva vísceras torácicas, juntamente com fibras vagais (provenientes do nervo vago).

Nervo facial – *Anato*. Sétimo par de nervos cranianos. Inerva parte da língua, região posterior das fossas nasais, parte do pavilhão auditivo e meato acústico externo, glândulas submandibular, sublingual e lacrimal, e é responsável pela musculatura mímica. Lesões desse nervo podem levar a paralisia da expressão facial no local lesado.

Nervo glossofaríngeo – *Anato*. Nono par de nervos cranianos. Inerva parte da língua, faringe, úvula, tuba auditiva, seio e corpo carotídeo, parte do pavilhão auditivo e do meato acústico externo, glândula parótida e alguns músculos da faringe. A nevralgia (dor) desse nervo resulta em dores na faringe, língua e pode se irradiar para o ouvido.

Nervo hipoglosso – *Anato*. Décimo segundo par de nervos cranianos. É essencialmente motor, inervando os músculos que movimentam a língua.

Nervo oculomotor – *Anato*. Terceiro par de nervos cranianos. Inerva, juntamente com os nervos troclear e abducente, os músculos que movimentam os olhos, além dos músculos intrínsecos dos olhos.

Nervo olfatório – *Anato*. Primeiro par de nervos cranianos. É exclusivamente sensitivo e as fibras conduzem impulsos ligados à olfação. Origina-se na fossa nasal.

Nervo óptico – *Anato*. Segundo par de nervos cranianos. É exclusivamente sensitivo e origina-se na retina. Está associado à visão. Constitui-se de um feixe espesso de fibras nervosas.

Nervo trigêmeo – *Anato*. Quinto par de nervos cranianos. Trata-se de um nervo misto, sobretudo sensitivo, responsável pela sensibilidade somática de várias regiões da cabeça (dentes, 2/3 da língua, pele da face e fronte, etc.). A parte motora deste nervo está relacionada aos músculos da mastigação.

Nervo troclear – *Anato*. Quarto par de nervos cranianos. Inerva, juntamente com os nervos oculomotor e abducente, os músculos que movimentam o olho, além dos músculos intrínsecos dos olhos.

Nervo vago – *Anato*. Décimo par de nervos cranianos, sendo o maior deles. É misto e principalmente visceral. É tido como um dos nervos mais importantes, pois inerva todas as vísceras torácicas e a maioria das vísceras abdominais, além de também inervar parte da faringe, laringe, traqueia, esôfago, parte do pavilhão auditivo e meato acústico externo, dentre outras estruturas.

Nervo vestíbulo-coclear – *Anato*. Oitavo par de nervos cranianos. É exclusivamente sensitivo, e comunica o ouvido interno ao cérebro. Está relacionado à audição (porção coclear) e ao equilíbrio (porção vestibular). Sua lesão pode resultar em diminuição da audição, assim como vertigem e desequilíbrio.

Nervura – *Zoo*. Linhas longitudinais e latitudinais que oferecem rigidez e sustentação à asa dos insetos. São amplamente empregadas na taxonomia destes organismos. Sinônimo: venação alar.

Neuro – *Etimo*. Termo de origem grega que significa nervos, fibras.

Neuromasto – *Zoo*. Estrutura de função sensorial presente em peixes e em alguns anfíbios. É constituído por células ciliadas e de suporte protegidas por uma cúpula gelatinosa. Os neuromastos são encontrados livres sobre a pele, no ouvido interno ou dentro dos canais do sistema da linha lateral, e são capazes de perceber ondas mecânicas.

Neuroptera – *Zoo.* Ordem de insetos alados, predadores, ovíparos de desenvolvimento indireto e que vivem sobre plantas. Não são conhecidos do público em geral, contudo, em alguns locais do Brasil certas espécies são conhecidas como formiga-leão e bicho-lixeiro. Vivem em cavernas, serrado, florestas, dentre outros.

Nêurula – *Embrio.* Fase de desenvolvimento das células embrionárias após a fecundação. A ectoderme da gástrula começa a sofrer achatamento e forma uma placa, havendo multiplicação das células da borda. Com a multiplicação origina-se o tubo neural, que dará origem ao sistema nervoso.

Nhambu – *Zoo.* Ave da ordem dos Tinamiformes, também conhecida por Inhambu. Veja Inhambu.

Nicho ecológico – *Eco.* Modo em que uma espécie vive num determinado local. Muitas vezes o nicho ecológico é tratado como sendo a "profissão" do animal.

Nicho fundamental – *Eco.* Conjunto das condições e recursos necessários para que uma determinada espécie cresça e se reproduza, sem que se leve em conta a existência de espécies que possam prejudicar seu desenvolvimento, como competidores e parasitos.

Nicho realizado – *Eco.* Conjunto das condições e recursos necessários para o crescimento e a reprodução de uma determinada espécie, levando-se em conta a presença de outras espécies, como competidores que possam prejudicar sua existência.

Nictante, membrana – *Zoo.* Membrana que reveste os olhos de alguns vertebrados, tais como tubarões e aves. Nestas últimas, apresenta importância durante o voo, protegendo os olhos da poeira, gotículas de chuva, raios solares, etc.

Nictios – *Etimo.* Termo de origem grega que significa noturno, noite.

Nictófilo – *Eco.* Organismo de hábitos noturnos ou que vive na escuridão.

Nidícola – *Zoo.* O mesmo que altricial. Veja Altricial.

Nidificação – *Zoo.* Hábito de construir ninhos, presente, por exemplo, em várias espécies de aves. O ninho das aves protege os ovos contra agressões físicas (calor, frio, chuva), assim como evita alguns predadores.

Nidífugo – *Zoo.* O mesmo que precocial. Veja Precocial.

Nidos – *Etimo.* Termo de origem latina que significa ninho.

Ninfa – *Zoo.* Etapa da metamorfose de alguns insetos hemimetábolos. Corresponde à fase jovem de desenvolvimento, onde o inseto se torna cada vez mais semelhante ao adulto. Normalmente as ninfas não apresentam asas nem aparelho sexual desenvolvido.

Ninhego – *Zoo.* Nome atribuído às aves quando muito jovens, ainda totalmente dependentes dos adultos. O termo significa algo como "retirado do ninho".

Ninho de ave – *Zoo. Habitat* das aves construído a partir da nidificação. Pode ser construído tanto por machos quanto por fêmeas, ou por ambos, dependendo da espécie. As partes do ninho são transportadas no bico, uma a uma. O interior é feito de material macio como folhagens, plumas, gramíneas, etc. Os ninhos podem ser construídos em cavidades no solo, em árvores, em pedras, na vegetação aquática, dentre outros.

Nitrificação – *Eco.* Reação química realizada por bactérias dos gêneros *Nitrosomonas* e *Nitrobacter*, que tem como função transformar a amônia em nitritos e nitratos, logo após a fixação biótica do nitrogênio nas raízes de algumas plantas. É uma das etapas do ciclo do nitrogênio.

Nitrobacter – *Eco*. Gênero de bactéria envolvida no processo de nitrificação.

Nitrosomonas – *Eco*. Gênero de bactéria envolvido no processo de nitrificação.

Nível trófico – *Eco*. Diz-se de cada um dos níveis da cadeia alimentar. Os produtores (vegetais), representam o primeiro nível trófico, os consumidores primários (preás), formam o segundo nível trófico, os consumidores secundários (serpentes), formam o terceiro nível trófico, e os decompositores (bactérias e fungos) formam o quarto nível trófico. O primeiro nível trófico é dado pelos produtores e o último pelos decompositores.

Nomadismo – *Eco*. Tipo de dispersão que algumas espécies realizam, em que não existe um local fixo de moradia. Exemplos: algumas espécies de escorpiões, aranhas e formigas.

Nomenclatura biológica – *Bio*. Ramo da taxonomia que visa possibilitar a comunicação entre os pesquisadores dos vários campos da ciência. O nome atribuído a uma espécie é feito em latim ou grego. O nome dado à espécie é binominal e é único, valendo a primeira denominação, aquela que é mais antiga, independentemente de esta ser ou não a mais adequada. O primeiro nome, escrito com letra maiúscula, é referente ao gênero, e o segundo, escrito em letra minúscula, referente ao nome específico, mas a espécie é constituída pelos dois termos. Exemplo: *Homo sapiens* – nome atribuído à espécie humana, na qual *Homo* = gênero; *sapiens* = nome específico; espécie = *Homo sapiens*. É possível o nome científico ser trinomial ou tetranomial, quando se refere ao subgênero ou subespécie, mas isso não corresponde à maioria dos casos. O nome científico deve sempre ser destacado do resto do texto em itálico (preferencial) ou negrito. Tal sistema de nomenclatura biológica foi proposto por Carl Von Linnaeus (1707-1778) e persiste até os dias de hoje.

Nós – *Bio*. Parte do cladograma em que há uma dicotomia e indica a presença de ancestralidade comum entre dois grupos.

Notal – *Zoo*. Região do dorso, das costas dos insetos. Sinônimo: tergal.

Notarium – *Zoo*. Fusão das cinco primeiras vértebras torácicas das aves. Este tipo de fusão proporciona uma maior rigidez à caixa torácica destes animais, o que facilita o voo.

Nothrotherium maquinense – *Paleo*. Espécie de preguiça terrícola extinta durante o Pleistoceno. Pertence à família dos Megaloniquídeos, que são as preguiças de menor tamanho da região Neotropical. O primeiro fóssil brasileiro foi encontrado na Gruta de Maquiné (MG), em 1835. Habitava principalmente áreas de cerrado. Pesava cerca de 50 kg e possuía apenas 14 dentes.

Noto – *Zoo*. Região dorsal do corpo dos insetos. Sinônimo: tergo.

Notocorda – *Zoo*. Haste fibrosa, localizada na parte dorsal de alguns animais, que nos vertebrados é substituída pela coluna vertebral. No período embrionário todos os vertebrados a possuem, inclusive o homem.

Notoedres cati – *Zoo*. Espécie de ácaro escavador encontrado em gatos e coelhos, que pode acometer também cães e causar lesões transitórias em humanos em contato com os animais infestados. Causa a sarna notoédrica, também conhecida como sarna felina, causando lesões na face e pavilhão das orelhas e em regiões de pele mais fina e pelos escassos, podendo se espalhar para outras partes do corpo. As lesões são crostosas, com alto grau de prurido (coceira), podendo levar a lesões traumáticas, devido ao fato de se coçarem com as unhas.

Noton – *Etimo*. Termo de origem grega que significa dorso.

Notopleura – *Zoo*. Área do dorso do tórax dos insetos.

Nucal – *Anato*. Relativo ao pescoço.

Nulípara – *Bio*. Diz-se das fêmeas que não tiveram filhos.

Nunatak – *Geol.* Áreas que não estão cobertas por gelo glacial dentro de uma região recoberta por gelo. Os *nunataks* são tidos como refúgios de vida por criar habitats insulares em meio a ambientes gelados.

Nutrição holofítica – *Bio.* Também chamada de autotrófica, é o tipo de nutrição de alguns protozoários flagelados, que possuem cromatóforos em seu citoplasma. Utilizam energia solar para elaborar hidratos de carbono, sintetizando em seguida seu próprio material nutritivo.

Nutrição holozoica – *Bio.* É o tipo de nutrição mais habitual da maioria dos protozoários, que consiste na absorção ou ingestão de alimento orgânico. Pode ser realizada englobando partículas orgânicas em seu citoplasma por pseudópodes, por fagocitose, ou pelo citóstoma

Nutrição saprozóica – *Bio.* Tipo de nutrição de alguns protozoários que vivem em líquidos contendo matérias orgânicas em dissolução, as quais penetram no citoplasma através da membrana celular, por osmose.

Oblíquo – *Bio.* Que está inclinado. Posição diagonal.

Oblongo, oblongus, oblonga – *Etimo.* Vocábulo oriundo do latim que significa longo, alargado. Ex.: Medula oblonga ou oblongata constitui a extensão cilíndrica da medula espinhal, em sua entrada no cérebro. Na zoologia, vários insetos, aranhas, peixes, anuros, dentre outros, recebem esta alcunha em seu epíteto específico para aludir sua morfologia ou parte da mesma.

Obturador – *Bio.* Qualquer estrutura que promova a obstrução ou que feche uma cavidade ou abertura.

Oceania – *Eco.* Região biogeográfica que abrange o arquipélago do Havaí e a Oceania.

Oceanodromia – *Bio.* Tipo de migração de animais aquáticos em que a origem e o destino são ambientes marinhos. O tubarão-branco pode realizar esse tipo de migração.

Ocelos – *Zoo.* Olhos dos insetos que são sensíveis à luz, mas não formam imagens. Também presente em alguns vermes turbelários. O verbete provém do latim "*ocelus*" e significa pequeno olho, olhinho.

Oci – *Etimo.* Elemento de composição grega que significa rápido.

Oclusão – *Bio.* Fechamento ou obstrução. Usualmente o termo é adotado para designar fechamentos de vasos ou alinhamento dos dentes mandibulares e maxilares.

Óctopo – *Zoo.* Diz-se dos animais que apresentam quatro pares de pernas. Exemplo: Aracnídeos.

Octos, octopus – *Etimo.* Termo de origem latina que significa oito. Ex.: *Enteroctopus*; trata-se do gênero de uma espécie de polvo gigante do oceano pacífico, cuja tradução seria "oito pés (g. *podos*) do intestino (g. *enteron*)", já que os tentáculos partem da região ventral do molusco.

Ocul, Oculi, Oculo – *Etimo.* Elementos de composição latina (*oculus*) que significam olho.

Oculata – *Etimo.* Verbete oriundo do latim que significa "provido de olhos". Além de olhos propriamente ditos, o étimo é também usado para referir manchas ou estruturas que lembram olhos. Inúmeros organismos de diferentes filos recebem esta expressão na concepção de seu epíteto específico.

Oculomotor – *Anato.* Designação dada ao terceiro par de nervos cranianos, responsável pela movimentação dos olhos juntamente aos nervos troclear e abducente.

Odonata – *Zoo.* Ordem de insetos conhecidos popularmente como libélulas, dentre outras denominações. Medem entre 3 e 15 cm. São alados e apresentam peças bucais do tipo mastigador. Os dois pares de asas membranosas são longos, e exibem muitas nervuras. São náiades na fase jovem e podem ter mais de dez mudas. Quando náiades são predadoras de outros organismos aquáticos. Alimentam-se de outros insetos quando adultos, podendo capturá-los durante o voo. Existem cerca de 5.500 espécies descritas.

Odonto – *Etimo.* Termo de origem grega que significa dente.

Odontoceti – *Zoo.* Nome utilizado para designar cetáceos conhecidos como baleia-de-dentes. Diferentemente dos Mysticeti, que são as baleias sem dentes. Os odontocetáceos usualmente são menores, alimentam-se de peixes e alguns moluscos, e geralmente ficam onde esses animais possam ser encontrados em abundância. No caso da orca, esta pode alimentar-se mesmo de animais de sangue quente, como focas e golfinhos. Apresentam crânio assimétrico e em algumas espécies a boca é longa e aguda, formando uma espécie de bico. Estão inseridos nesta subordem a orca, os golfinhos e os botos.

Odontogênese – *Embrio.* Origem e formação dos dentes. Sinônimo: Odontogenia.

Odontogenia – *Embrio.* O mesmo que odontogênese. Veja Odontogênese.

Oesophagostomum – *Zoo.* Gênero de vermes nematódeos que parasitam o ceco e o cólon de ruminantes e suínos. Os animais se infectam ingerindo as larvas deste nematódeo. O parasitismo ocasiona enterite, que pode se tornar grave, acarretando diarreias com emagrecimento. O tratamento é realizado com anti-helmínticos.

Oestrus ovis – *Zoo.* Mosca de importância veterinária, pois passa o período larval parasitando as vias aéreas de ovinos e caprinos. As moscas adultas colocam as larvas diretamente sobre as vias aéreas destes animais. Entre os sinais clínicos e sintomas que o parasito causa estão o corrimento nasal, espirros e os animais esfregam o nariz em objetos, o que pode ocasionar lesões e servir de porta de entrada para infecções secundárias. O tratamento pode ser realizado com ivermectina.

Ofidiário – *Zoo.* Local adaptado para criação de serpentes, usualmente com fins de pesquisa e para produção de soro antiofídico. Um dos maiores ofidiários do Brasil localiza-se no Instituto Butantan em São Paulo (SP).

Ofídios – *Zoo.* Denominação utilizada para denominar as serpentes. O termo provém do grego *ophis* e significa serpente. Veja Ophidia.

Ofidismo – *Zoo.* Constitui os acidentes com serpentes. No ano de 2015, foi relatada uma incidência de 13,3 casos no Brasil para cada 100 mil habitantes segundo o Ministério da Saúde, e a maior incidência ocorre na região Norte (55,4 casos), e a menor na região Sudeste (7,1 casos). Veja acidente por serpentes.

Ofiúros – *Zoo.* Tipo de equinodermos de corpo estrelado, simetria radial e braços longos e finos. Veja Ophiuroidea.

Oidal – *Etimo.* Termo de origem grega que significa em forma de.

Oides, Eidos – *Etimo.* Vocábulo de origem grega que significa semelhante a.

Oikos – *Etimo.* Termo de origem grega que significa casa.

Olfatório – *Anato.* Denominação que recebe o primeiro e menor par de nervos cranianos, responsável pelo sentido do olfato, conduzindo impulsos olfatórios da cavidade nasal para o cérebro.

Olho composto – *Zoo.* Olhos multifacetados, formados por milhares de omatídeos que se dispõem radialmente, originando um grande globo. Através desses olhos, os insetos visualizam em todas as direções.

Oligo – *Etimo.* Termo de origem grega que significa pouco.

Oligoceno – *Paleo.* Época do período quaternário que data de 35 milhões de anos. Desta época são os primeiros registros fósseis de canídeos, felídeos, proboscídeos, dentre outros.

Oligochaeta – *Zoo.* Classe de anelídeos conhecidos popularmente como minhocas. Vivem principalmente em terra úmida ou na água doce, mas existem cerca de 200 espécies marinhas. São mais abundantes em locais com águas rasas. Algumas minhocas, conhecidas como minhocas gigantes da Austrália, podem chegar a medir 3 m de comprimento. Todas as minhocas são escavadoras e sua atividade apresenta um efeito benéfico para o solo, aumentando a drenagem e aeração. Alimentam-se de detritos e matéria orgânica em decomposição (sobretudo vegetais). São hermafroditas e o clitelo é a estrutura característica deste grupo, produzindo muco para a cópula e parede do casulo. A fecundação é cruzada, ocorrendo troca de esperma recíproca. Existem cerca de 3.500 espécies descritas e dentro dessa classe está contida a minhoca de jardim (*Lumbricus terrestris*).

Oligolécito – *Embrio*. Tipo de óvulo que apresenta pouco vitelo, e este está distribuído de forma homogênea. Presente em poríferos, celenterados, equinodermos e mamíferos. Sinônimo: isolécito, alécito.

Oligoqueto – *Zoo*. Linhagem de anelídeo. Veja Oligochaeta.

Omaso – *Anato*. É o terceiro compartimento do estômago dos animais ruminantes. O mesmo que folhoso.

Omatídeo – *Zoo*. Cada uma das milhares de partes dos olhos compostos dos insetos.

Omento, Omentus – *Etimo*. Termo de origem latina que significa cobertura.

Omnis – *Etimo*. Vocábulo de origem latina que significa tudo.

Omnívoro – *Eco*. Denominação dada aos animais com alimentação variável.

Omocromos – *Zoo*. Pigmentos produzidos a partir do aminoácido triptofano, armazenados nas células pigmentares que conferem cor preta e marrom aos invertebrados.

Omofagia – *Eco*. Ingestão de alimentos crus.

Omos – *Etimo*. Termo de origem grega que significa cru.

Onça-parda – *Zoo*. Nome popularmente atribuído ao felino *Puma concolor*. Constitui um animal grande e pode alcançar mais de 2,5 m de comprimento (considerando desde a sua cabeça até a ponta da cauda), pode pesar 100 kg. É considerado um dos mamíferos de maior distribuição das Américas, e ocorre desde o Canadá até o sul da Argentina. Habita os mais variados tipos de ambientes. No Brasil, esses animais se alimentam principalmente de cervídeos. Pode viver por aproximadamente 20 anos.

Onça-pintada – *Zoo*. Nome atribuído ao mamífero carnívoro da família Felidae e espécie *Panthera onca*. Os animais adultos podem chegar a pesar 150 kg, sendo considerado o maior mamífero carnívoro do Brasil. É um animal encontrado no Brasil na Floresta Amazônica, no pantanal e nos pampas gaúchos. Apresenta hábitos noturnos e se alimenta de aves e mamíferos, ingerindo cerca de 2 kg de carne diariamente. Vive de forma solitária e demarca território. Não é comum atacar o homem e costuma fugir na sua presença. Trata-se de um animal ameaçado de extinção, pois costuma ser abatido e caçado, mas isso ocorre em virtude da destruição do seu *habitat* natural, o que obriga o animal a caçar próximo das fazendas. É também conhecida como jaguar, além de onça-preta, neste caso para os indivíduos melânicos (enegrecidos).

Onça-vermelha – *Zoo*. O mesmo que puma. Veja Puma.

Onceliforme – *Bio*. Estrutura ou organismo com formato de olho ou ocelo.

Onchocerca volvulus – *Zoo*. Trata-se de um helminto nematódeo que parasita o tecido subcutâneo do homem, onde os vermes adultos ficam unidos formando novelos. Os machos medem 3 cm de comprimento e as fêmeas podem alcançar até 50 cm. A presença desses parasitos costuma formar nódulos fibrosos sob a pele. Quando atingem os olhos, tais parasitos ocasionam uma doença conhecida como "cegueira dos rios". A transmissão dá-se pela picada dos mosquitos "borrachudos", gênero *Simulium*.

Omphalo, omphalus – *Etimo*. Termo de origem grega que significa umbigo.

Oni – *Etimo*. Verbete de origem latina que significa todo.

Onico – *Etimo*. Termo de origem grega que significa unha.

Oniros – *Etimo*. Vocábulo de origem grega que significa sonho.

Oniscoidea – *Zoo.* Subordem da ordem Isopoda (crustáceos), que inclui os tatuzinhos-de-jardim, considerados os crustáceos terrestres mais bem-sucedidos. Os representantes deste grupo apresentam a capacidade de enrolar seu corpo, formando uma esfera, o que fornece proteção e os auxilia a reduzir a perda de água por evaporação. Habitam debaixo das pedras e matéria orgânica repousada no solo (locais com alto índice de umidade), e nutrem-se de matéria orgânica em decomposição. Em determinadas oportunidades os tatuzinhos-de-jardim podem ocasionar danos em plantações. Duas espécies comuns no Brasil são: *Oniscus asellus* e *Armadillidium vulgare*.

Onívoro – *Eco.* Quando os organismos possuem alimentação variada. Exemplo: espécie humana.

Ontogenia – *Embrio.* É o conjunto de eventos anatômicos que caracterizam o desenvolvimento de um tecido, órgão ou indivíduo, ao longo de seu ciclo de vida.

Ontos – *Etimo.* Termo de origem grega que significa ser.

Onychophora – *Zoo.* Filo formado por seres terrestres de vida livre. Podem ser o elo entre os anelídeos e os artrópodes, pois embora sejam vermiformes, apresentam pequenas pernas (sendo daí proveniente seu nome, do grego *onyx*: garras, *phoros*: portador), mandíbula e antenas. São predadores e ejetam substância mucosa para capturar as presas, sobretudo insetos. Alcançam até 20 cm de comprimento. Existem cerca de 177 espécies contabilizadas.

Oocisto – *Zoo.* Local de desenvolvimento de um parasito. Quando maduros, os oocistos rompem-se e liberam os parasitas maduros.

Oofagia – *Bio.* Ato de comer ovos.

Operculado – *Bio.* Que apresenta opérculo.

Opérculo – *Zoo.* Estrutura óssea presente nos peixes formada por quatro ossos: osso opercular, interopérculo, pré-opérculo e subopérculo. Protege os arcos branquiais e participa do processo de sucção da água. Tipo de tampa que serve para cobrir alguma estrutura.

Operculum – *Etimo.* Termo de origem latina que significa cobertura, tampa.

Ophidia – *Zoo.* Subordem da ordem Squamata, que compreende as serpentes, também conhecidas como cobras. Alguns autores costumam chamar apenas as "cobras peçonhentas" de serpentes. Existem cerca de 2.500 espécies conhecidas, que variam de comprimento (entre menos de 10 cm até 10 m). A maioria das espécies pertencem ao grupo dos colubrídeos. São répteis ápodes, de corpo alongado, rastejadores, apresentam olhos bem desenvolvidos e podem ser ou não peçonhentas. Uma importante característica dos ofídios é seu alto grau de cinetismo craniano enquanto engolem uma presa. O osso quadrado permite uma ampla abertura bucal. As serpentes que contêm veneno geralmente exibem dentes inoculadores, nos quais desembocam as glândulas de peçonha. A posição dos dentes inoculadores divide as cobras em três grupos: Opistóglifas; Proteróglifas; Solenóglifas. Enquanto algumas serpentes engolem suas vítimas logo que as localizam, outras picam e injetam veneno na sua presa e após seguem o rastro do animal, geralmente o encontrando morto. A língua destes animais é bífida e é projetada para coletar estímulos químicos das suas presas. Todos os ofídios possuem glândulas de veneno, mas em algumas, conhecidas como áglifas, os dentes não apresentam ligação com as glândulas de veneno, e esse é utilizado somente na digestão da presa.

Ophiuroidea – *Zoo.* Classe de equinodermos que engloba os ofiúros e as serpentes-do-mar. São animais achatados, de corpo estrelado, com disco central pequeno bem definido e braços longos e finos. Apresentam a boca na face inferior do corpo, assim como o madreporito. Alimentam-se por necrofagia. São descritas cerca de 2.000 espécies.

Opilião – *Zoo.* Artrópodes semelhantes às aranhas, mas inofensivos ao homem. Apresentam longas pernas e liberam fortes odores como forma de defesa. Vivem em locais úmidos, embaixo de pedras, cantos de casas, sobre madeira podre, etc.

Opiliones – *Zoo.* Ordem de aracnídeos com aproximadamente 6.000 espécies descritas, cujos artrópodos mais conhecidos são os opiliões. Compõem a terceira maior ordem de aracnídeos em número de espécies, sendo superados pelas aranhas (1ª) e pelos ácaros (2ª). Veja Opilião.

Opisthe, Opisto, opistho, opisthen – *Etimo.* Termo de origem grega que significa atrás, posterior. Ex.: opistóglifa; trata-se de um tipo de dentição, característica de determinadas serpentes, as quais possuem os dentes sulcados (g. *glyph*) (inoculadores de peçonha) na região caudal (posterior) da maxila, com dentes menores na frente.

Opisthocomiformes – *Zoo.* Nomenclatura utilizada na ornitologia para designar a ordem das ciganas. Habitam árvores de áreas alagadiças da Amazônia. São representados apenas por uma espécie, *Opisthocomus hoazin*. Conhecida popularmente como jacu-cigano ou cigana.

Opistobrânquios – *Zoo.* Moluscos que pertencem à superordem Opisthobranchia. São organismos marinhos, na maioria carnívoros. Existem cerca de mil espécies descritas. Exemplos: lesma-do-mar, lebre-do-mar, etc.

Opistocélica – *Zoo.* Tipo de vértebra cujo centro vertebral possui a extremidade caudal côncava e a cranial convexa. É encontrada em espécies de salamandras, tartarugas e outros vertebrados.

Opistóglifa – *Zoo.* Serpentes que apresentam os dentes sulcados (presas que injetam o veneno) na região posterior da boca. Exemplos: falsa-coral, cobra-cipó.

Opistonefron – *Zoo.* Uma das três regiões funcionais do rim. As demais regiões são denominadas pronefron e mesonefron, sendo o opistonefron a porção mais posterior e dorsal.

Opistossoma – *Zoo.* Região posterior do corpo de alguns invertebrados, como, por exemplo, das aranhas.

Opsis – *Etimo.* Termo de origem grega que significa visão.

Óptico – *Anato.* Nome que recebe o segundo par de nervos cranianos responsável pela visão, conduzindo informações dos olhos para o cérebro. *Anato.* Que possui relação com os olhos.

Orangotango – *Zoo.* Nome popularmente atribuído aos primatas orangotango-de-bornéu (*Pongo pygmaeus*) e orangotango-de-sumatra (*Pongo abelli*), este último mais raro. Tratam-se de macacos grandes, arborícolas, desprovidos de cauda e com pelagem marrom-avermelhada. Seus braços são mais compridos que as pernas e podem assumir posição semiereta graças ao comprimento dos braços. Os machos atingem 1,4 m de altura e as fêmeas, 1,2 m. Os machos apresentam dobras de pele azul-escura nas laterais da face. A gestação dura 9 meses. Vivem sobre árvores, raramente descendo ao solo para buscar alimento. São herbívoros. Exibem cérebro desenvolvido, com circunvoluções semelhantes às da espécie humana, embora menos complexas. Pertencem à família Pongidae.

Orca – *Zoo.* Mamífero da ordem Cetacea, subordem Odontoceti, família Delphinidae e espécie *Orcinus orca*. Possui ampla distribuição geográfica. Apesar de ser chamada de baleia orca, ou baleia assassina, é mais aparentada aos golfinhos que às próprias baleias. São animais belos, que apresentam o dorso negro e o ventre branco. Medem até 10 m e pesam cerca de 5 toneladas. Alimentam-se de peixes, aves e moluscos (cefalópodos) podendo também atacar algumas baleias jovens, fato que lhes rendeu o apelido de "assassina", entretanto são quase inexistentes registros reais de ataques a seres humanos. O acasalamento se efetua com um processo demorado de corte, e a gestação dura 16 meses. Estima-se que esse animal possa viver por mais de 50 anos. É comum encontrá-las em aquários, nos quais são treinadas para apresentações de acrobacias, em virtude de manifestarem facilidade de aprendizado, o que por muitos estudiosos não é aceitável. Suas populações sofrem frequentes ameaças de barcos baleeiros, mormente japoneses e russos, uma vez que estão enquadradas como "pequenos cetáceos" e, portanto, ficam fora da proteção da Comissão Internacional de Caça da Baleia.

Ordem – *Bio*. Categoria taxonômica que agrupa famílias semelhantes.

Ordoviciano – *Paleo*. Período geológico compreendido pela Era Paleozoica. Data de 500 milhões de anos. Neste período o aquecimento do clima continuou ocorrendo, além disso, já havia uma boa variedade de invertebrados e as algas tornaram-se mais complexas. Alguns registros levam a crer que plantas vasculares podem ter surgido. Os primeiros vertebrados apareceram neste período, representados pelos peixes agnatos fósseis, com ampla distribuição. Tal período antecede o Siluriano.

Órgão análogo – *Evo*. Órgão que apresenta função semelhante à de outro, embora não possuam a mesma origem embriológica. Ex.: asas de aves e asas de insetos; nadadeiras de golfinhos e nadadeiras de tubarões.

Órgão de Bidder – *Zoo*. Estrutura ovariana rudimentar presente em anuros machos e fêmeas de indivíduos da família Bufonidae. Desenvolve-se a partir do crescimento da porção anterior das gônadas na fase embrionária e é retido nos adultos, em associação com os testículos. A retenção deste órgão parece ser um evento pedomórfico. Foi demonstrado que em certas condições esta estrutura pode se desenvolver e transformar-se em ovário maduro, estando associada ao hermafroditismo nos anuros.

Órgão homólogo – *Evo*. Aquele que apresenta a mesma origem embriológica que outro órgão, mas sua função pode ser semelhante ou não. Ex.: braços humanos e asas de morcego.

Órgão vestigial – *Evo*. Órgão ou estrutura atrofiados e, geralmente, inativos no organismo. Pode revelar parentesco evolutivo entre diferentes espécies.

Oriental – *Eco*. Região biogeográfica que abrange a Ásia, ao sul da Cordilheira do Himalaia, Indochina, Sumatra, China meridional, Filipinas e Java. Entre os animais se destacam: elefante indiano, tigre de bengala, orangotango, gibão, etc.

Ornithodoros – *Zoo*. Gênero de carrapatos que habitam principalmente o meio rural, local em que pode parasitar grande espectro de hospedeiros, inclusive o homem. Os adultos vivem escondidos no solo e são capazes de permanecer longos períodos em jejum, mantendo sua habilidade de atacar hospedeiros. As fêmeas fecundadas ovipõem sobre o solo massas de aproximadamente 100 ovos. Sua picada pode causar dermatite, hipersensibilidade e usualmente é dolorosa. É o único vetor registrado como vetor da *Borrelia duttoni*, agente etiológico da Febre recorrente humana. A espécie de maior importância é *Ornithodoros rostratus*.

Ornithorhynchus anatinus – *Zoo*. Única espécie de ornitorrinco descrita. Animal da ordem Monotremata que vive na Austrália e Nova Zelândia. Veja Ornitorrinco.

Ornitófagos – *Eco*. Organismos que se alimentam de aves.

Ornitofauna – *Zoo*. Diz-se da fauna de aves de uma determinada região.

Ornitologia – *Bio*. Parte da biologia que trata do estudo das aves.

Ornitopatologia – *Zoo*. Especialidade veterinária que trata das moléstias das aves, sobretudo as de importância econômica.

Ornitorrinco – *Zoo*. Mamífero da ordem Monotremata e família Ornithorhynchidae, que vive na Nova Zelândia e Austrália. Uma das poucas espécies de mamíferos ovíparos em que o leite sai através de poros ventrais e não dos mamilos, ausentes na espécie. O ornitorrinco apresenta cloaca, bico achatado e coriáceo, diferente do bico das aves, garras afiadas, membrana interdigital, cauda curta e larga e um esporão em cada membro posterior ligado a uma glândula de veneno. Atinge 50 cm de comprimento. Vive em rios, onde escava buracos nas margens e constrói ninhos. É conhecida apenas uma espécie: *Ornithorhynchus anatinus*. A tradução de seu nome científico é bico (g. *rhynchus*) de ave (g. *ornitos*) parecido (l. *ineus*) com pato (l. *anatis*).

Ornitos – *Etimo.* Termo de origem grega que significa ave.

Orthoptera – *Zoo.* Ordem de insetos conhecidos popularmente como grilos, gafanhotos e esperanças. Alguns podem chegar a 10 cm de comprimento. O aparelho bucal é do tipo mastigador e as asas podem ou não existir. As pernas posteriores estão adaptadas para o salto. Os adultos podem produzir som e apresentam órgãos auditivos no abdômen. O som é produzido pelo atrito das asas ou das pernas posteriores com as asas, e pode ter várias funções, como alerta, luta, atração sexual, dentre outros. Em geral, os machos produzem mais som. Os ortópteros são predadores ou fitófagos, e algumas espécies podem trazer graves prejuízos à agricultura. Existem cerca de 22 mil espécies descritas.

Orthorrhapha – *Zoo.* Grupo de dípteros cujo pupário se rompe por um sulco em forma de “T”.

Ortópteros – *Zoo.* São os insetos que pertencem à ordem Orthoptera, como os grilos e gafanhotos. Veja Orthoptera.

Ortos, Orthos – *Etimo.* Termo de origem grega que significa reto, direito.

Oscine – *Zoo.* Subordem de passeriformes que difere dos suboscines por possuir entre seis e nove pares de músculos siringeais, apresentando assim cantos mais complexos e, em algumas espécies, capacidade de aprender cantos. Tem sua maior diversificação no Velho Mundo e na Austrália. No Brasil, há cerca de 330 espécies de oscines descritas divididas em 17 famílias ou subfamílias, dependendo da classificação adotada.

Ósculo – *Zoo.* Abertura do corpo dos poríferos. Está localizada na porção oposta à base. O vocábulo provém do latim “*osculum*” e significa pequena boca ou poro.

Osga – *Zoo.* Nome popular da espécie de anuros *Thecadactylus rapicauda*. Esta espécie é considerada uma das maiores lagartixas brasileiras, apresentando em média 120 mm de comprimento. No Brasil, pode ser encontrada na região Amazônica, porém está presente também no México e em muitos países da América Central.

Osso de membrana – *Anato.* Osso formado diretamente sem substituir uma cartilagem preexistente.

Osso de substituição – *Anato.* Tipo de osso que substitui tecidos cartilaginosos ao longo de sua formação.

Osso sesamoide – *Anato.* Pequeno osso imerso em um tendão, conferindo sustentação extra a esse tecido.

Ostariophysi – *Zoo.* Superordem de peixes Actinopterygii que inclui, dentre outros, os Otophysi, caracterizados por apresentarem aparelho de Weber, estrutura capaz de amplificar a capacidade auditiva desses vertebrados.

Osteichthyes – *Zoo.* Grupo que representa os peixes ósseos como a tainha, bagre, pintado, dourado, jundiá, cavalo-marinho, traíra, etc. Constitui a maioria dos peixes. A boca é anterior e o intestino termina no ânus (nos peixes cartilaginosos termina em cloaca). A respiração é realizada por pares de brânquias cobertas pelo opérculo, o que não ocorre nos peixes cartilaginosos. Apresentam bexiga natatória, que possui função hidrostática, atuando como uma boia. Possuem reprodução sexuada com desenvolvimento indireto, sendo que a forma larval é geralmente chamada de alevino. São pecilotérmicos. Representam a maioria dos vertebrados, e cerca de 40% são peixes de água doce. Existem perto de 21.000 espécies descritas. A nomenclatura provém do grego e significa peixe ósseo (*ichthyos* + *osteon*).

Osteíctes – *Zoo.* Veja Osteichthyes.

Osteodermes – *Zoo.* Placas ósseas de origem dérmica que formam a carapaça das tartarugas. Os osteodermes são cobertos por placas córneas que ajudam a fornecer proteção ao corpo dos quelônios.

Osteon – *Etimo.* Termo de origem grega que significa osso.

Óstio – *Zoo.* Perfurações presentes no corpo das esponjas. Sinônimo: poro incoerente.

Ostiolado – *Bio.* Organismo ou estrutura guarnecida de ostíolo (pequena fenda).

Ostíolo – *Bio.* Pequena fenda ou abertura.

Ostra – *Zoo.* Nome atribuído a espécies de moluscos bivalvos, responsáveis pela formação da pérola, que é oriunda da deposição de substância nacarada sobre algum sedimento estranho ao bivalvo. Animal de corpo mole que vive no interior de duas conchas desiguais unidas por uma das extremidades. Pertence à família Ostreidae. São exemplos de gêneros de ostras: *Ostrea*, *Lopha* e *Crassostrea*. Veja Bivalvia.

Ostracoda – *Zoo.* Classe de pequenos crustáceos (cerca de 2 mm de comprimento) amplamente distribuídos no ambiente aquático. Apresentam carapaça bivalve, formada por carbonato de cálcio. A cabeça é desenvolvida e o tronco é atrofiado, sendo o corpo achatado lateralmente e encurvado. Seu registro fóssil é extenso, com mais de 50.000 espécies fósseis descritas. Atualmente existem cerca de 13.000 espécies vivas.

Ostracodermes – *Zoo.* Primeiros animais craniatas descritos. Estão extintos. Eram animais aquáticos, sem mandíbula, com notocorda mas sem formação de vértebra. Apresentavam uma dura carapaça externa. Eram semelhantes aos Agnatha atuais. Sinônimo: ostracodermos.

Ótico – *Anato.* Que tem relação com o ouvido.

Otólitos – *Zoo.* Pequenas pedras presentes no ouvido interno dos Gnathostomata associadas à audição destes vertebrados. Formadas por cristais de carbonato de cálcio, são estruturas muito densas, que vibram diferentemente do resto do corpo do animal, menos denso.

Otophysi – *Zoo.* Táxon que inclui os peixes teleósteos das ordens Characiformes, Cypriniformes e Siluriformes. Compreendem cerca de 30% dos peixes viventes e 80% das espécies de água doce. São caracterizados principalmente pela presença do Aparelho de Weber, constituído de uma sequência de ossículos que liga o ouvido interno à bexiga natatória, fazendo com que esta amplifique sons captados pelo ouvido.

Ouriço-cacheiro – *Zoo.* Nome popular dado aos mamíferos da ordem Insectivora. Animais noturnos e que vivem em terra. Alimentam-se de insetos e outros invertebrados. São encontrados na África, Ásia e Europa. Possuem o corpo coberto por espinhos camuflados entre sua pelagem. São muito confundidos com os porcos-espinhos que, apesar de também serem denominados ouriços-cacheiros, pertencem à ordem Rodentia. Estes diferenciam-se por serem arborícolas e terem cauda preênsil.

Ovelha – *Zoo.* Nome popularmente atribuído à fêmea da espécie *Ovis aries*. Este animal provém das regiões montanhosas da Europa. Mamífero artiodáctilo domesticado pelo homem, e que se apresenta em várias raças e variedades. Possui o corpo coberto por lã. A ovinocultura é realizada pelo homem há milhares de anos, sendo que o pastoreio destes vertebrados é descrito desde os tempos remotos. Sua importância econômica está na produção de lã, couro, carne e, em menor importância, de leite. O macho desta espécie é chamado de carneiro, o filhote com menos de 1 ano, de borrego, e o exemplar jovem é conhecido como cordeiro.

Ovinocultura – *Zoo.* Nome técnico dado à criação de ovelhas. É realizada para obtenção de lã, couro, carne e leite.

Oviparidade – *Bio.* Característica do ovíparo, daquele que põe ovos. A maioria dos animais são ovíparos. Veja Ovíparo.

Ovíparo – *Bio.* Animais que põem ovos e seus embriões desenvolvem-se fora do corpo das mães. Os ovos são postos com abundância de nutrientes para suprir as necessidades do embrião. Alguns animais possuem comportamento parental de proteção aos ovos. São exemplos de ovíparos os insetos, os peixes, os répteis e as aves.

Ovissaco – *Zoo.* Estrutura onde as fêmeas de alguns artrópodes, sobretudo aracnídeos, armazenam os espermatozoides.

Ovo – *Bio.* Corpo formado após a união dos gametas feminino e masculino. Sinônimo: zigoto.

Ovo amniótico – *Zoo.* Tipo de ovo em que o âmnio está presente. Trata-se de um grande passo na evolução dos vertebrados, pois foi essencial para que estes colonizassem o ambiente terrestre. O ovo amniótico dispensa o meio aquático, já que não precisa de água para eliminar suas excretas, as quais são armazenadas pelo alantoide. À medida que o alantoide cresce, ele atinge o cório e a casca, auxiliando nos mecanismos de troca gasosa entre o embrião e o meio. O ovo amniótico permite que sejam gerados filhotes de maior porte e protege o embrião do dessecamento, graças à presença do líquido amniótico.

Ovo cleidoico – *Zoo.* Ovo amniótico, que por ser recoberto por membranas protetoras, consegue sobreviver em ambientes aéreos.

Ovócitos – *Reprod.* Ovogônias desenvolvidas, com grande quantidade de vitelo. Ficam localizados no córtex ovariano e estão estacionadas nas fases iniciais da meiose.

Ovoide – *Bio.* Que possui forma de ovo.

Ovovivíparo – *Reprod.* Tipo de desenvolvimento em que o embrião fica dentro do corpo da fêmea. O ovo se rompe no interior do organismo materno, permitindo a saída do embrião. Exemplo: algumas espécies de peixes e répteis.

Oxalaia – *Paleo.* Dinossauro terápode que habitou o território brasileiro durante o período Cretáceo. Eram animais de grande porte, com cerca de 12 metros de comprimento, e foram descobertos na região nordeste do país, próximo a regiões de quilombolas, por isso, recebeu o nome de *O. quilombensis*.

Óxido de nitrogênio – *Eco.* Poluente liberado por fornos, incineradores, aviões, fertilizantes, etc. É um dos fatores responsáveis pela alta incidência de doenças respiratórias, sobretudo em idosos e crianças, nos grandes centros urbanos.

Oxis, oxy, oxys – *Etimo.* Verbete proveniente do grego que significa agudo, pontudo. Ex.: o vocábulo é empregado na constituição de vários seres, tanto no gênero, como no epíteto específico, e normalmente faz alusão à presença de algo pontiagudo.

Oxyurus vermicularis – *Zoo.* Antiga denominação dada ao nematódeo *Enterobius vermicularis*. Veja *Enterobius vermicularis*.

Ozônio – *Eco.* Gás formado a partir de oxigênio, que protege a superfície terrestre da radiação ultravioleta emitida pelo sol.

Paca – *Zoo*. Nome atribuído ao mamífero roedor da família Dasyproctidae e espécie *Agouti paca*. Mede aproximadamente 70 cm de comprimento, podendo pesar até 10 kg. Apresenta patas longas, sobretudo quando comparada a outros roedores. Possui quatro dedos nas patas dianteiras e cinco nas traseiras. Vive por aproximadamente 18 anos. Exibe pelagem avermelhada. Vive em florestas tropicais, geralmente na sua toca ou próximas da água. É um animal herbívoro e encontrado no Brasil.

Pacu – *Zoo*. Peixe de água doce, da espécie *Piaractus mesopotamicus*, muito comum no Brasil. Apresenta cor geral castanho-acinzentada. Alimenta-se de pequenos frutos e folhas. Pode medir até 60 cm de comprimento e pesar 7 kg. Sinônimo: pacu-caranha ou pacuguaçu.

Paederus – *Zoo*. Gênero de coleópteros que eventualmente ocasionam acidentes em humanos. Conhecidos popularmente como potó. Veja Potó.

Pagilidade – *Eco*. Capacidade de dispersão de uma espécie por fatores alheios a ela, como vento, correnteza, etc. O mesmo que dispersão passiva.

Palaeolama major – *Paleo*. Nome científico da paleolhama, espécie de lhama extinta que viveu na América do Sul durante o Pleistoceno. Possui em média 1,2 m de altura e 1,7 m de comprimento, pesando cerca de 90 kg. Habitava campos abertos, onde se alimentava de gramíneas. Foram encontrados fósseis no Nordeste brasileiro, o que leva a crer que tal região apresentou um clima mais ameno no passado.

Paleártica – *Eco*. Região biogeográfica que abrange a Ásia ao Norte da Cordilheira do Himalaia, Europa e África ao Norte do deserto do Saara.

Paleo, Palaios – *Etimo*. Termo de origem grega que significa antigo.

Paleoceno – *Paleo*. Época do período quaternário que data de 65 milhões de anos. Ocorreu o surgimento de mamíferos carnívoros, roedores, os primeiros primatas, assim como florestas tropicais e temperadas.

Paleognathae – *Zoo*. Nome dado ao grupo de aves que reúne os tinamiformes (macucos, nhambus) e as ratitas (avestruz, ema, kiwi). Tratam-se das aves menos derivadas.

Paleoherpeton decorum – *Zoo*. Espécie de anfíbio labirintodonte que viveu entre o final do período Devoniano ao médio Triássico. A morfologia geral destes organismos foi descrita com base em registros fósseis e ajuda a entender a história do estabelecimento dos tetrápodas no ambiente terrestre. O crânio destes animais era denso e coberto por diversas cristas dermais. Possuíam corpo alongado com membros pequenos e robustos e cauda longa. As cinturas, muito densas e firmes, permitiam uma rotação anterior-posterior-ventral dos membros.

Paleolhama – *Paleo*. Animal aparentado às lhamas atuais que habitou a América do Sul até o final do Pleistoceno, quando se extinguiu. Pertencia à espécie *Palaeolama major*. Veja *Palaeolama major*.

Paleolítico – *Paleo*. Período da pré-história que começa quando os homens passaram a utilizar instrumentos de pedra lascada e terminou há aproximadamente 10.000 anos. Nesta época o homem ainda era nômade e desenvolveu bastante a caça, devido aos novos instrumentos criados.

Paleontologia – *Bio*. Ramo da biologia que se destina ao estudos dos fósseis.

Paleozoica – *Paleo*. Era que data de 550 até 150 milhões de anos e compreende os períodos Cambriano, Ordoviciano, Siluriano, Devoniano, Carbonífero e Permiano. Esta Era vai do surgimento dos primeiros artrópodes até o aparecimento das gimnospermas.

Pálio – *Zoo*. O mesmo que manto. Veja Manto.

Palpo – *Zoo*. O mesmo que pedipalpo. Veja Pedipalpo.

Paludícola – *Eco*. Organismo que vive em locais pantanosos.

Palus – *Etimo*. Termo de origem latina que significa pântano.

Palustre – *Eco*. Ambiente de sedimentação próprio de pântanos.

Pampas – *Eco*. Denominação utilizada para designar os campos na região do Rio Grande do Sul. Veja Campos limpos.

Pampatherium humboldti – *Paleo*. Espécie de tatu gigante que habitou a América do Sul e foi extinto no final do Pleistoceno. Eram animais herbívoros, providos de carapaça articulada e que chegavam a pesar 150 kg. Foram encontrados fósseis nos Estados de Minas Gerais e na Bahia.

Pampatherium paulacoutoi – *Paleo*. Tatu gigante que viveu no Brasil e foi extinto há aproximadamente 10.000 anos, no Pleistoceno. Foram encontrados fósseis na Bahia, que demonstram que o animal pesava em torno de 150 kg. Difere-se dos gliptodontes por possuir carapaça articulada.

Pan – *Etimo*. Termo de origem grega que significa tudo.

Pança – *Zoo*. A primeira das quatro câmaras do estômago dos mamíferos ruminantes. O mesmo que rúmen. Veja Rúmen.

Pâncreas – *Anato*. Glândula digestiva com cerca de 13 cm de comprimento nos humanos. Localiza-se posteriormente ao estômago. Trata-se de uma glândula mista, cuja secreção externa é o suco pancreático, e as secreções internas são a insulina e o glucagon.

Panda – *Zoo*. Nome concedido ao mamífero da família Ursidae e espécie *Ailuropoda melanoleuca*. É um animal com aproximadamente 1,5 m de comprimento, que pode atingir mais de 150 kg. Vive em florestas de bambus, no Sul da China, em altitudes de até 3.000 m. Alimenta-se das folhas e brotos de bambus, podendo ingerir até 10 kg da planta de uma só vez. Sua gestação dura aproximadamente 9 meses e resulta em dois filhotes. É um animal ameaçado de extinção, sendo seu comportamento alimentar e as devastações das florestas alguns dos principais fatores que auxiliam na sua pequena população. Calcula-se que existam menos de 1.000 exemplares de pandas no mundo. Sinônimo: panda-gigante.

Panda-vermelho – *Zoo*. Mamífero da espécie *Ailurus fulgens*, família Ailuridae, ordem Carnivora. É um animal de pelagem vermelha, com manchas brancas no rosto e cauda listrada de vermelho e castanho, comprida e peluda. Podem medir até 1 metro de comprimento total. Vivem sobre árvores, onde se alimentam de frutos, folhas, brotos de bambu, ovos e filhotes de pássaros. As fêmeas dão à luz a um ou dois filhotes, que se tornam independentes após 1 ano de vida. Distribuem-se pelo Sudeste Asiático e estão ameaçados de extinção devido à destruição de áreas florestais. Sinônimo: panda-pequeno.

Panfagia – *Eco*. Que possui alimentação variada. Sinônimo: onívoro.

Pangeia – *Geol*. Nome atribuído ao único bloco que há milhões de anos continha todos os continentes de hoje. Essa teoria foi proposta pelo meteorologista alemão Alfred Wegener, ao observar como o Continente Africano e a América do Sul parecem peças afastadas de um mesmo quebra-cabeça. A Pangeia ou Pangea foi formada durante o Paleozoico e começou a se fragmentar em dois blocos continentais (Gondwana e Laurásia) no início do Mesozoico.

Pangolin – *Zoo.* Mamífero da ordem Pholidota e gênero *Manis* que ocorre na África e Ásia. Tem o corpo coberto por escamas de queratina e uma cauda preênsil comprida. São animais mirmecófagos que saem de suas tocas à noite para capturar formigas com sua longa língua tubular. Veja também Pholidota.

Panstrongylus – *Zoo.* Gênero de insetos do grupo dos triatomíneos (subfamília Triatominae). A principal característica morfológica deste gênero é apresentar cabeça robusta com antenas implantadas bem próximas aos olhos. Algumas espécies exibem importância como vetoras da doença de Chagas nas Américas. No Brasil destaca-se a espécie *Panstrongylus megistus*, que pode ser encontrada colonizando vivendas humanas em vários Estados, sobretudo em São Paulo e Minas Gerais. A referida espécie apresenta cerca de 30 mm de comprimento, com manchas vermelhas no lobo posterior do pronoto e no conexivo e exibe fêmures negros. É, depois do *Triatoma infestans*, a espécie mais importante no Brasil. Foi a espécie em que Carlos Chagas registrou a transmissão do protozoário *Trypanosoma cruzi*. Outras espécies do gênero que são corriqueiramente capturadas invadindo domicílios no Brasil são: *Panstrongylus lutzi*, *Panstrongylus geniculatus*, *Panstrongylus diasi*. Veja Triatomíneos.

Pantanal Sul-Matogrossense – *Eco.* Ecossistema localizado no oeste do Mato Grosso do Sul e faz parte do charco paraguaio e boliviano. Trata-se de uma região frequentemente inundada pelas cheias do rio Paraguai e seus afluentes, sendo a maior planície inundável do mundo. Entre os vegetais da região destacam-se: algodão-do-pantanal, arroz-do-pantanal, buriti, jenipapo, bromélias, cactus, etc.

Pantófago – *Eco.* Organismo que apresenta alimentação variada.

Papagaio-charão – *Zoo.* Nome popular dos psitacídeos da espécie *Amazona pretrei*, encontrados na Argentina e no Sul do Brasil. Possuem plumagem verde com manchas vermelhas nas rêmiges, ao redor dos olhos e sobre o bico. A extremidade das rectrizes é amarela. São associadas a matas de araucárias e suas populações têm diminuído rapidamente. É também conhecido como papagaio-da-serra ou charão.

Papagaio-verdadeiro – *Zoo.* Nome popularmente atribuído à ave da espécie *Amazona aestiva*. É uma das espécies de aves mais comumente mantidas como animal de estimação, principalmente por aprender a dizer palavras e até frases inteiras. Apresenta aproximadamente 35 cm de comprimento. Sua plumagem geral é verde, com algumas manchas amarelas pelo corpo, sobretudo na cabeça. Habita matas, palmeirais, cerrados, dentre outros. Alimenta-se de frutos e sementes. Sua postura é de três ovos e o período de incubação é de aproximadamente 25 dias.

Papilar – *Bio.* Estrutura com formato de papila (elevação cônica). Sinônimo: papiliforme.

Papiliforme – *Bio.* Estrutura com forma de papila (elevação cônica). Sinônimo: papilar.

Papilla amphibiorum – *Zoo.* Região do ouvido interno dos anfíbios que tem função sensorial. Trata-se de uma sinapomorfia destes vertebrados.

Papo – *Zoo.* Parte do aparelho digestório da maioria das aves. Serve para armazenar e amolecer os alimentos que as aves ingerem.

Paquiderme – *Zoo.* Termo utilizado para designar animais de pele espessa, como os elefantes e alguns ungulados. O termo encontra-se em desuso na zoologia atual.

Paquis – *Etimo.* Termo de origem grega que significa espesso.

Para – *Etimo.* Termo de origem grega que significa ao lado de.

Parabiose – *Eco.* Diz-se da associação entre duas espécies que não apresentam nenhuma relação. Exemplo: determinadas espécies de formigas que vivem em formigueiros que se cruzam.

Paracanthopterygii – *Zoo*. Superordem que inclui os Lophiiformes (peixes-pescadores), Ophidiiformes (peixe-pérola), Gadiformes (bacalhaus e merluzas), Batrachoidiformes (peixes-sapo) e outros.

Parafilético, Grupo – *Bio*. Grupo formado por um ancestral e seus táxons derivados, porém incompleto, por nem todos os descendentes estarem incluídos. Trata-se de um agrupamento artificial, sem utilidade para a sistemática filogenética.

Paralelismo – *Bio*. Mudança evolutiva em que duas ou mais linhagens passam a apresentar, independentemente, um caráter similar que não estava presente em seu ancestral comum. Apesar de não ser uma regra, geralmente ocorre em grupos mais próximos, ao contrário da convergência evolutiva, que costuma abranger grupos mais distantes entre si.

Parâmero – *Zoo*. Estrutura que compõe o aparelho reprodutor masculino de vários artrópodes. Pode servir de apoio e auxiliar na penetração do edeago (pênis).

Paramphistomum – *Zoo*. Gênero de vermes trematódeos, com cerca de 1 cm de comprimento. Parasitam o aparelho digestório de ruminantes. Os caramujos dos gêneros *Planorbis* e *Bulinus* são hospedeiros intermediários deste verme. Os animais se infectam ao ingerir as metacercárias encistadas com gramíneas. O parasitismo pode ocasionar diarreia com anorexia e desidratação dos animais. O tratamento é realizado com anti-helmínticos.

Parapódes – *Zoo*. Local onde se inserem as cerdas locomotoras, não articuladas, de alguns anelídeos.

Parapódio – *Zoo*. Projeções laterais existentes no corpo dos poliquetos.

Parascaris – *Zoo*. Gênero de vermes, de importância veterinária, que parasitam o intestino delgado de equinos e asininos. A moléstia também está associada às migrações que as larvas do verme realizam no fígado e nos pulmões, resultando em hemorragias desses órgãos. Os animais se infectam ao ingerirem as larvas do parasito. O tratamento é realizado com anti-helmínticos.

Parasitemia – *Zoo*. Refere-se ao número de parasitos que estão presentes na corrente sanguínea de um ser vivo, seja ele animal ou humano. Por exemplo, na fase aguda da doença de Chagas, geralmente a parasitemia é muito elevada.

Parasitismo – *Eco*. Tipo de relação desarmônica interespecífica, na qual um indivíduo vive e alimenta-se parasitando outro de espécie diferente, beneficiando-se do mesmo e causando prejuízos ao seu hospedeiro. Via de regra, o parasito é um invertebrado, e o hospedeiro é um vertebrado. O parasito pode prejudicar seu hospedeiro a ponto de matá-lo, como ocorre em várias doenças humanas (doença de Chagas, leishmaniose visceral, malária, as esquistossomoses, dentre outras), mas isso não ocorre na maioria das vezes, pois evolutivamente seria um ambiente desfavorável também ao parasito se este sempre tivesse efeito letal sobre o hospedeiro.

Parasito – *Zoo*. Organismo que vive à custa do organismo parasitado (hospedeiro), habitualmente trazendo prejuízos ao mesmo. Podem ser divididos em endo e ectoparasitos. Os endoparasitos geralmente se constituem de helmintos ou protozoários. Já os ectoparasitos normalmente são artrópodos, como carrapatos, pulgas e piolhos.

Parasitoide – *Zoo*. Inseto que é parasito de outro artrópode, sobretudo durante seu desenvolvimento larval ou pupal. Normalmente, a ação do parasitoide incapacita o desenvolvimento do seu hospedeiro. Algumas espécies de parasitoides, como determinados micro-himenópteros, são amplamente estudadas e adotadas no controle biológico de pragas.

Paratoide, Glândula – *Zoo*. Glândula de veneno presente na superfície da pele dos sapos, sendo cada uma localizada de um lado do corpo do animal, próximas aos tímpanos. Seu veneno possui sabor desagradável para espantar predadores que venham a abocanhá-lo na região das glândulas. Além disso, tem ação tóxica, podendo matar alguns predadores. Os sapos não podem inocular ou esguichar seu veneno, ao contrário do que dizem algumas lendas.

Parauacu – *Zoo.* Nome vulgar dado aos membros do gênero *Pithecia*, primatas que habitam a Floresta Amazônica, pesam cerca de 1,5 kg, e possuem uma pelagem densa de coloração que varia com a espécie. Andam em grupos formados por um casal e seus filhotes. Alimentam-se de frutos, sementes e folhas.

Parcimônia – *Evo.* Na sistemática, trata-se do princípio que, entre duas hipóteses evolutivas, deve-se escolher sempre a que apresenta o menor número de passos evolutivos. Não se trata de uma forma de saber a hipótese certa, mas sim, de padronizar possíveis erros cometidos nesse tipo de estudo.

Pardal – *Zoo.* Pequeno pássaro da espécie *Passer domesticus* de origem europeia. Foi introduzido no Brasil, onde se tornou uma das espécies mais comuns, principalmente em zonas urbanas. Pesam cerca de 30 gramas e os machos se distinguem das fêmeas pela presença de uma mancha negra na região ventral do pescoço, abaixo do bico. É também conhecido como passarinho ou passarinho-urbano.

Pario – *Etimo.* Termo de origem latina que significa produzido, gerado.

Parodontidae – *Zoo.* Família de peixes actinopterígios da ordem Characiformes, cujos representantes são popularmente conhecidos como canivetes, sardelas e charutos. Os parodontídeos vivem geralmente em rios de fundo rochoso, próximos a cachoeiras, e raspam o substrato para obter alimentos que crescem ali. A maioria apresenta boca inferior com dentes espatulados, nadadeiras pélvicas desenvolvidas, nadadeira adiposa presente, corpo delgado e alongado. Existem, hoje, 32 espécies descritas habitando a América Central e América do Sul.

Partenogênese – *Bio.* Termo utilizado para designar o desenvolvimento de um embrião, sem a contribuição gênica paterna. São fêmeas que procriam sem precisar de machos que as fecundem. Este é um tipo de reprodução assexuada. Atualmente, a biologia evolutiva prefere utilizar o termo telitoquia, por considera-lo menos abrangente que o termo partenogênese.

Partenogênese – *Reprod.* Tipo de reprodução assexuada, na qual o óvulo desenvolve um embrião sem ser fecundado. Da partenogênese podem ser originados indivíduos do mesmo sexo, ou de ambos os sexos. Ocorre em diversos artrópodes (nas abelhas, assim como em espécies de vespas e formigas, os machos são originados através da partenogênese), algumas espécies de peixes, anfíbios e répteis.

Parulidae – *Zoo.* Família de pássaros silvestres, de hábito insetívoro, representada pelo canário-do-mato, *Basileuterus flaveolus* e pelo pula-pula, *Basileuterus hypoleucus*.

Passeridae – *Zoo.* Família de pássaros comum no Velho Mundo. No Brasil, o pardal *Passer domesticus* a representa, sendo uma espécie introduzida, já que apresenta origem europeia. Veja Pardal.

Passeriformes – *Zoo.* Nomenclatura utilizada em ornitologia para designar o grupo dos pássaros em geral, como o joão-de-barro, bem-te-vi, pardais, corvos, dentre outros. Essas aves estão distribuídas por toda a região tropical, e existem mais de 1.150 espécies descritas, distribuídas em 13 famílias.

Patágio – *Zoo.* Membrana que envolve os dedos dos morcegos, originando as asas.

Patognomônico – *Bio.* Sinal ou sintoma característico de determinada doença, por exemplo, o sinal de Romaña, que é típico da doença de Chagas. O termo é de origem grega e denota "que faz reconhecer uma doença".

Paucicelular – *Cito.* Que se caracteriza por conter poucas células.

Paurometábolo – *Zoo.* O mesmo que hemimetábolo. Veja Hemimetábolo.

Pauropoda – *Zoo.* Classe de pequenos artrópodos, que vivem em húmus de folhas e solo, onde se alimentam de fungos e matéria orgânica em decomposição. Apresentam corpo mole, lembrando uma larva. Têm corpo formado por 11 segmentos, e possuem nove pares de pernas. Existem cerca de 900 espécies descritas.

Pecilotérmico – *Zoo.* São animais que recebem calor e aquecem o corpo a partir de fontes externas, como o sol ou ambientes aquecidos. Embora esses animais recebam calor externo, eles realizam certo controle de temperatura interna, não tolerando temperaturas extremas. Peixes, répteis e anfíbios são exemplos de animais pecilotérmicos. Sinônimo: poiquilotérmico.

Péctem – *Zoo.* Estrutura vascular em forma de pente presente no interior do globo ocular das aves, que leva nutrientes a esse órgão.

Pectinado – *Bio.* Que tem aspecto de pente. Diz-se das antenas de alguns insetos cujos artículos se expandem para os lados, tomando aspecto de pente.

Pedicelárias – *Zoo.* Estrutura em forma de pinça, presente no corpo de alguns equinodermos, e que realiza a limpeza da superfície desses animais.

Pediculose – *Zoo.* Nome atribuído ao parasitismo resultante de piolhos, em particular da espécie *Pediculus humanus*. Veja *Pediculus humanus*, *Phthirus pubis*.

Pediculus humanus – *Zoo.* Inseto da ordem Anoplura, conhecido popularmente como piolho. São parasitos do couro cabeludo (*Pediculus humanus capitis)* e do corpo *(Pediculus humanus corporis*) humano. Ambos os sexos deste inseto são hematófagos obrigatórios. As fêmeas põem ovos, conhecidos por lêndeas, com uma substância acimentante no cabelo do hospedeiro. Dali sairão as ninfas que, após cinco estádios de desenvolvimento, darão origem aos adultos. Parasitam mais frequentemente crianças e a parcela mais pobre da população. A transmissão se dá via contato direto: abraços, beijos, sexo, etc. Os insetos não apresentam asas, logo não voam. A picada dos piolhos causa prurido e dor, e o ato de coçar ocasiona feridas que servem de porta de entrada para infecções secundárias. O piolho também pode veicular patógenos. O tratamento pode ser realizado com xampus feitos à base de piretroides e adoção de pente fino.

Pedipalpo – *Zoo.* Estrutura utilizada pelo aracnídeo para percepção de alguns sinais, assim como para manusear os alimentos. Sinônimo: palpo.

Pedis, Pedi – *Etimo.* Termo de origem latina que significa pé.

Pedo – *Etimo.* Termo de origem grega que significa criança.

Pedogênese – *Bio.* Constitui uma das formas de reprodução ou multiplicação em fase larvar ou imatura de um animal.

Pedogênese – *Reprod.* Tipo de reprodução partenogenética do organismo quando ele ainda se encontra na sua forma larvária. Ocorre em alguns insetos e platelmintos.

Pedomorfose – *Zoo.* Nos animais é o processo através do qual o adulto apresenta características juvenis, ou quando o jovem se torna produtivamente maduro.

Pedunculado – *Bio.* Estrutura ou organismo que possui pedúnculo (haste).

Peixe cartilaginoso – *Zoo.* Nomenclatura aplicada aos peixes portadores de esqueleto cartilaginoso. Ex.: tubarões, raias, quimeras. Veja Chondrichthyes.

Peixe ósseo – *Zoo.* Nomenclatura aplicada aos peixes portadores de esqueleto ósseo. Trata-se da maioria dos peixes e o maior grupo de vertebrados. Cerca de 40% dos peixes ósseos vivem na água doce. Veja Osteichthyes.

Peixe-boi – *Zoo.* Apesar do nome de peixe, esse animal é um mamífero presente na Floresta Amazônica. É também conhecido como manati, boi-marinho, urauá, guarabá ou manaí. Os peixes-boi são aquáticos e herbívoros. Os membros anteriores são modificados em remos, os posteriores ausentes e a pélvis é reduzida. Possuem grandes depósitos de gordura. Atingem até 3 m de comprimento. Estão ameaçados de extinção devido à caça para comercialização da carne, apreciada em determinadas culturas. A espécie mais conhecida é *Trichechus manatus*. Veja Sirenia.

Peixe-bruxa – *Zoo.* Animais da classe Myxiniformes, exclusivamente marinhos, com corpo tubular, cerca de 1 m de comprimento e que pesam até 1 kg. Vivem em mares de clima temperado, alimentando-se de peixes mortos e invertebrados de corpo mole. Tem o corpo bastante flexível e coberto por uma grande quantidade de muco.

Peixe-elétrico – *Zoo.* Nomenclatura empregada a diversas espécies de peixes da ordem Gymnotiformes, capazes de liberar descargas elétricas. O principal exemplo é o poraquê, encontrado no rio Amazonas. Veja Poraquê.

Peixe-pescador – *Zoo.* Nome popular dado às aproximadamente 300 espécies da ordem Lophiiformes. Recebem este nome devido à presença da nadadeira dorsal modificada e projetada para frente na forma de um ilício, protuberância carnosa e, eventualmente luminescente, que serve como isca para atrair suas presas. Habitam o fundo do mar.

Peixes – *Zoo.* Vertebrados aquáticos que utilizam o oxigênio da água para respiração e geralmente possuem nadadeiras para locomoção. São providos de forte musculatura axial. A respiração é feita através das brânquias. Podem apresentar o corpo coberto de escamas. O tubo digestório é completo. O coração está dividido em duas cavidades (sendo um átrio e um ventrículo). São pecilotérmicos e, por isso, normalmente toleram grandes variações de temperatura. A temperatura corpórea destes animais é bem próxima da do ambiente. Exibem tamanhos bastante variados, podendo atingir desde mais de 15 metros até menos de um centímetro. Embora a maioria dos peixes esteja confinada à água, existem alguns que podem locomover-se sobre a terra, outros, como certos dipnóicos, podem cobrir-se de lama e viver meses sem água. Formam o maior grupo de vertebrados, com mais de 25.000 espécies descritas. Filogeneticamente, trata-se de um grupo parafilético, uma vez que nem todos os seus descendentes são incluídos neste grande grupo denominado "peixes", nomenclatura essa empregada principalmente aos Chondrichthyes (ou peixes cartilaginosos), Osteichthyes (ou peixes ósseos), Petromyzontiformes (lampreias) e Myxiniformes (feiticeiras).

Peixes acantotóxicos – *Zoo.* Diz-se dos peixes venenosos que apresentam espinhos ou ferrões envolvidos por bainha de tegumento, sob a qual estão as glândulas de veneno existentes nas nadadeiras dorsais, peitorais ou na cauda. Exemplos: arraias, bagres, mandi, mangangá, niquim, etc. São os peixes mais envolvidos com ictismo humano no Brasil, ou seja, acidentes ou intoxicações ocasionadas por determinadas espécies de peixes. O vocábulo acontotóxico provém do grego e significa espinho (acantos) tóxico.

Peixes sarcotóxicos – *Zoo.* Diz-se dos peixes venenosos. Ocasionam acidentes quando ingeridos por seres humanos, uma vez que podem apresentar toxinas na pele, em músculos, vísceras e gônadas. Exemplo: peixes da família Tetraodontidae, popularmente conhecidos por baiacus. O vocábulo sarcotóxico provém do grego e significa carne (*sarcos*) tóxica.

Pelágico, distrito – *Eco.* Massa de água que vai à profundidade de 200 m, mas que não fica no fundo. Localiza-se sobre o distrito batial e abissal.

Pelagos – *Etimo.* Termo de origem grega que significa oceano, mar.

Pelecaniformes – *Zoo*. Nomenclatura utilizada para designar o grupo que contém os pelicanos, fragatas, biguás, atobás, dentre outros. Existem 63 espécies descritas, com ampla distribuição geográfica.

Pelecípodes – *Zoo*. Antiga denominação adotada para os moluscos bivalvos. Veja Bivalvia.

Pelecypoda – *Zoo*. O mesmo que Bivalvia. Veja Bivalvia.

Pelicano – *Zoo*. Ave aquática da ordem Pelecaniformes caracterizada pelo bico longo de até 45 cm de comprimento, apresentando bolsa gutural elástica, que serve como uma rede de pesca. São grandes e de corpo pesado, podendo pesar até 12 kg. A maioria vive no Hemisfério Norte. A espécie *Pelecanus occidentalis* pode ser encontrada no norte do Brasil.

Pelo – *Anato*. Anexo epidérmico, formado por haste longa e fina, composto por queratina, com bulbo localizado na parte inferior. Os pelos são revestidos por folículos pilosos, que é uma bainha revestida por epitélio, que nutre e enerva o pelo. Sua distribuição e quantidade vai depender da espécie que é levada em questão, e também do sexo.

Pelomedusidae – *Zoo*. Família de tartarugas de água doce da linhagem dos Pleurodira. Essa família inclui 18 espécies descritas, encontradas no continente africano comtemplando a ilha de Madagascar.

Pena – *Zoo*. Denominação atribuída à concha interna dos moluscos, como as lulas. Sinônimo: siba; gládio. Em ornitologia, designa o anexo epidérmico das aves. As penas das aves são compostas por uma haste, subdividida em cálamo (parte oca que fica dentro da pele) raque (parte que fica externa à pele), dois vexilos compostos por barbas (filamentos que partem da raque) e bárbulas (pequenas projeções que unem as barbas). Existem diversos tipos de penas: rêmiges (asas), rectrizes (cauda), penas de contorno, plumas, semiplumas, filoplumas e cerdas.

Pensilvaniano – *Paleo*. Período geológico descrito como a primeira parte do período Carbonífero. Data de 360 milhões de anos. Veja Carbonífero.

Penta – *Etimo*. Termo de origem grega que significa cinco.

Pentastomida – *Zoo*. Filo de protoartrópodes (por alguns classificados como crustáceos) formado por vermes aberrantes, parasitos das vias respiratórias de alguns vertebrados. As infecções com alta carga parasitária podem causar espirros, tosse e corrimento nasal. A espécie *Linguatula serrata* possui importância médico-veterinária. Os pentastomídeos são dioicos e com fecundação externa.

Pequena circulação – *Fisio*. O mesmo que circulação pulmonar. Veja Circulação pulmonar.

Peracarida – *Zoo*. Superordem que agrupa sete ordens de crustáceos, inclusive os malacostracos. Esse nível taxonômico inclui a maioria dos crustáceos descritos. A principal característica do grupo é a presença de marsúpio nas fêmeas. Apresentam desenvolvimento direto, e dos ovos eclodem juvenis, similares aos adultos. Foram descritas cerca de 22.000 espécies nesse grupo, distribuídas em nove ordens.

Percevejo – *Zoo*. Nome popularmente atribuído aos insetos cimicídeos. Veja Cimicídeo.

Perciformes – *Zoo*. Ordem de peixes teleósteos que inclui mais de 9.000 espécies, sendo a maior ordem de vertebrados. Ocorrem em quase todo o planeta. São representados pelo robalo, garoupa, rêmora, dourado, pescada, atum, etc.

Percomorpha – *Zoo*. Grupo que abrange mais de 7.800 espécies de peixes e é definido pela presença da cintura pélvica firmemente ligada à cintura peitoral. Tratam-se de animais bastante adaptados a nadar em ambientes de substrato complexo, como recifes de corais, já que têm alta manobrabilidade. Perciformes, Tetraodontiformes e Synbranchiformes, são exemplos de ordens incluídas no grupo dos Percomorpha.

Perereca – *Zoo*. Anfíbios anuros, geralmente arborícolas, que caminham, escalam e saltam. Diferenciam-se dos demais anuros por apresentarem discos digitais, membros mais delgados e delicados, cintura pélvica mais estreita e não possuírem glândulas paratoides nem membrana interdigital. Veja Anura.

Peri – *Etimo*. Termo de origem grega que significa em torno de.

Período – *Paleo*. Denominação utilizada na história evolutiva que fica entre a Era e as Épocas. São descritos 12 períodos, sendo eles: Quaternário, Terciário, Cretáceo, Jurássico, Triássico, Permiano, Carbonífero, Devoniano, Siluriano, Ordoviciano, Cambriano e Pré-cambriano.

Período de incubação – *Bio*. Período decorrente entre a penetração do agente etiológico e o aparecimento dos primeiros sintomas clínicos. Neste período não há doença e o hospedeiro não manifesta sintomas, pois todo o processo acontece em âmbito celular.

Período pré-patente – *Bio*. Período que decorre entre a penetração do agente etiológico e o aparecimento das primeiras formas detectáveis do agente etiológico (ovos, larvas ou oocistos).

Perioral – *Anato*. Que fica ao redor da boca.

Periplaneta americana – *Zoo*. Insetos conhecidos popularmente como baratas. Apresentam corpo ovalado e achatado, de coloração dorsal avermelhada. Apreciam o calor e a umidade, e possuem hábitos noturnos, por isso são facilmente encontradas dentro dos domicílios durante a noite. São bastante ágeis e quando correm o fazem apoiando o corpo sobre o par de pernas posterior. São onívoras e podem transmitir doenças. Podem também roer roupas, defecar em livros, documentos, alimentos, etc. Seu controle é procedido com o uso de inseticidas e saneamento do ambiente.

Periquito-rei – *Zoo*. Nome popular da espécie *Aratinga aurea*, psitacídeo de aproximadamente 27 cm e plumagem amarela. Trata-se de um dos periquitos mais populares do Brasil, ocorrendo em áreas de cerrado, matas e campos. Alimenta-se de grãos, sementes e frutos.

Perissodactyla – *Zoo*. Ordem de mamíferos que compreende o cavalo, asno, a zebra, anta, o rinoceronte, etc. São animais ungulados que apresentam os cascos dos pés formando apenas um dedo.

Perisson – *Etimo*. Termo de origem grega que significa ímpar.

Permiano – *Paleo*. Período geológico compreendido pela Era Paleozoica. Data de 280 milhões de anos. Nessa época as terras eram mais altas e superavam os mares rasos, e o clima começou a ficar mais ameno. Havia florestas de gimnospermas e os répteis ficaram mais diversificados, sendo alguns semelhantes a mamíferos. Foi o último Período da Era Paleozoica, sendo antecessor do Período Triássico, já na Era Mesozoica.

Pernalta – *Zoo*. Diz-se dos animais que apresentam patas ou pernas longas em relação ao corpo. Em ornitologia, por exemplo, designa aves com pernas longas, como a garça, o flamingo e o tuiuiú.

Pero, peros – *Etimo*. Termo de origem grega que significa deformado.

Pés ambulacrais – *Zoo*. Parte do aparelho ambulacral dos equinodermos que serve para movimentação, através da variação de pressão interna.

Peter Wilhelm Lund – *Biograf*. Paleontólogo de origem dinamarquesa que viveu entre 1801 e 1880. Mudou-se para o Brasil, onde residiu em Lagoa Santa, interior de Minas Gerais, local em que encontrou e estudou mais de 12.000 fósseis, o que o tornou o principal nome da paleontologia e da espeleologia brasileira, principalmente a respeito da fauna do Pleistoceno. Lund descobriu vários fósseis na região de Lagoa Santa, entre eles: preguiças-gigante, capivaras, tatus, cavalos e tigres-dente-de-sabre. A grande maioria de seus achados está na Dinamarca.

Petrificação – *Paleo.* Tipo de fossilização em que algum organismo, geralmente localizado no interior de uma rocha, vem a se petrificar.

Petromyzontiformes – *Zoo.* Classe de vertebrados que inclui as lampreias. Tem como caracteres apomórficos a presença de boca circular, fímbrias e uma língua denteada raspadora.

Phasma – *Etimo.* Termo de origem grega que significa fantasma. Exemplo Phasmida.

Phasmatodea – *Zoo.* Ordem de insetos que contempla os bichos-pau. Sinônimo: Phasmida. Veja Phasmida.

Phasmida – *Zoo.* Ordem de insetos conhecidos popularmente por bichos-pau. Apresentam corpo alongado, aparelho bucal mastigador, pernas alongadas e podem atingir 30 cm de comprimento. Vivem sobre ramos, folhas e solo, e são facilmente confundidos com pedaços de pau e pequenos galhos. São animais fitófagos e sedentários. Existem cerca de 3.000 espécies descritas. Sinônimo: Phasmatodea.

Phoenicopteriformes – *Zoo.* Nomenclatura utilizada na ornitologia para designar a ordem dos flamingos. Trata-se de aves pernaltas, de plumagem cor-de-rosa, com o corpo delgado e bico curvo. Vivem em lagoas salobras de toda a América. No Brasil existem três espécies de flamingos.

Pholidota – *Zoo.* Ordem de mamíferos que inclui os pangolins. Tais animais podem pesar até 33 kg, são plantígrados (pisam o chão com os ossos do pé), tem o corpo coberto por escamas de queratina, cauda preênsil, língua comprida, tubular e musculosa e não possuem dentes. São mirmecófagos e vivem tanto em terra quanto sobre árvores. Estão distribuídos na região Oriental e Etiópica.

Phoneutria – *Zoo.* Gênero de aranha conhecida popularmente como aranha-armadeira, devido a seus hábitos agressivos de armar o ataque, ou aranha-da-bananeira, por habitar seguidamente esse local e picar quem manuseia tal fruta no campo. Consiste de um aracnídeo com grande relevância na saúde pública do Brasil, sendo responsável por 40% dos acidentes com aranhas no país. Possui 3 cm de comprimento, mas a largura entre as pernas pode chegar a 15 cm. O ventre possui cores negras, alaranjadas ou marrons. Não constrói teias e vive próxima a domicílios, onde se alimenta de grilos, baratas, dentre outros. Exibe hábito noturno, caça suas presas e as imobiliza pela ação do veneno. Quando chega a época de acasalar, em períodos frios, refugia-se para o interior das casas e abriga-se em roupas, sapatos, atrás de móveis, dentre outros. É nessa época que começam a ocorrer os acidentes. Após a cópula, a fêmea permanece sedentária, cuidando da ooteca, e o número de acidentes diminui. São agressivas e podem saltar em direção ao inimigo e picar com grande rapidez. Depois da picada há dor, edema, eritema e sudorese local. Em casos mais graves, sobretudo em crianças, pode haver vômitos, diarreias, priapismo, bradicardia, etc. O tratamento é realizado com analgésicos e soro antiaracnídico (casos graves).

Phoronida – *Zoo.* Filo de animais que compreende alguns exemplares de vermes aquáticos. Os foronídeos são sedentários e vivem enterrados no substrato marinho. O lofóforo fica exposto com cerca de 1.500 tentáculos e tem função na alimentação. Medem aproximadamente 20 cm de comprimento. Na maioria são hermafroditas, com fecundação externa e desenvolvimento indireto. Compreende um dos filos de animais menos numerosos que se conhece, com apenas dez espécies descritas.

Phthir – *Etimo.* Termo de origem grega que significa "piolho".

Phthiraptera – *Zoo.* Ordem de insetos que agrupa os piolhos anopluros (piolhos sugadores) e malófagos (piolhos mastigadores).

Phthirus pubis – *Zoo.* Nome científico do piolho conhecido popularmente como "chato". Inseto da ordem Anoplura com cerca de 1 mm de comprimento. Tanto os machos quanto as fêmeas são hematófagos e parasitam a região dos pelos pubianos e períneo, mas em infecções severas podem ser encontrados em outras regiões. Sua picada normalmente ocasiona prurido, e o ato de coçar pode resultar em infecções bacterianas secundárias no local da picada. É transmitido principalmente durante o coito. A utilização de xampus com inseticida piretroide, assim como a raspagem dos pelos pubianos, são boas formas de se evitar tal ectoparasito.

Phyll – *Etimo.* Termo de origem grega que significa folha.

Phyllobates terribilis – *Zoo.* Espécie de anura da família Dendrobatidae, popularmente conhecido como sapo-flecha. Veja Sapo-flecha.

Phyllomedusa bicolor – *Zoo.* Maior espécie de pererecas da subfamília Phyllomedusinae, atingem cerca de 150 mm. Ocorrem na região Amazônica do Brasil, Bolívia, Colômbia e Peru, além de estar presente nas Guianas e na Venezuela. A toxina presente na pele desta espécie é considerada a mais forte da subfamília Phyllomedusinae. Para os seres humanos essa toxina causa apatia e danos no sistema digestivo, causando forte diarreia, náuseas e vômitos. Algumas tribos indígenas amazônicas colocam as secreções da pele da *Phyllomedusa bicolor* em queimaduras feitas no braço e no peito, o que provoca profunda indisposição inicial, seguida por um período de apatia, e depois por um estado de euforia, sensação de força e maior acuidade de sentidos, o que os tornaria melhores caçadores.

Phyllomedusa burmeisteri – *Zoo.* Espécie de pererecas conhecidas como perereca-de-folhagem. Exibem coloração geral verde exuberante e cores vivas nas partes ocultas dos flancos. Assim como todas as outras espécies da subfamília Phyllomedusinae, esta espécie possui o primeiro dedo posicionado de forma oposta aos outros dedos, tanto nas mãos como nos pés, o que proporciona habilidade diferenciada na locomoção arborícola. As fêmeas desta espécie depositam seus ovos em folhas próximas à água, que são devidamente dobradas para proteger a desova. Posteriormente, os girinos eclodem e caem na água, onde terminam o desenvolvimento.

Phyllomedusinae – *Zoo.* Subfamília de anuros mais distintos entre os Hylidae neotropicais. São característicos por apresentarem pupilas verticais (horizontal em quase todos os outros hylídeos), colorido dorsal sempre verde, e geralmente com cores vivas nas partes ocultas dos membros, e por depositarem seus ovos em uma massa gelatinosa sobre as folhas enroladas acima da água. Ocorrem em regiões tropicais do México até a Argentina. A maior parte de seus representantes são dotados de dedos e artelhos palmados, sendo o primeiro dedo oponível aos demais. São de maneira geral arborícolas e, apesar de serem capazes de saltar, caminham lentamente sobre galhos e folhas. A pele destes animais é rica em polipeptídeos complexos, tóxicos, irritantes e venenos em alguns casos.

Physalaemus cuvieri – *Zoo.* Espécie de rã encontrada no Brasil, Argentina, Bolívia e Venezuela, popularmente conhecida como rã-cachorro. Veja Rã-cachorro.

Physalia – *Zoo.* Gênero no qual estão descritos os celenterados conhecidos popularmente como caravelas. É constituído por uma colônia de organismos, cada qual cumprindo uma função específica.

Phytotomidae – *Zoo.* Família de passeriformes que possuem o bico serrilhado, o que os auxilia a forragear folhas. Apenas uma espécie ocorre no Brasil, *Phytotoma rutila*, conhecido como Corta-ramos-de-rabo-branco. Estão restritos ao sul da América do Sul. Reproduzem-se no Chile e na Argentina.

Piau – *Zoo.* O mesmo que Piava. Veja Piava.

Piava – *Zoo.* Peixe de água doce que pertence à família Characidae e espécie *Leporinus friderici*. Apresenta boca reduzida, com dentição forte e de bordos cortantes. Alimenta-se de matéria vegetal e matéria orgânica em decomposição. O gênero *Leporinus* abrange mais de 30 espécies brasileiras. É apreciado na culinária e alvo de pesca. Pode atingir 1,5 kg. Sinônimo: piau, aracu.

Pica-pau-do-campo – *Zoo*. Nome popularmente atribuído à ave da espécie *Colaptes campestris*, família Picidae, ordem Piciformes. Mede cerca de 30 cm de comprimento e vive em campos e cerrados. Sua plumagem geral é escura, apresentando um topete no alto da cabeça. Sua postura é de cerca de três ovos, colocados em ocos de árvores e cupinzeiros.

Pica-peixe – *Zoo*. Nome popular das aves da família Alcedinidae, conhecidas também como martim-pescador, ariramba ou guarda-rios. Veja Martim-pescador.

Picídeos – *Zoo*. Nomenclatura utilizada por ornitólogos para designar os pica-paus.

Piciformes – *Zoo*. Nomenclatura utilizada em ornitologia para designar o grupo dos tucanos, pica-paus, dentre outros. Essas aves apresentam ampla distribuição geográfica, com 355 espécies descritas, distribuídas em cinco famílias.

Pielos – *Etimo*. Termo de origem grega que significa pelve.

Pigeo, Pigo – *Etimo*. Termo de origem grega que significa nádega.

Pigóstilo – *Zoo*. Osso único, originado da fusão de várias vértebras caudais das aves. Trata-se de uma das várias adaptações do grupo para o voo, uma vez que a fusão dos ossos torna as aves mais leves. É o local onde se inserem as rectrizes, estando ausente em aves que não desenvolvem a cauda, como ocorre nas emas.

Píleo – *Zoo*. Em ornitologia, refere-se à região do alto da cabeça das aves, que pode ter coloração diferenciada ou não.

Pilo – *Etimo*. Termo de origem grega que significa pelo.

Piloso – *Bio*. Estrutura munida de pelos.

Pimelodidae – *Zoo*. Família de peixes actinopterígios da ordem Siluriformes, cujos representantes são os mandis, pacamã, jaú, jundiá, pintado e surubim. São animais desprovidos de escamas, com nadadeiras dorsais e peitorais com espinho rígido, nadadeira adiposa bem desenvolvida, com base larga. A cabeça é achatada ventralmente, com três pares de barbilhões – um maxilar e dois mentonianos – e boca com dentes viliformes. Apresentam hábito noturno. São descritas atualmente mais de 300 espécies que vivem em rios da América do Sul e América Central.

Pinacócitos – *Zoo*. Células achatadas que formam a parede externa do corpo das esponjas.

Pinein – *Etimo*. Termo de origem grega que significa beber.

Pinguim – *Zoo*. Ave oceânica da família Sphenisciformes, encontrada na Antártida e no sul da América do Sul. Ótimo nadador, o pinguim possui adaptações para a vida na água, como corpo pesado e hidrodinâmico, ossos não pneumáticos, grandes depósitos de gordura que auxiliam no isolamento térmico em águas geladas, penas lubrificadas e asas modificadas em remos. São monogâmicos e a reprodução ocorre no fim do ano. Alimentam-se de peixes.

Pinípedes – *Zoo*. Mamíferos marinhos como os leões-marinhos, focas e morsas. Veja Pinnipedia.

Pinnipedia – *Zoo*. Ordem de mamíferos marinhos na qual são descritas as focas, os leões-marinhos, lobos-marinhos e morsas. Apresentam o corpo fusiforme, oferecendo pouca resistência ao avanço através da água. Os membros são constituídos das nadadeiras peitorais e traseiras, sendo a cauda curta e inserida entre as nadadeiras traseiras. A maioria das espécies habita áreas frias dos oceanos, sendo que sob a pele dos pinípedes há uma camada de gordura que funciona como isolante térmico do corpo e reserva energética. Podem permanecer submersos por períodos de tempo relativamente longos, e algumas espécies realizam mergulhos profundos.

Pintado – *Zoo.* Peixe de água doce da espécie *Pseudoplatystoma corruscans*. Apresenta cabeça larga e barbatanas longas. A coloração geral é castanho-acinzentada, com pintas pretas pelo corpo. Alimenta-se de outros peixes. Pode medir até 1 m de comprimento.

Pintassilgo – *Zoo.* Pássaro da espécie *Carduelis magellanicus*, de ampla distribuição pelo território brasileiro. Tem hábito granívoro. Pertence à família Fringilidae.

Piolho – *Zoo.* Inseto hematófago ectoparasito do homem e de outros animais. Existem piolhos mastigadores que parasitam as aves e alguns mamíferos, e piolhos sugadores que parasitam somente mamíferos. Existem piolhos mesmo entre mamíferos marinhos, em especial algumas focas, embora baleias não os tenham. Estão ausentes, por exemplo, entre os morcegos (Chiroptera). Entre os piolhos de maior importância para o homem estão: *Pediculus humanus* (piolho da cabeça e muquirana) e *Phthirus pubis* (conhecido popularmente como chato). Importa relatar que existe alto nível de coevolução entre o piolho e o seu hospedeiro, diferentemente do que ocorre com as pulgas, sendo que animais aparentados, têm espécies próximas de piolhos.

Piolho-de-cobra – *Zoo.* Nome popularmente utilizado para designar artrópodes da classe Diplopoda. Veja Diplopoda.

Pipa carvalhoi – *Zoo.* Espécie de rã brasileira popularmente conhecida como sapo-folha. Veja Sapo-folha.

Pipidae – *Zoo.* Família de anuros que compreende algumas espécies de rãs com adaptações corporais à vida aquática. Possuem corpo hidrodinâmico achatado dorsoventralmente, sistema da linha lateral e dedos dos pés longos, com largas membranas interdigitais, que auxiliam na natação. Os representantes dessa família possuem olhos pequenos e dorsais, pálpebras e língua ausentes, já que esta não é necessária para a captura de alimentos debaixo da água. Estão distribuídos na América do Sul e no sul do Saara na África. No Brasil, podemos encontrar quatro espécies desta família: *Pipa arrabali*, *Pipa carvalhoi*, *Pipa pipa* e *Pipa snethlageae*.

Pipridae – *Zoo.* Família de passeriformes neotropicais representados pelo Tangará (*Chiroxiphia caudata*). São animais de pequeno porte, as fêmeas geralmente são verdes, sendo os machos mais coloridos. Alimentam-se de frutas e algumas espécies são insetívoras.

Pirâmide de biomassa – *Eco.* Tipo de pirâmide ecológica que informa a quantidade de biomassa acumulada em cada nível trófico da cadeia alimentar. A biomassa acumulada em cada nível não costuma ser grande, pois boa parte da matéria adquirida não se transforma em biomassa, e é gasta em energia. Logo, o primeiro nível trófico apresenta mais biomassa que o segundo, que por sua vez apresentará mais biomassa que o terceiro. Pode-se notar que essa pirâmide possui o ápice voltado para cima.

Pirâmide de energia – *Eco.* Tipo de pirâmide ecológica que informa a quantidade de energia acumulada em cada um dos níveis da cadeia alimentar. Já que a energia apresenta um fluxo decrescente, a parte maior dessa pirâmide será a base, ou seja, a parte dos produtores, e a menor parte será o topo. Essa pirâmide deve exibir o ápice voltado para cima.

Pirâmide de números – *Eco.* Tipo de pirâmide ecológica que informa a quantidade de exemplares de uma espécie em cada nível trófico da cadeia alimentar. O ápice dessa pirâmide pode estar voltado para cima ou para baixo.

Pirâmide ecológica – *Eco.* Serve para expressar graficamente os níveis tróficos de uma cadeia alimentar. Sempre a primeira parte da pirâmide (base) representa o primeiro nível trófico da cadeia, que são os produtores; a segunda parte da pirâmide representa o segundo nível trófico, dos consumidores primários; e assim sucessivamente. As pirâmides ecológicas podem ainda ser divididas como pirâmides de biomassa, de energia ou de números.

Piranha – *Zoo*. Nome atribuído aos peixes principalmente do gênero *Pygocentrus*, tais como *P. piraya e P. nattereri*. Apresenta coloração geral cinzento-esverdeada no dorso, com pontos dourados e avermelhados no resto do corpo. Possui dentes cortantes dispostos em série e ataca em cardumes. São principalmente ictiófagas, mas podem alimentar-se de outros animais que cruzam os rios, inclusive o homem. Habitam lagoas e remansos de rios.

Piretroide – *Quim*. Diz-se dos inseticidas obtidos a partir do ácido crisantêmico, extraído da planta *Chrysanthemum cinerariaefolium*. Atualmente são ditos como inseticidas de escolha para programas de controle de pragas, por apresentarem alto poder inseticida, biodegradação, baixo odor e longo efeito residual. Exemplos de inseticidas piretroides: deltametrina, cipermetrina, ciflutrina e lambdacialotrina.

Piriforme – *Bio*. Que apresenta formato de pera.

Piros – *Etimo*. Termo de origem grega que significa fogo.

Pisci – *Etimo*. Termo de origem latina que significa peixe.

Piscifauna – *Zoo*. Diz-se da fauna de peixes de uma determinada região.

Piscívoro – *Zoo*. Denominação dada aos animais que se alimentam de peixes, como a ave martim-pescador.

Pisiforme – *Bio*. Com aspecto de grão de ervilha.

Pitangus sulphuratus – *Zoo*. Nome científico do pássaro bem-te-vi, ou bentevi, animal muito comum em áreas urbanas e de plumagem amarelada. Veja Bem-te-vi.

Píton – *Zoo*. Serpente do gênero *Python*, pertencente à família Boidae, que habita pântanos e florestas da Austrália, África e Ásia. Considerada a maior serpente do mundo, sendo que a espécie *Python reticulatus* chega a medir 12 m de comprimento. Não são peçonhentas, matando suas presas (geralmente aves e mamíferos) por constrição.

Placa de incubação – *Zoo*. Região de pele nua do ventre das aves presente somente no período de incubação dos ovos. A formação da placa de incubação se dá pela ação dos hormônios prolactina e estrógeno (em fêmeas), ou andrógeno (no caso dos machos). Ocorre queda das penas da região e o aumento da vascularização, elevando a temperatura local em 1 ou 2°C.

Placa madrepórica – *Zoo*. O mesmo que madreporito. Veja Madreporito.

Placa neural – *Embrio*. Placa formada a partir do espessamento de uma porção do ectoderma embrionário. Essa placa dará origem ao sistema nervoso central.

Placentário – *Zoo*. O mesmo que eutério. Veja Eutério.

Placodermi – *Zoo*. Grupo extinto de peixes que viveram provavelmente entre o Siluriano e o Carbonífero e eram caracterizados pela presença de carapaça formada por placas ósseas sobre a parte anterior do corpo. Eram desprovidos de dentes, mas possuíam placas ósseas na região oral, que usavam para morder e triturar alimentos.

Placoide, escama – *Zoo*. Veja Escama placoide.

Planária – *Zoo*. Platelminto de vida livre que pertence à classe Turbellaria. Veja Turbellaria.

Planctófago – *Eco*. Que se alimenta de plâncton.

Plâncton – *Eco*. Comunidade de seres que habitam os mares, na sua superfície. Estes seres flutuam e são deslocados pela ação das ondas. É formado principalmente por algas, protozoários, microcrustáceos, celenterados e larvas de vários animais. Pode ser dividido em fitoplâncton e zooplâncton. Veja Fitoplâncton e Zooplâncton.

Plano anterior – *Anato*. O mesmo que plano ventral. Veja plano ventral.

Plano dorsal – *Anato*. Plano tangente ao dorso (costas). Sinônimo: plano posterior.

Plano *posterior* – *Anato*. O mesmo que plano dorsal. Veja Plano dorsal.

Plano *ventral* – *Anato*. Plano tangente ao ventre. Sinônimo: plano anterior.

Plantígrado – *Zoo*. Característica do animal que apoia a planta dos pés no chão para caminhar, como os seres humanos e os ursos.

Plasia – *Etimo*. Termo de origem grega que significa desenvolvimento, formação.

Plasmo – *Etimo*. Termo de origem grega que significa modelagem.

Plasmodium – *Zoo*. Gênero de protozoários causadores da malária, que inclui as espécies *P. vivax*, *P. falciparum*, *P. malariae* e *P. ovale* (não registrada no Brasil). Dentre estas espécies, *P. falciparum* pode ocasionar malária grave e óbito se o diagnóstico clínico e laboratorial, assim como tratamento especifico, não for realizado com certa rapidez.

Plastrão – *Zoo*. Porção inferior do casco dos quelônios. Veja Chelonia.

Platelminto – *Zoo*. Veja *Platyhelminthes*.

Plati, Platys – *Etimo*. Termo de origem grega que significa achatado.

Platyhelminthes – *Zoo*. Filo de invertebrados compreendido por vermes achatados dorsoventralmente, de simetria bilateral, triblásticos, protostômios e acelomados. Podem ser hermafroditas (tênia e planária) ou dioicas (esquistossoma). Não apresentam aparelho circulatório e respiratório. Existem cerca de 25.000 espécies que podem ser de vida livre (minoria das espécies), ou parasitar vários seres, inclusive o homem. O tamanho pode variar de menos de 1 cm até mais de 10 m de comprimento. As espécies estão divididas em três classes: Turbellaria, Trematoda e Cestoda.

Platyrrhini – *Zoo*. Grupo que inclui os macacos antropoides do Novo Mundo, cujas narinas são mais separadas uma da outra e voltadas para os lados. São mais primitivos que os Catarrhini, primatas do Velho Mundo, e provavelmente surgiram no Oligoceno.

Plecoptera – *Zoo*. Ordem de insetos hemimetábolos e anfibióticos, com as fases jovens desenvolvendo-se na água, onde se alimentam de larvas de outros insetos. Os adultos possuem corpo achatado e coloração esverdeada ou parda, olhos pequenos, dois a três ocelos, antenas longas (com 80 segmentos) e aparelho bucal do tipo mastigador. As pernas são ambulatoriais e as asas, membranosas. As fêmeas colocam cerca de 1.500 ovos em uma massa única que é liberada na correnteza. Apresentam vida curta e voo difícil. A maior parte das espécies capturadas no Brasil pertence à família Perlidae. Existem cerca de 2000 espécies descritas.

Plecos – *Etimo*. Termo de origem grega que significa “dobra”.

Pleistoceno – *Paleo*. Época do Período Quaternário, que data de 2 milhões de anos. Desta época são os primeiros registros fósseis dos hominídeos. Antecede o Holoceno.

Pleomórfico – *Bio*. Que apresenta muitas formas.

Pleomorfismo – *Evo*. Existência de duas ou mais formas distintas durante o ciclo biológico de um organismo. Exemplo: em determinados insetos que cursam com as fases de ovo, larva, pupa e adulto (insetos holometábolos).

Pleópodos – *Zoo*. Apêndices abdominais (pernas) dos crustáceos malacostracos. Geralmente são utilizados na natação, escavação, no transporte de ovos, ventilação, dentre outros.

Plesiomorfia – *Evo*. Características que não representam novidades evolutivas, ou seja, já estavam presentes no ancestral de um determinado táxon e foram herdadas por seu descendente. Plesiomorfias não são usadas pela sistemática para traçar relações filogenéticas, ao contrário das apomorfias, que são os caracteres novos de um táxon.

Plesiosaurus – *Paleo.* Gênero de répteis marinhos pré-históricos que habitou a Terra entre o Jurássico e o Cretáceo. Esse gênero compõe a ordem Plesiosauria e a superordem Sauropterygia. Eram animais de grande porte, podendo atingir 14 metros de comprimento, sendo que seu longo pescoço correspondia a quase metade dessa medida. As narinas eram posicionadas no topo da cabeça, a cauda era curta, bem como seus membros, os quais possuíam formato de remo, adaptados à natação. Diversas camadas de dentes cônicos compunham a dentição desses carnívoros que se alimentavam principalmente de peixes, e eram um dos maiores predadores do Cretáceo, dominando a cadeia alimentar do ambiente aquático.

Pleura – *Etimo.* Termo de origem grega que significa costela, lado.

Pleurocentro – *Zoo.* Elemento mais caudal do centro vertebral de alguns anfíbios extintos. A unidade mais cranial é denominada intercentro.

Pleurodira – *Zoo.* Diz-se dos quelônios que retraem o pescoço lateralmente para dentro do casco, ao contrário dos criptodira, que retraem o pescoço de forma sinuosa.

Pleurodonte – *Zoo.* Tipo de dente que, assim como os acrodontes, possui implantação direta, sem alvéolos, porém está preso às laterais das maxilas. Presente em alguns tipos de vertebrados, como a maioria dos lagartos.

Pleuronectiformes – *Zoo.* Ordem de peixes representada pelo linguado e que provavelmente evoluiu a partir dos Tetraodontiformes. São caracterizados por terem o corpo assimétrico, já que nascem com um olho de cada lado da cabeça, mas ao longo de seu desenvolvimento um dos olhos migra para o lado oposto. Vivem no fundo do mar, comumente enterrados na areia.

Plexia – *Etimo.* Termo de origem grega que significa bater.

Plioceno – *Paleo.* Época do Período Quaternário, que data de 5-3 milhões de anos. Desta época são os primeiros registros fósseis de vários mamíferos primatas, dentre outros animais. Foi a última época do período terciário e antecede o Pleistoceno, já incluso no Período Quaternário.

Pluri – *Etimo.* Termo de origem latina que significa muitos, vários.

Plúteo – *Zoo.* Diz-se das larvas de alguns ouriços-do-mar.

Pneuma, Pnea – *Etimo.* Termo de origem grega que significa respiração.

Podicipediformes – *Zoo.* Nomenclatura utilizada na ornitologia para designar a ordem dos mergulhões. Abrange um grupo de vasta distribuição geográfica e, no Brasil, é representado por apenas quatro espécies, distribuídas por vários Estados, como Rio Grande do Sul, Bahia, Mato Grosso, Paraná, São Paulo, etc.

Podocnemididae – *Zoo.* Família de tartarugas aquáticas da linhagem dos Pleurodira. São descritas oito espécies que ocorrem no norte da América do Sul e na ilha de Madagascar.

Podos – *Etimo.* Termo de origem grega que significa pé.

Poese – *Etimo.* Termo de origem grega que significa criação.

Pogo, Pogon – *Etimo.* Termo de origem grega que significa barba.

Pogonophora – *Zoo.* Filo de pequenos animais vermiformes, e embora a maioria seja pequena, eles podem atingir até 3 m de comprimento. Apresentam brânquias na região anterior, seguidas de um tronco, que pode ser bastante alongado. Habitam as profundezas marinhas. São gonocorísticos com fertilização externa e desenvolvimento indireto. Existem 130 espécies descritas distribuídas em duas classes.

Poiquilo – *Etimo.* Termo de origem grega que significa variável.

Poiquilotérmico – *Zoo.* O mesmo que pecilotérmico. Veja Pecilotérmico.

Poliandria – *Zoo.* Sistema de acasalamento em que uma fêmea acasala com dois ou mais machos, como é o caso da baleia-franca.

Polífago – *Zoo.* Aquele que se alimenta de alimentos de diversas origens.

Polifilético, Grupo – *Evo.* Grupo formado por táxons que se originaram de forma independente e possuem diferentes ancestrais e não compartilham características sinapomórficas entre si.

Polifiodonte – *Zoo.* Qualidade daquele que apresenta várias dentições ao longo da vida. Os tubarões são polifiodontes, trocando constantemente de dentes.

Poligamia – *Zoo.* Sistema de acasalamento em que fêmeas e machos não têm parceiros sexuais fixos, como ocorre na monogamia. Existem três tipos de poligamia: poliandria, em que uma fêmea cruza com vários machos; poliginia, na qual um macho acasala com várias fêmeas, e promiscuidade, em que tanto machos quanto fêmeas acasalam com mais de um indivíduo.

Poliginia – *Zoo.* Sistema de acasalamento no qual um macho acasala com mais de uma fêmea, como ocorre em algumas espécies de abelhas.

Polimérico – *Bio.* Constituído de várias partes. Formado por substâncias diferentes. Do grego *poli* (muito), *meros* (parte).

Polinívoro – *Eco.* Diz-se dos animais que se alimentam de pólen, como algumas espécies de insetos e de morcegos.

Pólipo – *Zoo.* Cnidários de corpo tubular, nos quais em uma extremidade se localiza a abertura que serve como boca e ânus, geralmente circundada por tentáculos. A outra extremidade possui um disco basal responsável pela fixação do organismo ao substrato. Realizam reprodução assexuada por brotamento.

Polipoide – *Zoo.* Que apresenta forma de pólipo. Exemplo: cnidários da classe Anthozoa.

Poliquetos – *Zoo.* Diz-se dos anelídeos que pertencem à classe Polychaeta. Veja Polychaeta.

Poluente – *Eco.* Detritos orgânicos ou inorgânicos, que provocam mudanças nas propriedades físicas, químicas ou biológicas do ambiente em que são introduzidos, geralmente devido à grande quantidade em que são depositados, ou pela falta de adaptação do ambiente para recebê-lo.

Poluição – *Eco.* Ato ou efeito de poluir. Quando determinada ação (jogar lixos em locais inadequados) é realizada no ambiente e pode representar um risco à saúde dos organismos que ali vivem.

Poluição sonora – *Eco.* Tipo de poluição causada por barulhos exacerbados, que dificultam a concentração e o repouso das pessoas e outros organismos, podendo ser prejudicial à saúde.

Poluição térmica – *Eco.* Fenômeno que consiste no aquecimento das águas a partir da introdução de águas utilizadas em usinas nucleares, indústrias, refinarias, dentre outras. O aquecimento brusco das águas diminui a solubilidade do oxigênio, fazendo com que este escape para a atmosfera, acarretando a morte de inúmeras espécies de organismos aquáticos aeróbicos.

Polvo – *Zoo.* Nome popularmente atribuído a moluscos marinhos, membros da classe Cephalopoda. Entre os polvos são conhecidas cerca de 650 espécies. Não apresentam concha e são rápidos nadadores. Algumas espécies liberam substância escura enquanto nadam para dispersar seus predadores. Veja Cephalopoda.

Polychaeta – *Zoo.* Classe de anelídeos dioicos ou hermafroditas, principalmente marinhos. Vivem em tocas. Possuem inúmeras cerdas corporais conhecidas por parapódios, por isso o nome poliquetos (muitas cerdas). A maioria dos grandes poliquetos possui brânquias. Alguns apresentam probóscide para sua alimentação, e muitos possuem cabeça desenvolvida. Praticamente não realizam cópula, fazendo a liberação sincronizada de óvulos e espermatozoides. O estágio larval básico é o trocoforal. Existem cerca de 8.000 espécies descritas. Exemplo: gênero *Nereide*.

Polyplacophora – *Zoo*. Classe de moluscos marinhos, conhecidos como quítons, com cabeça pouco desenvolvida e rádula grande. A concha contém inúmeras placas sobrepostas (de onde provém o nome da classe). As espécies podem medir desde alguns milímetros até 40 cm. São dioicos. Existem cerca de 900 espécies descritas, sendo que pouco mais de 30 já foram assinaladas no Brasil.

Pombo – *Zoo*. Nome vulgar que se dá às aves da ordem Columbiformes. São caracterizados por seu peito volumoso e pescoço curto. São exemplos de pombos: juriti, fogo-apagou, pombo-doméstico, rolinha, etc.

Pongidae – *Zoo*. Família de primatas que compreende o chimpanzé (*Pan paniscus* e *Pan troglodytes*), orangotango (*Pan pygmeus*) e o gorila (*Gorilla gorilla*). Não possuem cauda, as orelhas e a face são essencialmente sem pelos, os braços são maiores que as pernas e tanto o polegar como o maior dígito do pé são oponíveis.

População – *Eco*. Grupo de organismos de uma mesma espécie que vive em uma determinada área ao mesmo tempo.

Poraquê – *Zoo*. Nome popularmente atribuído ao peixe ósseo *Electrophorus electricus*. Tal espécie pode alcançar 1,5 m de comprimento e vive na Amazônia. Apresenta musculatura com capacidade de produzir corrente elétrica que se dissemina na água. A descarga máxima registrada para esta espécie é de 550 volts. É também conhecido como peixe-elétrico.

Porco – *Zoo*. Nome popularmente atribuído ao mamífero artiodáctilo não ruminante da espécie *Sus scrofa domesticus*. Apresenta patas curtas com quatro dedos revestidos pelo casco. É oriundo da Eurásia e descende do javali. É onívoro e alimenta-se inclusive de fezes. É amplamente utilizado na pecuária. A ingestão da sua carne pode transmitir doenças como a teniose.

Porco-espinho – *Zoo*. Nome popular dado aos mamíferos roedores pertencentes às famílias Hystricidae e Erethizontidae. Mede cerca de 60 cm e possui espinhos escondidos entre seus pelos. São animais pacatos mas que podem causar problemas, ferindo predadores com seus espinhos pontiagudos.

Porifera – *Zoo*. Filo de animais que compreende as esponjas. Abrange animais sésseis e aquáticos, na maioria marinhos. Não possuem tecidos verdadeiros e seu corpo organiza-se ao redor de um sistema de canais e poros, por onde a água passa. Alguns espécimes tem a capacidade de se regenerar. Apresentam-se na forma corporal asconoide, siconoide e leuconoide, sendo esta última a mais evoluída delas, devido ao maior número de curvas e canais no seu interior, o que facilita a captura de alimentos pelos coanócitos, já que a captura de alimentos e gases vai depender do fluxo de água através do corpo. A maioria é hermafrodita. Evolutivamente é provável que as esponjas sejam um ramo lateral que não deu origem a nenhum outro grupo de animais. São descritas cerca de 8.000 espécies, estando divididas nas ordens: Calcarea, Hexactinellida, Demospongiae e Sclerospongiae.

Porífero – *Zoo*. Organismos pertencentes ao filo Porifera. Também conhecidos como esponjas. Veja Porifera.

Poro incoerente – *Zoo*. O mesmo que óstio. Veja Óstio.

Porócito – *Zoo*. Células dos poríferos por onde a água passa e penetra na cavidade atrial das esponjas.

Poros – *Etimo*. Termo de origem latina que significa passagem.

Porphyra – *Etimo*. Termo de origem grega que significa púrpura, roxo.

Porquinho-da-índia – *Zoo.* Mamífero roedor da espécie *Cavia porcellus*. O mesmo que Cobaia. Veja Cobaia.

Portador – *Bio.* Hospedeiro infectado que alberga o agente etiológico sem manifestar sintomas, porém, capaz de transmiti-lo a outrem; nesse caso é conhecido como "portador assintomático".

Pos – *Etimo.* Termo de origem grega que significa depois.

Post mortem – *Etimo.* Termo de origem latina que significa após a morte.

Potamodromia – *Bio.* Tipo de migração de animais aquáticos em que a origem e o destino são ambientes de água doce. Exemplo: piracema.

Potamos – *Etimo.* Termo de origem grega que significa rio.

Potencia – *Etimo.* Termo de origem latina que significa poder.

Potencial biótico – *Eco.* Capacidade de crescimento natural de uma população em um determinado local.

Potó – *Zoo.* Coleóptero pequeno, da família Staphylinidae e gênero *Paederus*, com cerca de 10 mm de comprimento. Possuem élitros curtos, os quais deixam descobertos mais da metade do abdômen. O ciclo de vida é longo, passando por sete fases larvais intermediárias, antes que atinja a forma adulta, multiplicando-se na razão de um ciclo por ano. Habitam locais úmidos, como arrozais, cultura de milho, feijão e algodão. No Brasil, existem cinco espécies do gênero *Paederus* que provocam acidentes em humanos. Sendo animais voadores e de hábitos noturnos, são atraídos pela luz artificial de residências, provocando os quadros de dermatite linear. A hemolinfa e a secreção glandular desse inseto apresentam uma potente toxina de contato, que resulta em eritema, ardor e prurido. Em casos graves, o acidente pode cursar com febre, artralgia e vômitos.

Pradaria – *Eco.* Denominação utilizada para designar os campos nos Estados Unidos. Tipo de bioma terrestre.

Praga – *Eco.* Denominação dada aos organismos vivos (insetos, fungos, bactérias e vírus) que, ao utilizarem as plantas como fonte de alimento ou como hospedeiras, alteram o seu ritmo normal de crescimento e desenvolvimento, causando danos econômicos às plantações florestais.

Praxia, Praxis – *Etimo.* Termo de origem grega que significa movimento.

Pre – *Etimo.* Prefixo latino que significa antes ou anterior.

Preá – *Zoo.* Mamífero roedor pertencente à espécie *Cavia aperea,* muito comum na América do Sul. Podem ser diferenciados das cobaias (*Cavia porcellus*) por seus hábitos silvestres, tamanho menor e coloração em tons de marrom. São animais de pequeno porte (cerca de 25 cm) e não possuem cauda.

Pré-cambriano – *Paleo.* Tempo geológico mais antigo da história da Terra, datando desde 4,6 bilhões de anos até 570 milhões de anos. Trata-se do tempo em que ocorreu a formação da terra, com lento desenvolvimento da litosfera, hidrosfera e atmosfera. No final do Pré-cambriano ocorreu o surgimento dos primeiros organismos multicelulares como algas, fungos e alguns invertebrados (poríferos e anelídeos). Compreende os Éons Arqueano e Proterozoico.

Precocial – *Zoo.* Característica de larvas ou juvenis recém-nascidos, que pouco tempo após o nascimento, já se tornam independentes dos seus progenitores, sendo capazes de andar e buscar alimentação ainda que dependam da proteção parental. Sinônimo: nidífugo. Exemplo: filhotes de galinhas, patos, répteis, ungulados, cetáceos e larvas de determinados peixes.

Predatismo – *Eco.* Tipo de relação desarmônica interespecífica, na qual um dos seres vivos se alimenta de um indivíduo de outra espécie, que é prejudicada. O predador geralmente é um animal maior ou mais forte que a presa, e esta lhe serve de fonte de energia e não de *habitat*. Exemplos: ocorre entre carnívoros (leões, tigres, leopardos, etc.) que se alimentam de herbívoros (várias espécies de ungulados); entre vários tipos de artrópodes que se alimentam de outras espécies deste mesmo grupo; entre o camaleão e vários tipos que insetos, etc.

Preênsil – *Anato*. Característica do segmento anatômico adaptado a agarrar por preensão. Exemplo: cauda preênsil de micos, pela qual esses animais conseguem se manter suspensos em árvores.

Preguiça – *Zoo*. Animal da fauna brasileira, da espécie *Bradypus tridactylus*, que se alimenta de brotos. Pode medir até 60 cm de comprimento e pesar 8 kg. Apresenta cabeça arredondada, orelhas pequenas, três dígitos com unhas grossas e curvadas, que auxiliam na subida e permanência nas árvores. No registro fóssil é possível ver, próximo do Oligoceno, que já existiram preguiças gigantes, quase do tamanho de elefantes, podendo chegar aos 6 m de altura. É um mamífero da ordem Xenarthra e família Bradypodidae. Veja Xenarthra.

Preguiça-gigante – *Paleo*. Animal extinto no Pleistoceno. Pertencente à espécie *Eremotherium laurillardi,* que habitou o continente americano. Atingia até 6 m de comprimento e era herbívoro. Fósseis foram encontrados em vários estados brasileiros, incluindo Bahia, Minas Gerais e Rio Grande do Sul, e foram estudados pelo paleontólogo Cástor Cartelle.

Pré-molar – *Anato*. Tipo de dente que apresenta duas projeções pontiagudas, as quais dilaceram e moem os alimentos. Estão localizados entre os molares e os caninos. São quatro em cada maxila.

Presbi – *Etimo*. Termo de origem grega que significa velho.

Prevalência – *Bio*. Refere-se ao número total de casos existentes numa determinada população e num determinado momento temporal. É geralmente usada para medir a proporção de pessoas numa dada população, que apresentam uma específica doença ou atributo, em um determinado ponto no tempo.

Priapulida – *Zoo*. Filo que compreende pequenos vermes marinhos. Na região anterior, exibem uma probóscide retrátil que termina numa boca circundada de espinhos, o tronco também possui espinhos. Podem apresentar apêndice caudal. A excreção é realizada por protonefrídeos. Embora esses animais tenham deixado um rico registro fóssil desde o Cambriano, este grupo constitui um dos grupos de animais com menos espécies conhecidas, totalizando apenas 18. O termo provém do grego *priapos* (falo) + *ida* (indica plural).

Primata – *Etimo*. Termo de origem latina que significa primeiro plano.

Primata – *Zoo*. Ordem de mamíferos na qual os humanos se enquadram, juntamente com os chimpanzés, gorilas, lêmures, macacos. As características principais dos primatas são articulação do ombro e cotovelo, que permite a movimentação dos membros anteriores em várias direções e posições; movimentação oponível do polegar, permitindo aos primatas o movimento de pinça, o primeiro dedo do pé também realiza tal movimento em muitos primatas; visão bastante desenvolvida, com ampla distinção das cores e olhos binoculares e voltados para frente; geralmente apenas um filhote por gestação com período de desenvolvimento lento; capacidade e facilidade em manter o tronco na posição ereta, constituindo-se de animais bípedes; cérebro bem desenvolvido e grande em relação ao corpo. A maioria dos primatas vive em árvores. Existem 235 espécies conhecidas.

Princípio da hereditariedade – *Evo*. Um dos princípios da seleção natural proposta por Darwin, que afirma que a prole se assemelha aos seus genitores mais do que se assemelha a indivíduos não aparentados.

Princípio da parcimônia – *Bio*. Quando a hipótese mais simples e suficiente é escolhida, independentemente da existência de outras hipóteses. Bastante utilizada na construção de cladogramas.

Princípio da seleção – *Evo*. Um dos princípios da seleção natural proposta por Darwin, na qual o autor afirma que algumas formas de uma população são mais bem-sucedidas em sobrevivência e reprodução do que outras formas, em um determinado ambiente. Veja também Princípio da hereditariedade; Princípio da variação.

Princípio de variação – *Evo*. Um dos princípios da seleção natural proposta por Darwin, na qual o pesquisador afirma que entre indivíduos de uma população existem variações morfológicas, fisiológicas e comportamentais. Veja também Principio da hereditariedade; Princípio da seleção.

Pristigasteridae – *Zoo*. Família de peixes actinopterígios da ordem Clupeiformes, representada pelas sardinhas, apapás. Apresentam o corpo fortemente comprimido lateralmente, boca voltada para cima, quilha ventral serrilhada, nadadeira caudal furcada, nadadeira adiposa ausente, escamas cicloides e ausência de linha lateral.

Pro – *Etimo*. Termo de origem grega que significa antes, na frente de.

Probóscide – *Zoo*. Diz-se da tromba do elefante, ou da maior parte do aparelho bucal de alguns insetos.

Proboscidea – *Zoo*. Ordem de mamíferos que inclui os elefantes. O nariz e o lábio superior são alongados formando uma probóscide longa e musculosa, popularmente conhecida por tromba. Maiores animais terrestres viventes, podem pesar 6 toneladas, corpo e cabeça grandes, orelhas largas e achatadas, pescoço curto, patas colunares, pele grossa e seca com poucos pelos. Incisivos superiores longos e grossos, podendo ser usados em combates. Comem até 400 kg de vegetais por dia. Vivem de 60 a 70 anos. Atualmente existe apenas uma família e duas espécies: *Elephas maximus* (elefante-indiano) e *Loxodonta africana* (elefante-africano). Os extintos mamute e mastodonte faziam parte do grupo dos proboscídeos.

Procélica – *Zoo*. Tipo de vértebra, comum em anuros, na qual o centro vertebral possui a extremidade cranial côncava, e a caudal, convexa.

Procellariiformes – *Zoo*. Nomenclatura utilizada na ornitologia para designar a ordem dos albatrozes, pardelas, bobos, pomba-do-cabo, etc. São aves oceânicas, mais encontradas no Hemisfério Sul. No Brasil, existem quatro famílias e cerca de 34 espécies descritas.

Processo uncinado – *Zoo*. Projeção das costelas das aves que auxilia a caixa torácica a tornar-se mais rígida e imóvel. Trata-se de uma importante adaptação para o voo das aves.

Prochilodontidae – *Zoo*. Família de peixes actinopterígios da ordem Characiformes, cujos representantes são popularmente conhecidos como curimba, curimbatá, curimatá ou curimatã. São caracterizados pela boca protrátil e carnuda em forma de ventosa, que auxilia na obtenção de alimentos na lama e fundo de rios. Esses animais têm cerca de 40 cm de comprimento quando adultos e são muito abundantes em rios da América do Sul, onde formam grandes cardumes. Atualmente há mais de 40 espécies descritas nessa família.

Procionídeos – *Zoo*. Constituem uma família de animais da ordem dos carnívoros, endêmica das Américas. Tais mamíferos são todos de pequenas dimensões, e têm alimentação onívora. São exemplos de procionídeos o guaxinim (*Procyon lotor*) e o mão-pelada (*Procyon cancrivorus*).

Procnias nudicollis – *Zoo*. Nome científico da araponga, pássaro típico do sudeste brasileiro, muito capturado para comercialização clandestina. Veja também Araponga.

Procto – *Etimo*. Termo de origem grega que significa reto, ânus.

Proctodeu – *Zoo*. Segmento da cloaca parcialmente dividida, presente em mamíferos monotremados e aves ratitas, que aloja o órgão copulatório masculino e a bursa de Fabrícius, no caso das aves.

Produtor – *Eco.* O mesmo que autótrofo. Veja Autótrofo.

Profilaxia – *Bio.* Conjunto de medidas que visa à prevenção, erradicação ou controle de uma doença ou de um fato prejudicial aos seres vivos; as medidas profiláticas sempre dependem dos fatores epidemiológicos.

Profuso – *Etimo.* Termo de origem latina que significa difundido.

Proglote – *Zoo.* Nome atribuído a cada metâmero do corpo das tênias. Existem três tipos de proglote. Proglotes jovens: as quais não apresentam os órgãos sexuais desenvolvidos; proglotes maduras: que possuem órgãos sexuais desenvolvidos, tanto o masculino quanto o feminino, pois são hermafroditas; proglotes grávidas: repletas de ovos no seu interior, e a ingestão desses pode ocasionar a cisticercose.

Prognóstico – *Bio.* Significa o conhecimento prévio do desenrolar de uma doença, inclusive parasitoses, onde é levada em conta a duração, evolução e de como terminará a doença.

Promiscuidade – *Zoo.* Sistema de acasalamento no qual machos e fêmeas cruzam com mais de um indivíduo, não havendo um parceiro sexual fixo.

Pronefron – *Zoo.* Uma das três regiões funcionais do rim. As demais regiões são denominadas opistonefron e mesonefron, estando o pronefron situado na porção anterodorsal da cavidade abdominal.

Pronoto – *Zoo.* Parte dorsal (notal) do protórax dos insetos. Trata-se de uma região utilizada, por exemplo, na classificação dos insetos triatomíneos, vetores do protozoário *Trypanosoma cruzi*, causador da doença de Chagas.

Propágulo – *Bio.* Pedaço de um ser vivo, ou uma fase de seu ciclo de vida, que se afasta do organismo com fins reprodutivos, dando origem a um novo indivíduo ou população.

Prosencéfalo – *Anato.* Uma das três vesículas primárias do cérebro (prosencéfalo, mesencéfalo e rombencéfalo), sendo a mais rostral. Encontra-se subdividido em duas porções: o telencéfalo e o diencéfalo.

Proso – *Etimo.* Termo de origem grega que significa progressivo.

Prosobranchia – *Zoo.* Subclasse da classe gastropoda. Representada por moluscos, sobretudo, marinhos (lesmas e caramujos), e que se alimentam de algas ou animais sésseis, principalmente.

Prossímio – *Zoo.* Grupo parafilético formado pelos gálagos, lêmures, loris e pottos. Trata-se dos primeiros primatas verdadeiros, geralmente pequenos, cérebro menor que o dos demais primatas e de hábito noturno.

Prossoma – *Zoo.* Região anterior do corpo de determinados invertebrados, como, por exemplo, das aranhas.

Protandria – *Bio.* Espécies que apresentam ambos os sexos, entretanto ocorre primeiro o amadurecimento dos órgãos sexuais masculinos.

Proteróglifa – *Zoo.* Serpentes que apresentam dentes sulcados (presas que injetam o veneno) na região anterior da boca. Exemplo: Coral-verdadeira.

Proterozoico – *Paleo.* Éon geológico que data de 2,5 bilhões de anos e juntamente ao Éon Arqueano, constitui o Pré-cambriano. Nesse tempo, ocorreram mudanças na litosfera que formaram as principais massas de terra. Houve também o surgimento dos primeiros organismos multicelulares, representados por algas, protozoários e invertebrados, como anelídeos e poríferos. Tal Éon antecede a Era Paleozoica.

Proteu – *Zoo.* Anfíbio que pertence ao grupo Urodela e à espécie *Proteus anguinus*. Vive em cavernas ou em ambientes lacustres do Hemisfério Norte (Europa, por exemplo). Possui patas e olhos rudimentares. Apresenta brânquias mesmo na fase adulta.

Proto, Protos – *Etimo.* Termo de origem grega que significa primeiro.

Protocolo de Kyoto – *Eco.* Veja Kyoto, Protocolo de.

Protocooperação – *Eco.* O mesmo que mutualismo não obrigatório. Veja Mutualismo.

Protocordado – *Zoo.* Grupo de animais invertebrados, que não apresentam crânio e encéfalo. Os subfilos Urochordata e Cephalochordata, originam esse grupo. Traçando-se uma linha evolutiva, tais seres são os mais próximos dos vertebrados ou eucordados.

Protocyon troglodytes – *Paleo.* Espécie de cão fóssil de cerca de 1,5 m de comprimento e 50 kg. Eram predadores ativos que viviam em bandos e habitavam cavernas. Alguns fósseis foram encontrados em grutas do Estado de Minas Gerais. Foram extintos no final do Pleistoceno.

Protonefrídio – *Zoo.* Órgão excretor de alguns invertebrados, composto por túbulos com uma extremidade de fundo cego e a outra extremidade se abre na superfície corporal, por onde saem as excretas captadas pelos túbulos.

Protopithecus brasiliensis – *Paleo.* Espécie de macaco fóssil que habitou a América do Sul até o Pleistoceno, quando foi extinto. Media cerca de 1 metro de comprimento e 25 kg, sendo o maior macaco que já habitou territórios brasileiros.

Prototéria – *Zoo.* Subclasse de mamíferos primitivos que não apresentam útero. São ovíparos e aplacentados. Exemplos: ornitorrinco e équidna.

Protozoários – *Zoo.* Os protozoários são os primeiros animais na escala zoológica; são microrganismos eucarióticos, geralmente unicelulares e heterotróficos. Em geral, constituem organismos microscópicos, medindo alguns micrômetros de comprimento, no entanto, existem algumas formas que são visíveis a olho nu. A sua forma varia, podendo ser ovoides, esféricos, estrelados e outros formatos. Embora existam diferenças marcantes na forma e tamanho, há estruturas fundamentais que são comuns em todo o grupo, que são a membrana, o citoplasma e o núcleo. A maioria dos protozoários é de vida livre, existindo algumas espécies que são parasitos do homem e dos animais, trazendo-lhe inúmeros malefícios.

Protura – *Zoo.* Ordem que compreende insetos de tamanho muito reduzido, encontrados em solo úmido ou cascas de árvores. Alimentam-se de matéria orgânica em decomposição. Existem cerca de 600 espécies e todas são pouco conhecidas do público em geral.

Proventrículo – *Fisio.* Parte do tubo digestório das aves. É o estômago químico, produtor de suco gástrico. Após o alimento passará para a moela.

Província de águas lênticas – *Eco.* Veja Lênticas.

Província de águas lóticas – *Eco.* Veja Lóticas.

Província subterrânea – *Eco.* Região que abrange os organismos que vivem abaixo do nível do solo, como as minhocas, por exemplo. Muitas vezes seres cavernículas são também descritos como organismos de província subterrânea.

Província superficial – *Eco.* Região que contempla os organismos que vivem na superfície do solo, ou seja, a maioria dos seres vivos.

Prurido – *Bio.* Designação dos termos vulgares "coceira" e "comichão".

Pscívoro – *Eco.* Que se alimenta de peixes.

Pseudo – *Etimo.* Termo de origem grega que significa falso.

Pseudoceloma – *Zoo.* Cavidade corpórea de alguns animais, que não constitui um celoma verdadeiro. Os pseudocelomados geralmente não ultrapassam 2 mm de comprimento e se constituem de alguns vertebrados.

Pseudocelomado – *Zoo.* Animais que apresentam uma cavidade revestida parcialmente por mesoderma. Exemplo: Nematódeos.

Pseudoescorpião – *Zoo.* Pequenos artrópodes, que medem até 7 mm de comprimento. Apresentam forma semelhante aos escorpiões, todavia não exibem aguilhão e são inofensivos. São encontrados sob a casca de árvores, embaixo de pedras, etc. Alimentam-se de artrópodes diminutos, como colêmbolos e ácaros.

Pseudópodes – *Zoo.* Expansões do citoplasma que ocorrem em alguns protozoários, permitindo a apreensão de alimentos e locomoção. Termo de origem grega que significa falsos pés.

Pseudoscorpiones – *Zoo.* Ordem de aracnídeos, com cerca de 3.000 espécies descritas, cujos artrópodos são conhecidos como pseudoescorpiões. Sinônimo: Pseudoscorpionida. Veja Pseudoescorpião.

Psitacídeo – *Zoo.* Nomenclatura utilizada por ornitólogos para designar as araras, papagaios, maracanãs. Veja Psittaciformes.

Psittaciformes – *Zoo.* Nomenclatura utilizada na ornitologia para designar a ordem de araras, papagaios, maritacas, periquitos, etc. Tais aves estão distribuídas pela região tropical do planeta, sendo o Brasil o país com maior riqueza de psittaciformes, com cerca de 72 espécies dentre as mais de 370 conhecidas.

Psocoptera – *Zoo.* Ordem de insetos diminutos com no máximo 1,5 cm de comprimento. Normalmente possuem cor esbranquiçada ou acinzentada. Possuem cabeça e olhos proporcionalmente grandes, antenas filiformes ou moniliformes, aparelho bucal mastigador, asas membranosas desiguais (quando presentes), e pernas ambulatoriais. Alimentam-se de matéria orgânica em decomposição e muitos são fungívoros. São conhecidas cerca de 3.000 espécies em 36 famílias.

Psocos – *Etimo.* Termo de origem latina que significa "triturar".

Psoroptes equi – *Zoo.* Espécie de ácaros que causam a sarna psoróptica de equídeos. É a única espécie existente no gênero *Psoroptes*. Diferentemente do que ocorre com *Sarcoptes scabiei*, que formam galerias no interior da pele, esses ácaros picam a pele, causando irritação, descamação e exsudação da linfa, onde vivem e se multiplicam.

Pteranodon – *Paleo.* Gênero de réptil voador que habitou a Terra, na região da América do Norte, durante o Cretáceo. Apesar de serem popularmente chamados de dinossauros voadores, os pteranodontes não pertencem ao agrupamento dos dinossauros. Eram grandes predadores de peixes. Apresentavam pernas curtas e longas, e braços que sustentavam as asas com cerca de sete metros de envergadura. Na cabeça uma grande crista caracteriza o grupo.

Pterigióforos – *Zoo.* Elementos esqueléticos de sustentação das nadadeiras dorsal e anal dos peixes.

Ptérilas – *Zoo.* Regiões cobertas de penas na superfície do corpo das aves, que são separadas por regiões de pele sem penas, ou aptérilas. Tais áreas são importantes na diferenciação e classificação das ordens das aves. Algumas aves, como os pinguins e as ratitas, não apresentam essa diferenciação, tendo suas penas distribuídas uniformemente pelo corpo.

Pteris – *Etimo.* Termo de origem grega que significa feto.

Pterobranchia – *Zoo.* Classe do filo Hemichordata formada por animais marinhos de águas profundas. O corpo, saculiforme, é constituído por escudo oral e um colar curto. Ocorre reprodução assexuada, dando origem a colônias de organismos interligados. Existem 21 espécies descritas em duas ordens (Cephalodiscida; Rhabdopleurida).

Pteron – *Etimo.* Termo de origem grega que significa pena, asa.

Pteros – *Etimo*. Termo de origem latina que significa pedra.

Pterosauria – *Paleo*. Ordem de répteis voadores pré-históricos. Veja *Pteranodon*.

Pterygota – *Zoo*. Grupo de insetos que apresentam asas e geralmente a capacidade de voar. Exemplos; borboletas, cigarras, libélulas, etc.

Pulex irritans – *Zoo*. Nome científico da pulga do homem. Ambos os insetos (machos e fêmeas) são hematófagos obrigatórios e as fêmeas depositam os ovos no chão, em locais protegidos, como frestas, por exemplo. Do ovo eclodem as larvas que irão se alimentar da dejeção das pulgas adultas e transformar-se-ão em pupa, de onde emergem os adultos. O maior problema está relacionado às picadas destes insetos, que são doloridas e também funcionam como porta de entrada para infecções bacterianas secundárias, mormente devido ao ato de coçar. Veja também Siphonaptera.

Pulga – *Zoo*. Inseto da ordem Siphonaptera. Veja Siphonaptera.

Pulmão foliáceo – *Zoo*. Tipo de pulmão presente nos araneídeos. Sinônimo: fitotraqueias, pulmotraqueia.

Pulmão-livro – *Zoo*. O mesmo que pulmão foliáceo. Veja Pulmão foliáceo.

Pulmonata – *Zoo*. Subclasse da classe Gastropoda. Os moluscos representantes apresentam cavidade do manto convertida em pulmão. A maioria das espécies é herbívora, embora existam espécies carnívoras. Há espécies aquáticas (pulmonados inferiores) e terrestres (pulmonados superiores). São hermafroditas com cópula cruzada. Existem cerca de 16.000 espécies descritas.

Pulmotraqueia – *Zoo*. O mesmo que pulmão foliáceo. Veja Pulmão foliáceo.

Pulviniforme – *Bio*. Que possui forma de almofada.

Puma – *Zoo*. Felídeo carnívoro comum nas Américas, pertencente à espécie *Puma concolor*. Possui coloração amarela-avermelhada e mede cerca de 1,20 m de corpo e 65 cm de cauda. Alimenta-se de pequenos mamíferos, aves e répteis. Também é conhecido como suçuarana, onça-parda, onça-vermelha, jaguaruna ou perma.

Puntiforme – *Bio*. Com forma de ponto.

Pupa – *Zoo*. Etapa do desenvolvimento de certos insetos que passam por metamorfose completa. A pupa originará o inseto adulto, apto para a reprodução. Também chamada de crisálida. Ocorre em moscas, mosquitos, borboletas, etc.

Pupação – *Zoo*. Processo em que os insetos holometabólicos imaturos (larvas, lagartas), tornam-se pupas. Posteriormente, da pupa eclodirão os adultos. Sinônimo: Pupariação.

Pupal – *Bio*. Que é relativo à pupa.

Pupariação – *Zoo*. O mesmo que pupação. Veja Pupação.

Pupiforme – *Bio*. Estrutura ou organismo com feitio de pupa.

Pupívoro – *Eco*. Que se alimenta de pupa.

Pycnogonida – *Zoo*. Classe de aracnídeos marinhos, conhecidos em alguns locais como aranhas-do-mar. Possuem entre 2 mm e 10 cm de comprimento e alimentam-se de algas e detritos marinhos. Costumam ser encontrados sobre animais sésseis, como os briozoários. Existem cerca de 1.300 espécies descritas.

Python – *Zoo*. Gênero de serpentes da família Boidae, que inclui as Pítons. Veja Píton.

Pythoninae – *Zoo*. Subfamília de serpentes da família Boidae que inclui a Píton (*Python*), que pode medir até 12 m. Atualmente existem 26 espécies descritas de Pythoninae, encontradas na Austrália, Ásia e África.

Q

Quadrúpede – *Zoo.* Que se locomove sobre quatro patas.

Quarentena – *Bio.* Reclusão (isolamento) de seres humanos ou de outros animais sadios pelo período máximo de incubação da moléstia, contado a partir da data do último contato com um caso clínico ou portador, ou da data em que esse organismo sadio abandonou o local em que se encontrava a fonte de infecção.

Quaternário – *Paleo.* Período geológico da Era Cenozoica. Data de 2 milhões de anos até os dias de hoje. Compreende duas Épocas: Pleistoceno e Holoceno (dias atuais). Nesse período houve o aparecimento do homem e a sua evolução, sendo o período atual em que a Terra se encontra.

Quati – *Zoo.* Nome atribuído ao mamífero carnívoro da família Procyonidae e espécie *Nasua nasua*. Medem mais de 1 m de comprimento, contabilizando sua cauda, e pode pesar até 11 kg. Vive cerca de 15 anos. Alimenta-se de invertebrados, principalmente insetos, anelídeos e frutas. Apresenta hábito arborícola enquanto dorme. É encontrado no Brasil.

Quatipuru – *Zoo.* Nome popularmente atribuído às espécies de pequenos roedores da família Sciuridae, mais conhecidos como caxinguelê, esquilo, serelepe, caticoco, acutipuru e caxinxe. Veja Caxinguelê.

Queilo – *Etimo.* Termo de origem grega que significa lábio.

Queixada – *Zoo.* Nome vulgar dado aos porcos selvagens da espécie *Tayassu pecari*. Seus bandos distribuem-se pelo México e pelas Américas Central e do Sul. Possuem pelagem negra. São animais onívoros, que se alimentam de pequenos vertebrados, invertebrados, frutas, sementes e raízes.

Quelícera – *Zoo.* Parte do aparelho bucal de alguns aracnídeos, como as aranhas. Nas quelíceras existem canais de comunicação com as glândulas de veneno, sendo através das quais as aranhas envenenam suas presas.

Quelicerado – *Zoo.* Animais que pertencem ao subfilo Chelicerata. Veja Chelicerata.

Quelônio – *Zoo.* Grupo de répteis conhecidos como tartarugas, cágados e jabutis. Pertencem à ordem Chelonia. Veja Chelonia.

Quero-quero – *Zoo.* Nome popularmente atribuído à ave da espécie *Vanellus chilensis*, família Charadriidae, ordem Ciconiiformes. Ave bastante conhecida do público em geral, sendo comum ela proferir vocalização quando ocorre aproximação de pessoas. Apresenta esporões nas asas, que são usados para sua defesa, e realiza voos rasantes sobre os animais que se aproximam de seu ninho, tentando expulsá-los de lá. Possui aproximadamente 35 cm de comprimento e exibe cor geral acinzentada, com patas e manchas rosadas. A postura é de quatro ovos e a incubação dura cerca de 28 dias. Seu nome popular provém de seu canto, como se a ave estivesse vocalizando "quero-quero", ocorre durante o dia e, às vezes, a noite.

Quetotaxia – *Bio.* Técnica que estuda a forma e distribuição das cerdas no corpo de um organismo, as quais podem ser características da espécie. A entomologia trata-se de um dos campos no qual a técnica é frequentemente adotada.

Quiescência – *Zoo.* Diz-se do estado de imobilidade total de um organismo, no qual o animal não se alimenta, não se move, nem se reproduz, ficando seu metabolismo reduzido a índices muito baixos. Ocorre em várias espécies de artrópodes, por exemplo.

Quilha – *Zoo.* Ramificação do osso esterno nas aves. É fundamental para o voo desses animais, pois essa ramificação permite a inserção de poderosos músculos que auxiliam no bater das asas. Sinônimo: carena.

Quilo, Chylos – *Etimo.* Termo de origem grega que significa suco.

Quilópode – *Zoo.* Veja Chilopoda.

Quimiorreceptor – *Fisio.* Estrutura sensorial capaz de perceber a presença de determinadas substâncias químicas no ambiente.

Quinorrincos – *Zoo.* Vermes marinhos diminutos que apresentam cutícula espinhosa. Pertencem ao filo Kinorhyncha. Veja Kinorhyncha.

Quiróptero – *Zoo.* Como são conhecidos os morcegos. Veja Chiroptera.

Quiros – *Etimo.* Termo de origem grega que significa mão.

Quitina – *Zoo.* Polissacarídeo nitrogenado fibroso que forma o exoesqueleto de inúmeros artrópodes, fornecendo resistência.

R

Rã – *Zoo*. Anfíbio anuro, de hábito semiaquático ou aquático, como as da família Pipidae. Possuem membranas interdigitais, membros posteriores longos e fortes, adaptados tanto para o salto quanto para a natação. Os membros anteriores são mais curtos. A pele é fina e delicada, o que facilita a respiração cutânea e as torna vulneráveis à dessecação. São animais anamniotos, com fecundação externa e desenvolvimento indireto. Diferenciam-se dos sapos, por estes serem mais robustos, com a pele seca e rugosa e hábito mais terrestre, e das pererecas, por estas em geral serem de menor porte, arborícolas e com membros mais delgados, sem membranas interdigitais e com discos digitais nas extremidades dos dedos. São exemplos de famílias de rãs: Ranidae e Pipidae. Veja também Anura.

Rabdo – *Etimo*. Termo de origem grega que significa bastão, cilindro.

Rã-cachorro – *Zoo*. Nome popular da espécie de anuros *Physalaemus cuvieri*. Esta espécie mede em média 30 mm de comprimento total e reproduz-se em locais de áreas abertas, geralmente em corpos de água temporários. A desova é depositada em um ninho de espuma flutuante que fica próximo à água. Os machos vocalizam à noite (também durante o dia em períodos mais úmidos) e seu canto lembra um latido repetitivo, característica que explica o nome dado a esta espécie.

Raciação – *Evo*. Processo de formação de novas raças.

Radiação adaptativa – *Evo*. Diz-se da evolução de um organismo em que há divergência adaptativa, o que possibilita tipos de vida variados.

Radico – *Etimo*. Termo de origem latina que significa raiz.

Radícola – *Eco*. Diz-se dos seres que vivem sobre as raízes.

Radífago – *Eco*. O mesmo que rizófago. Veja Rizófago.

Rádio – *Anato*. O menor dos dois ossos do antebraço, sendo ultrapassado em tamanho pela ulna. Articula-se com o úmero para formar o cotovelo.

Radio, radius – *Etimo*. Termo de origem latina que significa raio.

Radioatividade – *Eco*. Propriedade que certos elementos possuem de emitir radiações corpusculares. Quando bem utilizados, esses elementos podem até salvar vidas, como o césio 37 e o cobalto 60, utilizados no tratamento de tumores. Existem inúmeros componentes radioativos que podem ser nocivos ao meio ambiente e ao homem. Um dos mais comuns é o estrôncio 90, que pode ser adquirido por leite e ovos contaminados, e por ser absorvido de forma semelhante ao cálcio pelo homem, não raro resulta em enfermidades graves, entre elas o câncer de medula óssea.

Rádula – *Zoo*. Órgão dos moluscos, em forma de língua e denteado, que serve para raspar alimentos. É protraída da boca dos invertebrados com o auxílio de músculos.

Ragia – *Etimo*. Termo de origem grega que significa romper.

Rágona – *Zoo*. Forma larvária de algumas esponjas. A rágona inexiste na classe Pelecypoda.

Raios branquiostégios – *Zoo*. Elementos ósseos presentes nos peixes Teleostomi que protege as brânquias destes, além de permitir que, ao abrirem a boca e expandirem seus raios branquiostégios, uma pressão negativa seja formada, fazendo com que a água entre pela cavidade orobranquial.

Rallidae – *Zoo.* Família de aves Gruiformes representada pelos frangos d'água, saracuras e outros. Possuem asas curtas, não voando com frequência. Alimentam-se de insetos, capim e pequenos vertebrados. São amplamente distribuídos tanto no Novo Mundo quanto no Velho Mundo.

Rã-manteiga – *Zoo.* Nome popular da espécie de anuros *Leptodactylus ocellatus*. Esta rã atinge em média 110 mm e está distribuída na América do Sul. Os adultos desta espécie podem ser canibais, alimentando-se de jovens da própria espécie. As fêmeas desta espécie exibem um cuidado parental interessante, elas mantêm-se junto ao cardume de girinos e defendem a prole saltando contra supostos predadores, mordendo e emitindo sons característicos. A rã-manteiga já foi bastante utilizada como alimento por nativos da América do Sul, o que explica o nome popular dado a esta espécie.

Ranário – *Bio.* Local utilizado para criação de rãs. Usualmente assume fins comerciais, todavia pode ser utilizado com cunho científico em universidades e centros de pesquisa.

Ranidae – *Zoo.* Família de anuros que compreende as rãs em geral. Possuem as patas posteriores alongadas e musculosas e membranas interdigitais que auxiliam na natação, já que elas passam a maior parte do tempo dentro da água. Sua pele é fina e lisa, ao contrário dos sapos, que têm a pele mais seca e rugosa.

Raphe, rafo – *Etimo.* Termo de origem grega que significa "costura".

Rã-pimenta – *Zoo.* Nome popular da espécie de anuros *Leptodactylus labyrinthicus*. Esta espécie possui em média 150 mm e é encontrada em caatingas e cerrados do Brasil, além de Bolívia, Venezuela, Paraguai e Argentina. A desova consiste em um grande ninho de espuma depositado próximo a lagoas ou brejos. À medida que o nível da água se eleva na época das chuvas, o ninho entra em contato com a água e os girinos saem para os corpos d'água, onde terminarão o desenvolvimento. Apresentam um interessante comportamento de defesa que consiste na exibição da parte posterior das pernas, que são vermelhas.

Raposa – *Zoo.* Mamífero carnívoro de ampla distribuição geográfica, pertencente a vários gêneros, tais como *Vulpes*, *Urocyon* e *Alopex*. Possui cauda com pelagem abundante, orelhas pontudas e apontadas para cima e pelagem geralmente castanho-avermelhada, mas que varia de cor de acordo com a espécie. Alimenta-se de aves e outros vertebrados e é animal noturno. Muitas vezes é caçado devido a sua farta pelagem, utilizada no comércio. As raposas da América do Sul pertencem aos gêneros *Lycalopex* e *Pseudalopex*. O gênero *Vulpes* ocorre na Eurásia e América do Norte.

Raquis – *Etimo.* Termo de origem grega que significa espinha dorsal.

Rastros branquiais – *Zoo.* Projeções presentes nas barras branquiais dos peixes, cuja função é impedir que partículas alimentares passem pela câmara branquial.

Ratão-do-banhado – *Zoo.* Nome atribuído ao mamífero roedor da espécie *Myocastor coypus*. Pode atingir mais de 1 metro de comprimento, quando contabilizada sua cauda, e pesar aproximadamente 7 kg. Sua pelagem geral é acinzentada. Os dedos das patas traseiras são unidos pela membrana natatória, por isso são bons nadadores. É encontrado na América do Sul. No Brasil é visto nos Estados do Sul. São herbívoros, mas podem alimentar-se de alguns moluscos. Vivem por aproximadamente 15 anos. Sinônimos: ratão-d'água, nutria, caxingui.

Ratitas – *Zoo.* Aves corredoras que não apresentam capacidade de voar. Em geral, são de grande porte ou pesadas, entretanto são dotadas de asas proporcionalmente pequenas. Exemplo: ema, avestruz. Veja Struthioniformes.

Rato – *Zoo.* Nome popularmente atribuído a inúmeras espécies de mamíferos roedores, geralmente membros da família Muridae. São animais pequenos, de focinho alongado, orelhas pequenas e arredondadas, vibrissas longas, cauda longa, nua e escamosa e patas curtas com dedos delicados. Possuem origem asiática, foram para a Europa levados pelo homem, e posteriormente para a América nas embarcações do século XVI. Atualmente se encontram em todo o mundo. Quando próximos à população humana, frequentemente trazem prejuízos, uma vez que roem objetos e transmitem doenças, como a peste bubônica e a leptospirose.

Rato d'água – *Zoo.* Nome dado a alguns roedores, como os do gênero *Nectomys* (família Muridae). A espécie *Nectomys squamipes* é encontrada nas Américas Central e do Sul, tem pelagem marrom, cauda longa e escamosa e patas com membranas interdigitais. São animais noturnos, semiaquáticos e alimentam-se de frutos, invertebrados e fungos.

Rato-da-árvore – *Zoo.* Nome dado a diversas espécies de pequenos roedores, principalmente os dos gêneros *Phyllomys* e *Rhipidomys*. O padrão morfológico varia com a espécie, mas em geral possuem a cauda mais longa que o comprimento do corpo e aparência simpática. São arborícolas, de hábito noturno e alimentam-se de frutos, sementes, insetos e folhas. São encontrados na América do Sul. No Brasil, esses animais estão ameaçados de extinção devido à destruição da mata Atlântica, seu principal *habitat*, especialmente nos estados de Minas Gerais, São Paulo e Bahia.

Rato-do-brejo – *Zoo.* Nome dado a alguns pequenos roedores, principalmente os do gênero *Oxymycterus* (família Muridae). Esses animais são noturnos e têm hábito fossorial, cavando buracos para a busca por alimento. Sua dieta é constituída principalmente de artrópodes, porém são onívoros. Exibem pelagem cinza-amarelada, cauda mais curta que o comprimento do corpo e patas, com unhas poderosas que auxiliam na escavação. São encontrados na América do Sul.

Rato-do-mato – *Zoo.* Nome em geral dado a indivíduos de gêneros como *Bolomys* e *Calomys*, *Oryzomys*, *Oligoryzomys*, *Oecomys* da família Muridae. Esses pequenos roedores apresentam coloração cinza ou marrom, variando com o gênero, e pesam de 20 a 100 g. São animais silvestres, que se alimentam de sementes, raízes e insetos. São encontrados no Brasil e demais países da América do Sul.

Ratos sinantrópicos – *Zoo.* Diz-se das espécies de ratos que vivem próximas ao homem. Podem representar risco à saúde pública, transmitindo doenças, como a leptospirose e a peste bubônica. Dentre as espécies, se destacam: *Rattus norvegicus*, com cerca de 20 cm de comprimento de corpo, sendo a cauda quase do mesmo tamanho, exibe cor geral cinza-escura e é popularmente denominada ratazana ou rato-dos-esgotos; *Rattus rattus*, apresenta aproximadamente 15 cm de comprimento e cauda um pouco mais longa que isso. Sua coloração geral é cinza-escura, e é conhecido como rato-dos-telhados.

Recifes coralinos – *Zoo.* Estruturas calcárias tropicais de águas rasas, que podem chegar a profundidades de até 60 m. São formados principalmente por cnidários que secretam carbonato de cálcio. São habitados por inúmeras plantas e animais, que diminuem de acordo com a profundidade da água, sobretudo, devido à escassez de luz.

Rectriz – *Zoo.* Penas presentes na cauda das aves. Auxiliam no equilíbrio do animal durante o voo. No caso dos pica-paus, as rectrizes servem de apoio para o corpo da ave, auxiliando-os a subir nos troncos das árvores.

Recurso – *Eco.* Trata-se de elementos consumidos pelos organismos ao longo de sua sobrevivência, como alimentos e luminosidade. A escassez de recursos leva à competição entre indivíduos.

Rédia – *Zoo.* Forma larvar dos trematódeos digêneos que antecede a forma larval de cercária. Possui ventosa oral, boca, sistema excretor, intestino rudimentar, e na parte anterior do corpo, um orifício por onde escapam as cercárias, formadas em seu interior.

Reduviidae – *Zoo.* Família de insetos hemípteros que apresentam cabeça alongada e estreita, adaptada a hábitos alimentares de predatismo e hematofagismo. Os insetos hematófagos são os que possuem interesse parasitológico, dentre esses, os transmissores do *T. cruzi.*

Refratário – *Zoo.* Diz-se em parasitologia, de um ser que resiste ao ataque de um parasito. Por exemplo, as aves, sendo inoculadas com *T. cruzi*, mostram-se imunes, refratárias à ação do tripanossomo.

Região biogeográfica – *Eco.* Veja Biogeografia.

Região etiópica – *Eco.* O mesmo que região alotropical. Veja Alotropical, região.

Regiões zoogeográficas – *Bio.* Divisões geográficas estabelecidas por cientistas, que procuram agrupar áreas de ocorrência comuns das espécies. Existem seis regiões zoogeográficas: Neártica (Estados Unidos, Canadá e Groenlândia), Neotropical (América Latina), Paleártica (Europa, parte do norte da África e grande parte da Ásia), Etiópica (continente africano, exceto a porção norte e ilha de Madagascar), Australiana (Oceania) e Oriental (sudeste da Ásia).

Reia – *Etimo.* Termo de origem grega que significa fluxo.

Reino Animalia – *Zoo.* Veja Animalia, reino.

Relação desarmônica – *Eco.* Tipo de relação entre os seres vivos, na qual um dos associados é prejudicado pelo outro. As relações desarmônicas podem ser intraespecíficas (canibalismo, competição) ou interespecíficas (predatismo, parasitismo, competição).

Relação harmônica – *Eco.* Tipo de relação entre os seres vivos na qual não há prejuízo para os associados. Elas podem ser intraespecíficas (colônia e sociedade) ou interespecíficas (mutualismo, comensalismo, inquilinismo, foresia).

Rêmige – *Zoo.* Pena presente na asa das aves. As rêmiges são classificadas em primárias (aquelas que se inserem na região da mão) e secundárias (aquelas que se inserem na região do braço).

Remipedia – *Zoo.* Classe de crustáceos marinhos (principalmente) e diminutos, não ultrapassando 45 mm de comprimento. Vivem em cavernas marinhas, com pouca ou nenhuma luminosidade. Parecem pequenas centopeias, e seu nome provém do latim *remipedes*, que significa "pernas em forma de remo".

Rêmora – *Zoo.* Peixes da família Echeneidae que apresentam a nadadeira dorsal modificada em uma ventosa, usada para se prender em animais maiores como tartarugas e tubarões, para percorrerem grandes distâncias e também aproveitarem restos de alimentos predados por seus hospedeiros.

Rena – *Zoo.* Nome atribuído ao mamífero da ordem Artiodactyla, família Cervidae e gênero *Rangifer* "sp." Animal de grande porte, com aproximadamente 2 m de comprimento e pode pesar 300 kg. Vivem em tundras e estepes. É a única espécie de cervídeo em que as fêmeas também apresentam chifres. São animais herbívoros. Vivem por cerca de 15 anos e sua gestação dura 215 dias. Sinônimo: caribu.

Reniforme – *Bio.* Que possui aspecto de rim.

Rept – *Etimo.* Termo de origem latina que significa rastejar.

Réptil – *Zoo.* Organismo que pertence ao grupo dos Répteis. Veja Reptilia.

Reptilia – *Zoo.* Táxon que inclui o último ancestral comum de Testudines, Squamata, aves e todos os seus descendentes. A presença do forame palatal suborbital, a presença de queratina Phi na pele e a presença de uma crista anterior no supraoccipital são algumas das sinapormofias para este grupo. O termo é empregado também para os répteis em geral (lagartos, lagartixas, tuatara, serpentes, crocodilos, jacarés, cágados, jabutis, tartarugas, etc.), excluindo-se seus descendentes. Foram originados a partir dos anfíbios há cerca de 200 milhões de anos, durante o período Carbonífero. Já existiram formas gigantescas destes seres, que são conhecidas como dinossauros. Apresentam a pele seca, com escamas, placas dérmicas ou carapaças, o que contribui para a vida terrestre, protegendo os répteis da desidratação; dois pares de patas, ausentes nas serpentes. Respiração pulmonar e cloacal (em tartarugas aquáticas). São pecilotérmicos. Dioicos, com reprodução sexuada, fecundação interna e desenvolvimento direto. Podem ser ovíparos (maioria) ou ovovivíparos. Os ovos exibem casca desenvolvida, sendo essa mais uma adaptação à vida terrestre. O coração dividi-se em dois átrios e dois ventrículos, os quais não são completamente separados. Nos crocodilianos o coração apresenta as quatro cavidades bem divididas. A circulação sanguínea é fechada e incompleta. Apresentam âmnio e alantoide, sendo o primeiro grupo a apresentar tais anexos embrionários na escala evolutiva, sendo esse outro fator importante para a conquista do ambiente terrestre. O principal excremento nitrogenado é o ácido úrico. São divididos em três ordens principais: Chelonia (ou Testudinata), Squamata e Crocodilia. Filogeneticamente, trata-se de um grupo parafilético.

Reservatório de parasitos – *Zoo.* Diz-se dos hospedeiros naturais dos agentes parasitários, atuando como fontes potenciais de infecção ou infestação, mas sem sofrer os efeitos prejudiciais produzidos em outros hospedeiros.

Resiliência do ambiente – *Eco.* Capacidade de um ecossistema retornar rapidamente à sua composição original após alteração por um distúrbio.

Resistência do ambiente – *Eco.* Capacidade de um ecossistema de sofrer poucas alterações em sua composição diante de um distúrbio.

Respiração traqueal – *Fisio.* Tipo de respiração que ocorre nos insetos, por exemplo. Ocorre através de tubos ramificados, conhecidos como traqueias. As traqueias transportam o O_2 do ar para as células e os tecidos, e carreiam o CO_2 destes para o meio externo, não havendo participação da hemolinfa. A difusão desses gases, no interior dos insetos, ocorre com a participação dos movimentos do tórax e do abdômen. A abertura das traqueias é chamada de espiráculo ou estigma.

Restinga – *Eco.* Zona fitogeográfica brasileira própria de terrenos salinos. É formada por ervas, arbustos e árvores. As espécies predominantes são a aroeira-de-praia e o cajueiro. Ocorre no litoral da Bahia ao Rio de Janeiro e no Rio Grande do Sul.

R-estrategistas – *Eco.* Espécies cuja estratégia reprodutiva consiste em investir energia em uma prole numerosa, em que os filhotes nascem pequenos e com baixa probabilidade de sobrevivência. Não costumam apresentar cuidado parental e em geral são bons colonizadores.

Rete – *Etimo.* Palavra de origem latina que significa rede.

Rete – *Zoo.* Rede de fibras ou de pequenos vasos sanguíneos que pode estar presente em diversas regiões do corpo de um animal, como a *rete mirabile* presente na bexiga gasosa de alguns peixes teleósteos.

Rete mirabile – *Zoo.* Também intitulada de "rede maravilhosa", trata-se de um conjunto de capilares entrelaçados, presente em vários locais do corpo dos vertebrados, capaz de promover a troca de calor e de substâncias dissolvidas no sangue, como o oxigênio.

Retículo – *Anato.* O mesmo que barrete. Veja Barrete.

Retro – *Etimo.* Termo de origem latina que significa da frente para trás.

Rheiformes – *Zoo.* Grupo de aves que incluí as emas e os nandus. Tais aves se distribuem na região Neotropical.

Rhinella marina – *Zoo.* Espécie de sapo popularmente conhecida como sapo-gigante ou sapo-marinho. Veja Sapo-gigante.

Rhinocryptidae – *Zoo.* Família de pássaros neotropicais representada pelo tapaculo, ou tapacola. Geralmente, vivem em matas fechadas, em regiões serranas no Sudeste, e Centro-Oeste e Amazônia.

Rhipicephalus sanguineus – *Zoo.* Gênero de carrapatos não ornamentados e que apresentam festões. Apresenta cor avermelhada, sendo conhecido como carrapato vermelho. Gênero de carrapato que mais parasita os cães, sendo muito comum no Brasil, sobretudo em áreas urbanas. Constitui uma espécie de três hospedeiros e já foi encontrado parasitando o homem.

Rhodnius – *Zoo.* Gênero que pertence ao grupo dos hemípteros triatomíneos. A principal característica morfológica deste gênero é apresentar cabeça alongada com antenas implantadas bem próximas ao clípeo. Existem várias espécies de importância na América Latina, das quais se destaca o *Rhodnius prolixus*, que é dito como um dos principais vetores da doença de Chagas na América Central e alguns países da América do Sul. Veja Triatomíneo.

Rhynchocephalia – *Zoo.* Táxon que tem como únicos representantes os tuataras, répteis muitas vezes chamados de lagarto, todavia possuem caracteres que os separam destes. Podem ser encontrados na Nova Zelândia. Veja Tuatara. Sinônimo: Sphenodontida.

Ricinulei – *Zoo.* Ordem de pequenos aracnídeos, pouco conhecidos do público em geral. São artrópodos encontrados no húmus de folhas e no interior das cavernas. Apresentam cutícula espessa e geralmente esculpida, por isso são conhecidos como aranhas-carrapato. Existem cerca de 75 espécies descritas.

Ricto – *Anato.* Região da boca onde os lábios superior e inferior se unem. Também refere-se à abertura da boca.

Rim – *Anato.* Órgão abdominal em par, em forma de feijão, localizado um de cada lado da coluna, sendo que o rim direito está numa posição inferior em relação ao esquerdo devido à presença do fígado à direita. Encontra-se sob o diafragma em uma posição retroperitoneal. É dividido em zona cortical e zona medular. A unidade funcional do órgão é o néfron. As funções do rim são: regulação do volume e composição do líquido extracelular através da filtração do plasma sanguíneo; eliminação de produtos como a ureia, ácido úrico, sulfatos e fosfatos; e secreção de alguns hormônios como a renina, eritropoetina e calcitriol.

Rinal – *Anato.* Relativo ao nariz.

Rino, Rhinos – *Etimo.* Termo de origem grega que significa nariz.

Rinoceronte – *Zoo.* Nome popularmente atribuído a cinco espécies de mamíferos perissodáctilos que são guarnecidos por um ou dois cornos na região anterossuperior do focinho. Quando em dois, os cornos se encontram um na frente do outro. São ungulados, com três dedos em cascos separados. Possuem a pele espessa e coloração geral clara, dependendo da espécie. Apresentam patas curtas e musculosas, cabeça grande e alongada e lábio superior um pouco prolongado. A maioria é encontrada na África, habitando regiões de savana, como a espécie *Diceros bicornis*, conhecido como rinoceronte-negro e exibe, como o nome científico indica, dois cornos acima do focinho. Todavia, existem espécies asiáticas, como por exemplo *Rhinoceros unicornis*, conhecido como rinoceronte-indiano e que apresenta um corno sobre o focinho.

Rizófago – *Eco.* Diz-se dos organismos que se alimentam de raízes. O mesmo que radífago.

Rodentia – *Etimo*. Termo de origem latina que significa que rói.

Rodentia – *Zoo*. Ordem de mamíferos que compreende os roedores como os ratos, camundongos, hamsters, esquilos, castores, capivaras, preás. Apresentam incisivos de crescimento contínuo, o que os faz roer materiais endurecidos para desgastá-los. Não apresentam caninos na sua dentição. Alguns desses animais (ratos que invadem o ambiente doméstico) podem possuir importância médica como transmissores de doenças, como a leptospirose e a hantavirose. Existem mais de 2.000 espécies de roedores descritas, e estão amplamente distribuídos pelo mundo.

Rodo – *Etimo*. Termo de origem grega que significa rosa.

Rombencéfalo – *Anato*. Uma das três vesículas primárias do cérebro (prosencéfalo, mesencéfalo e rombencéfalo), sendo a mais caudal dessas. Encontra-se subdividido em duas outras vesículas: o metencéfalo e o mielencéfalo.

Rostelo – *Zoo*. Também chamado de rostro, trata-se de um órgão musculoso, retrátil, que pode ou não apresentar ganchos presentes no escólex de alguns cestódeos.

Rostro – *Etimo*. Termo de origem latina que significa bico.

Rostrocônquio – *Zoo*. Molusco já extinto que provavelmente originou os bivalvos.

Rotifera – *Zoo*. Filo formado de animais extremamente pequenos, sendo que os adultos costumam ter o tamanho de protozoários. Apresentam conjunto de cílios na região anterior do corpo, que serve para locomoção e alimentação. São aquáticos e possuem formato de um pequeno cilindro. São dioicos com desenvolvimento direto. Estão divididos em três classes: Bdelloidea, Monognata (esta contém a maioria dos rotíferos) e Seisonidea. Existem aproximadamente 2.000 espécies registradas.

Rúmen – *Zoo*. Uma das quatro câmaras do estômago dos mamíferos ruminantes. As demais partes são retículo, omaso e abomaso. O rúmen é a maior das quatro câmaras. Após mastigado e deglutido, o alimento vai diretamente ao rúmen, também chamado de pança, onde entra em contato com uma rica microbiana capaz de digerir a celulose. Em seguida, o bolo alimentar passa para o retículo, onde ocorre a formação de aglomerados de bolo alimentar que é regurgitado para a cavidade oral, e novamente mastigado. Posteriormente, o alimento é novamente deglutido e dirigido ao terceiro compartimento, o omaso, onde há grande absorção de água e digestão mecânica. Por fim, o alimento chega ao abomaso, ou estômago químico, ou estômago verdadeiro, onde há enzimas digestivas produzidas por inúmeras glândulas presentes em sua parede interna. Nos filhotes, o rúmen não participa da digestão. O leite passa diretamente da cavidade oral para o abomaso. São exemplos de ruminantes: bovinos, ovinos e girafa.

Ruminantes – *Zoo*. Animais que possuem o estômago dividido em quatro partes e que ruminam. Exemplo: vaca, veado e girafa.

Ruminar – *Zoo*. Mastigar novamente o alimento que retorna do estômago à boca. Os animais são chamados ruminantes e apresentam estômago complexo, dividido em quatro câmaras: rúmen, retículo, omaso e abomaso. Veja Rúmen.

Rupestre – *Eco*. Diz-se dos organismos que vivem nas pedras. Sinônimo: rupícola.

Rupícola – *Eco*. O mesmo que rupestre. Veja rupestre.

S

Sabethini – *Zoo.* Tribo de culicídeos (mosquitos) amplamente distribuída pelas matas do Brasil. Criam-se em reservas de águas, como buracos de árvores. Algumas espécies são incriminadas de transmitir a febre amarela no meio silvestre. O gênero *Sabethes* pode ser encontrado em determinadas regiões urbanas do Brasil.

Sabiá – *Zoo.* Pássaro bastante comum no Brasil. Habita regiões florestais (gênero *Turdus*) ou litorâneas, como observado no gênero *Mimus*, comum no litoral nordestino. Pode medir até 25 cm e pesa cerca de 70 g. Dentre as espécies mais comuns estão os turdídeos: sabiá-laranjeira, *Turdus rufiventris*; sabiá-barranco, *Turdus leucomelas* e sabiá-coleira, *Turdus albicollis*; e os mimídeos: sabiá-do-campo, *Mimus saturninus* e sabiá-da-praia, *Mimus gilvus*.

Sacaro – *Etimo.* Termo de origem latina que significa açúcar.

Saco vitelínico – *Embrio.* Anexo embrionário que armazena substâncias nutritivas para o embrião. Está presente e bem desenvolvido em peixes, répteis e aves. Nos mamíferos, é reduzido.

Saco vocal – *Zoo.* Estrutura presente em alguns anfíbios, a qual permite aos machos de sapos e rãs coaxarem com diversos fins, como por exemplo, para atrair as fêmeas.

Saculiforme – *Bio.* Que apresenta forma de saco.

Sáculo – *Zoo.* Uma das partes ventrais do aparelho vestibular do ouvido interno dos vertebrados, relacionada ao equilíbrio do animal. Também compõem o aparelho vestibular: a lagena, o utrículo e os canais semicirculares.

Sagital, Sagitta – *Etimo.* Termo de origem latina que significa flecha.

Sagitiforme – *Bio.* Com feitio de seta.

Salamandra – *Zoo.* Anfíbios tetrápodos e caudados, que pertencem ao grupo Urodela. Possuem corpo alongado e a maioria é semiaquática ou aquática. A sua forma de locomoção mantém os mesmos padrões dos primeiros tetrápodos a invadirem a terra, tanto que várias espécies são guarnecidas por brânquias externas (algumas salamandras não apresentam pulmões) e linha lateral funcional, como ocorre nos peixes. Muitas espécies vivem associadas a cavernas ou ambientes de água doce. Estão distribuídas principalmente no Hemisfério Norte. Existem cerca de 400 espécies descritas e podem ter de 30 mm a 2 m de comprimento. A alimentação é principalmente de invertebrados. Durante a atração sexual é comum os machos exibirem padrões complexos de corte para atração das fêmeas, e a liberação de feromônios é importante nesse processo. A fecundação é interna e a pedomorfose está presente na maioria das espécies. O mimetismo é realizado por algumas espécies. No Brasil existe apenas uma espécie de salamandra: *Bolitoglossa amazonica.*

Salientia – *Zoo.* Ordem de anfíbios que inclui os sapos, rãs e pererecas. Sinônimo: Anura. Veja Anura.

Salmoniformes – *Zoo.* Ordem que inclui as trutas e os salmões. Sua ocorrência natural está restrita ao Hemisfério Norte, tendo preferência por águas profundas e salgadas, mas também são encontrados em água doce.

Saltador – *Bio.* Característica do animal adaptado a se locomover por saltos.

Saltasaurus loricatus – *Paleo.* Espécie de dinossauro saurópode que viveu na América do Sul durante o Cretáceo. Eram herbívoros, quadrúpedes, com longo pescoço e cauda, mediam cerca de 12 metros de comprimento e pesavam cerca de oito toneladas. Possuíam grandes placas ósseas no dorso que serviam como um escudo para defesa contra predadores maiores, como dinossauros terópodes.

Sambaqui – *Paleo.* Depósitos de conchas acumuladas pelo homem e que sofreram a ação das chuvas e do tempo. Sambaquis são encontrados associados com ferramentas de pedras e ossadas humanas. No Brasil, essas estruturas datam de 7 mil anos.

Sanguessuga – *Zoo.* Nome popularmente atribuído à espécie *Hirudo medicinalis.* Veja Hirudinea e *Hirudo medicinalis.*

Sanguinívoro – *Eco.* O mesmo que hematófago. Veja hematófago.

Sanhaço – *Zoo.* Pássaro da família Thraupidae bastante popular no Brasil. Exibem plumagem colorida, variando de cores em cada espécie. São frugívoros.

Sapo – *Zoo.* Anfíbio anuro, terrestre, de porte avantajado, com cabeça e corpo bem desenvolvidos e que realiza saltos curtos. São animais de hábitos noturnos, ficando ocultos em locais úmidos durante o dia. Os ovos podem ser postos em cordões e ficam presos às plantas aquáticas até eclodirem os girinos. No Brasil há nove espécies, todas pertencentes ao gênero *Rhinella*, anteriormente denominado *Bufo*. Veja Anura.

Sapo-cururu – *Zoo.* Nome popularmente atribuído à espécie *Rhinella marinus* (anteriormente denominado *Bufo marinus*). Anfíbio anuro encontrado nas Américas Central e do Sul. Apresenta aproximadamente 15 cm de comprimento. Alimenta-se, sobretudo, de insetos. Sua coloração em geral é amarela, com tons de verde. É uma das espécies de sapo mais comuns no Brasil. É também conhecida como sapo-boi.

Sapo-de-areia – *Zoo.* Anfíbio anuro típico da Região Sul do Brasil. Apresenta a região dorsal levemente amarelada. Nome científico: *Rhinella arenarum* (anteriormente denominado *Bufo arenarum*).

Sapo-ferreiro – *Zoo.* Nome popular da espécie de anuros *Hypsiboas faber*. Essa perereca é bastante comum em brejos no Brasil, Paraguai e Argentina e recebeu tal nome devido ao seu canto peculiar que lembra o som de um martelo. Os machos desta espécie constroem pequenos buracos alagados no chão, onde vocalizam à espera de uma fêmea. Nesses buracos, ou "panelas", são depositados os ovos e esse local é defendido pelo macho, que pode entrar em combate com machos invasores.

Sapo-flecha – *Zoo.* Nome popular da espécie de anuros *Phyllobates terribilis* encontrada apenas na região do Chaco na Colômbia. Apesar de atingir somente 3 cm em média, é um dos animais mais tóxicos do planeta. A pele desse anuro produz um esteroide extremamente tóxico que atua no sistema cardiovascular. Acredita-se que o veneno de apenas um indivíduo desta espécie seja suficiente para matar cerca de 20.000 ratos adultos. Os índios colombianos utilizam o veneno dessa espécie para preparar a ponta das flechas para a caça.

Sapo-folha – *Zoo.* Nome popular da espécie de anuros *Pipa carvalhoi*. Essa espécie é endêmica do Brasil, podendo ser encontrada nos estados de Pernambuco, Ceará, Espírito Santo, Bahia, Minas Gerais e Paraíba. Esta espécie apresenta uma característica reprodutiva peculiar: as fêmeas carregam os ovos no dorso, estabelecendo um cuidado parental importante. Como acontece com outras espécies de anuros, os sapos-folha têm sido comercializados ilegalmente com finalidades ornamentais.

Sapo-gigante – *Zoo.* Nome popular da espécie de anuros *Rhinella marina.* Registros revelam que esta espécie pode atingir mais de 250 mm, estando entre um dos maiores anuros do mundo.

Encontra-se naturalmente distribuída no sul dos Estados Unidos, México, América Central e América do Sul, porém, tal espécie apresenta um histórico de introdução em diversas regiões do mundo, principalmente em ilhas do Pacífico e na Austrália. Uma característica interessante deste anuro é a capacidade de manutenção das atividades metabólicas, mesmo em graves condições de dissecação. Acredita-se que indivíduos adultos e juvenis de *Rhinella marina* permaneçam em plena atividade, mesmo com a diminuição de até 40% do nível de água corporal ótimo. Esta característica permitiu a dispersão de tais organismos em regiões costeiras.

Sapo-intanha – *Zoo.* Nome popular das espécies de anuros brasileiras do gênero *Ceratophrys*. São peculiares por apresentarem alimentação carnívora extremamente generalista. As espécies de *Ceratophrys* possuem cabeça e boca grandes comparadas ao tamanho corporal e, de modo diferente dos outros anuros, são fornidos por um crânio extremamente ossificado e poderosos dentes em forma de adagas. Essas características permitem que esses animais abocanhem presas grandes, muitas vezes do seu próprio tamanho, que são engolidas de uma só vez.

Sapro – *Etimo.* Termo de origem grega que significa podre.

Sapróbio – *Eco.* Que se alimenta de matéria orgânica em decomposição.

Saprobionte – *Eco.* O mesmo que sapróbio. Veja Sapróbio.

Saprófago – *Eco.* Organismo que se alimenta de matéria orgânica em decomposição. Exemplo: larvas de algumas espécies de moscas.

Saprófita – *Eco.* Que se alimenta de matéria orgânica vegetal em decomposição.

Saracura – *Zoo.* Ave do gênero *Rallus* pertencente à ordem Gruiformes. Ave de pequeno porte, semiaquática e de plumagem discreta. Alimenta-se de capim, insetos, moluscos e pequenos vertebrados. Vive em pântanos e próximo a locais de água doce.

Sarco – *Etimo.* Termo de origem grega que significa carne.

Sarcocistose – *Zoo.* Enfermidade de animais de sangue quente ocasionada por esporozoários da ordem Sarcosporidia, sobretudo pela espécie *Sarcocystis hominis*. É pouco frequente na espécie humana, porém comum em bovinos, porcos, carneiros, cavalos, etc. Em determinados locais, o gado bovino pode estar infectado, com índices de até 100%. Sua maior incidência se dá nas regiões tropicais. O homem se infecta comendo carne crua ou malcozida de gado bovino ou suína contendo cistos. Podem surgir sintomas como náuseas, vômitos, epigastralgia, febre, anorexia, cefaleia e diarreia. Há relatos de sarcocistose muscular em humanos, acarretando mialgias, debilidade muscular, miosite, edema, etc., entretanto, corriqueiramente, a infecção é assintomática. O diagnóstico é efetuado pelo achado de esporocistos nas fezes.

Sarcófaco – *Eco.* Que se alimenta de carne.

Sarcopterygii – *Zoo.* Grupo de peixes ósseos, com nadadeiras carnosas. Existem cerca de sete espécies viventes atualmente. Foi a partir desse grupo que surgiram os tetrápodos e a vida dos vertebrados no ambiente terrestre.

Sarcoptes scabiei – *Zoo.* Nome científico do ácaro causador da sarna. Aracnídeo diminuto, com 0,5 mm de comprimento, cor esbranquiçada e corpo mole. Esses artrópodes fazem galerias na epiderme, onde as fêmeas depositam seus ovos. Causa dermatose, ocasionando prurido intenso, sobretudo à noite. Parasita preferencialmente as partes mais aquecidas do corpo, como axilas, entre as coxas, nos glúteos, entre as mamas, etc. O diagnóstico pode ser feito através do uso de uma fita gomada sobre a lesão, e observação dos parasitos na fita. Alguns sabões de banho, à base de inseticidas, são recomendados no tratamento. O tratamento dos parasitados e o saneamento básico são boas formas de prevenir a infecção.

Sarcoptiformes – *Zoo.* Subordem de ácaros que apresenta espécies de importância na parasitologia humana e veterinária. Possuem cutícula delgada, sem estigmas respiratórios, quelíceras em forma de tesoura, palpos simples, e machos com ventosas copuladoras. Dentre os ácaros descritos, destaca-se *Sarcoptes scabiei*, aracnídeo causador da sarna.

Sardinha – *Zoo.* Nome popularmente atribuído aos peixes da classe Actinopterygii, ordem Clupeiformes e família Clupeidae. Têm cerca de 12 cm de comprimento, exibem coloração prateada azulada. Vivem em cardumes, são pelágicos e desovam longe do litoral. Vivem em água salgada. São também importantes do ponto de vista pesqueiro, tratando-se de um dos peixes mais comercializados.

Sarna – *Zoo.* Diz-se do parasitismo ocasionado por ácaros como *Sarcoptes scabiei*. Sinônimo: Escabiose. Veja *Sarcoptes scabiei*.

Sarna notoédrica – *Zoo.* Também conhecida como sarna felina, constitui uma dermatose parasitária causada por ácaros sarcoptiformes da espécie *Notoedres cati*, que acometem gatos e coelhos, podendo também ocorrer em cães e humanos. Ver *Notoedres cati*.

Sauro – *Etimo.* Termo de origem grega que significa lagarto.

Saurofágo – *Zoo.* Que se alimenta de lagartos.

Saurofilia – *Zoo.* Que vive próximo a lagartos, podendo se alimentar dos mesmos.

Savana – *Eco.* Denominação utilizada para designar os campos na África. Trata-se de um tipo de bioma terrestre.

Scalidophora – *Zoo.* Táxon que reúne os exemplares dos filos Priapulida, Loricifera e Kynorhynca, sendo constituído por pequenos seres marinhos e intersticiais.

Scandentia – *Zoo.* Ordem de mamíferos que compreende os musaranhos-arborícolas. Existem 19 espécies conhecidas, todas pertencentes a uma mesma família. Animais de cauda longa e peluda, pelagem castanha-acinzentada, focinho comprido, olhos grandes, orelhas pequenas e patas delicadas. São parecidos com esquilos, porém sem as longas vibrissas que caracterizam tais roedores. Os musaranhos-arborícolas são onívoros e de hábitos diurnos. Distribuem-se pela região Oriental.

Scaphopoda – *Zoo.* Classe de moluscos escavadores, que apresentam concha em forma de tubo cilíndrico alongado, aberta nas extremidades, lembrando um dente canino. Possuem entre 3 e 6 cm de comprimento em média, contudo podem medir de 3,5 mm até 14 cm. Vivem submersos em lodos próximos ao substrato e alimentam-se através dos tentáculos. São animais dioicos, com fertilização externa. Existem cerca de 500 espécies descritas e 34 já foram assinaladas no Brasil.

Schistosoma mansoni – *Zoo.* Espécie de helminto da classe Trematoda que ocasiona a esquistossomose no homem. Sua distribuição dá-se na América do Sul, África e nas Antilhas. Tal parasito chegou ao Brasil provavelmente durante o tráfico de escravos, visto que muitos escravos chegaram ao país albergando o parasito. Embora não existisse este verme no Brasil, encontrava-se grande quantidade do hospedeiro intermediário, o molusco de gênero *Biomphalaria*, nos rios e riachos, o que possibilitou a manutenção do ciclo biológico do trematódeo. Embora seja um trematódeo, tal espécie apresenta os sexos separados, e a fêmea fica no interior do canal ginecóforo do macho. O macho mede cerca de 12 mm, possui cor esbranquiçada e tegumento recoberto de minúsculos espinhos. A fêmea pode alcançar 17 mm, exibe cor esbranquiçada, mas com tegumento liso. Na região anterior de ambos estão localizadas as duas ventosas, uma oral e outra ventral, esta última também denominada acetábulo.

Sciaenidae – *Zoo.* Família de peixes actinopterígios da ordem Perciformes, representada pelas pescadas e corvinas. Apresentam corpo fusiforme e coberto por escamas pequenas e ásperas, nadadeira dorsal longa, se estendendo por quase todo o dorso do animal. A parte anterior dessa nadadeira é espinhosa e separada da parte posterior, formada por raios moles. A nadadeira caudal é arredondada, as peitorais são elevadas e a anal possui espinhos. Os Sciaenidae são carnívoros e são demersais, sendo que algumas espécies vivem em água doce e outras no mar.

Scincidae – *Zoo.* Família de lagartos da linhagem dos Scleroglossa distribuída por todos os continentes, exceto Antártida. Trata-se da maior família de lagartos. Um exemplo é o lagarto-rabo-de-macaco (*Corucia zebrata*) que habita florestas tropicais de ilhas do Atlântico Sul.

Sciuridae – *Zoo.* Família de mamíferos roedores, arborícolas, de hábitos diurnos e cauda longa. Apresentam quatro dedos nas patas anteriores e cinco nas posteriores. Popularmente são conhecidos como esquilos.

Scleroglossa – *Zoo.* Linhagem de lagartos que inclui várias famílias, dentre elas Gekkonidae e Scincidae, com cerca de 880 e 1.100 espécies descritas, respectivamente.

Sclerospongiae – *Zoo.* Classe de poríferos. Apresenta reduzido número de espécies. São encontradas em grutas e túneis dentro de recifes coralinos. São esponjas leuconoides.

Scorpaeniformes – *Zoo.* Ordem de peixes representada pelo peixe-escorpião (*Scorpaena* "sp.") e pelo peixe-pedra (*Synanceja* "sp."). São espécies venenosas que vivem no fundo do mar ou próximo a pedras e têm espinhos na nadadeira dorsal capazes de inocular peçonha que pode levar à morte, inclusive do homem.

Scorpiones – *Zoo.* Ordem de artrópodos quelicerados que reúne os escorpiões. São organismos principalmente tropicais e subtropicais. Estão entre os artrópodos com registro fóssil mais antigo. Medem entre 3 e 10 cm de comprimento, mas algumas espécies do Carbonífero chegavam aos 80 cm. Movimentam-se mais durante a noite, permanecendo escondidos em troncos de árvores, buracos e frestas durante o dia. Existem pouco mais de 2.000 espécies descritas, sendo a família Buthidae a mais numerosa e a que apresenta os escorpiões de importância em saúde pública no Brasil e em outros países. Veja escorpião.

Scyphozoa – *Zoo.* Classe de cnidários que apresenta a medusa como forma predominante. A metagênese é comum nesse grupo. São conhecidos popularmente como águas-vivas. O tamanho varia de 10 até 30 cm de comprimento. A espécie *Aurelia* é um exemplo de cifozoário. Esta classe apresenta 200 espécies assinaladas.

Secernentea – *Zoo.* Classe de vermes cilíndricos, que pertencem ao filo Nematoda. Determinadas espécies apresentam importância na saúde. Exemplos: *Ascaris lumbricoides*, *Ancylostoma duodenale*, *Necator americanus*, *Toxocara canis*.

Secodontes – *Zoo.* Tipo de dente molariforme carniceiro que apresenta cúspides afiadas e cortantes. Durante a mastigação, tais dentes deslizam uns sobre os outros, funcionando como lâminas de uma tesoura. Estão presentes em mamíferos carnívoros, como gatos e cachorros.

Segmentação – *Embrio.* Processo que ocorre após a formação do zigoto, caracterizado pela divisão do mesmo até a formação dos blastômeros. A segmentação pode ser total ou parcial. Sinônimo: Clivagem.

Seláquios – *Zoo.* Subdivisão utilizada para os peixes elasmobrânquios. Exibem fendas branquiais descobertas, e estão representados pelos tubarões e as raias.

Seleção artificial – *Evo.* Processo através do qual os indivíduos que apresentam as características mais próximas das desejadas, são cruzados para que essas características se acentuem na descendência.

Seleção natural – *Evo.* Teoria que Charles Darwin elaborou, que afirma sempre haver pequenas variações entre os membros de uma espécie, condicionando a algumas delas maior capacitação de adaptação, sendo, por sua vez, favoráveis a esses indivíduos. Logo, indivíduos sem tais variações favoráveis teriam dificuldade de sobrevivência e seriam extintos. Então, as diferentes características já existentes entre os indivíduos seriam naturalmente selecionadas, aprimorando a espécie. Atualmente essa lei é considerada incompleta, pois não explica a causa das variações, sendo mais bem aceito o neodarwinismo.

Seleno – *Etimo*. Termo de origem grega que significa lua.

Selenodontes – *Zoo*. Tipo de dente molariforme que apresenta cúspides em formato de meia-lua, muito comum em herbívoros como o cavalo.

Semélparo – *Zoo*. Ser que se reproduz apenas uma vez durante sua vida e depois morre. Exemplo: salmão.

Seminífero – *Bio*. Estrutura que apresenta ou transporta o sêmen.

Semiplumas – *Zoo*. Tipo de pena das aves cuja estrutura é intermediária entre a das penas de contorno e a das plúmulas. Sua raque é longa, porém seus vexilos são plumáceos, sendo a raque maior do que a barba mais comprida. Apresenta função de isolamento térmico nas aves.

Sensila – *Zoo*. Estruturas em formato de pelo, localizadas principalmente nas antenas e probóscide dos insetos. Servem como quimiorreceptores, termorreceptores e higrorreceptores. Auxiliam o inseto na aproximação de seus hospedeiros, parceiros, percepção do ambiente, dentre outros.

Septos branquiais – *Zoo*. Estrutura de tecido de sustentação que pode ou não estar presente nas barras branquiais. Nos elasmobrânquios os septos branquiais são bem desenvolvidos e separam as fendas branquiais.

Serelepe – *Zoo*. Nome popular dos pequenos roedores da família Sciuridae, mais conhecidos como caxinguelê, esquilo, caticoco, acutipuru, quatipuru e caxinxe. Veja Caxinguelê.

Serpente – *Zoo*. O mesmo que cobra. Alguns autores denominam serpentes somente as cobras venenosas, contudo, a preferência deve ser dada a nomenclatura serpente. Veja Ophidia.

Serpente-do-mar – *Zoo*. Nome popularmente atribuído a ofiúros de braços longos e que apresentam movimentos serpentiformes durante a sua locomoção. Veja Ophiuroidea.

Serpentiforme – *Bio*. Em forma de serpente.

Serra-pau – *Zoo*. Nome popular de coleópteros (besouros), da família Cerambicidae. O nome advém já que as fêmeas deste inseto "serram" galhos para fazer a postura de ovos nos mesmos, uma vez que as larvas que eclodirão fazem xilofagia de madeira recém-abatida. A postura dos ovos também pode ser efetuada em frestas e anfractuosidades de certas árvores. A fase larval pode durar anos, enquanto os adultos apresentam vida curta. Os adultos exibem coloração branca com manchas escuras, possuem antenas longas e medem cerca de 2,5 cm de comprimento. São considerados pragas em algumas regiões, prejudicando, por exemplo, a cultura da erva-mate e da Acácia-negra.

Serreado – *Bio*. Guarnecido de serras.

Séssil – *Bio*. Ser que não se locomove e pode viver ou não preso ao substrato. Também se aplica ao órgão, ou estrutura, que não apresenta haste de suporte, inserindo-se, portanto, diretamente em outra estrutura.

Shannon, armadilha de – *Zoo*. Armadilha empregada para capturar vários insetos, mormente dípteros (mosquitos e flebotomíneos). Quando montada, assume aspecto de tenda, sendo que no interior geralmente se utiliza fonte luminosa para atrair os insetos. Para coleta deve-se ficar dentro da armadilha e usar capturadores adequados.

Siba – *Zoo*. O mesmo que pena. Veja Pena.

Siconoide – *Zoo.* Tipo de arquitetura corporal das esponjas. É a forma intermediária (entre asconoide e leuconoide) com algumas ramificações internas do corpo, o que permite uma maior área para filtrar os alimentos trazidos pela água.

Sifão respiratório – *Zoo.* Tubo quitinoso, usado para respiração nos culicíneos. O tubo contém válvulas que impedem a penetração da água, mas permite a passagem do ar, apresentando em sua extremidade, os estigmas.

Siluriano – *Paleo.* Período geológico compreendido pela era Paleozoica. Data de 430 milhões de anos. A terra começou a ser erguida nesse período, mas os mares rasos ainda eram muitos. Os artrópodes atingiram grande distribuição no meio aquático e começaram a surgir os primeiros invertebrados terrestres. Surgiram também os primeiros peixes gnatostomados.

Siluriformes – *Zoo.* Ordem de peixes teleósteos que inclui os bagres, mandis, também conhecidos pelo nome genérico de peixes-gato, devido à presença de barbilhões no focinho desses animais. Tais peixes não possuem escamas e há espécies de água doce e marinhas, distribuídas por todos os continentes, exceto a Antártida. Alguns bagres possuem forte espinho em suas nadadeiras peitorais, popularmente chamado de esporão. Essa estrutura pode conter veneno que ocasiona muita dor ao acidentado.

Silva – *Etimo.* Termo de origem latina que significa selva, floresta.

Silvícola – *Eco.* Que vive na floresta ou na selva.

Simbiose – *Eco.* O mesmo que mutualismo. Veja Mutualismo.

Simbovinos – *Zoo.* Diz-se dos animais que vivem associados a bovinos, ou têm tropismo pelos mesmos.

Simetria pentarradial – *Zoo.* Tipo de simetria corporal (pentâmera) presente em certos equinodermos. Seus corpos podem ser partidos em cinco partes iguais. Exemplo: estrela-do-mar.

Símios – *Zoo.* Nomenclatura utilizada para designar os macacos.

Simpatria – *Eco.* Situação em que duas populações, de espécies diferentes ou iguais, habitam a mesma área.

Simplesiomorfia – *Bio.* Característica plesiomórfica compartilhada por mais de um táxon. Plesiomorfia.

Simulídeo – *Zoo.* Pequenos dípteros nematóceros. Assim como ocorre em outros dípteros, o dimorfismo sexual é notado pelo aspecto dos olhos, sendo juntos nos machos (holópticos) e separados nas fêmeas (dicópticas). As fêmeas são hematófagas e picam bovinos e o homem, causando intenso prurido. Os ovos desses insetos se desenvolvem presos em pedras e vegetação de rios e riachos com água corrente. Os adultos podem picar a qualquer hora do dia. Podem transmitir doenças, como a oncocercose. São popularmente conhecidos como borrachudos.

Simulium – *Zoo.* Gênero de insetos simulídeos. Veja Simulídeo.

Sin, Sym – *Etimo.* Termo de origem grega que significa unido, junto.

Sinal de Romaña – *Zoo.* Representa a primeira manifestação da doença de Chagas quando a via de entrada do tripanossomo for a mucosa ocular. Constitui um edema bipalpebral, unilateral, com lacrimejamento, havendo dificuldade de o paciente abrir o olho correspondente. Romanã é o nome do médico argentino que foi o primeiro a descrever o sintoma, o qual passou a se chamar de Sinal de Romanã.

Sinantropia – *Eco.* Termo que designa a capacidade de adaptação de certos animais silvestres (mamíferos, aves, insetos) ao meio urbano, passando até a frequentar habitações humanas, isto é, são capazes de circular entre os ambientes silvestres, rural e urbano, muitas vezes, veiculando patógenos. O termo sinantropia tem origem grega e significa "junto com o humano".

Sinapomorfia – *Bio.* Característica apomórfica compartilhada por mais de um táxon. Veja Apomorfia.

Sinapsida – *Zoo.* Nomenclatura que designa os vertebrados que apresentam apenas um par de aberturas temporais no crânio. Exemplo: mamíferos.

Sinensis – *Etimo.* Termo de origem latina que significa China. Proveniente da China.

Singamia – *Bio.* Processo em que duas células se unem sexualmente, por exemplo, o espermatozoide e o ovócito que se unem durante a fertilização.

Sinonímia – *Bio.* Diferente nomenclatura que é adotada para uma mesma espécie.

Sinornitossauro – *Paleo.* Dinossauro terápode que habitou o território onde hoje é a China, durante o período Cretáceo. Eram animais carnívoros, bípedes, de cerca de 90 centímetros, com penas recobrindo o corpo e asas rudimentares que não permitiam que o animal levantasse voo, apenas realizar pequenos planeios.

Sinsacro – *Zoo.* Osso das aves e dinossauros formado pela fusão de vértebras lombares e caudais. A presença do sínsacro dá mais rigidez e firmeza à região pélvica desses animais, sendo importante para o voo.

Sintópicas, espécies – *Eco.* Duas ou mais espécies que vivem no mesmo habitat.

Siphon, sifon – *Etimo.* Termo de origem grega que significa "tubo".

Siphonaptera – *Zoo.* Ordem de insetos conhecidos popularmente como pulgas. São ápteros, com o corpo comprimido lateralmente, peças bucais do tipo picador-sugador e apresentam o terceiro par de pernas adaptado para o salto. São insetos ovíparos e holometabólicos. As larvas são alongadas e se alimentam de excrementos liberados pelas pulgas adultas. Algumas pulgas fixam-se ao hospedeiro somente durante o repasto sanguíneo. Existem espécies que se fixam ao seu hospedeiro após a cópula e parasitam o mesmo por toda a vida (*Tunga penetrans*). As pulgas não são tão específicas aos seus hospedeiros quanto os piolhos, devido a isso, os sifonápteros podem transmitir graves doenças, como ocorreu no passado com a peste bubônica (transmitida pela pulga dos ratos). Além da transmissão de doenças, tais insetos são importunos devido à ação de sua picada, que pode ser dolorosa em pessoas alérgicas. Veja também: *Pulex irritans*, *Ctenocephalides*, *Xenopsylla cheopis* e *Tunga penetrans*. Ordem com aproximadamente 2.500 espécies conhecidas.

Sipuncula – *Zoo.* Filo que compreende animais vermiformes, bilatérios, corpo dividido em parte anterior, com um introverte retrátil, e parte posterior, com tronco. Este introverte pode ter 10 vezes o tamanho do tronco do animal, embora possa ser menor ou do mesmo tamanho. A maioria das espécies mede entre 15 e 30 mm, contudo, já foram descritos exemplares com mais de 350 mm de comprimento. O formato do corpo é cilíndrico. Habitam o substrato marinho. O desenvolvimento é indireto, com presença de larva trocófora. Existem cerca de 150 espécies descritas, mas são desconhecidos do público em geral. A nomenclatura do filo provém do latim (*sipunculus*) e significa pequeno sifão, ou, pequeno tubo.

Sirenia – *Zoo.* Ordem de mamíferos aquáticos que compreende o peixe-boi ou manatí, que vive na Floresta Amazônica. Apresentam os membros anteriores adaptados para natação e cauda em forma de remo. Possuem corpo volumoso, recoberto por uma pele grossa, cinza-escura e com poucos pelos. Exibem movimentos lentos e são animais inofensivos e pacíficos. São herbívoros. Existem apenas quatro espécies descritas nessa ordem. A denominação do grupo vem do latim *Sireniu*, que significa sereia.

Sirênio – *Zoo.* Nomenclatura atribuída aos animais membros da ordem Sirenia, tal como o peixe-boi. Veja Sirenia.

Siri-azul – *Zoo*. Crustáceo da classe Malacostraca, ordem Decapoda, família Portunidae e gênero *Callinectes*. Encontrado na região costeira do Oceano Atlântico. São onívoros e alimentam-se principalmente de pequenos peixes, moluscos, anelídeos, cadáveres, entre outros. Seus predadores naturais são tubarões, enguias, etc. O último par de patas é modificado, funcionando como remos. Durante a fecundação a fêmea produz de 700.000 a 2.000.000 de ovos, entretanto raros se tornarão siris adultos. As fêmeas carregam os ovos no abdômen e realizam duas posturas durante a vida. O abdômen é triangular nos machos e arredondado nas fêmeas. Costumam ser apreciados na culinária do litoral brasileiro.

Siriema – *Zoo*. Nome popularmente atribuído à ave da espécie *Cariama cristata*, família Cariamidae, ordem Gruiformes. Ave característica de campos e cerrados abertos da América do Sul. Apresenta cerca de 90 cm de comprimento e pesa 1,5 kg. Alimenta-se de artrópodes, insetos e pequenos vertebrados. Voa pouco, mas tem capacidade de correr em alta velocidade, chegando a atingir mais de 50 km por hora.

Siringe – *Zoo*. Estrutura que permite com que as aves consigam emitir sons. A siringe faz parte do aparelho respiratório das aves, e fica localizada na extremidade inferior da traqueia, na bifurcação com os brônquios. A ave pode respirar enquanto canta.

Siringo, siringe – *Etimo*. Termo de origem grega que significa tubo.

Sistema abissal – *Eco*. Região que abrange os mares a partir dos 200 m de profundidade até regiões com mais de 10 mil metros. Essa região é rica em fauna, mas a flora fica prejudicada devido à baixa quantidade de luz, o que impede a realização de fotossíntese.

Sistema acústico-lateral – *Zoo*. Sistema anatômico de função sensorial que engloba o sistema da linha lateral (em peixes) e a orelha interna.

Sistema ambulacral – *Zoo*. O mesmo que aparelho ambulacral. Veja Ambulacral, aparelho.

Sistema aquífero – *Zoo*. O mesmo que aparelho ambulacral. Veja Ambulacral, aparelho.

Sistema hidrovascular – *Zoo*. Presente nos equinodermos, é originado por canais da parede corporal que se conectam ao exterior através de madreporito. Tal sistema funciona como meio de locomoção dos equinodermos.

Sistema litorâneo – *Eco*. Região que abrange praias, até os 200 m de profundidade. Essa faixa é rica em fauna e flora.

Sistema nervoso difuso – *Zoo*. Tipo de sistema nervoso formado por uma rede difusa, que se distribui uniformemente pelo organismo, não existindo um centro de comando análago ao cérebro. Está presente, por exemplo, em cnidários.

Sistema vascular aquífero – *Zoo*. O mesmo que sistema hidrovascular. Veja Sistema hidrovascular.

Sistemática – *Bio*. Ciência que busca descrever a diversidade dos seres vivos e compreender as relações evolutivas e de parentesco entre eles, classificando os táxons. Atualmente, sua corrente mais difundida denomina-se "sistemática filogenética", que busca agrupar os seres em clados, ou grupos monofiléticos, através do reconhecimento de sinapomorfias, caracteres novos compartilhados pelos membros de um mesmo clado.

Sistemática filogenética – *Bio*. O mesmo que cladística. Veja Cladística.

Smilodon populator – *Paleo*. Espécie de tigre-dente-de-sabre que habitou a América do Sul e a América do Norte entre o Plioceno e o Pleistoceno. Eram animais carnívoros, com cerca de 300 kg e 2 m de comprimento. Possuíam caninos de até 20 cm que os auxiliavam a matar suas presas. Tal espécie foi descrita em 1841, por Peter Lund, paleontólogo dinamarquês, em Minas Gerais.

Sociedade – *Eco*. Tipo de relação harmônica intraespecífica, mas diferentemente das colônias, os exemplares de uma sociedade não estão ligados fisicamente uns aos outros e podem se locomover de forma livre. Várias espécies de insetos himenópteros (abelhas, formigas) e isópteros (cupins) são exemplos claros de sociedade com nítida divisão de trabalho, denominada casta.

Socó – *Zoo*. Ave da família Ardeidae, ordem Ciconiiforme que ocorre nas Américas Central e do Sul. Tal nome é atribuído a diversos gêneros, como *Tigrisoma* e *Butorides*. Possuem o corpo alongado de coloração variada. Vivem na beira de rios, mangues, alagados e pântanos onde se alimentam de peixes, anfíbios, caranguejos e moluscos.

Sofrê – *Zoo*. Pássaro também conhecido como corrupião. Veja Corrupião.

Solenócito – *Zoo*. O mesmo que célula-flama. Veja Célula-flama.

Solenófagia – *Zoo*. Hábito de insetos hematófagos que capturam sangue diretamente de um capilar, como ocorre nos triatomíneos, piolhos anopluros e culicídeos. A picada dos insetos solenófagos via de regra é menos dolorosa que a dos insetos telmófagos. Veja Telmofagia.

Solenóglifa – *Zoo*. Serpentes que apresentam os dentes sulcados (presas que injetam o veneno) na região anterior da boca. Exemplo: cascavel, jararaca, urutu. Representam os ofídios que mais comumente provocam acidentes no Brasil.

Solifugae – *Zoo*. Ordem de artrópodes aracnídeos. Podem atingir até 7 cm de comprimento. Escondem-se sobre fendas, cascas de árvores, rochas e apresentam hábitos diurnos, sendo conhecidos como aranhas-do-sol em alguns países. Contudo, determinadas espécies exibem comportamento noturno, o que não faz jus à nomenclatura do grupo, que provém do latim e significa "os que fogem do sol". Apresentam quelíceras avantajadas. São onívoros, mas a maioria das 900 espécies conhecidas se alimenta de cupins.

Solitária – *Zoo*. Nome atribuído aos cestódeos *Taenia solium* e *Taenia saginata*, já que esses parasitos, geralmente, são encontrados sozinhos no intestino delgado do homem.

Soma – *Etimo*. Termo de origem grega que significa corpo.

Somito – *Zoo*. O mesmo que metâmero. Veja Metâmero.

Sonógrafo – *Zoo*. Instrumento empregado para o estudo da vocalização de diversos animais. O resultado é um sonograma, que indica a frequência, duração e amplitude dos sons. Esse método tornou possível a feitura de análises detalhadas deste meio de comunicação existente entre inúmeros seres vivos, como, por exemplo, as aves.

Spelaeogriphacea – *Zoo*. Grupo de crustáceos subterrâneos, com três espécies descritas, sendo uma delas (*Potiicoara brasiliensis*) descrita no Brasil, no Estado do Mato Grosso. Possuem corpo cilíndrico e alongado com até 9 mm de comprimento. Pouco se sabe quanto à anatomofisiologia e ecologia dessas espécies.

Sphenisciformes – *Zoo*. Nomenclatura utilizada por ornitólogos para designar o grupo que engloba os pinguins. Existem 17 espécies conhecidas, todas distribuídas pelo Hemisfério Sul.

Sphenodon – *Zoo*. Gênero de répteis da ordem Rhynchocephalia, representado por apenas duas espécies (*Sphenodon punctatus* e *Sphenodon guntheri*). São popularmente conhecidos como tuataras. Veja Tuatara.

Sphenodon punctatus – *Zoo*. Espécie mais abundante da família de répteis Sphenodontidae, popularmente conhecidos como Tuatara. Essa espécie está presente em 29 ilhas da costa da Nova Zelândia. Acredita-se que tal espécie possa viver até 60 anos e que possua baixas taxas reprodutivas.

Sphenodontidae – *Zoo*. Família de répteis da ordem Lepidosauria, cuja maior parte de seus representantes se encontra extinta. O único membro sobrevivente desta família é um animal popularmente conhecido como tuatara (ordem Rhynchocephalia). Os répteis desta família se estabeleceram com grande sucesso durante o Triássico e o Jurássico, porém sofreram um declínio rápido durante o período Cretáceo. Estão presentes apenas na Nova Zelândia.

Sphyrna – *Zoo.* Gênero da família Sphyrnidae que inclui a maioria das espécies de tubarão-martelo. Veja Tubarão-martelo.

Sphyrnidae – *Zoo.* Família de tubarões que apresentam o focinho com projeções laterais, que lhes confere o nome popular de tubarão-martelo. Existem nove espécies incluídas em dois gêneros que habitam todos os oceanos. Veja também Tubarão-martelo.

Spilopsyllus – *Zoo.* Espécie de pulga que parasita as orelhas de coelhos, sendo o principal vetor da mixomatose. Pode ocasionar grandes problemas na criação desses animais em biotérios, por exemplo.

Squalidae – *Zoo.* Família de tubarões representada no Brasil por três espécies: *Squalus cubensis*, *Isistius brasiliensis* e *Squaliolus laticaudus*. São chamados popularmente de cações e não costumam medir mais que 1 metro. Alimentam-se de outros peixes, invertebrados e algas. Sua carne é muito apreciada pelos humanos.

Squalus – *Zoo.* Gênero de tubarões popularmente conhecidos como cações. No Brasil ocorre apenas uma espécie desse gênero, *Squalus cubensis* (cação-bagre), muito pescado para alimentação, medindo cerca de 50 cm.

Squam – *Etimo.* Termo de origem latina que significa escama.

Squamata – *Zoo.* Representa o maior grupo de répteis, extremamente diverso, formado por lagartos, serpentes e anfisbenas. As espécies pertencentes a esta linhagem encontram-se distribuídas em todos os continentes do planeta e ocupam tanto ambientes subterrâneos como dosséis florestais, desertos e oceanos. Esses seres utilizam sinais visuais, auditivos, químicos e táteis para demarcar seu território e escolher os parceiros sexuais. O órgão copulador dos machos denomina-se hemipênis. São ovíparos ou vivíparos. O cuidado parental é raro. A ausência de apêndices locomotores é uma característica muito encontrada entre alguns representantes deste grupo. Todas as serpentes, quase todas as anfisbenas e alguns lagartos são ápodas. Além disso, muitas espécies possuem apêndices vestigiais. Squamata é grupo irmão de Rhynchocephalia (tuatara e alguns táxons extintos). Estes dois grupos unidos formam um grupo maior denominado Lepidosauria. Os Squamata são subdivididos em dois grupos: Lacertilia (lagartos) e Ophidia (serpentes).

Stegomastodon waringi – *Paleo.* Espécie extinta de mastodontes que habitaram o Brasil há aproximadamente 10 mil anos. Aparentavam-se com os elefantes atuais, porém tinham presas mais longas e a cabeça mais achatada e comprida. Foram descritos por Holland em 1920.

Sternopygidae – *Zoo.* Família de peixes actinopterígios da ordem Gymnotiformes, cujos representantes são popularmente conhecidos como tuvira, sarapó e peixe-faca. São animais de corpo subcilíndrico na região média e anterior do corpo, sendo a porção caudal comprimida lateralmente. A cabeça é cônica, com olhos relativamente grandes e boca terminal contendo dentes viliformes. Não possuem nadadeiras caudal, peitoral e dorsal. A nadadeira anal é longa, todavia, não chega até o final do corpo, que possui um filamento muito fino e delicado. Muitas espécies são translucidas. Vivem em rios da América do Sul.

Stoma, Estoma – *Etimo.* Termo de origem grega que significa boca.

Stomatopoda – *Zoo.* Ordem de crustáceos malacostracos, popularmente conhecidos como tamburutaca. Existem cerca de 400 espécies descritas. Veja Tamburutaca.

Stomoxys calcitrans – *Zoo.* Espécie de inseto díptero, conhecido popularmente como mosca dos estábulos. Ambos os sexos deste inseto são hematófagos e criam-se em esterco de bovinos e equinos. Apresenta importância na entomologia veterinária, pois pode transmitir vários patógenos aos animais, sobretudo equinos. Além disso, sua picada é bastante dolorosa e deixa uma porta de entrada para infecções secundárias.

Strepis – *Etimo.* Termo de origem grega que significa "ângulo".

Strepsiptera – *Zoo.* Ordem de insetos com 1,5 a 4 mm de comprimento. Apresentam extremo dimorfismo sexual, e os machos são alados e possuem vida livre, enquanto as fêmeas são vermiformes e se constituem de endoparasitos de insetos das ordens Orthoptera, Hemiptera, Hymenoptera e Thysanura. O desenvolvimento é holometabólico, sendo que as larvas de primeiro instar são diferentes das demais. Não possuem importância médica ou agrícola. São conhecidas aproximadamente 550 espécies.

Strepsirrhini – *Zoo.* Agrupamento artificial de primatas que inclui os prossímios, exceto os tarsos. Estes últimos são incluídos, junto aos antropoides, no grupo Haplorrhini.

Strigiformes – *Zoo.* Nomenclatura utilizada em ornitologia para designar o grupo das corujas. Essas aves apresentam grande distribuição geográfica, com cerca de 186 espécies descritas em duas famílias.

Strongyloides stercoralis – *Zoo.* Nematódeo que pode parasitar o intestino delgado do homem. Os vermes adultos têm cerca de 2 mm de comprimento. A infecção dá-se pela penetração das larvas (terceiro estádio) do parasito nos pés, mãos ou através da ingestão destas larvas com água ou alimentos contaminados; também pode ocorrer a autoinfecção externa, em que a pessoa deixa ovos na região perianal, e desses, irão eclodir as larvas que penetram ativamente na região anal; e a autoinfecção interna, na qual os indivíduos, por diversos motivos, deixam de defecar e as larvas liberam-se ainda dentro do intestino delgado do homem.

Strongylus – *Zoo.* Gênero de verme que parasita o intestino grosso de equinos e asininos, onde causam lesões na mucosa. Os animais se infectam a partir da ingestão das larvas dos parasitos com o forrageio.

Struthioniformes – *Zoo.* Grupo de aves que inclui os avestruzes. Essas aves são encontradas na África. Nas Américas não existe avestruz, e sim, ema.

Stylos – *Etimo.* Termo de origem grega que significa coluna.

Sub – *Etimo.* Termo de origem latina que significa embaixo, abaixo.

Subfóssil – *Paleo.* Vestígio de organismos com datação mais recente que 10.000 anos.

Suboscine – *Zoo.* Subordem de passeriformes filogeneticamente basais. Possuem apenas entre dois e quatro pares de músculos siringeais laterais, promovendo cantos menos complexos que os oscines. Sua maior diversidade está na América do Sul, onde são representados por várias famílias, tais como: Tyrannidae, Formicariidae, Furnariidae e Dendrocolaptidae. Sinônimo: Tyranni.

Sucessão autotrófica – *Eco.* Tipo de sucessão ecológica na qual os organismos autotróficos começam a povoar locais inorgânicos, como os liquens em uma rocha. Tipo de sucessão de comum ocorrência na natureza.

Sucessão ecológica – *Eco.* Processo através do qual as comunidades são substituídas por outras de forma ordenada e gradual, até atingirem certo equilíbrio.

Sucessão heterotrófica – *Eco.* Tipo de sucessão ecológica, realizada por organismos heterotróficos, em locais orgânicos. Exemplo: larvas de insetos que se desenvolvem a partir de material orgânico em decomposição.

Sucessão primária – *Eco.* Ocorre quando um local nunca tinha sido habitado. Exemplo: Espécies de liquens que povoam uma rocha. Após algum tempo, tais liquens farão com que a rocha apresente um substrato, o que irá permitir a instalação de outras espécies.

Sucessão secundária – *Eco*. Tipo de sucessão ecológica que ocorre em locais anteriormente já povoados. Exemplo: espécies vegetais que povoam um ambiente desmatado por modificações climáticas ou pela ação do homem.

Suchus – *Etimo*. Termo de origem grega que significa crocodilo.

Suco entérico – *Fisio*. Suco rico em enzimas que auxiliam na digestão. Entre as enzimas do suco entérico destacam-se: peptidases, maltases, lactases e sucrases. É produzido pela mucosa intestinal e liberado na sua luz.

Suco pancreático – *Fisio*. Produzido pelo pâncreas, é um líquido incolor, com pH em torno de 9 e rico em enzimas. A produção é de 1,5 litro diário. A produção do suco pancreático conta com a ação dos hormônios secretina e pancreozimina. As principais enzimas pancreáticas são: tripsina (quebra proteínas em aminoácidos), amilopsina (quebra o amido em maltoses), lipases (quebra os lipídios em ácidos graxos e glicerol) e nucleases (quebra os ácidos nucleicos em nucleotídeos).

Suçuarana – *Zoo*. O mesmo que puma. Veja Puma.

Sucuri – *Zoo*. Réptil da ordem Squamata, subordem Ophidia, família Boidae e gênero *Eunectes*. Espécie semiaquática que ocorre na América do Sul, inclusive em alguns Estados do Brasil. Pode atingir até 10 m de comprimento. Não é peçonhenta e suas presas são mortas por constrição, quando a serpente se enrosca sobre a vítima e a aperta com grande força. Pode alimentar-se de outros répteis, anfíbios, mamíferos, etc. Trata-se de um dos maiores ofídios do mundo, juntamente com a jiboia e a píton. Também é popularmente conhecida como anaconda.

Suinocultura – *Zoo*. Nome técnico da criação de porcos (suínos).

Surucuá – *Zoo*. Ave do gênero *Trogon*, família Trogonidae, ordem Trogoniforme, conhecida por sua plumagem exuberante. Medem entre 22 e 31 cm, possuem bico curto, olhos grandes e penas coloridas com padrões que variam de acordo com a espécie. Habitam florestas tropicais. Alimentam-se de artrópodes, frutas e folhas.

Surucucu – *Zoo*. Nome popular atribuído às serpentes do gênero *Lachesis*, que são uma das serpentes mais venenosas do mundo. São encontradas nas Américas Central e do Sul em regiões de floresta. Podem atingir 4 m de comprimento. Seu corpo tem coloração variada de espécie para espécie, mas geralmente exibem tons amarelo-esverdeados e marrons. Veja também *Lachesis*.

Sutura – *Anato*. Tipo de junção imóvel entre ossos, como os ossos do crânio. São classificadas como suturas planas, escamosas e serreadas, de acordo com a borda dos ossos e de como estes se posicionam entre si.

Sylviidae – *Zoo*. Família de pássaros de pequeno porte e hábito insetívoro. No Brasil ocorrem alguns gêneros como *Polioptila*, *Ramphocaenus* e *Microbates*, conhecidos como Balança-rabo, mas a maior diversidade desta família se encontra no Velho Mundo.

Symphyla – *Zoo*. Pequena classe de miriápodos, que engloba seres diminutos (comprimento entre 1 e 8 mm) que vivem no humo de folhas. Existem cerca de 160 espécies descritas. Não são conhecidas do público em geral.

Synapsida – *Zoo*. O mesmo que sinápsida. Veja Sinápsida.

Synbranchiformes – *Zoo*. Ordem de peixes representada pelos mussuns. Tratam-se de animais de água doce encontrados na região Neotropical. Possuem apenas uma abertura branquial, localizada embaixo da cabeça. Apresentam corpo de formato anguiliforme e são desprovidos de nadadeiras, o que faz com que sejam frequentemente confundidos com serpentes.

Syngamus – *Zoo*. Gênero de vermes de importância veterinária, por parasitarem o trato respiratório superior das aves, ocasionando dispneia e morte. Os animais se contaminam ingerindo as larvas do parasito. O tratamento é realizado com anti-helmínticos.

T

Tabanidae – *Zoo.* Família de insetos dípteros, que apresentam importância na medicina veterinária. São conhecidos popularmente como mutucas. Exibem uma picada dolorosa e sua saliva tem ação anticoagulante. Podem transmitir o vírus que causa a anemia infecciosa em equinos, assim como o protozoário que ocasiona o mal-das-cadeiras, também em equinos.

Tabanus – *Zoo.* Gênero de tabanídeos com maior quantidade de espécies, popularmente conhecido como mutucas; possuem distribuição mundial, sendo que somente as fêmeas picam o homem e animais, se alimentando de sangue. Tabanus é nome latino, significando "espécie de mosca que persegue o gado".

Taenia saginata – *Zoo.* Helminto cestódeo, que ocasiona a teniose no homem. Trata-se de um verme com até 8 m de comprimento, hermafrodita, que tem o corpo dividido em escólex (cabeça), colo (pescoço) e estróbilo (corpo). O estróbilo é formado por inúmeras proglotes. O homem se infecta ao ingerir a carne bovina malcozida que contenha cisticerco (forma larval do parasito). O verme adulto parasita o intestino delgado de humanos. Sinônimo: solitária.

Taenia solium – *Zoo.* Helminto cestódeo que ocasiona a teniose no homem. Trata-se de um verme com até 3 m de comprimento, hermafrodita, que apresenta o corpo dividido em escólex (cabeça), colo (pescoço) e estróbilo (corpo). O estróbilo é formado por inúmeras proglotes. O homem se infecta ao ingerir a carne de porco malcozida que contenha os cisticercos, e o verme adulto vive no intestino delgado. Caso o homem ingira os ovos do parasito, através de mãos sujas ou alimentos contaminados, estes darão origem a cisticercos no homem, sendo essa doença conhecida como cisticercose. Sinônimo: solitária.

Tafonomia – *Paleo.* Estudo da formação dos fósseis. Inclui aspectos da morte do organismo e das transformações sofridas até se tornar parte da litosfera.

Tafos – *Etimo.* Termo de origem grega que significa funeral.

Taiga – *Eco.* Tipo de bioma terrestre encontrado no Norte da Europa, na Ásia e na América do Norte, ficando ao Sul da tundra. Nesse bioma o inverno é rigoroso e dura de 6 a 8 meses. Sua fauna é constituída por ervas, arbustos e, principalmente, as gimnospermas coníferas (pinheiros). A fauna é constituída de insetos, aves migratórias, roedores, alces, lobos, ursos pardos, linces, esquilos, raposas, etc. Sinônimo: floresta boreal, floresta de coníferas.

Talassociclo – *Eco.* O mesmo que biociclo marinho. Veja Biociclo marinho.

Tamanduá – *Zoo.* Mamífero que pertence à ordem Xenarthra e é mirmecófago. São animais com patas fortes, unhas grandes para escavar cupinzeiros e formigueiros, pelo denso, cabeça pequena com focinho tubular alongado e língua comprida e pegajosa. As espécies mais conhecidas são o tamanduá-bandeira e o tamanduá-mirim. Veja Xenarthra e Mirmecófago.

Tamanduá-bandeira – *Zoo.* Espécie de tamanduá (*Myrmecophaga tridactyla*) que pode atingir até 210 cm de comprimento, considerando sua cauda. É um animal característico dos cerrados. Seu nome deve-se a sua grande cauda, de pelos longos, que lembra uma flâmula. A língua desses animais pode ser protraída em até 50 cm da boca e sua saliva é adesiva. Alimenta-se de formigas e cupins, podendo comer mais de 35 mil insetos por dia. O olfato desses animais é muito desenvolvido.

Tamanduá-mirim – *Zoo.* Espécie de tamanduá (*Tamandua tetradactyla*) menor que o tamanduá-bandeira. Sua pelagem tem coloração amarela na cabeça, no ventre e nas patas, e preta no dorso. Não enxerga bem, mas possui olfato apurado. São mirmecófagos e capturam seu alimento com o auxílio de sua longa língua.

Tamburutaca – *Zoo.* Nome popularmente atribuído a espécies de crustáceos malacostracos da ordem Stomatopoda, família Squillidae, cuja principal espécie é *Lysiosquilla scabricaud.* Podem atingir mais de 30 cm de comprimento. São carnívoros e vivem no fundo do mar, ocultos na lama ou areia. Apresentam morfologia semelhante à da lagosta, entretanto diferem desta por não apresentarem antenas longas, possuir três segmentos do cefalotórax livres e pernas posteriores preênseis. Existem cerca de 400 espécies descritas. O tamburataca é também conhecido por corrupto ou mãe-do-camarão. Veja Estomatópodes.

Tanaidacea – *Zoo.* Ordem de crustáceos que pertencem à superordem Peracarida. A maioria apresenta entre 2 e 7 mm de comprimento. Vivem enterrados no fundo marinho da zona litorânea. São consumidores de material em suspensão e de detritos orgânicos. Determinadas espécies possuem glândulas de seda, sendo a mesma empregada para construção dos tubos onde vivem. A fertilização é externa e o acasalamento geralmente ocorre no interior do tubo onde vive a fêmea. Existem cerca de 900 espécies descritas.

Tanatos – *Etimo.* Termo de origem grega que significa morte.

Tanatose – *Eco.* Capacidade que alguns animais exibem de fingir-se de mortos para afastar possíveis predadores. Determinadas espécies de mamíferos, anfíbios, répteis, insetos, aranhas, dentre outros, podem assumir este comportamento.

Tangará – *Zoo.* Nome popularmente atribuído à espécie *Chiroxiphia caudata*, pássaro da família Pipridae, de pequeno porte, conhecido por sua "dança" durante a corte. A fêmea é de cor verde enquanto o macho é azulado, com as penas do topo da cabeça vermelhas. Presente da Bahia ao Rio Grande do Sul.

Tantulocarida – *Zoo.* Classe de pequenos crustáceos, ectoparasitos de outros crustáceos de águas profundas.

Tapetum lucidum – *Zoo.* Membrana presente no interior do globo ocular de vários vertebrados, como tubarões e felinos. Esta membrana possui depósitos de placas de guanina que refletem a luz recebida, melhorando a visão desses animais durante a noite. O vocábulo provém do latim e significa "tapete brilhante" em virtude de seu aspecto.

Tapirus terrestris – *Zoo.* Nome científico do mamífero conhecido popularmente por anta ou tapir. Veja Anta.

Taqueo, Taquis – *Etimo.* Termo de origem grega que significa rápido.

Tarântula – *Zoo.* Aranha que pertence à família Theraphosidae e ao gênero *Theraphosa.* Aracnídeo grande, podendo atingir mais de 25 cm de comprimento quando de pernas estendidas. Possui o corpo revestido por pelos. Vive em tocas de bosques e matas de regiões tropicais e temperadas. Seu veneno não traz danos à saúde humana, entretanto sua picada é dolorosa devido ao tamanho avantajado de suas quelíceras. Outra espécie pertencente à família Lycosidae e ao gênero *Lycosa* também é popularmente conhecida como tarântula. É menor que a primeira (possui cerca de 7 cm), apresenta cor acinzentada, sendo comumente encontrada em jardins domiciliares. Exibe hábitos diurnos e o acidente com humanos é mais comum com este gênero de tarântulas, entretanto normalmente não é grave.

Tardigrada – *Zoo.* Filo de pequenos animais que possuem sempre o mesmo número de células. São gorduchos e com pernas, fazendo parte do grupo dos protoartrópodes. Vivem em ambiente terrestre ou aquático e alimentam-se de algas através de sucção. Podem realizar anabiose. São gonocorísticos de desenvolvimento direto. As 1.100 espécies descritas em duas classes (Heterotardigrada e Eutardigrada), não são conhecidas do público em geral. Sua nomenclatura provém do latim e significa passos (*gradus*) lentos (*tardus*). Popularmente são denominados ursos-d'água.

Tarso – *Anato.* Região de junção entre o pé e a perna. *Zoo.* Segmento distal da perna dos insetos, localizado após a tíbia. Trata-se da região que o inseto se apoia para andar. Pode ser constituído de uma ou mais partes (tarsômeros).

Tarsômero – *Zoo.* Diz-se de cada um dos segmentos do tarso, presente nas pernas dos insetos. Veja Tarso.

Tartaro, tartaron – *Etimo.* Termo de origem grega que significa sedimento.

Tartaruga – *Zoo.* Nome que pode ser atribuído a todos os répteis da ordem Chelonia, ou apenas àqueles de água salgada, também denominadas tartarugas-marinhas. Apresentam carapaça achatada e patas modificadas em remo. São ovíparas e retornam à praia onde nasceram para depositar os ovos em buracos na areia. O sexo do filhote é determinado pela temperatura, sendo que em ambientes mais quentes nascerão mais fêmeas. São carnívoras ou onívoras. Estão ameaçadas de extinção. São espécies de tartarugas que ocorrem no litoral brasileiro: tartaruga-cabeçuda (*Caretta caretta*), tartaruga-de-couro (*Dermochelys coriacea*) e tartaruga-oliva (*Lepidochelys olivacea*).

Tartaruga-cabeçuda – *Zoo.* Nome conferido ao quelônio da espécie *Caretta caretta*, devido ao tamanho avantajado de sua cabeça em relação ao resto do corpo. Pode chegar a 120 cm de comprimento, e pesar mais de 150 kg. Alimenta-se de moluscos, crustáceos, esponjas e peixes. Aparece no Brasil para desovar entre os meses de setembro e março, em alguns Estados do Nordeste. A postura costuma ser de aproximadamente 100 ovos. Sinônimos: tartaruga-marinha-comum; tartaruga-amarela; tartaruga-meio-pente; tartaruga-mestiça.

Tartaruga-de-couro – *Zoo.* Nome designado ao quelônio da espécie *Dermochelys coriacea*, devido à aparência de sua carapaça. É um animal marinho que se desenvolve rapidamente, podendo atingir mais de 2 m de comprimento e pesar mais de 800 kg. Seu excesso de pele e gordura permite que viva em águas frias. Realiza suas posturas no inverno, e no Brasil são encontrados exemplares desovando no Sudeste. Alguns animais predadores alimentam-se dos seus ovos e embriões, enquanto os filhotes costumam ser predados por lulas, aves, peixes, dentre outros. Alimentam-se basicamente de cnidários e podem confundir esses seres com lixos, como sacolas plásticas, podendo ter sérios problemas por esse motivo. Também denominada Tartaruga-gigante.

Tartaruga-de-Kemp – *Zoo.* Nome comum da espécie *Lepidochelys kempii*, tartaruga marinha da família Cheloniidae que se encontra no litoral do México e mares tropicais do oceano Atlântico. São as menores tartarugas marinhas, tendo em média 60 cm de carapaça e 40 kg. Nutrem-se de moluscos, peixes e crustáceos e estão classificadas pela IUCN (International Union for Conservation of Nature) como criticamente em perigo.

Tartaruga-de-pente – *Zoo.* Nome designado à espécie *Eretmochelys imbricata*. Pertencem à família Cheloniidae, que agrupa a maioria das tartarugas marinhas. Tais quelônios habitam costas de mares tropicais e subtropicais. Alimentam-se de moluscos, crustáceos, cnidários e poríferos. Seu casco mede cerca de 80 cm e apresentam escamas pontudas que se sobrepõem e tem coloração marrom-amarelada.

Tartaruga-*flatback* – *Zoo.* Nome vulgar da espécie *Natator depressus*, quelônio encontrado na costa da Austrália e de Papua Nova Guiné. Apresentam carapaça de cerca de 80 cm e coloração amarronzada. Alimentam-se em geral de crustáceos, moluscos e cnidários. Sinônimo: tartaruga-marinha-australiana.

Tartaruga-gigante – *Zoo*. Nome vulgar dado à espécie *Dermochelys coriacea*, também conhecida como tartaruga-de-couro. Veja Tartaruga-de-couro.

Tartaruga-oliva – *Zoo*. Nome dado ao quelônio da espécie *Lepidochelys olivacea*. Possuem casco de cerca de 60 cm de comprimento e de coloração verde-escura quando adultos. Pesam entre 30 e 60 kg, alimentam-se de moluscos, crustáceos e peixes. São encontradas nos oceanos Pacífico, Atlântico e Índico, assim como na costa brasileira.

Tartarugas-almiscaradas – *Zoo*. Nome atribuído aos quelônios da família Kinosternidae, encontrada no continente americano. Répteis providos de certa mobilidade em sua carapaça, o que os possibilita subirem em árvores. Veja Kinosternidae.

Tartaruga-verde – *Zoo*. Nome atribuído ao quelônio da espécie *Chelonia mydas*. Pode atingir 1,5 m de comprimento e pesar mais de 300 kg. Exibe comportamento migratório, distribuindo-se pelas águas tropicais e subtropicais. Aparece em vários Estados brasileiros para desovar no verão. É um animal herbívoro. Sinônimos: uruanã.

Tatu-bola – *Zoo*. Mamífero do gênero *Tolypeutes*, família Dasypodidae, ordem Xenarthra. Os tatus-bola medem cerca de 50 cm de comprimento, têm o focinho comprido e o corpo robusto, coberto por uma carapaça córnea de coloração marrom-amarelada. Os tatus-bola conseguem se enrolar totalmente dentro da carapaça (daí seu nome popular) quando se sentem ameaçados. Alimentam-se principalmente de formigas e cupins, mas também comem outros artrópodes, frutos e ovos. Existem duas espécies de tatu-bola, *Tolypeutes matacus* e *Tolypeutes tricinctus*, sendo a última endêmica do Brasil, encontrada principalmente na caatinga dos estados nordestinos. A destruição constante de *habitat* e a caça predatória fazem com que o tatu-bola esteja hoje ameaçado de extinção. Este animal é bastante vulnerável à caça, uma vez que ao contrario dos demais tatus, ele não cava tocas para se esconder.

Tatu-canastra – *Zoo*. Mamífero da espécie *Priodontes giganteus*, família Dasypodidae, ordem Xenarthra. Trata-se da maior espécie atual de tatu, com 1,5 m de comprimento (incluído o comprimento da cauda) e pesando até 60 kg. Tem o corpo robusto, coberto por uma carapaça marrom-amarelada constituída de placas córneas. Possui focinho fino, unhas grandes e afiadas, orelhas pequenas e membros fortes. Tem o olfato desenvolvido, ao contrário da audição e visão. É encontrado na América do Sul, sendo um animal típico dos cerrados brasileiros e que está ameaçado de extinção. Tem hábito crepuscular e cava buracos no solo, e é mirmecófago, alimentando-se principalmente de formigas e cupins. A gestação do tatu-canastra dura 4 meses e nascem apenas um ou dois filhotes.

Tatu-galinha – *Zoo*. Nome conferido ao mamífero da espécie *Dasypus novemcinctus*. Animal de hábitos noturnos, que constrói buracos com até 3 m de profundidade. Alimenta-se de insetos e pequenos mamíferos. Apresenta carapaça protetora e quando ameaçado enrola-se para se proteger. É bastante veloz. Possui cerca de 55 cm de comprimento, se forem considerados sua cabeça e corpo.

Tatuí – *Zoo*. O mesmo que tatuíra. Veja Tatuíra.

Tatuíra – *Zoo*. Crustáceo da ordem Decapoda da espécie *Emerita brasiliensis,* corriqueiro em solos arenosos banhados por ondas do mar. Vive enterrado na areia, deixando suas antenas e antênulas expostas, formando um sifão inalante por onde respiram e se alimentam. Possui coloração esbranquiçada e aproximadamente 3 cm de comprimento. Seu nome popular decorre de uma suposta semelhança com os tatus. Sinônimo: Tatuí.

Tatu-peba – *Zoo*. Nome popular da espécie *Euphractus sexcinctus*, família Dasypodidae, ordem Xenarthra. São animais diurnos e que se alimentam de formigas e outros insetos, vegetais e pequenos vertebrados. Pesam cerca de 5 kg, possuem patas robustas com garras adaptadas à escavação e corpo, assim como a cabeça, recoberto por uma carapaça córnea protetora amarelo-amarronzada. É também conhecido como tatu-peludo por apresentar alguns pelos brancos entre as faixas de sua carapaça. São encontrados no Brasil, Argentina, Uruguai, Paraguai e Bolívia.

Taturana – *Zoo.* Nome popularmente atribuído às lagartas de alguns gêneros de lepidópteros que ocasionam acidentes comuns no Brasil, através do contato da pele com essas larvas, que apresentam pelos urticantes cobrindo o corpo. O principal exemplar pertence à família Saturniidae e ao gênero *Lonomia*. Sua maior ocorrência se dá no Sul do Brasil. A toxina desta larva induz a síndrome hemorrágica, caracterizada por manifestações sistêmicas de envenenamento, como náuseas, vômitos e mais tardiamente produz sangramentos diversos. Insuficiência renal aguda é passível de ocorrer. Se não tratado, o acidente pode resultar em óbito.

Taxa de duplicação – *Eco.* Corresponde ao tempo necessário para que uma população duplique seu tamanho.

Taxa de mortalidade – *Eco.* Taxa que informa o número de indivíduos por morte na população.

Taxa de natalidade – *Eco.* Taxa que informa o número de novos indivíduos de uma população, através de processos reprodutivos.

Táxon – *Bio.* Classificação científica de determinado organismo. Nome científico de cada categoria a que pertence um indivíduo. Exemplo de táxons: Chordata, Actinopterygii, Characiformes, Characidae, *Astyanax*, *Astyanax bimaculatus*.

Taxonomia – *Bio.* Trata-se da descrição e identificação dos seres vivos de acordo com a sua biossistemática. Existem várias hierarquias, conhecidas por categorias taxonômicas. São descritas sete categorias principais: Reino, Filo, Classe, Ordem, Família, Gênero e Espécie. Dentre estas categorias podem existir subdivisões, como: subfilo, subclasse, subordem e assim sucessivamente. Dica: para recordar das sete categorias taxonômicas principais lembrar da primeira letra de cada palavra da frase: "Raios Fortes Caíram Ontem Fazendo Grandes Estragos" (Reino-Filo-Classe-Ordem-Família-Gênero-Espécie).

Tecodonte – *Zoo.* Aquele que apresenta dentes com raízes inseridas em alvéolos.

Tecodonte – *Zoo.* Tipo de dente com raiz que é implantado nas maxilas através dos alvéolos. Presente em vários vertebrados, como por exemplo, os crocodilos.

Teia alimentar – *Eco.* Conjunto das cadeias alimentares que interagem em um ecossistema.

Teiidae – *Zoo.* Família de lagartos da linhagem dos Scleroglossa representados pelos teiús ou tiús. São animais terrestres, de pequeno a grande porte, podendo atingir 1 metro de comprimento. São descritas 105 espécies distribuídas por quase todo o continente americano. Veja Teiú.

Teiú – *Zoo.* Lagarto da família Teiidae pertencente ao gênero *Tupinambis*. É considerado o maior lagarto do Brasil, atingindo 1 metro de comprimento. Quando molestados são agressivos, desferindo golpes com a cauda. Alimentam-se de ovos de pássaros, invertebrados e pequenos vertebrados. Ocorrem da Amazônia até a Argentina.

Tele – *Etimo.* Termo de origem grega que significa de longe.

Telencéfalo – *Anato.* Uma das duas vesículas (telencéfalo e diencéfalo) que subdividem o prosencéfalo, porção rostral do cérebro embrionário. Dá origem aos hemisférios cerebrais. Localiza-se em uma posição mais rostral em relação ao diencéfalo.

Teleógina – *Zoo.* Fêmeas dos carrapatos, que ao atingir o seu completo desenvolvimento, após entrar em cópula e se alimentar abundantemente de sangue, abandonam o hospedeiro. As teleóginas podem sugar até 3 ml de sangue de seu hospedeiro.

Teleósteo – *Zoo*. São os peixes ósseos. O mesmo que Osteichthyes. Veja Osteichthyes.

Teleostomi – *Zoo*. Grupo monofilético que inclui os peixes acantódios, actinopterígeos e sarcopterígeos. Tem como uma de suas principais características a presença de raios branquiostégios, estrutura que auxilia na expansão da cavidade orobranquial para a passagem de água para respiração.

Telitoquia – *Bio*. Tipo de reprodução em que não ocorre a participação do gameta masculino.

Telmofagia – *Zoo*. Hábito de insetos hematófagos que capturam sangue a partir da formação de uma pequena poça que os mesmos ocasionam na pele de seus hospedeiros, ao dilacerar sua pele. Exemplos: flebotomíneos, tabanídeos, ceratopogonídeos e simulídeos. A picada dos insetos telmófagos usualmente é mais dolorosa que a dos insetos que sugam sangue diretamente de um capilar (solenófago). Veja Solenófago.

Telolécito – *Embrio*. Tipo de óvulo rico em vitelo, com o núcleo da célula encontrando-se no polo animal. Está presente em répteis, aves, peixes e alguns moluscos. Sinônimo: megalécito.

Telolécito incompleto – *Embrio*. Tipo de óvulo também denominado heterolécito. Veja Heterolécito.

Telos – *Etimo*. Termo de origem grega que significa perfeito.

Télson – *Zoo*. Dilatação na parte posterior do abdômen dos escorpiões, onde se encontra o aguilhão.

Tenar – *Etimo*. Termo de origem grega que significa palma.

Tenesmo – *Bio*. Espasmo doloroso do esfíncter anal, com desejo urgente de defecar ou urinar, porém, com eliminação de quantidade mínima de fezes ou urina.

Tenia – *Etimo*. Termo de origem grega que significa filamento.

Tênia – *Zoo*. Veja *Taenia solium* e *Taenia saginata*.

Tenos – *Etimo*. Termo de origem grega que significa tendão ou faz referência ao mesmo.

Teoria sintética da evolução – *Evo*. Teoria cuja ideia principal é a de que todos os seres vivos estão em contínua transformação. A partir dessa teoria, a evolução começou a ser explicada, sobretudo nas ideias propostas por Charles Darwin. Sinônimo: neodarwinismo.

Terciário – *Paleo*. Período geológico compreendido pela Era Cenozoica. Data de 65 até 5 milhões de anos. Compreende cinco Épocas: Paleoceno, Eoceno, Oligoceno, Mioceno e Plioceno. Nesse Período houve a grande diversificação das angiospermas e o surgimento de mamíferos modernos, como os carnívoros, roedores, ungulados, os primeiros primatas, dentre outros. Antecede o Quaternário. Um dos eventos mais importantes do Terciário foi o surgimento do istmo do Panamá, que une as duas Américas. Esse acontecimento promoveu o intercâmbio faunístico entre os dois continentes, que resultou em extinções como a de mamíferos marsupiais da América do Sul.

Tergo – *Zoo*. Parte dorsal do exoesqueleto dos insetos.

Terminália – *Zoo*. Região posterior do abdômen de alguns artrópodes, como várias espécies de insetos. Usualmente os segmentos terminais do abdômen estão modificados e originam o aparelho reprodutor.

Termiteiro – *Zoo*. Elevação de terra, geralmente cônica, que serve de abrigo aos cupins. Sinônimo: cupinzeiro.

Termitícolo – *Bio*. Que vive próximo ou no interior de termiteiros (cupinzeiros).

Termitófago – *Bio*. Que se alimenta de cupins.

Termofílicos – *Eco*. Organismos que vivem em locais de altas temperaturas (150°C). Exemplo: algumas bactérias.

Termorreceptor – *Fisio*. Estrutura sensorial capaz de perceber as mudanças de temperatura do ambiente.

Terrícola – *Zoo*. Que vive na terra, como a maioria dos mamíferos. Tatus, cavalos, anta, cachorros e homem são exemplos de animais terrícolas.

Tesourão – *Zoo*. Nome popular das aves da família Fregatidae, também conhecidas como fragatas. Veja Fragata.

Testáceo – *Bio*. Estrutura ou organismo protegido por uma carapaça.

Testudinata – *Zoo*. Termo utilizado para designar os répteis quelônios, conhecidos popularmente como tartarugas, cágados e jabutis. Sinônimo: Chelonia. Veja Chelonia.

Testudinidae – *Zoo*. Família de tartarugas terrestres que inclui 40 espécies descritas, amplamente distribuídas por regiões temperadas e tropicais. É representada, por exemplo, pela enorme Tartaruga-de-Galápagos (*Geochelone nigra*).

Testudo – *Etimo*. Termo de origem latina que significa provido de carapaça.

Tetra – *Etimo*. Termo de origem grega que significa quatro.

Tetrácero – *Zoo*. Que apresenta dois pares de antenas. Exemplo: Crustáceos.

Tetraodontiformes – *Zoo*. Ordem que inclui os baiacus (Tetraodontidae), porquinhos ou peroá (Balistidae) e os peixes-cofre (Ostraciidae). A maioria das espécies é marinha e vive junto a recifes de corais.

Tetrápoda – *Zoo*. Grupo de animais que se movimentam através de quatro patas. Exemplos: sapo, salamandra, jacaré, cachorro, gato, cavalo.

Tetrápteros – *Zoo*. Animais que guarnecidos por dois pares de asas. Exemplo: inúmeros insetos.

Thaliacea – *Zoo*. Classe do subfilo Urochordata, formada por animais conhecidos como tunicados. São protocordados de água doce e podem viver sozinhos ou em colônias. Existem cerca de 70 espécies descritas, e não são conhecidas do público em geral.

Thecadactylus rapicauda – *Zoo*. Espécie de lagartos da família Gekkonidae, popularmente conhecida como Osga. Veja Osga.

Theri – *Etimo*. Termo de origem grega que significa animal selvagem.

Theria – *Zoo*. Subclasse de mamíferos que inclui as infraclasses Metatheria (marsupiais, como o gambá) e Eutheria (placentários, tais como cães, coelhos e baleias). Diferenciam-se da subclasse Prototheria (monotremados, como o ornitorrinco e a équidna) por serem vivíparos e terem um sistema de dentição mais organizado.

Thraupidae – *Zoo*. Família de pássaros representada pelos sanhaços (*Thraupis*), saíras (*Hemithraupis*, *Tangara*) e gaturamos (*Euphonia*).

Thylacosmilus atrox – *Paleo*. Espécie de marsupial que habitou a Argentina há aproximadamente 3 milhões de anos, no Plioceno, sofrendo extinção no início do Pleistoceno. É popularmente chamado de tigre-dente-de-sabre-marsupial, devido à convergência evolutiva que lhe conferiu grande semelhança com os felinos do gênero *Smilodon*. Ambos os animais apresentavam caninos superiores longos, atingindo até 20 cm, porém o *Thylacosmilus* não possuía incisivos e seus caninos tinham crescimento contínuo. Mediam cerca de 1,5 m de comprimento e eram carnívoros.

Thysanoptera – *Zoo*. Ordem de pequenos insetos, com no máximo 1,5 cm de comprimento. São conhecidos como tripes. Apresentam as asas franjadas, característica que confere o nome ao grupo, sendo proveniente do grego (*thysanos*: franja + *pteros*: asas). Podem ser fitófagos, predadores, micófagos e até ectoparasitos de outros insetos. Em algumas regiões do Brasil são conhecidos como Lacerdinhas.

Thysanos – *Etimo.* Termo de origem grega que significa “franja”.

Thysanura – *Zoo.* Ordem de pequenos insetos conhecidos como traça ou traça-de-livro. São animais ápteros, de reprodução sexuada, que podem ser encontrados em ambientes úmidos de cascas de árvores, ocos de pedras, cavernas e também nas vivendas humanas. Nas casas, alimenta-se de restos de comida presentes em roupas e livros, trazendo prejuízos. Existem espécies que se alimentam de fungos, algumas poucas estão associadas a ninhos de cupins e formigas. Existem cerca de 500 espécies conhecidas de tisanuros. Sinônimo: Zygentoma.

Tíbia – *Anato.* Um dos dois ossos da perna, juntamente com a fíbula, sendo o mais resistente deles. Vai do tornozelo até o joelho. *Zoo.* Segmento da perna dos insetos e aracnídeos, localizado entre o fêmur e o tarso.

Tico-tico – *Zoo.* Pequeno pássaro da espécie *Zonotrichia capensis*, muito comum no Brasil. São também conhecidos por permitirem a aproximação do homem a pequenas distâncias de si. Alimentam-se de frutos, sementes e pequenos invertebrados. Medem cerca de 12 cm. Pertencem à família Emberizidae.

Tiflo – *Etimo.* Termo de origem grega que significa ceco.

Tiflossole – *Zoo.* Dobra de pele espiralada presente no interior do intestino de alguns animais, tais como os tubarões, cuja função é aumentar a superfície de absorção na região. Sinônimo: válvula espiral.

Tigmotaxia – *Zoo.* Tendência de alguns organismos a se manterem em contato com objetos ou uma superfície. Ocorre, por exemplo, em algumas espécies de triatomíneos, os quais habitualmente se escondem rente a frestas nas paredes das casas.

Tigre – *Zoo.* Nome popularmente atribuído ao mamífero carnívoro, felino, da espécie *Panthera tigris*. Pertence à família Felidae. Pode chegar a 2 m de comprimento e pesar mais de 300 kg. É encontrado em florestas e desertos gelados da Sibéria ao Sudoeste asiático. Possui um dos maiores caninos entre os carnívoros. Em geral apresenta coloração amarelada com listras incompletas transversais negras e ventre branco. Vive por aproximadamente 20 anos. Existem diversas subespécies, como *Panthera tigris altaica* (tigre-siberiano), *Panthera tigris tigris* (tigre-de-bengala) e *Panthera tigris sumatrae* (tigre-de-sumatra).

Tigre-dente-de-sabre – *Paleo.* Nome popular dos carnívoros do gênero *Smilodon* que habitaram o Novo Mundo entre o Plioceno e o Pleistoceno. Eram predadores do topo da cadeia alimentar, alcançando mais de 2 m de comprimento e 300 kg. Seus caninos atingiam 20 cm e eram usados para romper estruturas, como traqueia e vasos sanguíneos, auxiliando a matar presas. Houve várias espécies de tigre-dente-de-sabre, sendo o *S. populator* e o *S. fatalis* os mais conhecidos. O nome também é atribuído a alguns carnívoros marsupiais dos gêneros *Thylacosmilus* e *Achlysictis*, que eram parecidos com o *Smilodon.*

Tilos – *Etimo.* Termo de origem grega que significa “protuberância, calo”.

Tinamiformes – *Zoo.* Grupo de aves que inclui as codornas, os inhambus e macucos. Existem cerca de 47 espécies descritas nessa ordem, e estão distribuídas pela região Neotropical.

Tio, Theion – *Etimo.* Termo de origem grega que significa enxofre.

Tipo – *Etimo.* Termo de origem grega que significa modelo.

Tityus bahiensis – *Zoo.* Denominação científica do escorpião-marrom ou escorpião-preto. Ocorre desde a Bahia até Santa Catarina e no Mato Grosso do Sul. Trata-se de uma das espécies que mais comumente ocasiona acidentes no Brasil. Veja Escorpião, acidente por.

***Tityus* serrulatus** – *Zoo.* Nome científico conferido ao escorpião-amarelo. Apresenta serrilha nos bordos dorsais dos segmentos anteriores do ferrão. É registrado nos Estados de Minas

Gerais, Bahia, Espírito Santo, Rio de Janeiro, São Paulo, dentre outros. Trata-se de uma das espécies que mais comumente ocasiona acidentes no Brasil, sendo considerado mais perigoso que o escorpião marrom (*Tityus bahiensis*) em virtude de seu veneno. Sua picada pode culminar em morte, particularmente, das crianças. Veja Escorpião, acidente por.

Tityus stigmurus – *Zoo.* Espécie de escorpião comum em alguns estados brasileiros, sobretudo no Nordeste (Pernambuco). Não raro, ocasiona acidentes envolvendo humanos por invadir com frequência regiões domiciliares.

Tiú – *Zoo.* Lagarto da família dos Teiidae. O mesmo que Teiú. Veja Teiú.

Tocandira – *Zoo.* Formiga que vive na região Amazônica e apresenta o hábito de morder. Suas picadas costumam ser dolorosas, chegando a tirar sangue do local atingido.

Toco – *Etimo.* Termo de origem grega que significa parto ou indica relação com o mesmo.

Toninha – *Zoo.* Mamífero cetáceo da família Phocoenidae. Possui entre 1,6 e 2,1 metros de comprimento. Possuem focinho longo e os dentes são espatulados, em vez de cônicos. Habitam todos os oceanos e mares do Hemisfério Norte, bem como as águas costeiras da América do Sul e rios do sudeste asiático.

Tonsilas palatinas – *Anato.* O mesmo que amígdalas. Veja Amígdala.

Tonus – *Etimo.* Termo de origem grega que significa força, tensão.

Torácica – *Anato.* Referente à região do tórax.

Toupeira – *Zoo.* Nome conferido ao mamífero da espécie *Talpa europaea*, família Talpidae. Possui aproximadamente 20 cm de comprimento. Apresenta as patas dianteiras mais fortes que as traseiras e adaptadas para a abertura de túneis, onde vive. Cava galerias subterrâneas que podem ter dimensões de 30 m. Sua visão é pouco desenvolvida, guiando-se mais pelo olfato. Alimenta-se de minhocas, larvas de insetos e pequenos vertebrados. É encontrada na Europa, Ásia e em alguns países americanos.

Touro – *Zoo.* Nome popularmente atribuído ao macho artiodáctilo da espécie *Bos taurus*. É originário da Europa e da África, começou a ser domesticado há aproximadamente 5.000 anos e atualmente é criado praticamente no mundo todo, sendo diversificado em diversas raças, como Nelore, Semental, Zebu, Caracu e Guzerá. As fêmeas são denominadas vacas. É domesticado pelo homem para fornecer principalmente carne, leite (vacas) e couro, embora também se aproveitem chifre, vísceras, cascos e pelos.

Tox, Toxi – *Etimo.* Termo de origem grega que significa veneno.

Toxascaris – *Zoo.* Gênero de vermes de importância veterinária, que parasitam o intestino delgado de cães e gatos. O tratamento é realizado com anti-helmínticos.

Toxocara canis – *Zoo.* Helminto parasito do intestino delgado de cães e gatos. Elimina milhares de ovos por dia juntamente às fezes destes animais. No solo os ovos sofrem desenvolvimento embrionário, e após 25 dias a larva atinge o estádio L_3 dentro do ovo. A infecção dos animais e do homem ocorre através da ingestão destes ovos embrionados. Nos animais (hospedeiros definitivos) os ovos ingeridos eclodem no intestino delgado, liberando as larvas, que farão uma migração hepatotraqueal, e após deglutidas, originarão o verme adulto no intestino. Os parasitos podem permanecer em latência em cães, e durante a gestação migrarem para o fígado dos fetos, infectando cãezinhos ainda no útero das mães. No homem, a ingestão dos ovos embrionários resultará em larva *migrans* visceral, popularmente intitulada de bicho geográfico.

Toxodon platensis – *Paleo.* Espécie extinta no Pleistoceno, denominada popularmente por Toxodonte. Eram grandes animais, com mais de 2 m de comprimento, pastadores e provavelmente viviam próximos a cursos de água. Habitavam a América do Sul.

Toxodonte – *Paleo.* Animal da espécie *Toxodon platensis*, que habitava a América do Sul e foi extinto durante o Pleistoceno. Eram pastadores de grande porte, com mais de 2 m de comprimento. Eram animais parecidos com rinocerontes.

Tráfico de animais – *Bio.* Trata-se de um dos maiores negócios ilegais do mundo, movimentando, somente no Brasil, cerca de 1 bilhão de dólares anuais. Geralmente é realizado por quadrilhas especializadas, as quais pagam quantias irrisórias aos nativos da região para capturar espécies raras de serpentes, aranhas, pássaros, tartarugas, etc. Tais espécies são comercializadas no exterior (e também no Brasil) por quantias que podem superar os milhares de dólares. Pesquisas têm mostrado que cerca de 12 milhões de animais são retirados, ilegalmente, por ano, das florestas brasileiras. É um processo condenável e inescrupuloso, visto que cerca de 80% dos animais levados chegam mortos ao seu destino, pois são capturados e transportados em condições inadequadas, além da ilegalidade das transações.

Traíra – *Zoo.* Nome popularmente atribuído aos peixes da espécie *Hoplias malabaricus*. Animal carnívoro, predador, de cor geral cinza-escura na região do dorso e amarelada e branca no ventre. O corpo é comprido, pode medir até 60 cm de comprimento, com pedúnculo caudal largo, mandíbula prognata, dentes afiados. Habita principalmente águas rasas e lodosas, onde se esconde em depressões do terreno. Ocorre desde a América Central até a Argentina. É uma espécie comum das pescarias de água doce no Brasil. A carne é muito apreciada e de alta qualidade, apesar da grande quantidade de espinhas.

Trans – *Etimo.* Termo de origem latina que significa através.

Traqueia – *Anato.* Porção do sistema respiratório, localizada entre a base da laringe e a origem dos brônquios. Possui cerca de 10 cm de comprimento. É cartilaginosa na sua porção anterior e membranosa na região posterior. *Zoo.* Nome dado às ramificações do sistema respiratório traqueal. Veja Respiração traqueal.

Trema – *Etimo.* Termo de origem grega que significa abertura.

Trematoda – *Zoo.* Classe de platelmintos que agrupa os vermes achatados, hermafroditas, geralmente em forma de folha, e que fornidos por ventosa para fixação. Muitas espécies são parasitos. Exemplo: *Fasciola hepatica*.

Trematódeo – *Zoo.* Animal platelminto que pertence à classe Trematoda. Veja Trematoda.

Trepador – *Bio.* Característica do animal adaptado à escalada.

Tri – *Etimo.* Termo de origem grega que significa três.

Triássico – *Paleo.* Período geológico compreendido pela Era Mesozoica. Data de 240 milhões de anos. Nesse período, o clima era quente, havia muitos desertos e as gimnospermas estavam amplamente distribuídas. Também houve o surgimento dos primeiros dinossauros, assim como dos primeiros mamíferos, ainda pequenos e pouco distribuídos. A Terra apresentava um único continente: Pangea e um único oceano: Panthalassa. Tal período antecede o Jurássico.

Triatoma brasiliensis – *Zoo.* Triatomíneo, inseto popularmente denominado “barbeiro”, com cerca de 2,3 cm de comprimento. Predominantemente negro com manchas amarelo-palha nas pernas e no conexivo. Trata-se da principal espécie vetora do protozoário *Trypanosoma cruzi* no Nordeste do Brasil, onde é encontrada no ambiente domiciliar, peridomiciliar e silvestre. Espécie voraz e pode atacar o homem mesmo durante o dia.

Triatoma infestans – *Zoo.* Espécie de triatomíneo que foi considerado o principal vetor de *Trypanosoma cruzi* no ambiente domiciliar do Brasil. Inseto com cerca de 2 cm de comprimento, hematófago obrigatório, tanto os machos quanto as fêmeas, e apresenta cinco estádios ninfais de desenvolvimento. Após campanhas de eliminação desta espécie, a partir das borrifações das casas infestadas, a espécie foi controlada. Atualmente poucos Estados brasileiros apresentam a espécie como importante vetor. Veja Triatomíneo.

Triatoma sordida – *Zoo.* Espécie de triatomíneo, inseto popularmente denominado "barbeiro", com cerca de 1,5 cm de comprimento. Coloração geral é marrom-escura com manchas amarelo-palha na cabeça, pronoto, escutelo, hemiélitros, pernas e conexivo. Seu centro de dispersão geográfica ocorre no cerrado brasileiro. Trata-se de uma espécie predominantemente peridomiciliar, embora possa ser encontrada invadindo domicílios humanos, ambiente em que pode transmitir o protozoário *Trypanosoma cruzi* ao homem (agente etiológico da doença de Chagas). Atualmente é a espécie de "barbeiro" mais capturada no Brasil.

Triatomíneos – *Zoo.* Insetos que pertencem à ordem Hemiptera. Algumas espécies são vetoras do protozoário *Trypanosoma cruzi* para o homem. São insetos hematófagos, tanto os machos quanto as fêmeas, e podem alimentar-se do sangue de vários animais, inclusive do homem. Exibem hábitos noturnos e sugam as pessoas durante o repouso. Apresentam substâncias anestésicas e anticoagulantes na sua saliva, o que permite a ingestão de sangue sem que o hospedeiro perceba. A transmissão do *T. cruzi* ocorre através das fezes e/ou urina dos triatomíneos. Existem muitas espécies silvestres que invadem o ambiente domiciliar devido à devastação que o homem causa no seu ambiente. Existem três gêneros de maior importância: *Triatoma* (inserção da antena na região mediana da cabeça), *Panstrongylus* (inserção das antenas próxima aos olhos) e *Rhodnius* (inserção das antenas no ápice da cabeça). No Brasil ostentam maior importância epidemiológica as espécies: *Triatoma infestans*, *Triatoma sordida, Triatoma pseudomaculata, Triatoma brasiliensis* e *Panstrongylus megistus.* O controle desses insetos é realizado com a borrifação de inseticidas nas casas, sobretudo do meio rural. Sinônimo: Barbeiros.

Trichinella spiralis – *Zoo.* Helminto de importância médico-veterinária, por parasitar o intestino delgado (vermes adultos) e os músculos estriados (formas larvais) da maioria dos mamíferos, inclusive o homem. A infecção ocorre pela ingestão das larvas do parasito, sobretudo através da carnivoria, pois as larvas estão presentes nos músculos. O parasitismo pode ocasionar enterites e miosites. O tratamento é realizado com anti-helmínticos.

Trichodectes canis – *Zoo.* Espécie de piolho mastigador que parasita o cão. É vetor do helminto *Dipylidium caninum* para esse animal.

Trichoptera – *Zoo.* Ordem de pequenos insetos alados, ovíparos, holometabólicos e de hábitos noturnos. As larvas desenvolvem-se na água e podem ser predadas por peixes, anfíbios, etc. Existem cerca de 11.000 espécies descritas em 40 famílias, e em alguns locais os adultos são chamados de friganídeos.

Trichos, Trico – *Etimo.* Termo de origem grega que significa cabelo.

Trichostrongylus – *Zoo.* Gênero de vermes nematódeos que parasitam o aparelho digestório de ruminantes, suínos, equinos, coelhos, dentre outros. Os animais se contaminam ao ingerirem as larvas do parasito. Podem ocasionar perda de peso e diarreias.

Trichuris trichiura – *Zoo.* Helminto nematódeo que pode parasitar o intestino grosso do homem, sobretudo o cólon. Apresenta os sexos separados e cerca de 4 cm de comprimento. A região anterior do verme é mais fina e alongada, lembrando um fio de cabelo (por isso o nome *Trichus:* cabelo) ou chicote. A infecção ocorre através da ingestão dos ovos do parasito.

Tricobótria – *Zoo.* Vesícula encontrada em heterópteros, de tamanho reduzido, e possivelmente com função auditiva.

Tricofagia – *Bio.* Hábito de comer pelos.

Tricoide – *Bio.* Semelhante a um pelo ou cabelo.

Triconodonta – *Zoo.* Ordem de pequenos mamíferos primitivos que viveram do Triássico ao Jurássico, na América do Norte e Europa.

Trigêmeo – *Anato.* Denominação dada ao quinto par de nervos cranianos, responsável pela movimentação da mandíbula e sensibilidade facial.

Trilobita – *Zoo.* Grupo de artrópodos primitivos extintos (viveram do Cambriano ao Carbonífero), que apresentavam, essencialmente, entre 3 e 10 cm de comprimento, sendo que determinados exemplares atingiam 70 cm de envergadura. Variações na sua morfologia indicam que esses seres possuíam diversidade e grande distribuição na Terra. Já foram descritas, a partir de registros fósseis, mais de 15.000 espécies. Seu nome provém do latim trilobito e significa três lobos, em decorrência de seu corpo ser constituído, longitudinalmente, por três partes.

Trilobitomorpha – *Zoo.* Grupo que contempla os artrópodes trilobitas. Veja Trilobita.

Tripomastigota – *Zoo.* Uma das formas evolutivas de *Trypanosoma cruzi* (protozoário causador da doença de Chagas). Corresponde ao estágio infectante do parasito, apresentando formato fusiforme e alongado, dotado de grande mobilidade. Ocorrem na corrente sanguínea do vertebrado e nas porções mais distais do tubo digestivo do vetor, não apresentando capacidade replicativa.

Tritão – *Zoo.* Anfíbio tetrápodo, com cauda, que pertence à classe Urodela, família Salamandridae. Estão presentes no Hemisfério Norte, assim como as salamandras. Vive em lagos e/ou lagunas, e geralmente não abandona esse ambiente durante a vida, mesmo quando adultos. Apenas possui brânquias na fase larval. Tem alta capacidade regenerativa em caso de lesão de tecidos. Existem espécies que realizam mimetismo, bem como outras venenosas, produtoras da tetrodotoxina.

Trocânter – *Zoo.* Segmento da perna dos insetos, localizado entre a coxa e o fêmur.

Troclear – *Anato.* Nome dado ao quarto par de nervos cranianos que, assim como o oculomotor e o abducente, controla a movimentação dos olhos.

Trocófora – *Zoo.* Forma larval de alguns moluscos, equiúros e poliquetos, que apresentam desenvolvimento indireto. Possuem forma de pião.

Trofozoito – *Zoo.* É a forma vegetativa dos protozoários, aquela que eles se nutrem, locomovem-se e se reproduzem. O termo é de origem grega e denota animal que se nutre.

Troglo, trogli, troogle – *Etimo.* Entrada oriunda do grego que significa caverna. O troglobitismo (viver em cavernas, igual a cavernícola) se faz presente em muitas espécies de morcegos, salamandras, insetos, dentre outros.

Troglóbio – *Eco.* Organismos que vivem em cavernas. Sinônimo: cavernícola.

Troglobitismo – *Eco.* Quando os seres vivem nas cavernas, como ocorre com alguns morcegos, salamandras, artrópodos, etc.

Troglodytidae – *Zoo.* Família de passeriformes do Novo Mundo que inclui o uirapuru (*Cyphorhinus*), a corruíra (*Troglodytes*), o garrincha (*Thryothorus*) e a cambaxirra (*Odontorchilus*). A maioria das espécies habita áreas florestais.

Troglófilo – *Eco.* Organismos que vivem em cavernas e podem completar seu ciclo de vida sem sair deste local, mas também podem sobreviver fora delas, em ambientes epígeos. Exemplo: aranhas, grilos e baratas.

Trogloxeno – *Eco.* Organismos frequentemente encontrados em cavernas, mas que precisam sair destas regularmente para buscar alimento. Exemplo: morcegos e corujas.

Trogoniformes – *Zoo.* Nomenclatura utilizada na ornitologia para designar a ordem a que pertence os surucuás. Tais aves habitam regiões tropicais do globo, principalmente a América

Central. São de porte médio e exibem plumagem de grande beleza. No Brasil existem nove espécies descritas dentre as 39 conhecidas.

Tromba – *Zoo*. Órgão utilizado para capturar objetos, alimentos e para a olfação dos proboscídeos (elefantes). Nos insetos é o mesmo que probóscide.

Tropos, Tropia – *Etimo*. Termo de origem grega que significa se voltar para.

Troquilídeos – *Zoo*. Nomenclatura utilizada por ornitólogos para designar os beija-flores, por pertencerem à família Trochilidae.

Trypanosoma – *Zoo*. Gênero de protozoários de importância médica e veterinária. O homem está sujeito ao parasitismo pelas espécies *T. cruzi*, causadora da doença de Chagas, e *T. rangeli*, responsável pela rangeliose, ambas parasitoses próprias da América. Confinada a regiões da África, responsável pela doença do sono, a espécie *T. brucei* apresenta três subespécies: *T. b. gambiense*, *T. b. rhodesiense* e *T. b. brucei*. Dentre as muitas espécies que acometem os animais, temos o *T. evansi*, parasito de equídeos, causando-lhes o "mal das cadeiras", e o *T. vivax*, ocorrendo em bovinos e pequenos ruminantes.

Trypanosoma cruzi – *Zoo*. Protozoário unicelular e agente etiológico da tripanossomíase americana, conhecida como doença de Chagas. Possui um único flagelo e uma única mitocôndria, alongada e terminada num cinetoplasto, que contém o DNA extranuclear. Apresenta alternância de formas celulares durante seu ciclo biológico, sendo as principais: tripomastigota, epimastigota e amastigota.

Tuatara – *Zoo*. Réptil endêmico da Nova Zelândia pertencente à ordem Rhynchocephalia e ao gênero *Sphenodon*. Possui cerca de 70 cm de comprimento, vive na terra e na água, é escavador e alimenta-se de moluscos, insetos e pequenos vertebrados. Os tuataras são os únicos representantes viventes da família Sphenodontidae e são representados por apenas duas espécies encontradas apenas na Nova Zelândia. Apesar da aparente semelhança, não são lagartos, diferenciando-se destes pela ausência de órgão copulador, presença de um olho pineal mediano e manutenção das costelas abdominais.

Tubarão – *Zoo*. Denominação dada às espécies de peixes condrictes, elasmobrânquios. Possuem fendas branquiais, corpo fusiforme, boca larga e arcada dentária com dentes pontiagudos ou serrilhados. São animais vorazes e representam o topo da sua cadeia alimentar. Existem cerca de 300 espécies descritas. Em alguns lugares sua carne é muito apreciada. Veja Chondrichthyes.

Tubarão-branco – *Zoo*. Nome atribuído à espécie *Carcharodon carcharias*. Um dos tubarões mais ferozes e vorazes, mas geralmente ataca o homem por acidente ou em condições de desequilíbrio ambiental. Apresenta cerca de 7 m de comprimento. Sinônimo: anequim. Veja *Carcharodon carcharias*.

Tubarão-cabeça-chata – *Zoo*. Nome popular da espécie *Carcharhinus leucas*, um dos principais causadores de acidentes com tubarões em humanos, conhecido por sua agressividade e capacidade de subir rios, como o Amazonas e o Mississipi, por muitos quilômetros, o que os deixam ainda mais próximos de populações humanas. Atingem mais de 3 m de comprimento. Têm ampla distribuição geográfica e alimentam-se de peixes, mamíferos aquáticos e tartarugas, podendo atacar também aves e outros animais. No Brasil são comuns acidentes com banhistas e surfistas nas praias do Nordeste, principalmente no Estado de Pernambuco.

Tubarão-martelo – *Zoo*. Nome concedido às nove espécies de tubarões pertencentes à família Sphyrnidae, que se dividem em dois gêneros, *Sphyrna* e *Eusphyra*. São caracterizados pelo formato peculiar da cabeça, que apresenta expansões nas laterais dos focinhos, característica que aumenta a percepção de campos elétricos através das ampolas de Lorenzini (órgãos sensoriais presentes em poros na região da cabeça). Seu tamanho varia de 1 a 6 m de comprimento, dependendo da espécie. Alimentam-se de peixes e invertebrados, podendo atacar seres humanos.

Tubarão-tigre – *Zoo.* Espécie de tubarão extremamente agressiva que recebe tal nome por terem listras em seu tegumento. Pertencem à espécie *Galeocerdo cuvier* e à família Carcharhinidae. Tem grande distribuição geográfica, podendo ser encontrado inclusive em estuários e águas rasas. Mede até 6 m de comprimento, atingindo 1.300 kg. É conhecido por sua agressividade, ingerindo presas grandes, assim como objetos de metal, vidro e plástico. Apresenta dentição forte, capaz de partir objetos duros como carapaças de tartarugas.

Tubícola – *Eco.* Diz-se dos organismos que vivem no interior de tubos.

Tubular – *Bio.* Que tem forma de tubo.

Tubulidentata – *Zoo.* Ordem de mamíferos que inclui uma única espécie, *Orycteropus afer*, vulgarmente denominada porco-da-terra. Encontrados apenas na África, são animais de hábitos noturnos, corpo forte, focinho longo, língua bastante comprida e adesiva, que auxilia a ingestão de formigas e cupins. Seus dentes de leite são maioria e não apresentam caninos ou incisivos.

Tubuliforme – *Bio.* Que tem forma de tubo.

Túbulos de Malpighi – *Zoo.* Corresponde ao sistema excretor dos artrópodes, apresentando-se em número variável. São tubos longos e finos, que partem do intestino e ficam em contato direto com a hemolinfa, de onde recolhem os produtos da excreção, lançando-os para o intestino, onde são eliminados juntamente com as fezes.

Tucano – *Zoo.* Nome geral atribuído a várias espécies de aves, de plumagem mormente escura, pés zigodáctilos e longo bico alaranjado (cerca de 17 cm), costumeiramente com mancha preta no ápice. O bico é leve e atua como uma grande pinça, sobretudo na captura de frutas e sementes. Essas aves apresentam cerca de 55 cm de comprimento. As espécies de tucanos habitam matas, cerrados, palmeirais, campos com árvores esparsas, dentre outros. A espécie mais conhecida é o tucano-toco, *Ramphastos toco*. A postura usualmente é de três ovos. Pertencem à família Ramphastidae, ordem Piciformes.

Tuiuiú – *Zoo.* Nome popularmente conferido à ave *Jabiru mycteria*, família Ciconiidae, ordem Ciconiiformes. É a maior ave voadora brasileira, com aproximadamente 1,5 m de altura e mais de 2,5 m de envergadura, pesando até 8 kg. O bico chega a 35 cm de comprimento. Alimenta-se de rãs, peixes, serpentes, filhotes de jacarés, dentre outros. Habita margens de lagos e rios. A cabeça e o pescoço não apresentam pena e são escurecidos. No pescoço se encontra uma faixa vermelha, e o resto da plumagem é predominantemente branca. A reprodução ocorre durante a época de seca e seu ninho chega a ter 2 m de diâmetro. Pode viver por até 35 anos. Sinônimo: jaburu.

Tundra – *Eco.* Tipo de bioma terrestre característico das regiões polares e subpolares no Hemisfério Norte, como o norte do Canadá e de países escandinavos (Dinamarca, Noruega, Suécia, Finlândia). O clima apresenta temperaturas tão baixas que pode congelar o subsolo constantemente. O verão é breve, durando cerca de 2 meses e com temperaturas de 10 graus. Por isso, as plantas não conseguem obter água com facilidade do solo, não desenvolvendo grandes vegetações, o que, por sua vez, limita a presença de vertebrados. A vegetação é constituída por liquens, musgos, gramíneas e pequenos arbustos. A fauna é formada por caribus, lebres, alguns roedores, raposas, lobos, ursos polares e aves migratórias.

Tunga penetrans – *Zoo.* Nome científico da pulga popularmente conhecida como bicho-do-pé. O inseto macho é de vida livre, mas a fêmea grávida penetra de forma ativa na pele das mãos e dos pés, principalmente, e posiciona para fora a abertura genital (por onde elimina os ovos) e os espiráculos respiratórios, ficando com a cabeça e o abdômen mergulhados nos tecidos parasitados. Tal parasitismo provoca prurido intenso e dor, e quando existem muitos insetos, eles dificultam a movimentação do hospedeiro, que além do homem podem ser o porco, cão e gato. Outro problema é a porta de entrada para os patógenos que esse parasitismo ocasiona. Andar calçado e utilizar inseticidas em locais infestados são formas de prevenir a doença. Sinônimo: bicho-de-pé.

Tungíase – *Zoo.* Também conhecida como bicho-de-pé, é a infestação por *Tunga penetrans*, seguida ou não por infecções secundárias. A fêmea fecundada fica na superfície do solo em busca de um hospedeiro, que pode ser o homem ou outros animais. No homem, penetra na epiderme, principalmente na sola plantar, calcanhar, canto dos dedos (dos pés e mãos), bordas das unhas e espações interdigitais, podendo, eventualmente, penetrar em outros locais do corpo do hospedeiro. Alguns dias após a penetração da pulga, ela inicia a postura dos ovos, e por fim, depois da eliminação de toda carga de ovos, ela morre e é eliminada pela reação do hospedeiro. Causa prurido persistente e ulceração no local da penetração, que pode servir como porta de entrada para infecções de agentes patogênicos como o *Clostridium tetani*, causador do tétano. A Tungíase pode provocar dificuldades de postura e locomoção dos hospedeiros, necrose óssea e tendinosa, e até perda dos dedos dos pés.

Tunica, tunicata – *Etimo.* Termo de origem latina que significa vestimenta. O vocábulo é usado com o significado de revestimento, cobertura, camada, película.

Turbellaria – *Zoo.* Classe de platelmintos geralmente de vida livre e aquáticos ou de ambientes úmidos. Podem variar de alguns milímetros até 50 cm de comprimento. A produção de muco desses invertebrados lubrifica e protege a superfície corporal, além de auxiliar na sua locomoção. São hermafroditas e podem se reproduzir por fissão transversal, devido a sua grande capacidade de regeneração. A planária (*Dugesia tigrina*) é um exemplo conhecido dessa classe.

Turdidae – *Zoo.* Grande família de pássaros representada pelo popular sabiá. São onívoros e geralmente encontrados em áreas florestais, mas alguns também são adaptados a áreas de campos. Possuem cantos belos e variados. Medem entre 17 e 25 cm. Os mais conhecidos turdídeos são o sabiá-laranjeira, *Turdus rufiventris*, e o sabiá-barranco, *Turdus leucomelas*.

Turdus – *Zoo.* Gênero de sabiás que vivem essencialmente em ambientes florestais e são bastante populares no Brasil, como o sabiá-laranjeira, *Turdus rufiventris*. São pássaros onívoros e pesam cerca de 70 g.

Tyranii – *Zoo.* Subordem de passeriformes também chamados de suboscines. Veja Suboscine.

Tyrannidae – *Zoo.* Família de passeriformes do Novo Mundo, constituindo 18% das mais de 1.000 espécies de pássaros brasileiros. Geralmente exibem cores fortes, como o amarelo e o vermelho na barriga e no píleo. Inclui gêneros como *Phyllomyias* (piolhinho, poiaeiro), *Pitangus* (bentevi, ou bem-te-vi), *Camptostoma* (risadinha), *Suiriri* (suiriri), *Elaenia* (guaracava), *Xolmis* (noivinha), *Myiozetetes* (bentevizinho).

Tyrannoidea – *Zoo.* Superfamília de pássaros suboscines composta pelas famílias Cotingidae, Pipridae, Tyrannidae e Phytotomidae. Estão distribuídas pelas regiões Neotropical e Neártica.

Tyrannosaurus – *Paleo.* Gênero de dinossauros terópodes composto por uma única espécie, *Tyrannosaurus rex,* que viveram durante o Cretáceo na América do Norte. Essa espécie, popularmente conhecida como T-rex, era carnívora, bípede, com braços curtos, pernas longas e musculosas, e aproximadamente 10 metros de comprimento. Eram grandes predadores de topo de cadeia, com mandíbulas fortes, dentes afiados e podiam correr velozmente.

U

Ubere – *Etimo.* Termo de origem latina que significa mama.

Úbere – *Zoo.* Nome utilizado para designar a mama da vaca e de outros mamíferos.

Ubiquista – *Bio.* Diz-se do organismo que vive em inúmeros ambientes. Exemplo: bactérias.

Uirapuru – *Zoo.* Pequeno pássaro da espécie *Cyphorhinus aradus*, conhecido também como "Músico-da-mata". Encontrado na Amazônia, tem coloração marrom-avermelhada e destaca-se por seu canto, que lembra o som de uma flauta. É famoso pelas diversas lendas a seu respeito, nas quais seu belo canto atrairia outros pássaros para junto de si e serviria como amuleto para os habitantes locais. De fato o uirapuru segue bandos de outros pássaros a fim de buscar alimentos.

Ulna – *Anato.* Osso mais longo do antebraço humano, sendo maior que o rádio. Articula-se com o úmero para formar o cotovelo.

Ultra – *Etimo.* Termo de origem latina que significa além de, excesso.

Umbrófilo – *Bio.* Diz-se dos organismos que preferem viver em locais com sombra. Exemplo: animais que habitam o interior de cavernas.

Úmero – *Anato.* Osso do braço. Articula-se com a escápula na articulação do ombro, e com o rádio e a ulna na articulação do cotovelo. É o maior e mais longo osso do membro superior.

Unguiforme – *Bio.* Com aspecto de unha.

Ungulado – *Zoo.* Denominação utilizada para designar animais portadores de cascos nas patas. Pode designar as ordens Artiodactyla, formada por animais com número par de dedos, ou Perissodactyla, na qual os animais apresentam número ímpar de dedos. São exemplos de ungulados: vaca, porco, camelo, ovelha, girafa, cavalo, anta, rinoceronte, etc.

Ungulado, Unguis – *Etimo.* Termo de origem latina que significa provido de casco, garra.

Ungulígrado – *Zoo.* Nome dado aos animais que caminham sobre cascos (do latim, *unguis* = garra, unha), como as vacas, cavalos e veados.

Uniramia – *Zoo.* Subfilo que engloba os quilópodos, diplópodos e insetos.

Unirreme – *Bio.* Que exibe um único ramo.

Unsíforo – *Bio.* Que é provido de gancho.

Ura – *Etimo.* Termo de origem grega que significa cauda.

Urauá – *Zoo.* Nomenclatura empregada ao mamífero sirênio também conhecido como peixe-boi. Sinônimos: boi-marinho, guarabá ou manaí. Veja Peixe-boi.

Ureotélicos – *Zoo.* Animais que excretam ureia como principal composto nitrogenado. Trata-se de uma excreta menos tóxica que a amônia e que por isso pode ser concentrada na urina, não precisando ser excretada assim que é produzida. São representados pelos mamíferos, anfíbios adultos e peixes cartilaginosos. Veja Amoniotélicos e Uricotélicos.

Ureter – *Anato.* Diz-se das duas estruturas tubuliformes que conectam os rins até a bexiga, conduzindo a urina.

Uretral – *Anato.* Relativo ou pertencente à uretra.

Uria, Ouron – *Etimo*. Termo de origem grega que significa urina.

Uricotélicos – *Zoo*. Animais que excretam ácido úrico como principal composto nitrogenado. Exemplos: aves e répteis. Veja Amoniotélicos e Ureotélicos.

Uro – *Etimo*. Termo de origem grega (*ouras*) que significa cauda.

Urochordata – *Zoo*. Subfilo de animais cordados, conhecidos também como tunicados. Não apresentam cavidade celomática e órgãos excretores. Vivem no ambiente aquático e são animais sésseis ou livre natantes. Alimentam-se por filtração. Existem cerca de 1.400 espécies descritas em três classes: Ascidiacea, Thaliacea e Larvacea. Sinônimo: Tunicata.

Urodela – *Zoo*. Grupo de anfíbios conhecidos popularmente como salamandras, tritões e proteus. Animais de corpo alongado, patas curtas e posicionadas lateralmente ao tronco, pele fina, delicada e sem escamas, cauda longa. Ocorrem geralmente no Hemisfério Norte, com exceção de uma família, Plethodontidae, encontrada no norte da América do Sul. Vivem em locais úmidos, próximos a cursos de água. Os juvenis respiram através de brânquias e os adultos de algumas espécies mantêm esse tipo de respiração. O evento de manter características juvenis em animais adultos é denominado pedomorfose.

Urodeu – *Zoo*. Porção da cloaca que recebe a urina e o sêmen, no caso de machos, e o ovo, no caso de fêmeas. Encontra-se apenas em cloacas parcialmente divididas como a de mamíferos monotremados e aves ratitas.

Uróf ise – *Zoo*. Dilatação presente na espinha de alguns peixes, na região da cauda.

Uropatágio – *Zoo*. Membrana que une os membros posteriores e a cauda dos morcegos. Via de regra apresenta forma triangular.

Uropigiana, glândula – *Zoo*. Glândula presente em algumas aves, como os patos, marrecos e gansos. Localiza-se perto da cauda, e quando o animal a fricciona, esta glândula libera uma gordura que serve para engraxar e impermeabilizar as penas, e também lubrificar o bico.

Uropygi – *Zoo*. Ordem de escorpiões com 119 espécies assinaladas. Possuem até oito centímetros de comprimento e vivem em locais escuros e úmidos de regiões tropicais, nas frestas de madeiras, pilhas de tijolos, rochas, dentre outros. Possuem hábitos noturnos e predam outros artrópodes ou pequenos vertebrados, essencialmente anfíbios. São popularmente conhecidos como escorpião-vinagre, já que dispõem de glândulas de cheiro, às quais expelem um constituinte repugnante que inclui, dentre outros ácidos, o ácido acético.

Uróstilo – *Zoo*. Estrutura óssea de anfíbios anuros que está fundida pelas vértebras posteriores. É uma estrutura importante para o salto desses anfíbios, pois deixa a coluna mais enrijecida.

Urso panda – *Zoo*. Mamífero que habita o sul da China pertencente à família Ursidae e à espécie *Ailuropoda melanoleuca*. Veja Panda.

Urso pardo – *Zoo*. Mamífero carnívoro da família Ursidae e espécie *Ursus arctos*. Habita a América do Norte, Europa e Ásia. Possui pelagem marrom e pode atingir 3 m de comprimento e pesar 350 kg. Seu peso diminui bastante durante o inverno, quando entra em estado de letargia. Alimenta-se principalmente de peixes, mas também come mel, insetos, frutas e alguns mamíferos. Em geral, são ursos solitários, com exceção das fêmeas e dos filhotes. As fêmeas geralmente dão à luz dois filhotes, que mamam até os 6 meses e tornam-se independentes após 2 anos. Vivem uma média de 35 anos.

Urso-polar – *Zoo*. Mamífero carnívoro da família Ursidae e espécie *Ursus maritimus*. Habita a região Ártica, sendo encontrado no Canadá, na Groenlândia, no Alasca, na Rússia e norte da Europa. Tem o focinho preto e coberto por pelagem branca, que o camufla sobre a neve. Possui grande camada de gordura para se proteger do frio e pode pesar mais de 450 kg. As fêmeas atingem a maturidade sexual após os 6 anos de idade e dão à luz geralmente dois filhotes a cada 3 anos. Os filhotes acompanham a mãe até os 2 anos de idade. Alimentam-se principalmente de peixes, aves marinhas, focas e outros mamíferos. Vivem em média 25 anos.

Urubu – *Zoo.* Ave de rapina que pertence à família Cathartidae e a espécie *Coragyps atratus*. Exibe cabeça nua e plumagem preta. Vive em bandos, circulando no ar, aproveitando as correntes de ar quente. Alimenta-se exclusivamente de carniça, e alguns especialistas o chamam de saneador dos campos, exatamente pelo fato de remover carcaça de animais. Sinônimo: urubu-de-cabeça-preta.

Urumutum – *Zoo.* Nome vulgar dado à ave *Nothocrax urumutum*, que vive em florestas do norte do Brasil, Peru, Colômbia e Venezuela. Pertencem à família Cracidae e medem cerca de 55 cm.

Usta, ustum – *Etimo.* Vocábulo oriundo do latim que exprime "que queima". O verbete foi aplicado, sobretudo, para descrever determinadas espécies que apresentam capacidade de queimar, urticar, suas presas ou predadores, como certos sapos, insetos e fungos.

Utrículo – *Zoo.* Uma das partes ventrais do aparelho vestibular do ouvido interno dos vertebrados, relacionada ao equilíbrio do animal. Também compõem o aparelho vestibular: a lagena, o sáculo e os canais semicirculares.

Uvular – *Anato.* Relativo ou pertencente à úvula.

Uvuliforme – *Bio.* Em forma de úvula (popularmente conhecida como campainha).

V

Vaca – *Zoo.* Nome popularmente atribuído à fêmea da espécie *Bos taurus*. Veja touro.

Vagalume – *Zoo.* Nome popular de coleópteros que pertencem a três famílias, e emitem luz verde-amarelada ou avermelhada em seu abdome, através de um fenômeno intitulado bioluminescência. Este ocorre a partir da reação química da luciferina e o oxigênio presente no abdome destes insetos, resultando na oxi-luciferina, que é luminescente. As principais funções da luz emitida pelos vagalumes é atrair parceiros sexuais, presas, ou afugentar predadores. Estes besouros são também conhecidos como pisca-pisca ou tec-tec. Existem cerca de duas mil espécies conhecidas de vagalume.

Vagilidade – *Eco.* Capacidade de dispersão de uma espécie em um ambiente inóspito.

Vago – *Anato.* Denominação dada ao décimo par de nervos cranianos que controla a movimentação da laringe e leva estímulos parassimpáticos à maioria dos órgãos torácicos e abdominais.

Válvula espiral – *Zoo.* Estrutura presente no interior do intestino de alguns animais, como os tubarões, que aumenta a superfície de absorção do órgão. Sinônimo: tiflossole.

Vazante – *Eco.* Período em que os rios apresentam menor volume de água.

Variegatus – *Etimo.* Entrada oriunda do latim, que significa variado. Em biologia o verbete é mais empregado para designar estruturas, ou seres vivos, com cores variadas.

Veado – *Zoo.* Nome dado aos mamíferos artiodáctilos que pertencem à família Cervidae. As espécies podem ser divididas entre aquelas que apresentam galhada desenvolvida (ex.: veado-campeiro) e as que não possuem (ex.: veado-pardo). São os únicos ungulados ruminantes do Brasil. Veja Veado-campeiro e Veado-bororó.

Veado-bororó – *Zoo.* Denominação concedida ao mamífero artiodáctilo que pertence à família Cervidae e à espécie *Mazama rufina*. Possui cor geral avermelhada, com as extremidades escurecidas. Apresenta chifres de aproximadamente 5 cm. Mede 70 cm de comprimento e 45 cm de altura, sendo considerada a menor espécie de veado do Brasil. Vive nas matas. Sinônimo: veado-caracu, foboca, mão-curta, camocica.

Veado-campeiro – *Zoo.* Nome atribuído ao mamífero artiodáctilo que pertence à família Cervidae e à espécie *Ozotoceros bezoarticus*. É um animal com até 1,3 m de comprimento e 75 cm de altura, podendo pesar 40 kg. Exibe hábitos diurnos e é herbívoro. Possui ampla distribuição no Brasil. Sinônimos: veado-branco, veado-galheiro.

Veado-caracu – *Zoo.* O mesmo que veado-bororó. Veja Veado-bororó.

Veado-catingueiro – *Zoo.* Mamífero artiodáctilo pertencente à família Cervidae e à espécie *Mazama gouazoubira,* que habita a América do Sul. Possui coloração marrom-acinzentada, pesa cerca de 20 kg e apresenta pequenos chifres que podem chegar a 7 cm. Alimenta-se de brotos, folhas e grama.

Veado-mateiro – *Zoo.* O mesmo que veado-pardo. Veja Veado-pardo.

Veado-pardo – *Zoo.* Nome conferido ao mamífero artiodáctilo que pertence à família Cervidae e à espécie *Mazama americana*. A cor geral é marrom-clara, os lábios são escuros. Possui chifres com aproximadamente 12 cm de comprimento, a extensão da cabeça até a cauda alcança 1,4 m e apresenta 90 cm de altura. Vive nas matas e é mais ativo durante a noite. Sinônimo: veado-mateiro, suaçupita, guatapará. Sinônimos: veado-mateiro, veado-vermelho.

Véliger – *Zoo.* Forma larval de alguns moluscos que apresentam desenvolvimento indireto.

Velociraptor – *Paleo.* Gênero de dinossauros terópodes que habitaram a Terra na região onde hoje é a China, durante o Cretáceo, composto por duas espécies: *V. mongoliensis e V. osmolskae*. Eram espécies de médio porte, com até dois metros de comprimento, bípedes, de braços curtos, pernas longas e musculosas, cauda longa e crânio alongado. O gênero ficou muito conhecido por sua representação no filme "O Parque dos Dinossauros", bem como por ter sido confirmada a presença de penas.

Venação alar – *Zoo.* Conjunto de veias (nervação) presente nas asas dos insetos. Sinônimo: nervura.

Veneno – *Quim.* Substância que, via de regra, coloca em risco a vida de um indivíduo quando administrada em altas doses. Pode afetar gravemente uma ou mais funções vitais. Alguns seres vivos (insetos, aracnídeos, anuros, ofídios, plantas, etc.) apresentam capacidade de produzir substâncias tóxicas, denominadas veneno. Trata-se de uma denominação difícil, uma vez que praticamente todas as substâncias podem ser consideradas venenos, dependendo da dose.

Vermes – *Zoo.* Nome popularmente atribuído aos helmintos. Compreende, sobretudo, os nematódeos (vermes em formato de fio) e os platelmintos (vermes em formato de fita). Genericamente podem ser definidos como animais com simetria bilateral, sem pernas, de corpo mole, e com o comprimento maior do que duas ou três vezes a sua largura. Podem ser considerados vermes os anelídeos, turbelários, gnatostomulídeos, gastrotríqueos, priapulidos, quinorrincos, loricíferos, nematódeos, nematomorfos, platelmintos, sipúnculos, equiúrus, dentre outros.

Vermiforme – *Bio.* Que possui forma de verme.

Versicolor – *Etimo.* Étimo de proveniência latina que significa "de cores variadas", "que troca de cores". Vários animais (aves, lagartos, invertebrados) receberam esta alcunha como epíteto específico para caracterizar o aspecto diferente, modificado, de suas cores.

Vértebra – *Anato.* Diz-se dos ossos da coluna vertebral. Existem aberturas vertebrais, chamadas de forames intervertebrais, que permitem a passagem dos nervos espinais. A espécie humana apresenta 33 vértebras, podendo esse número variar de uma pessoa para outra. Dependendo do local onde as vértebras se encontram, estas recebem diferentes denominações. Exemplos: vértebras cervicais (vértebras da região do pescoço), vértebras torácicas, vértebras lombares, vértebras sacrais, vértebras coccígeas (cóccix).

Vertebrados – *Zoo.* Diz-se dos animais que apresentam vértebras. Veja Vertebrata.

Vertebrata – *Zoo.* Subfilo do filo Chordata, constituído por animais que se diferenciam dos invertebrados e protocordados por possuírem: crânio – para proteger o encéfalo (que neste grupo é bem desenvolvido); coluna vertebral – que funciona como um eixo de sustentação corpórea. Possuem endoesqueleto ósseo ou cartilaginoso. A origem inicial dos vertebrados foi marinha, uma prova disso é que quase todos os vertebrados necessitam de grande quantidade de água nas suas células para sobreviver. Existem cerca de 50 mil espécies de vertebrados descritas, sendo formadas, atualmente, por peixes, anfíbios, répteis, aves e mamíferos. Sinônimo: Euchordata.

Vestigial – *Bio.* Condição de um órgão ou estrutura que se apresenta reduzido, simplificado ou sem função, mas que já teve função em alguma espécie ancestral.

Vetor – *Zoo.* Transmissor de parasitos, de um hospedeiro para outro. Fômites são também considerados vetores, uma vez que, pode veicular doenças de um indivíduo a outro. É considerado um vetor biológico, quando o agente etiológico se multiplica ou se desenvolve no vetor; vetor mecânico, quando não há multiplicação ou desenvolvimento no vetor, ele atua somente como transportador do agente etiológico.

Vexilo – *Zoo*. Região das penas de contorno das aves, compreendida por cada uma das duas laterais achatadas, formadas por barbas e bárbulas.

Vibrissa – *Zoo*. Pelos que crescem ao lado das fossas nasais de alguns animais, como o cão e o gato, e apresentam função sensitiva. Popularmente são conhecidas como o "bigode" dos animais.

Vicariância – *Evo*. Quando a distribuição de uma espécie ancestral é fragmentada em duas ou mais áreas, gerando uma barreira geográfica efetiva entre as subpopulações isoladas.

Viperidae – *Zoo*. Família de serpentes venenosas distribuídas em quase todos os continentes, exceto Austrália. Podem ser terrestres ou arborícolas e são encontradas desde florestas úmidas a desertos. De maneira geral, os representantes desta família possuem cabeças triangulares, escamas quilhadas, corpo robusto, cauda curta, compridos dentes inoculadores de veneno, além de diversas estruturas especializadas na predação (ex.: fossetas loreais). As espécies desta família podem ser ovíparas ou vivíparas. O vocábulo possui origem latina "viper" e significa víbora.

Viperinae – *Zoo*. Subfamília de serpentes da família Viperidae. Ocorrem no Velho Mundo e são também chamadas de "víboras verdadeiras". Diferenciam-se dos viperídeos presentes no Brasil (subfamília Crotalinae) pela ausência de fosseta loreal.

Vireonidae – *Zoo*. Família de passeriformes que inclui o pitiguari, *Cyclarhis gujanensis*; o verdinho-coroado, *Hylophilus poicilotis* e a juruviara, *Vireo chivi*. Alimentam-se de insetos e vivem em ambientes florestais. Apesar de difíceis de serem visualizados, os indivíduos dessa família são amplamente distribuídos no território brasileiro.

Viridi, viridis, viridans – *Etimo*. Étimo de origem latina que significa verde. O termo já foi usado para compor o nome científico de diversos organismos para fazer alusão à cor dos mesmos.

Virulência – *Zoo*. É a capacidade de um agente etiológico de produzir efeitos maléficos ou fatais no hospedeiro, relacionado à severidade e rapidez que provoca lesões, capacidade de multiplicação no organismo infectado, produção de toxinas, entre outros fatores.

Víscera – *Anato*. Diz-se dos órgãos internos do corpo dos animais. Geralmente o termo é utilizado para designar os órgãos internos dos sistemas respiratório, digestório, endócrino e genitourinário.

Vitelo – *Embrio*. Substância rica em nutrientes, sobretudo proteínas e fosfolipídios, utilizada pelos embriões durante o seu desenvolvimento.

Viúva-negra – *Zoo*. Denominação dada à aranha do gênero *Latrodectus*. Veja *Latrodectus*.

Viviparidade – *Zoo*. Processo através do qual os embriões se desenvolvem dentro do corpo materno, de onde recebem os alimentos que necessitam. Exemplo: mamíferos, exceto os monotremados.

Vivíparos – *Zoo*. Animais que se desenvolvem por viviparidade. Exemplo: mamíferos, exceto os monotremados.

Voador – *Bio*. Característica do animal adaptado a se locomover por voo sustentado.

Vocalização das aves – *Eto*. As aves utilizam a vocalização na forma de cantos ou piados. A vocalização serve para advertência, aproximação, demarcação de áreas, comunicação com filhotes, etc. Quando a ave fica coagida em alguma situação, ela canta e pode ser compreendida por aves da mesma espécie e do mesmo nicho. Na época reprodutiva geralmente as aves vocalizam mais. Os padrões de canto são herdados em algumas espécies, mas, em muitas, são aprendidos. O isolamento de filhotes de outros membros de sua própria espécie e a exposição ao canto de outros tipos relacionados, pode resultar no desenvolvimento de padrões de canto deste último grupo.

Vocalização de anuros – *Eto*. A vocalização é realizada quando o ar dos pulmões passa pelas cordas vocais desses anfíbios. Várias espécies de anuros utilizam a vocalização para reprodução ou como canto de advertência. Geralmente os machos vocalizam e atraem as fêmeas no período fértil. Algumas espécies utilizam a vocalização para demarcar território. Um dos problemas da vocalização enfrentados por esses animais é que ela também pode atrair predadores.

Vocatus – *Etimo*. Étimo de origem latina que exprime "que chama". Alguns invertebrados, por exemplo, ganharam este vocábulo na construção de seu nome científico por possuir um movimento de estar "chamando" algo ou por emitirem sons de chamamento para fêmeas ou de aviso para os demais membros da espécie.

Voo das aves – *Eto*. O voo das aves é auxiliado por inúmeros fatores que estes vertebrados apresentam, como: ossos pneumáticos; ausência de dentes; ausência de bexiga; presença da ramificação do osso esterno (quilha), que permite a inserção de fortes músculos os quais auxiliam no voo; pulmões com ramificações denominadas sacos aéreos; presença de penas; membros anteriores adaptados para o voo (asas); membrana nictante que reveste o olho, protegendo durante o voo. O voo permite a esses animais conquistar inúmeros ambientes terrestres e realizar grandes migrações em relativo curto espaço de tempo.

Voo librado – *Eto*. Voo no qual as aves se sustentam no ar por batimento rápido das asas, ficando praticamente paradas. Voo típico dos beija-flores.

Voros, vorus – *Etimo*. Termo de origem latina que significa comer, comer com avidez, devorar, nutrir-se de algo. Ex.: herbívoro; ser vivo que se alimenta de ervas (l. *herbis*), ou de tecidos vegetais.

Vulgaris – *Etimo*. Vocábulo proveniente do latim que significa algo comum, frequente, que pertence a todo público, que é de todos.

Vulpi, vulpis, vulpes – *Etimo*. Termo de origem latina que significa raposa. Alguns canídeos conhecidos popularmente por raposas recebem esta alcunha em seu nome científico.

Vultur – *Etimo*. Entrada de origem latina que significa abutre, urubu.

W

Wuchereria bancrofti – *Zoo.* Helminto nematódeo que parasita o homem ocasionando a filariose linfática ou elefantíase. A transmissão ao homem ocorre através das picadas do mosquito *Culex quinquefasciatus* infectado com as microfilárias do parasito. O verme apresenta diferentes formas evolutivas no homem e nos mosquitos. As formas de evolução desta filária são: adultos machos e fêmeas (presentes em vasos e gânglios linfáticos); microfilárias (movimentam-se pela corrente sanguínea, sendo a forma de infecção para os vetores); larvas (encontradas no vetor).

WWF – *Eco.* Sigla de *World Wildlife Fund* (Fundo Mundial para a Vida Silvestre). Constitui uma organização não governamental que objetiva construir um futuro em que pessoas vivam em harmonia com a natureza a partir da proteção da vida silvestre e de uma vida mais sustentável. Um dos principais focos desta organização é conter as alterações climáticas e naturais, fruto, principalmente, de ações humanas, as quais resultam na ameaça e extinção de diferentes espécies. Possui um panda como logotipo, e sua fundação ocorreu na Suíça em 1961. Atualmente existem sedes em mais de 100 países por todo o mundo, incluindo o Brasil.

X

Xantóforos – *Zoo.* Tipo de cromatóforo, ou seja, célula pigmentar típica de animais invertebrados e vertebrados, que confere coloração amarela. Possuem grânulos de pteridina e vesículas de carotenoides.

Xantos – *Etimo.* Termo de origem grega (*xanthos*) que significa amarelo.

Xantusiidae – *Zoo.* Família de lagartos da linhagem dos Scleroglossa, que inclui 17 espécies de pequeno porte distribuídas na América do Norte e América Central. São popularmente conhecidos como lagartos-de-óculos.

Xenarthra – *Zoo.* Nome atribuído à antiga ordem Edentata. Veja Edentata.

Xeno – *Etimo.* Termo de origem grega que significa hospedeiro, estranho, estrangeiro. Ex.: heteroxeno; parasito que apresenta, ao menos, dois hospedeiros (xenos) diferentes (heteros), sendo um considerado intermediário e outro definitivo, como a Taenia solium.

Xenobiose – *Eco.* Tipo de associação que ocorre entre formigas, na qual duas espécies convivem juntas com tolerância mútua, mas cada espécie mantém sua própria associação.

Xenopsylla cheopis – *Zoo.* Nome científico da pulga dos ratos domésticos. Diferencia-se por apresentar dois conjuntos transversais de cerdas na parte posterior da cabeça, formando letra "V". Assim como as outras pulgas, a morfologia das espermatecas também auxilia na classificação da espécie. A importância médica desta espécie está na capacidade de transmitir ao homem o microrganismo *Yersinia pestis*, agente etiológico da peste bubônica.

Xenopus laevis – *Zoo.* Espécie de sapo encontrado no continente africano, que é muito utilizado em estudos do desenvolvimento inicial de vertebrados.

Xenorhinotherium bahiensis – *Paleo.* Nome científico da macrauquênia, espécie extinta de ungulado que viveu no Brasil até o Pleistoceno, há aproximadamente 11.000 anos. Sua aparência geral assemelhava-se à de um camelo, porém apresentava probóscide mais desenvolvida que a das antas, três dedos nos pés e nas mãos e era desprovido de corcovas. Tinha aproximadamente 2 m de altura e 1 tonelada. Era herbívoro. Foi descrito em 1988 por Cartelle e Lessa.

Xérico – *Eco.* Característica de um ambiente seco, com pouca disponibilidade de água.

Xero – *Etimo.* Termo de origem grega que significa seco.

Xerotérmica – *Eco.* Termo associado com a fauna e a flora adaptadas a viver em ambiente seco e quente.

Xilobionte – *Zoo.* Diz-se dos organismos (principalmente insetos) que vivem no lenho das árvores.

Xiloide – *Bio.* Semelhante à madeira.

Xilos, Xilon – *Etimo.* Termo de origem grega que significa madeira. Ex.: xilófago; organismo que come (g. fagos) madeira (xilos), como certos besouros e cupins. Sinônimo em latim Ligno.

Xiphosura – *Zoo.* Ordem de artrópodos quelicerados, conhecidos como límulos (espécie (*Limulus polyphemus*). Veja Límulo.

Xistossomo – *Zoo.* O mesmo que esquistossomo ou *Schistosoma.* Veja *Schistosoma mansoni.*

Xylocopa – *Etimo.* Termo de raiz grega que significa cortar madeira, cortar lenha. Compreende o gênero de algumas vespas que podem realizar tal atividade.

Z

Zangão – *Zoo*. Inseto macho das abelhas. Não produz mel e apresenta papel reprodutor na colmeia.

Zebra – *Zoo*. Nome atribuído aos mamíferos ungulados da espécie *Equus grevyi*, dentre outras. Apresentam listras pretas que cruzam sua pelagem clara verticalmente e possuem crina curta. São herbívoros e sua dieta é baseada em gramíneas. Vivem em pequenos grupos. Ocorrem em alguns países africanos.

Zelotes – *Etimo*. Vocábulo de origem grega que significa zelador, que zela, protege ardentemente. O vocábulo é empregado na nomenclatura científica para designar, ao menos em teoria, seres dotados desta capacidade de lutar contra algo, de se proteger.

Zigapófise – *Anato*. Dilatação óssea presente nas vértebras, que auxilia na articulação entre vértebras adjacentes.

Zigo, Zygon – *Etimo*. Termo de origem grega que significa união, unidos.

Zigodáctilos – *Zoo*. Diz-se dos animais que apresentam os dedos unidos, como determinadas espécies de lagartos.

Zona Abissal – *Eco*. Veja Abissal, distrito.

Zona afótica – *Eco*. Diz-se das regiões destituídas de luz, como os fundos dos mares. Costuma ocorrer a partir de 200 m de profundidade.

Zona Batial – *Eco*. Ver Batial, distrito.

Zona disfótica – *Eco*. Região dos mares e oceanos que é pouco iluminada. Fica entre 80 e 200 m de profundidade.

Zona dos cocais – *Eco*. Região fitogeográfica brasileira caracterizada pelo clima equatorial e predominância de palmeiras como o babaçu, buriti e a carnaúba. Localiza-se entre a Floresta Amazônica e as caatingas. Ocorre nos Estados do Maranhão e Piauí.

Zona eufótica – *Eco*. Região de mares e oceanos que é bem iluminada. Fica localizada desde a superfície até regiões com aproximadamente 80 m de profundidade.

Zona Pelágica – *Eco*. Veja Pelágico, distrito.

Zoo – *Etimo*. Termo de origem grega que significa animal.

Zooantroponose – *Zoo*. Enfermidade primária da espécie humana, mas que pode ser transmitida aos animais em casos esporádicos. Ex.: Esquistossomose mansônica tem os homens como principais hospedeiros e alguns animais se infectam a partir de humanos (bovinos).

Zoobiologia – *Zoo*. O mesmo que Zoologia. Veja Zoologia.

Zoófilo – *Eto*. Que realiza zoofilia. *Zoo*. Animais, costumeiramente artrópodos, que vivem próximos de animais vertebrados, não raro lhes sugando o sangue.

Zoogeografia – *Bio*. Ciência que estuda a distribuição geográfica, passada e presente, dos animais, e busca explicar os processos que levaram a tais padrões de distribuição. Para tanto, procura considerar a evolução dos táxons e a existência de eventos de dispersão e vicariantes, como a deriva continental.

Zooide – *Zoo*. Pequenos seres marinhos, produzidos por brotamento, com cerca de 1 mm de comprimento e que vivem em colônias numerosas. Os Bryozoa, dentre outros, são assim denominados.

Zoologia – *Bio*. Ramo das ciências biológicas que estuda, em quaisquer aspectos, a vida dos organismos do Reino Animalia.

Zoometria – *Zoo*. Técnica utilizada para medição dos animais.

Zoonoses – *Zoo*. Doenças que são naturalmente transmitidas entre humanos e animais vertebrados. Podem dividir-se em: anfixenose, doença que circula indiferentemente entre humanos e animais, isto é, tanto os animais como os humanos servem como hospedeiros do agente; antropozoonose, doença primária de animais que pode ser transmitida aos humanos, que passa a ser um hospedeiro acidental; zooantroponose, doença primária de humanos e que pode ser transmitida aos animais.

Zooplâncton – *Eco*. Diz-se dos seres marinhos flutuantes, geralmente diminutos. Apresentam grande importância na cadeia alimentar desse ambiente. Exemplos: pequenos crustáceos, larvas de diversos animais, protistas e bactérias.

Zootaxia – *Bio*. Ramo da biologia que trata da classificação dos animais.

Zootecnia – *Bio*. Ciência que estuda a criação, o manejo e aperfeiçoamento de animais domésticos. O zootecnista também se ocupa do processo de produção de ovos, mel, leite, carne e outros produtos de origem animal.

Zoraptera – *Zoo*. Ordem de pequenos insetos. Possuem cerca de 3 mm de comprimento, com aparelho bucal mastigador, antenas moniliformes, com ou sem asas. Existem cerca de 30 espécies descritas. Não são conhecidas do público em geral.

Zygentoma – *Zoo*. Sinônimo da ordem de insetos Thysanura. Veja Thysanura.

Bibliografia Consultada

- Amabis JM, Martho GR. Biologia dos Organismos. 4ª ed. São Paulo: Moderna; 2015.
- Amabis JM, Martho GR. Fundamentos da Biologia Moderna. São Paulo: Moderna; 1994.
- Barbosa FS. Tópicos em Malacologia Médica. Rio de Janeiro: Editora da Fiocruz;, 1995.
- Barnes RD. Zoologia dos Invertebrados. 4ª ed. São Paulo: Roca; 1984.
- Barnes RSK, Calow P, Olive PJW. Os Invertebrados. São Paulo: Atheneu; 1995.
- Benedito E. Biologia e Ecologia de Vertebrados. São Paulo: Roca; 2015.
- Bernardino FR, Omena Junior RS. Aves da Amazônia: Guia do Observador. Manaus: Paper Editora; 1999.
- Blood DC, Studdert VP. Dicionário de Veterinária. 2ª ed. Rio de Janeiro: Guanabara Koogan; 2002.
- Bowman DD. Parasitologia Veterinária de Georgis. 9ª ed. São Paulo: Manole; 2010.
- Brown JH, Lomolino MV. Biogeografia. 2ª ed. Ribeirão Preto: FUNPEC; 2006.
- Brusca RC, Brusca GJ. Invertebrados. 2ª ed. Rio de Janeiro: Guanabara Koogan; 2007.
- Buckup L, Bond-Buckup (Orgs). Os Crustáceos do Rio Grande do Sul. Porto Alegre: Editora da UFRGS; 1999.
- Burnie D. Dicionário Temático de Biologia. São Paulo: Scipione; 1996.
- Buzzi JZ. Entomologia Didática. 6ª ed. Curitiba: Editora da UFPR; 2013.
- Buzzi JZ. Coletânea de Termos Técnicos de Entomologia. Curitiba: Editora da UFPR; 2003.
- Carcavallo RU, Girón IG, Jurberg J, Lent H. Atlas dos Vetores da Doença de Chagas nas Américas. Rio de Janeiro: Editora da Fiocruz; 1997.
- Cardoso JLC, França FOS, Wen FH, Málaque MS, Haddad V. Animais Peçonhentos no Brasil. 2ª ed. São Paulo: Sarvier; 2009.
- Carvalho HC. Fundamentos de Genética e Evolução. 3ª ed. Rio de Janeiro: Atheneu; 1987.
- Carvalho IS. Paleontologia. 2ª ed. Rio de Janeiro: Interciência; 2004.
- CEMIG. Guia ilustrado de peixes da bacia do Rio Grande. Belo Horizonte: CEMIG/CETC; 2000.
- CEMIG. Guia Ilustrado de Peixes do Rio São Francisco de Minas Gerais. São Paulo: Empresa das Artes; 2006.
- Chiaradia A. Biologia. Uberlândia: Claranto; 2003.
- Cimerman B, Cimerman S. Parasitologia Humana e Seus Fundamentos Gerais. 2ª ed. São Paulo: Atheneu; 2002.
- Consoli RA, Oliveira RL. Principais Mosquitos de Importância Sanitária do Brasil. Rio de Janeiro: Editora da Fiocruz; 1998.
- Costa e Silva LN. Enciclopédia Universal dos Animais. São Paulo: Myrtis; 1966.
- Cotta GA. Animais Peçonhentos. Belo Horizonte: FUNED; 2005.
- Cox CB, Moore PD. Biogeography. 5ª ed. Oxford: Blackwell Science; 1993.

- Cruz D. Os Seres Vivos. 14ª ed. São Paulo: Ática; 1991.
- Cuello J, Dominguez A, Pons J. Biologia. Barcelona: Bancanova; 1999.
- Dangelo JG, Fattini CA. Anatomia Humana Básica. 8ª ed. Rio de Janeiro: Atheneu; 1992.
- Dangelo JG, Fattini CA. Anatomia Humana Sistêmica e Segmentar. 3ª ed. Rio de Janeiro: Atheneu; 2007.
- Darlington PJ. Zoogeography. New York: John Willey & Sons; 1966.
- Delany MJ. Mammal Ecology. Glasgow/London: Blackie; 1982.
- Eckert TR, Randall D, Burggren W, French K. Fisiologia Animal. 4ª ed. Rio de Janeiro: Guanabara Koogan; 2000.
- Favaretto JA, Mercadante C. Biologia: volume único. 2ª ed. São Paulo: Moderna; 2003.
- Fernandez J. Biologia Básica Experimental. São Paulo: Hermus; 1995.
- Filho JA. Dicionário Geral de Ciências Biológicas. Curitiba: Editora Educacional Brasileira; 1970.
- Fonseca A. Biologia. São Paulo: IBEP; 2001.
- Fonseca A. Biologia. Segundo Grau. São Paulo: Ática; 1989.
- Forattini OP. Culicidologia Médica. São Paulo: Editora da USP; 1996.
- Forattini OP. Entomologia Médica. São Paulo: Editora da USP; 1962.
- Freitas MA, Silva TF. Guia Ilustrado – Animais Venenosos e Peçonhentos no Brasil. Pelotas: USEB; 2006.
- Freitas MG. Helmintologia Veterinária. 5ª ed. Belo Horizonte: Precisa Editora; 1981.
- Gowdak D, Martins E. Ciências: Natureza e Vida. São Paulo: FTD.
- Grande Dicionário Enciclopédico Rideel. São Paulo: Rideel; 1978.
- Grande Enciclopédia Larousse Cultural. São Paulo: Nova Cultura; 1988.
- Guias Philips: Pantanal & Bonito. Publifolha. São Paulo: Horizonte; 2000.
- Guyton AC, Hall JE. Tratado de Fisiologia Médica. 10ªed. Rio de Janeiro: Guanabara Koogan; 2002.
- Hickman CP, Roberts LS, Larson A. Princípios Integrados de Zoologia. 15ª ed. Rio de Janeiro: Guanabara Koogan; 2013.
- Hildebrand M, Goslow. Análise da Estrutura dos Vertebrados. 2ª ed. São Paulo: Atheneu; 2006.
- Hildebrand M. Análise da Estrutura dos Vertebrados. São Paulo: Atheneu; 1995.
- Ihering RV. Dicionário dos Animais do Brasil. Rio de Janeiro: Difel; 2002.
- Junqueira LC, Carneiro J. Histologia Básica. 8ª ed. Rio de Janeiro: Guanabara Koogan; 1995.
- Kardong, Kenneth V. Vertebrados. Anatomia Comparada, Função e Evolução. 7ª ed. São Paulo: Roca; 2016.
- Lago SR, Carvalho CR. Biologia: Origem da Vida, Evolução, Ecologia. São Paulo: IBEP; 1979.
- Lopes S. Bio: volume único. São Paulo: Saraiva; 2004.
- Lopes, S. Bio: volume único. 4ª ed. São Paulo: Saraiva; 1996.
- MacAlester AL. História Geológica da Vida. São Paulo: Edgar Blücher; 1971.
- Marcondes CB. Entomologia Médica e Veterinária. 2ª ed. São Paulo: Atheneu. 2011.
- Martins AV, Williams P, Falcão AL. American Sand Flies. Rio de Janeiro: Academia Brasileira de Ciências; 1978.

- Ministério da Irrigação. Aquicultura. Brasília: CODEVAST; 1988.
- Moore KL, Persaud TVN. Embriologia Básica. 4ª ed. Rio de janeiro: Guanabara Koogan; 1995.
- Moore KL. Anatomia Orientada para a Clínica. 3ª ed. Rio de Janeiro: Guanabara Koogan; 1994.
- Moraes RG. Parasitologia e Micologia Humana. 5ª ed. Rio de Janeiro: Cultura Médica/ Guanabara Koogan; 2008.
- Nakatami K, Agostinho AA, Baumgartner G, Bialetziki A, Sanches PV, Makrakis MC et al. Ovos e Larvas de Peixes de Água Doce. Maringá: EDUEM; 2001.
- Neves DP, Melo AL, Genaro O, Linardi PM. Parasitologia Humana. 13ª ed. São Paulo: Atheneu; 2016.
- Neto VA, Gryschek RCB, Amato VS, Tuon FF. Parasitologia: Uma Abordagem Clínica. Rio de Janeiro: Elsevier; 2008.
- Novelli R. Aves Marinhas Costeiras do Brasil. Porto Alegre: Cinco Continentes; 1997.
- Odum EP. Ecologia. Rio de Janeiro: Guanabara Koogan; 1988.
- Palazzo Jr JT, Both MC. Guia dos Mamíferos Marinhos do Brasil. Porto Alegre: SAGRA; 1988.
- Paulino WR. Biologia Atual. São Paulo: Ática; 1998.
- Paulino WR. Biologia. São Paulo: Ática; 2001.
- Pielou EC. Biogeography. New York: Wiley-Interscience Publication; 1979.
- Pough FH, Heiser JB, Macfarland WN. A Vida dos Vertebrados. 4ª ed. São Paulo: Atheneu; 2008.
- Purves WK, Sadava D, Orians GH, Heller C. Vida: a Ciência da Biologia. 6ª ed. Porto Alegre: Artmed; 2005.
- Putz R, Pabst R. Atlas de Anatomia Humana Sobotta. 24ª ed. Rio de Janeiro: Guanabara Koogan; 2018.
- Rangel EF, Ralph L. Flebotomíneos do Brasil. Rio de Janeiro: Editora da FIOCRUZ; 2003.
- Reis NR, Peracchi AL, Santos GASD. Ecologia de Mamíferos. Londrina: Technical Books; 2008.
- Rey L. Parasitologia. 3ª ed. Rio de Janeiro: Guanabara Koogan; 2001.
- Romer AS, Parsons TS. Anatomia Comparada dos Vertebrados. São Paulo: Atheneu; 1985.
- Ruppert EE, Fox RS, Barnes RD. Zoologia dos Invertebrados. 7ª ed. São Paulo: Roca; 2005.
- Sadava D, Heller HC, Orians GH, Purves WK, Hillis DM. Vida: a Ciência da Biologia. 8ª ed. Porto Alegre: Artmed; 2009.
- Schünke M, Schulte E, Schumacher U, Voll M, Wesker K. Prometheus: Atlas de Anatomia. 2ª ed. Rio de Janeiro: Guanabara Koogan, 2013.
- Sebrae. Bichos do Mar de Dentro. Rio Grande do Sul: Sebrae. 2007.
- Serravale A. Vocabulário de Parasitologia Médica. Salvador: Editora da UFBA; 1987.
- Severo CP, Marques HJ. Dicionário de Biologia. Porto Alegre: Globo; 1972.
- Sick H. Ornitologia Brasileira. Rio de Janeiro: Nova Fronteira; 2004.
- Silveira Bueno F. Dicionário da Língua Portuguesa. São Paulo : FTD; 2000.
- Soares JL. Biologia São Paulo: Scipioni; 1992.
- Soares JL. Biologia. 2ª ed. São Paulo: Scipione; 1985.
- Soares JL. Dicionário Etimológico e Circunstanciado de Biologia. São Paulo: Scipione; 1993.
- Soerensen B. Acidentes por Animais Peçonhentos: Reconhecimento, Clínica e Tratamento. Rio de Janeiro: Atheneu; 2000.

- Soulsby EJL. Helminths, Arthropods & Protozoa of Domestic Animals. 6ª ed. London: Baillière, Timdall and Cassel; 1968.
- Souza CP, Lima LC. Moluscos de Interesse Parasitológico do Brasil. Belo Horizonte: FIOCRUZ/CPqRR; 1990.
- Storer TI, Usinger RL. Zoología General Barcelona: Ediciones Omega S.A; 1971
- Strathern P. Crick, Watson e o DNA em 90 Minutos. Rio de Janeiro: Jorge Zahar; 2001.
- Strathern P. Darwin e a Evolução em 90 Minutos. Rio de Janeiro: Jorge Zahar; 2001.
- Thomé J, Lema T. Dicionário de Zoologia. Porto Alegre: Globo; 1971.
- Townsend CR, Begon M, Harper JL. Fundamentos em Ecologia. 3ª ed. Porto Alegre: Artmed; 2010.
- Troppmair H. Biogeografia e Meio Ambiente. 3ª ed. Rio Claro: EDITORA; 1989.
- Urquhart GM, Armour J, Duncan JL, Dunn AM, Jennings FW. Parasitologia Veterinária. 2ª ed. Rio de Janeiro: Guanabara Koogan; 1998.
- Usinger RL, Storer TI, Stebbings RC. Zoologia Geral. 6ª ed. São Paulo: Nacional; 2002.
- Veronesi R, Focaccia R. Tratado de Infectologia. 2ª ed. São Paulo: Atheneu; 2002.
- Villela AA, Villela MM, Barbosa JCB. Anatomia Humana: Questões e Casos Clínicos Comentados. Pelotas: Editora UFPel; 2002.
- Villela MM, Ferraz ML, Santos J, Zanandrea I. Dicionário de Zoologia e Botânica. Pelotas: Editora da UFPel; 2005.
- Villela MM, Ferraz ML. Dicionário de Ciências Biológicas e Biomédicas 2ª ed. Rio de Janeiro: Atheneu; 2015.
- Vizotto LD. Serpentes: Lendas, Mitos e Crendices. São Paulo: Plêiade; 2003.
- Wortmann MLC, Souza NGS, Kindel EAI. O Estudo dos Vertebrados na Escola Fundamental. São Leopoldo: UNISINOS; 1997.